页岩水平井压裂多裂缝均衡扩展智能调控及应用

曾凡辉　张　宇　胡大淦　著

石油工业出版社

内 容 提 要

本书在广泛调研国内外页岩储层水平井多裂缝均衡扩展智能调控研究的基础上,结合我国页岩储层的特殊性,对页岩储层可压裂性评价、多簇裂缝竞争起裂、暂堵提高裂缝复杂程度、多裂缝均衡扩展智能调控等方面理论和技术的最新进展进行了全面、系统的阐述。通过对这些内容的系统介绍,可以清晰地揭示页岩储层压裂及调控技术的关键,把握页岩水平井压裂相关内容的来龙去脉。

本书可供非常规油气勘探开发领域的相关技术人员和管理人员及石油院校相关专业师生参考阅读。

图书在版编目(CIP)数据

页岩水平井压裂多裂缝均衡扩展智能调控及应用/
曾凡辉,张宇,胡大淦著. —北京:石油工业出版社,2025.8
ISBN 978-7-5183-7514-1

Ⅰ. TE243

中国国家版本馆 CIP 数据核字第 2025P60V16 号

出版发行:石油工业出版社
　　　　　(北京市朝阳区安华里2区1号楼　100011)
　　　　　网　址:www.petropub.com
　　　　　编辑部:(010)64523655　图书营销中心:(010)64523633
经　销:全国新华书店
印　刷:北京中石油彩色印刷有限责任公司

2025年8月第1版　2025年8月第1次印刷
787×1092 毫米　开本:1/16　印张:16.25
字数:380 千字

定价:60.00 元
(如出现印装质量问题,我社图书营销中心负责调换)
版权所有,翻印必究

前　言

　　页岩油气资源分布范围广、开发潜力大,已经成为全球非常规油气勘探开发的重要领域之一。页岩储层压裂改造的核心目标是"打碎储层"形成大范围复杂裂缝网络系统。通过水平井分段多簇压裂在甜点段形成密集缝网、建立"人造气藏",是页岩油气井获得高产的关键。如何从系统工程角度选好甜点区,通过水平井分段多簇压裂在甜点区形成均衡扩展的密集缝网,实现建立"人工改造气藏"高渗透带智能调控,是提高页岩油气压裂开发效果亟待解决的难题。

　　本书以页岩储层可压裂性评价、多簇裂缝竞争起裂、暂堵提高裂缝复杂程度、多裂缝均衡扩展智能调控作为主要内容。为了保证内容完整性和系统性,第1章介绍页岩水平井压裂相关技术进展;第2章建立了一套综合岩石脆性、断裂韧性、水力裂缝诱导断裂指数的工程可压裂性模型,进一步融合地质甜点指标,建立了地质-工程综合可压裂性评价方法,为压裂位置优选提供了依据;第3章建立了各向异性页岩射孔完井破裂压力预测模型,明确了各向异性页岩起裂压力的主控因素,为实现裂缝均衡起裂奠定了初步基础;第4章考虑储层物性及地应力非均质性、裂缝和孔隙诱导应力建立了各向异性页岩平面裂缝起裂-扩展耦合模型;进一步根据多裂缝诱导储层孔隙压力场变化,建立了多簇裂缝改造体积模型;第5章考虑非平面裂缝网络流体流动,叠加多裂缝诱导应力及激活天然裂缝诱导应力,耦合多簇裂缝流量动态分配、水力裂缝穿插天然裂缝,结合储层岩石剪切滑移和张性破坏力学条件和缝网渗透率模型,建立了非平面多簇裂缝改造体积模型;第6章结合分形理论和封堵层失稳临界流体压降,建立了封堵层渗透率和强度评价模型;结合水力裂缝起裂与扩展数值模型,形成了暂堵剂参数组合与施工参数优化设计方法,优化了暂堵时机、施工排量等参数。第7章通过 DOE 实验方案设计生成样本大数据库,采用智能机器学习模型建立了机理模型仿真的多输入多输出智能代理模型;以匹配储层地质特征为导向,各簇裂缝改造体积大、施工压力低、多裂缝均衡扩展为多约束的目标函数,应用改进遗传算法综合求取全体目标函数的 Pareto 最优解,构建了满足高维多目标并行进化优化求解的射孔完井及施工参数模型。

　　在本书的成书过程中,龚高彬、杨维鑫、吴涛等在技术研究、资料整理、绘图等方面付出了辛勤的劳动,笔者在此表示特别的感谢。

　　本书受到国家自然科学基金面上项目"大数据驱动的深层页岩压裂参数协同优化与实时调控研究"(项目编号52374045)和四川省科技教育联合基金重点项目"深层页岩水平井压裂参数智能优化与在线调控研究"(项目编号25LHJJ0068)资助。书中既有较扎实的理论研究,也有对现场应用的初步探索,突出了理论指导实践的学术思想。

　　鉴于笔者知识水平和研究领域的局限,不妥之处在所难免,敬请读者批评指正!

目　　录

第 1 章　绪论 ········· 1
  1.1　国内外研究现状 ········· 2
  1.2　研究目标及内容 ········· 27
  参考文献 ········· 29

第 2 章　页岩储层地质工程一体化可压裂性及甜点评价 ········· 43
  2.1　地质工程甜点评价指标 ········· 43
  2.2　工程可压裂性评价模型研究 ········· 54
  2.3　地质－工程综合可压裂性评价模型 ········· 70
  参考文献 ········· 72

第 3 章　各向异性页岩水平井破裂压力预测模型及应用 ········· 75
  3.1　物理模型及基本假设 ········· 75
  3.2　各向异性页岩本构及力学参数 ········· 76
  3.3　各向异性页岩射孔井破裂压力预测 ········· 79
  3.4　模型验证及应用 ········· 93
  3.5　本章小结 ········· 102
  参考文献 ········· 103

第 4 章　各向异性页岩平面裂缝起裂－扩展耦合模型及应用 ········· 105
  4.1　物理模型及基本假设 ········· 105
  4.2　裂缝起裂－扩展耦合方程 ········· 106
  4.3　多簇裂缝起裂－扩展流固耦合模型 ········· 117
  4.4　模型验证及应用 ········· 123
  4.5　本章小结 ········· 134
  参考文献 ········· 135

第 5 章　各向异性页岩非平面裂缝起裂－扩展耦合模型及应用 ········· 137
  5.1　物理模型及基本假设 ········· 137
  5.2　非平面裂缝起裂－扩展流固耦合模型 ········· 138
  5.3　模型验证及应用 ········· 149
  5.4　本章小结 ········· 166
  参考文献 ········· 167

第 6 章　页岩多尺度暂堵压裂提高裂缝复杂程度优化研究 ········· 169
  6.1　多尺度暂堵剂粒度参数优化设计研究 ········· 169
  6.2　多尺度暂堵剂封堵研究 ········· 173

6.3 暂堵压裂施工参数调控优化 ………………………………………………… 203
6.4 本章小结 …………………………………………………………………… 211
参考文献 ……………………………………………………………………… 211

第 7 章 各向异性页岩多簇射孔裂缝均衡扩展智能调控研究 ………………… 213
7.1 多裂缝非均衡扩展调控优化模型及算法 …………………………………… 213
7.2 模型验证及应用 …………………………………………………………… 230
7.3 本章小结 …………………………………………………………………… 251
参考文献 ……………………………………………………………………… 251

第1章 绪　　论

页岩气开发对保障我国能源安全、改善能源结构具有重要意义[1]。我国页岩气资源丰富，仅四川盆地的焦石坝、威远、长宁、大足等地区的页岩气就具有 $4000 \times 10^8 \mathrm{~m}^3$ 以上的可采储量。中国石油和中国石化均将页岩气作为增产上产的主要接替领域。页岩气勘探开发取得可喜成绩，如黄瓜山区块 H202 井获测试日产气量 $22 \times 10^4 \mathrm{~m}^3$；大足区块 Z202 - H1 井获测试日产气量 $45 \times 10^4 \mathrm{~m}^3$；泸州区块 L203 井获测试日产气量 $137 \times 10^4 \mathrm{~m}^3$，展示出巨大的勘探开发潜力[2]。

然而，页岩具有低孔、低渗、连通性差的特征，常规增产措施难以取得较好的效果。为了实现页岩气经济开发，通常采用分段多簇体积压裂改造有效降低渗流阻力，提高改造体积和页岩压裂井产量[3-4]。但页岩具有层理缝发育、各向异性突出、非均质性强等特点，在施工过程中表现为施工压力高、排量受限、加砂困难，导致裂缝复杂程度不高、剪切滑移困难、改造体积小、形成大规模复杂裂缝困难，制约页岩储层资源的商业化开发。其次，压裂井段天然裂缝发育程度、储层非均质性、完井质量差异均会影响裂缝缝网不均匀的产量贡献。已有研究表明，页岩储层非均质性导致各簇裂缝不同起裂次序、邻近水力裂缝和天然裂缝之间存在强应力干扰现象，将显著影响裂缝起裂和扩展路径。先形成的裂缝产生诱导应力使得后起裂扩展裂缝受到抑制；而同一压裂段内，中间簇起裂的裂缝会受到更大的压应力，缝宽（或导流能力）降低，甚至停止延伸或合并，致使裂缝非均衡扩展；造成某些射孔簇"过度改造"、而某些储层"欠改造"，限制地质甜点区域内页岩气的动用程度，显著影响改造效果[3]。

由于各簇裂缝非均衡扩展受多方面因素的综合影响，因此，明确影响裂缝起裂与扩展的关键因素并进行参数优化，对于页岩的开发意义重大。常规的页岩压裂参数优化设计没有能够充分考虑压裂施工参数与储层特征的最佳匹配，使得裂缝非均衡扩展，影响了页岩勘探开发效果。目前多簇压裂参数的优化问题通常基于枚举法或者正交设计开展大量的方案设计，采用机理模型计算花费大量时间成本并且优化过于烦琐，难以达到全局最优；其次是以裂缝非均衡扩展调控涉及各簇裂缝扩展均衡、施工压力小等多目标优化，而常规压裂参数优化中通常基于单因素分析，不能考虑各参数之间的相互影响，且优化所取的参数都是离散的样本点，只能得到这几个点中的最优值，而这个最优值不一定是全局最优值。因此，鉴于传统优化方法的以上缺点，现代智能优化算法被引入到分段多簇压裂水平井参数优化领域。页岩多簇射孔裂缝非均衡扩展建模及动态调控优化设计是实现页岩气低成本高效开发的趋势。美国 Quantico 能源公司通过人工智能技术开展高精度预测代理模型用于压裂方案设计[4]，应用于巴肯油田的 100 多口压裂井，比邻井产量提高 10%~40%，有效降低了压裂作业成本。水力压裂是典型的高维度、大尺度、细时空的复杂大系统问题。基于常规数学仿真模型的压裂设计和基于人员有限经验调控的传统压裂技术精准布缝困难，极大降低了页岩气压裂增产效果,增加施工成本;此外,水力压裂施工参数较多,压裂施工参数与储层特征参数总共高达数十余种,高维参数空间内难以搜索到最佳匹配的施工参数组合。现有的数学仿真和优化方法难以满足现场快速压裂设计优化的需求。

因此,为突破"页岩水平井压裂多裂缝均衡扩展智能调控"这一技术瓶颈,提高页岩气压裂效果,有必要进行页岩储层分段多簇裂缝均衡扩展和调控研究。本书将在页岩各向异性力学特征的基础上,引入 Lekhnitskij[5]各向异性井周应力解析法、位移不连续方法、非平面裂缝理论、代理模型仿真、高维多目标并行进化优化方法针对页岩储层压裂及调控问题开展研究揭示页岩多裂缝竞争起裂、扩展机理,为提高页岩裂缝复杂程度和改造体积提供指导。

1.1 国内外研究现状

页岩水力压裂改造效果主要取决于压裂裂缝轨迹是否在地质甜点区,而压裂优化设计很大程度上决定了压裂改造效果。在单井分段优化时,必须兼顾地质甜点和工程甜点开展差异化分段设计并选择最适合的裂缝位置,进而针对性地优化压裂施工参数,以提高裂缝复杂程度及改造体积,形成可靠的"人造渗透率",实现对储层的有效控制[6]。压裂参数优化设计就是在认识储层特征的基础上,通过优化射孔和压裂施工参数,实现分段多簇裂缝与储层的匹配,并通过现场实施将需要的多簇竞争起裂与扩展形成的裂缝"置放"于储层中,精细优化使得压裂改造体积、簇数及各簇缝长、裂缝均衡扩展系数、施工压力等多目标满足全局最优。针对各向异性页岩水平井多裂缝非均衡扩展及调控优化,国内外研究主要涉及各向异性页岩压裂破裂压力预测、各向异性页岩压裂多簇裂缝扩展、各向异性页岩多簇射孔裂缝扩展调控3个方面。此外,页岩暂堵压裂水力裂缝形态不仅与应力场分布、层间岩性、层间弱面等地质因素相关,还受到施工排量、暂堵时机、携砂液黏度等施工参数的影响。通过对暂堵剂粒度优化设计,调控封堵层渗透率和强度,结合储层地质参数和工程参数,明确不同暂堵参数和施工参数下的暂堵压裂水力裂缝形态,对于暂堵压裂优化调控意义重大。

1.1.1 页岩储层地质工程一体化可压裂性及甜点评价

1.1.1.1 地质工程甜点指标研究

根据国内外学者的相关研究,地质甜点是指含油气资源丰富、物性好、流动性强的区域,是实现非常规油气高效开发的物质基础。孔隙度、含气量及总有机碳含量等是深层页岩储层常用的地质甜点表征参数。工程甜点主要为储层可压裂性特征参数[7],其受储层岩石的内在性质和外部环境共同影响确定,岩石脆性、断裂韧性、天然裂缝发育情况、储层应力等具有主导作用,此外,水力压裂产生的外在应力改变将诱导岩石产生不同的破裂特性[8],这是主要的外部诱因。地质甜点揭示了页岩储层的资源潜力,工程甜点则表征页岩储层的可压裂性。在工程甜点和地质甜点相重合的区域称之为甜点[9-10]。

廖东良[11]在研究页岩气双甜点评价方法时将页岩储层地质甜点评价参数总结为:裂缝孔隙度、孔隙结构、吸附气含量、基质孔隙度、泥质含量、硅质含量、碳质含量、总有机碳含量、干酪根含量、热成熟度、总孔隙度、含气孔隙度、含气饱和度、游离气含量、渗透率、孔隙压力和优质储层厚度等17个参数；将页岩储层工程甜点参数总结为脆性矿物含量、断裂韧度、脆性指数、杨氏模量、泊松比、微裂缝数量、最大和最小水平主应力、地应力差异系数、孔隙压力、破裂压力和埋藏深度等12个参数。

Zeng等[12-13]在致密气储层评价模型等相关研究中提出将地质甜点参数划分为储集性、传导性及驱动性3大类参数，其中储集性参数包含硅质含量、有机质含量、干酪根含量、热成熟度(R_o)、总孔隙度、含气孔隙度、含气饱和度、游离气含量、束缚气含量、基质孔隙度、裂缝孔隙度、孔隙结构及含气层厚度；传导性参数包含渗透率、水平段产气长度；驱动性参数主要是孔隙压力梯度。

夏宏泉等[14]在研究四川盆地威远地区下寒武统筇竹寺组页岩地层时，利用测井资料计算了有机碳含量、脆性指数以及含气饱和度。

张金强等[15]在评价致密砂岩储层工程甜点参数时考虑的工程甜点参数包括地层脆性、可压裂性、地层压力、地应力等参数。

徐敏[16]从开发的角度研究页岩气地质工程甜点评价指标时，提出了生烃聚集指标群(有机质含量、干酪根类型、热成熟度、优质TOC连续厚度、基质孔隙度)、供气指标群(裂缝孔隙度、有机孔隙度比例、含水饱和度)、渗流指标群(基质渗透率、裂缝渗透率)、储层改造指标群(页岩脆性、天然弱面、断裂韧性、穿透效果、裂缝时效性、压裂液作用)。

蒋裕强等[17]在现有页岩气储层评价方法的基础上，建立了"静-动"结合页岩气储层综合评价体系，纳入了储层有效性和"自动缓解水锁"潜力动态评价内容。主要的甜点评价参数包括润湿性、吸水滞留能力、吸水起裂能力、吸水膨胀能力、吸水膨胀方式等。

从以上的调研结果来看，在进行页岩气储层地质工程甜点评价时，地质甜点参数有总孔隙度、孔隙结构、渗透率、孔隙压力、优质储层厚度、泥质含量、硅质含量、碳质含量、总有机碳含量、干酪根含量、热成熟度等；工程甜点参数有岩石脆性、断裂韧性、脆性指数、微裂缝数量、地应力大小、地应力差异系数、孔隙压力、破裂压力、埋藏深度、孔隙压力梯度、天然弱面、穿透效果、裂缝时效性、压裂液作用等。除以上静态评价参数外，新的研究还提出了动态的评价参数。

1.1.1.2 储层工程可压裂性评价研究

可压裂性是指储层在压裂作业过程中能否有效压裂并产生网状裂缝，从而增加产能的性质[8]。可压裂性分为广义可压裂性和狭义可压裂性。广义可压裂性是指通过水力压裂对储层进行改造，以提高油气产量的能力[18]。而狭义可压裂性则更侧重于储层在水力压裂过程中形成有效复杂缝网的能力，从而增大裂缝与储层基质的接触面积，提升储层的整体渗透性[19]。

可压裂性越好，意味着储层更容易通过压裂显著提高产量。目前，可压裂性已经成为评估储层开采潜力的有效量化指标。Chong等[20]首次提出了可压裂性的概念，将其定义为储层能够"有效压裂获得增产"的能力，但是对储层有效压裂增产并没有明确解释。随后，Yuan等[21]将可压裂性描述为储层通过压裂处理形成复杂水力裂缝网络的特性。Yang等[22]将可压裂性定义为储层压裂形成大规模改造体积几何形态和持久导流能力的程度。

Xu 等[23]将可压裂性定义为易于获得复杂水力裂缝网络和增产储层体积的能力。Zeng 等[8]将可压裂性定义为储层在相同施工参数下,形成大规模水力裂缝-天然裂缝复杂裂缝网络和储层有效改造体积的能力。

为了实现储层可压裂性的定量化表征,学者们主要从裂缝复杂度和改造体积两方面进行评价。

第一类评价方法是基于裂缝复杂度的评价。裂缝复杂度的评价方法主要分为两种。

第一种方法基于岩石脆性、断裂韧性及主应力大小和差异等地质特征进行表征[21,24-25]。其中,岩石脆性反映了储层在压裂过程中形成复杂裂缝的能力,常通过脆性矿物含量、应力-应变曲线以及岩石力学参数等构建脆性评价指标。Li 等[26]将脆性作为评估煤岩能否有效压裂的重要参数,并基于统计损伤理论和岩石破坏过程中能量演化规律,构建了以脆性为基础的可压裂性评价模型。然而,尽管脆性是表征可压裂性的重要因素,它并不能完全等同于可压裂性[27-28]。例如,一些岩石的弹性模量和泊松比相似,但可压裂性差异明显,主要原因在于断裂韧性。断裂韧性反映了裂缝维持延伸的能力,断裂韧性越低,裂缝越容易延伸,储层的可压裂性就越强。为全面反映脆性和断裂韧性对裂缝复杂度的影响,Jin[25]、Yuan 等[21]通过乘积原理,结合脆性、断裂韧性与最小水平主应力,提出了可压裂性评价方法。Guo 等[27]将脆性、断裂韧性与内摩擦角作为可压裂性评价的关键参数,建立了相应的评价模型。然而,这些研究忽视了水平主应力差及施工参数等因素对复杂裂缝形成的影响[29]。为了克服上述不足,Zeng 等[8]在考虑岩石脆性与断裂韧性的基础上,进一步引入无因次净压力来表征压裂诱导效应对裂缝复杂度的影响,应用乘积法建立了综合脆性、断裂韧性和压裂诱导综合效应的可压裂性综合评价方法。Wang 等[30]结合脆性指数、煤层与顶板弹性模量比、断裂韧性、最小水平主应力等 8 个因素,构建了可压裂性的综合指标模型。然而,上述研究在建立可压裂性评价模型时,均假定各评价参数对可压裂性的影响权重相同。第二种方法基于分形理论对裂缝复杂度进行评价,其基本原理是通过 CT 扫描技术对岩石水力压裂后的三维结构进行扫描,将裂缝位置、形状、结构形态和密度及水平进行数值可视化,基于有效连通裂缝面积统计结果,结合分形理论表征裂缝密度和弯曲程度,进而实现对缝网复杂度的定量表征。王登科等[31]基于图形分形理论发现,不同尺度的裂缝网络具有分形特征,分形维数可用来量化裂缝网络的空间复杂性。Sui 等[32-33]采用多张二维 CT 图像结合的方法,确定了裂缝网络的分形维数,结果表明裂缝网络越复杂,分形维数越大。王飞等[34]通过对三轴压缩实验岩样进行 CT 扫描和三维重构,计算岩样裂缝的三维分形维数,并将其作为储层可压裂性的重要评价参数。尽管分形维数能够有效表征裂缝复杂度,然而上述研究没有建立起裂缝复杂程度与具象可量化指标的关系[31]。

第二类评价方法是基于储层改造体积(SRV)的评价。学者们通常将水力压裂过程中形成复杂裂缝网络的区域定义为储层改造体积[35-36],并通过微地震监测或裂缝扩展模拟方法来获取该体积。第一种方法是微地震监测。微地震监测的储层改造体积是通过将最外边界的微地震事件点连接形成包络体来计算[35,37-39]。Li 等[40]利用微地震监测资料计算储层改造体积并以此来评价煤岩水力压裂效果。然而,微地震信号是由压裂过程中岩石颗粒的位移引发的,信号到达的区域并不等同于压裂液体或支撑剂真正到达的区域。因此,微地震监测获得的储层改造体积并不完全代表油气渗流的有效体积[41]。由此可见,微地震监测得到的改造体积只能反映储层可能的控制范围,而非油气实际流动的有效范围。因此,基于微地震监测的储层改造体积评价方法,难以从油气产量的角度对可压裂性进行准确表征[42]。第二种方法是在水力裂缝扩展、与天然裂缝交互基础上,进一步考虑压裂液扰动导致孔隙压力变化,基于张性、剪切破坏准则模拟改造体积[43-45]。Zhang 等[43]结合水力裂缝扩展、诱导应力模型以及天然裂缝张性、剪切破裂准则计算了水力压裂裂缝改造体积。Zhao 等[45]利用半解析模型,将常规的多重水力压裂水平井扩展为双孔隙度复合系统,将其内部区域由自然裂缝和诱导水力裂缝的集成缝网作为改造体积。Ren 等[18,46]结合裂缝延伸模型、考虑水力裂缝间流速的不均匀分布、应力干扰和天然裂缝破坏准则,建立了一套新的 SRV 计算模型。从本质上说,储层压裂形成的改造体积是由主裂缝以及周围的天然裂缝破坏网络群构成[47],然而,此类方法没有考虑储层内部缝网结构变化差异对储层可压裂性的影响。相同改造体积下,不同储层产能差异明显,储层岩石破裂复杂程度,即裂缝网络密度,是导致产能差异的主要原因[48]。

1.1.1.3 地质工程可压裂性综合评价研究

为了将地质甜点和工程甜点综合评价考虑,常用的地质-工程甜点一体化评价方法可归纳为两种:(1)建立产气量、采油强度等产量参数与甜点评价参数的关系,阶梯式划定储层品质,进而确定不同品质储层甜点评价参数取值范围。(2)利用权重系数法、灰色关联度、模糊综合评价等数学方法分析甜点评价参数影响产量权重,最后建立基于评价参数及权重的储层的甜点系数。除传统的综合评价方法外,基于人工智能机器学习的有监督和无监督智能甜点评价技术也被提出,主要包括两类:(1)有监督单标签样本。当已标记的数据样本数量充足时,利用已标记的样本标签特征预测数据类型。(2)无监督无标签样本。其目的是在隐藏数据集中自适应地寻找相似属性。其中,有监督在储层甜点预测领域应用最为广泛[49]。与传统评价方法不同,甜点智能预测是基于数据驱动的评价方法,有标签数据甜点评价驱动方法依赖产量等数据进行标签约束,帮助人工智能学习到有效的数据特征,目标是基于训练数据的输入特征与相应标签之间的关系,构建一个能够预测或分类新数据的模型。目前,有监督机器学习方法在甜点预测方面支持包括向量机、神经网络、随机森林、遗传算法等,在页岩气开发中取得了较好的成效。无标签数据甜点评价驱动方法基于未标记的数据,通过计算数据之间的相似性、距离或概率分布,来对数据进行聚类、降维、关联规则挖掘等处理,以发现数据的结构或模式,以便于数据的组织、分类、聚类等处理,而无需对数据进行标记或给出具体的目标变量。在无目标约束的前提下,使用异常检测、降维、聚类、自组织映射算法、关联规则挖掘算法等对储层进行可压裂性甜点评价,优选同类别储层可压裂性井段。

1.1.2 各向异性页岩水平井压裂破裂压力预测研究

1.1.2.1 各向异性页岩力学性质

页岩储层的破坏机理对实现页岩储层分段多簇非均衡起裂和扩展至关重要,而认识页岩储层的破坏机理首先需要了解页岩各向异性储层岩石力学性质。页岩储层具有高温、低泊松比[50]、低孔、低渗[51]、高地应力、水平两向应力差异大[52-53]、层理和天然裂隙分布复杂的特点。页岩储层的这些特点给压裂改造技术带来了新的挑战。在水力压裂过程中，岩石会经历变形、损伤直至破坏的全过程。长期以来，国内外学者对页岩岩石力学性质、岩石破裂模式以及准则进行了大量研究。

在高温对岩石力学性质影响方面，熊健等[54]开展了不同温度下岩石单轴抗压实验，发现随着温度的增加，单轴抗压强度降低导致杨氏模量降低，泊松比几乎不变。

E. Rybacki 等[55]开展了不同温度下页岩单轴抗压、页岩三轴压缩、岩巴西劈裂等实验，发现了随着温度的增加，页岩单轴抗压减小导致杨氏模量减小，进一步分析了影响页岩力学性质的矿物成分、含水量、地质年代、风化程度等主控因素。

刘均荣等[56-58]研究了储层温度对碳酸盐岩、砂岩和泥岩等不同岩性岩石的渗透率、孔隙度物性参数影响，结果表明随着温度的增加，碳酸盐岩、砂岩和泥岩的岩石孔隙度、渗透率呈逐渐增大的趋势。

在高应力对页岩岩石力学性质影响方面，Paterson[59]认为随围压增加，岩石强度会增加，同时由弹脆性向延性转变。孟陆波等[60]研究了高温作用下围压对页岩力学特性的影响，得出页岩峰值强度较低，表现出较强的塑性变形特征，并具有随着围压增大而增大的趋势。Ghabezloo 等[61]发现随围压增加，断裂韧性大幅增加。

Yang[62]针对具有水平层理面和垂直层理面的横观各向同性页岩，利用三轴压缩实验，在加卸载应力条件下，获取屈服强度与加载围压的关系。研究表明页岩岩石的屈服强度与加载围压呈现线性关系，即围压越大，屈服强度也越大。

Lu[63]利用单轴压缩实验，探究不同埋藏深度（1000 m、1300 m、1600 m、1850 m、2600 m、3500 m、4800 m、5100 m、5600 m 和 6400 m）的岩心样品对岩石力学性质的影响，结果表明弹性模量、泊松比和抗压强度均与软化矿物含量呈负相关；单轴抗压强度随深度的增加呈非线性对数增长。

在各向异性对岩石力学性质影响方面，页岩具有明显的层理性质，使页岩表现出各向异性特征。

Kanfar M F 等[64]采用数值模拟方法开展了各向异性对井筒稳定性影响的研究，发现各向异性会造成井壁应力扰动。

Gao[65]通过单轴压缩实验、直接拉伸实验、间接拉伸实验、超声波实验，由此得到了不同方向的应力应变行为和强度特性，实验结果表明页岩的抗拉强度和抗压强度具有各向异性，压缩波速和剪切波速均表现出较强的各向异性。

张伯虎[66]通过不同层理角度页岩岩心的单轴抗压、三轴压缩实验和超声波实验，提出了不同层理角度的页岩杨氏模量、抗压强度等力学性质具有较大差异，而同层理角度的页岩杨氏模量、抗压强度等力学性质相差不大。

在工程扰动方面，压裂液对页岩的水化实验结果表明，黏土矿物水化可以促进黏土矿物膨胀减小孔隙体积，也会产生微裂缝促进孔隙体积增加，导致孔隙体积先增大后减小[67]。钻井液、压裂液侵入会导致侵入区强度参数降低，同时会引起岩石非线性效应，该作用与时间呈线性关系[68-69]。谢和平等[70]指出在深部岩体中,由于材料参数是变量,因此将导致非线性行为出现在弹性本构关系中。曾义金[71]指出页岩受到大陆板块构造作用、沉积作用、风化作用影响,使得页岩最大最小水平主应力差不断增加,页岩黏土矿物成分、微裂缝、孔隙结构复杂多变,导致压裂水力裂缝缝宽较窄、施工压力高。

页岩具有高温、高应力、各向异性等独有特征,其力学特征表现为:温度越高,岩石强度越低;围压越大,屈服强度越大;页岩岩石抗拉强度和抗压强度等力学性质均表现出各向异性特征。因此,应该区别于常规储层力学性质。

在破裂模式以及准则方面,周宏伟等[72]总结了在高围压下岩石存在脆性-延性转化、流变性、破坏准则非线性的特征。Patrick[73]系统总结了不同岩性的岩石脆性向塑性的转变条件及破坏模式。汪虎等[74]对龙马溪组页岩岩样开展单轴压缩实验,结果表明该页岩破坏形式以劈裂破坏为主,伴随局部剪切破坏。

魏元龙等[75]针对富含天然裂缝的页岩,采用单轴循环载荷加载方式下的页岩破坏形式,发现天然裂缝存在加剧页岩沿着薄弱点拉剪贯通模式和拉贯通模式破坏,导致页岩峰值强度、屈服应力强度减小。

盛茂等[76]针对龙马溪组页岩,采用高压射流冲蚀页岩研究页岩的破坏模式,提出页岩在高压水流作用下由拉张破坏模式变为射流剥蚀页岩破坏模式,使得页岩表现出较多的冲蚀凹陷。

Cai 等[77]针对含层理岩石开展岩石单轴破坏实验,提出了岩石破坏分为裂纹萌生、裂纹损伤扩展和聚结3个过程。基于 Hoek-Brown 准则,提出了层理岩石的广义裂纹萌生阈值和裂纹损伤扩展阈值。

Bejarbaneh 等[78]开展了岩样三轴压缩实验,结果表明 Hoek-Brown 准则比经典的 Mohr-Coulomb 准则更加准确地描述了页岩的破坏。

Y. Altowairqi 等[79]通过17组不同矿物组成和有机质含量的合成样品,模拟不同原地应力条件,测试样品的横波和纵波;统计分析了样品的组成与横波、纵波、杨氏模量、泊松比的定量关系。

Francesco Parisio 等[80]基于威布尔概率论的各向同性损伤模型描述了准脆性页岩非线性破坏,结合 Lade-Duncan 准则,考虑平均应力与剪切阻力的非线性相关性、塑性-损伤耦合本构模型与隐式应力回归算法,建立了一个耦合弹性、塑性和损伤理论的本构模型。与两个准脆性页岩岩样实验结果对比,较好地描述了页岩破坏机制。

Guo 等[81]根据塑性力学的变形理论,基于幂硬化方程,采用分段逼近的方法建立了非线性本构模型,提出了考虑地应力各向异性的井筒周围非线性应力场模型。最后,结合最大抗拉强度和 Mohr-Coulomb 准则,建立了一种新的弹塑性水力压裂起裂模型。计算和分析表明,本构关系的非线性对应力分布、起裂方式和压力有重要影响。塑性屈服对径向应力影响不大,但对周向应力影响很大。Nelli Aleksandrova[82]在 Mises 屈服准则[83]下,开展弹塑性环形结构载荷分析,得到了应力和位移的连续解析解。

总之,页岩具有储层高温、低泊松比、低孔、低渗、地应力高、水平两向应力差异大、层理和天然裂隙分布复杂的特点。现有研究表明,层理页岩作为一种强非均质性、各向异性岩石,其力学特征表现为:温度越高,岩石强度越低;围压越大,屈服强度越大;同时,其抗拉强度和抗压强度等力学性质均表现出明显的各向异性特征。因此,需要利用各向异性准则描述页岩的破坏,进而有效指导页岩压裂裂缝的起裂理论研究。

1.1.2.2 各向异性储层破裂压力预测

水力压裂技术已经成为低渗透储层,特别是页岩储层增储上产的重要工艺技术。目前页岩气储层开发基本上是采用分段多簇、密切割压裂理论和技术,以在页岩中形成大规模多尺度裂缝为目标。而准确预测裂缝起裂压力是页岩多簇竞争起裂与扩展研究的基础和前提。然而,页岩具有地层温度高、地应力高、水平两向应力差大、破裂程度低等特点[84],这些特征导致页岩水力裂缝的起裂和扩展与常规储层压裂具有较大区别。在施工过程中表现为施工压力高(70~110 MPa)、排量受限(10~14 m^3/min)、加砂困难等特点;并且多簇射孔破裂压力由每簇裂缝射孔参数和地质参数共同确定,同一压裂段内,由于地层的各向异性、非均质性导致各簇裂缝破裂压力高低不一,从而表现出射孔簇裂缝按起裂压力由小到大顺序依次起裂。目前研究破裂压力的方法有物理模拟和数学模拟两类。物理模拟主要是根据真三轴水力压裂实验,模拟岩性、弱面的地层参数以及射孔、排量和压裂液性能等参数对起裂的影响。实验结果表明:破裂压力同时受到岩石力学和工程参数的耦合影响,破裂压力与射孔参数之间并没有单调的匹配关系[85-86]。物理模拟方法的缺陷在于其结果是基于具体的浇铸岩样和砂岩压裂实验得到,同时还存在尺度效应的问题;页岩压裂水平井起裂的力学环境包括原地应力、井眼、套管、水泥环和地层胶结作用和射孔孔眼产生的诱导应力[87],以及由于储层沿水平井筒岩石力学性质和渗透率非均质性,这些都会影响射孔簇的破裂压力;此外,还涉及到多个射孔簇的竞争起裂问题。采用物理模拟方法很难将上述因素均考虑到[88-89]。国内外学者基于有限元理论、边界元理论、断裂力学和弹塑性力学理论对裂缝起裂压力开展了研究。

Hossain 等[90]在给定的地应力条件和井眼方向参数下,考虑井壁裂缝的方向和位置。在有射孔和无射孔两种情况下,得到纵向、横向和复杂多裂缝起裂的封闭解析解;基于张性破坏有效应力,建立了考虑原地应力、孔隙压力等诱导应力的一种预测任意定向井眼水力裂缝起裂的通用模型。

Zeng 等[87]在上述模型的基础上,通过引入不稳定压力扩散方程研究了压裂液向地层滤失引起的附加应力等,建立了射孔完井的井筒应力场分布模型,对影响射孔井破裂压力的渗透率、施工排量和压裂液黏度等因素进行了分析。

以上研究均采用各向同性假设条件描述页岩破坏特征,与页岩本身具有的各向异性特征不符。Li 等[91]在力学参数各向异性,储层物性非均质特性和在平行和垂直于层理的方向上,岩石弹性性质具有明显差异性的假设条件下,考虑各向异性弹性变形和孔隙压力力学耦合,建立了射孔水平井筒起裂三维数值模型。分析了各向异性力学行为和地应力条件对裂缝起裂压力和初始破裂位置的影响。结果表明,弹性各向异性导致了复杂的近井应力集中,近井裂缝弯曲度随着射孔方位角的增大而增大,这在各向同性岩石中是没有的。杨氏模量各向异性越强,井筒面起裂压力越低,而泊松比各向异性的影响相对较小。

Zhong[92]基于各向异性理论和边界元法,建立弹性力学基本方程(平衡方程、几何方程、本构方程),考虑杨氏模量、泊松比差异性以及远场应力、井筒压力影响,建立了各向异性地层水平井裂缝起裂压力计算模型。提出了利用边界元计算井筒周向应力的方法,并结合抗拉强度准则和单纯形算法提出了裂缝起裂压力计算方法,为页岩、煤岩及其他层状岩层水平井裂缝起裂压力预测提供了一种新的方法。结果表明,在各向异性地层中,裂缝起裂压力随弹性各向异性比的增加而减小;当垂直于层理的弹性模量大于平行于层理的弹性模量时,随着层理倾角的增大,起裂压力会减小。

马天寿等[93]考虑到各向异性变形、模量、拉伸强度和原位应力,建立了 FIP 预测模型,将各向同性的 FIP 模型情况、各向异性模量、各向异性强度和完全各向异性情况进行了比较,还分析了各向异性力学参数、水平应力比和孔隙压力对 FIP 的影响。结果表明,横观各向同性岩石表现出明显的各向异性特征。当考虑岩石力学参数的各向异性时,FIP 可能会高于或低于各向同性模型,且变化幅度约为 ±10%。泊松比各向异性对最大和最小 FIP 有轻微影响。抗拉强度各向异性越大,意味着 FIP 越低。另外,随着高 HSR 和 PP 的增加,各向异性对 FIP 的影响变得越来越明显。

Ma[94]利用前人以连续、均匀和各向同性介质条件下建立的井周应力模型,获取最小主应力,基于 4 种各向异性拉伸强度破坏准则,建立斜井裂缝起裂压力模型。并且利用最大绝对相对误差、平均绝对相对误差和标准误差收集和评估了 4 个典型的各向异性拉伸准则预测破裂压力,得到页岩 4 种破坏准则准确性的顺序。

洪国斌等[95]考虑各向异性特征建立了井周应力模型,结合页岩本体拉张破坏、裂缝剪切滑移破坏和裂缝张性破坏模式,建立了页岩地层破裂压力预测模型,分析了各向异性特征对地层破裂压力的影响规律。

Hua[96]针对横观各向异性地层,利用修正的胡克定律建立岩石本构方程,考虑纵向和横向动态弹性参数差异性,结合协调方程解析解,获取三向主应力;以原地应力和压裂液同时作用的 Mises 应力[83]和原地应力作用的 Mises 应力的应力差大于岩石的抗拉强度为破坏准则;并且运用有限元方法建立水平井射孔孔眼物理模型,采用 C3D8R 六面体单元进行网格划分,建立水平井射孔参数起裂压力数值模拟模型。结果表明,当地层的抗拉强度相对较低时,应采用较小的射孔直径和孔深;当地层的抗拉强度相对较高时,应采用较大的射孔直径和孔深;当射孔密度过大或过小时,地层岩石的起裂压力都会增加,因此应控制在 3~5 孔/m 之间。

Li[91]针对层状页岩的横观各向异性特点,基于渗流-变形耦合有限元方法,利用 Abaqus 建立了射孔井的三维几何模型,采用 C3D38 P 位移耦合六面体单元方法对地层模型进行网格划分,并且使用位移-孔隙压力耦合元件考虑孔隙压力特征,建立数值模拟模型;并在局部坐标处定义的 5 种工程弹性力学性质,获得各向异性射孔孔眼周围应力解。结果表明,随着射孔方位的增加,近井筒裂缝弯曲度增大,裂缝起裂压力增大,起裂形态相对复杂;较大的杨氏模量各向异性程度导致较小的起裂压力;泊松比各向异性程度对断裂起始压力的影响小于杨氏模量各向异性效应。

Hou[97]针对线弹性、横观各向同性地层岩石,结合平衡方程、几何方程和协调方程建立岩石本构方程,利用 Aadnoy[98]和 Amadei[99]综合方法求解得到了各向异性平面井周应力解析解,分别建立拉张破坏准则、天然裂缝存在的弱平面剪切破坏判据、沿着裂隙破坏的拉张破坏准则,基于3种破坏准则对应的最小破裂压力为破裂压力,建立起各向异性岩石破裂压力预测模型。

Ma[93]针对连续横观各向同性地层岩石满足弹性变形、井周应力应变满足广义平面应变假设条件下,结合平衡方程、几何方程和协调方程建立岩石本构方程,利用Lekhnitskij[5]和Amadei[99]方法求解得到了各向异性平面井周应力解析解,再叠加井眼诱导应力和井筒流体压力变化诱导应力建立起井周总应力模型,考虑不同层理方向具有不一样的各向异性抗张强度,基于拉伸破坏准则,建立起井壁破裂压力模型。结果表明,考虑各向异性影响后,破裂压力随层理产状变化,低角度层理对破裂压力影响较小,沿最小水平地应力方向倾斜的高角度层理,其破裂压力最高,而沿最大水平地应力方向倾斜的高角度层理,其破裂压力最低。

Do[100]针对无限大横观各向同性线弹性介质,以二维平面应变为假设,考虑二维平面x和y方向传导率、孔隙弹性系数差异性,结合杨氏模量、泊松比、剪切模量各向异性弹性参数,基于胡克定律以及岩石平衡方程、几何方程、协调方程,建立岩石本构方程;再通过复位势理论,基于孔隙压力分布方程,针对渗透边界和不渗透边界,建立原地应力和稳态流体流动的孔隙压力变化诱导应力综合叠加的井周总应力模型,利用Lekhnitskij[5]方法得到各向异性平面井周应力解析解;基于各向异性抗张强度,建立破裂压力预测模型。结果表明,杨氏模量各向异性的增加导致了第一阶段裂缝起裂压力的增加;然后在第二阶段,如果是不渗透边界,起裂压力会降低,如果是渗透边界,起裂压力会增加;随着层理倾角的增加,渗透边界时裂缝起裂压力会单调增加,而在不渗透边界情况下,裂缝起裂压力在第一阶段增加,然后减小。

在压裂过程中,塑性(屈服)区可能围绕圆形井筒发生动态变化[101]。当以一定流体压力压裂液注入地层时,在页岩中井筒周围会存在塑性区域和线弹性区域,如果减小注液流体压力,塑性区范围会扩大。在高速率流体注入过程中,在塑性区径向应力会增加,周向应力会减小。当径向应力等于周向应力,注入流体迫使井筒周围应力状态远离屈服准则,进入各向同性应力状态;当径向应力大于周向应力会发生应力反转,塑性区域已经被破坏,此时遵循弹性变形准则。

Aadnby[102]针对弹塑性地层,以塑性区非线性本构和弹性区线性本构边界条件和平面应力应变假设,基于塑性区Mises应力破坏准则和弹性区抗张强度破坏准则,利用胡克定律,分别建立起弹性区、塑性区起裂压力模型。

Shao[103]考虑孔隙压力和温度扩散等因素,基于热力学温度应力应变方程和岩石本构模型,建立起热流固综合作用下的总井周应力,提出了一种考虑岩石塑性变形非线性耦合的有限元求解方法。

Xia[104]采用有限元方法模拟了平面二维情况下的钻井中最大泥装压力,结果表明井眼破坏可能存在拉张和剪切破坏两种模式,并分析了地应力各向异性的影响。

Zervo[105]在不考虑体力情况下利用多孔介质塑性本构方程、屈服函数、塑性流动和材料硬化方程,基于塑性有效应力破坏准则,采用有限元方法,建立起非线性塑性多孔介质起裂压力模型。

水平井分段多簇压裂过程中,由于储层渗透率、孔隙度等物性非均质,杨氏模量、泊松比等力学参数和三向地应力差异使得各簇起裂压力不同,进而导致各簇裂缝非同时起裂[106]。从而使得一部分射孔簇优先起裂扩展对未起裂射孔簇产生裂缝诱导压应力,进一步增大未起裂射孔簇起裂压力加剧起裂难度,并且随着压裂液不断注入使得先起裂裂缝产生更大诱导应力,致使后起裂裂缝扩展受到抑制,甚至失效[107-108]。Camron 等[109]对 100 多口页岩气井的生产测井数据分析也证明了大约有 1/3 的射孔簇由于未能起裂而对产能无贡献。

然而现有起裂压力预测模型主要针对各向同性、线弹性介质,通过实验物理模拟、有限元、数学方法进行研究,对于层理页岩这种强非均质性、各向异性岩石的动力学损伤本构模型,目前研究较少,认识仍不清楚。并且尚未全面考虑地层各向异性特征、多簇裂缝起裂扩展先后顺序、孔隙压力分布、原地应力、水泥环诱导应力、射孔孔眼诱导应力、水平井井眼轨迹等因素,建立综合考虑岩石力学、套管/水泥环力学特征、压裂液在注入过程中的渗滤特征、流体扰动等影响下的水平井井周应力预测模型,进而基于各向异性地层岩石破坏准则,建立渗流-应力起裂压力预测模型。同时,针对页岩储层原位条件下的起裂压力与裂缝扩展耦合研究开展较少,页岩的射孔簇起裂特征及裂缝扩展机制仍不明确。

1.1.3 页岩水平井压裂多簇裂缝竞争起裂扩展研究

页岩非均质储层压裂裂缝扩展研究是页岩压裂裂缝非均衡扩展及缝网调控中的基础环节,是保障压裂参数优化研究的重要基础。为了实现页岩水平井压裂多裂缝都能有效起裂和有效延伸,最大限度使得缝网改造体积、簇数及各簇缝长、裂缝非均衡扩展系数、功率等多目标满足全局最优,进而需要进一步对页岩非均质储层压裂裂缝扩展问题开展研究。页岩非均质储层压裂裂缝扩展属于各向异性、非均质页岩多裂缝起裂及网络裂缝竞争扩展机制。针对页岩普遍采用井下工具将井筒分成多个压裂段,在每个压裂段内分 3~12 簇、簇间距 10~30 m 射孔后进行压裂,该方法降低了作业成本和时间。然而现场测试和理论研究表明[110],由于地应力、孔隙度以及渗透率差异等非均质性,以及由于应力阴影造成的屏蔽作用,使得射孔簇并不都能够有效起裂和扩展[111]。并且同一压裂段内,由于地层的各向异性、非均质性导致各簇裂缝破裂压力高低不一,并且各簇裂缝流体满足压力守恒和流量守恒,即所有簇裂缝流体压力都相等,流量之和为总施工排量的耦合条件,因此,随着压裂液不断注入,流体憋压首先达到所有簇裂缝中最小的破裂压力,致使该簇裂缝起裂并扩展。由于裂缝憋压状态转向裂缝延伸状态,能量释放,致使井筒压力降低;而随着裂缝长度变长,使得延伸摩阻逐渐增加,裂缝流体压力逐渐达到下一条射孔簇裂缝起裂压力而扩展,而在射孔簇裂缝扩展中伴随着水力裂缝与天然裂缝交互形成复杂网络裂缝过程,以此类推,表现为只有起裂过程过渡到起裂与扩展过程、最后只有扩展过程、扩展与天然裂缝交互的 4 个阶段。目前,国内外学者针对各向异性、非均质多簇裂缝扩展,从实验、裂缝扩展数模以及水力裂缝与天然裂缝交互角度开展了广泛的研究。

1.1.3.1 多簇裂缝扩展实验研究

水力压裂形成的多簇裂缝是沟通储层和井筒的连接的桥梁,影响着压裂效果。而水力压裂实验研究是认识多簇裂缝扩展机理的直接手段和方法,目前已经有大量学者开展了相关工作。

Pater 等[112-113]基于相似准则进行了水力压裂数值模拟和实验模拟。El Rabaa[114]利用致密储层岩心,将三轴加载条件应用于 $6 \times 12 \times 18 in$❶ 周围套管和穿孔钻孔的岩石块来进行实验。钻孔方向与施加的最小应力成 $0 \sim 90°$ 不等,对不同井方位角水平井的裂缝几何形状进行了实验研究。研究表明,水平井附近的裂缝几何形状受井斜和压裂段长度的控制;从同一压裂段可以产生多个裂缝;射孔簇裂缝之间的产生应力干扰现象使得部分射孔簇未能有效起裂扩展。这一结论与随后 Crosby[115]、Alabbad[116] 和 Michael[117] 等人采用水泥人工岩样开展的实验结果一致。

张烨[118]采用露头页岩在三向围压条件下开展 2 簇同步起裂扩展的真三轴水力压裂物模实验,分析了变排量压裂、同步压裂的 2 簇裂缝扩展情况。结果表明,其中一簇先起裂扩展一段时间后停止增长,而进液优势的水力裂缝继续扩展,各簇裂缝均呈现非均衡扩展现象[119]。

Lee 等[120]采用半圆形弯曲(SCB)实验来研究水力裂缝与天然裂缝的相互作用。分析了通常不被考虑的天然裂缝厚度和岩石–水泥界面结合强度的影响。结果表明,水力裂缝穿越/转向行为取决于接近角、岩–水泥界面结合强度和天然裂缝的厚度;随着水力裂缝接近胶结天然裂缝,水力裂缝近端应力状态受到岩–水泥界面的抗拉强度和抗剪强度的影响,而发生剪切滑移、张开以及穿过天然裂缝。

侯冰[121]针对含天然裂缝页岩岩样真三轴水力压裂物模实验,分析了储层参数和施工参数对非平面裂缝扩展的影响。结果表明,水平主应力差越小和水力裂缝、天然裂缝距离越近、天然裂缝逼近角越接近 $90°$,水力裂缝与天然裂缝交互越容易形成复杂裂缝网络;压裂液黏度、排量越大,越容易穿过和激活天然裂缝。

目前,国内外裂缝扩展实验对多簇裂缝扩展实验、天然裂缝与水力裂缝交互实验以及复杂缝网实验有了一定研究,但是实验研究所需样品及实验设备的获得较为困难,可操作性差,样品测量缺失对原有应力状态的还原,需要经过可重复性检验,耗费了大量时间成本和相关费用。并且实验只能从现象中反应裂缝扩展的本质,定性参量占据了主要地位,而不能从实验直接定量表征水力裂缝参数、与天然裂缝交互参数的动态过程,并且从实验的角度进行裂缝非均衡扩展及缝网调控显得不切实际。因此,需要利用实验的定性认识,结合页岩非均质储层多簇裂缝扩展数模分析,进行裂缝参数优化。

1.1.3.2 多簇裂缝扩展数值模拟

目前,水平井分段多簇压裂技术是页岩有效开发的主要手段。现场监测数据[122]和实验测试结果[117-118]均表明,水平井分段多簇压裂过程中难以维持多裂缝的均匀扩展。开展水平井分段压裂多裂缝扩展机理及均匀程度影响因素研究,对优化水平井分段多簇压裂设计具有重要的指导意义。近年来,已有国内外学者针对多簇裂缝扩展数模方法对此开展了一系列研究。

---

❶ 1 in = 25.4 mm。

Wu 等[123]通过数值模拟研究表明,通过合理的设计射孔参数有助于形成多裂缝的均匀延伸,但是并没有研究分段多簇射孔孔眼的竞争起裂问题。

胥云[124]基于断裂力学理论,将多裂缝离散若干单元,每个裂缝单元采用三维位移不连续方法求解诱导应力干扰压应力;利用应力叠加原理,建立起多裂缝诱导应力模型;基于缝内净压力条件求解位移不连续量,建立三维非平面裂缝扩展模型。确定了应力干扰作用范围为 1.2~1.5 倍缝高、1.2~1.5 倍缝长。

Zeng 等[125]通过耦合固体地层的变形和压裂裂缝中的流体流动、水平井眼的流量分配和射孔孔眼摩阻损失,采用扩展有限元法(XFEM)模拟裂缝的任意增长,牛顿迭代求解非线性方程,建立了一种多水力裂缝扩展的数值方法。提出了一种基于应力强度因子(SIF)的割线迭代法求解裂缝扩展轨迹。模拟了应力相互作用、井筒压力损失和射孔孔眼摩阻对多个水力裂缝同时扩展的影响。

Wu 等[126]开发了一个复杂的水力裂缝发育模型(XFRAC)来模拟储层中的多个裂缝同时起裂与扩展过程,通过一系列实例研究,分析了流体黏度、注入速度、裂缝间距、应力差等因素对压裂效果的影响和杨氏模量对内部发育裂缝同时扩展的影响传播模型(XFRAC)。结果表明,增大流动黏度会增大不同裂缝内流量差异,导致非均匀扩展;裂缝间距越小,应力干扰效应越强,导致各裂缝的流量分配差异越大;应力差可以改变裂缝间的流量分配,应力差越大,裂缝扩展转向形成复杂裂缝越困难。

Xie 等[127]采用简化的三维位移不连续法建立多裂缝诱导应力场,考虑裂缝扩展延伸摩阻、孔眼摩阻和井筒压力损失,基于流量平衡和压力守恒,计算每个裂缝单元的切向位移、法向位移以及裂缝转向角,获得每个时间步长的裂缝同时起裂与扩展路径。计算结果表明,较小的裂缝间距意味着较强的应力阴影效应,显著降低了射孔效率;孔眼直径越小,更容易产生均匀的裂缝扩展几何形状;较高的施工排量更好地促进均匀的缝内流体体积分布,使得每个射孔簇裂缝扩展更均匀;流体黏度越大,导致相邻裂缝扩展间距增加。

赵金洲等[128]基于全局嵌入黏聚区域模型,建立了模拟多孔眼裂缝起裂、扩展的有限元模型。模型把储层考虑为致密、低渗透性的孔弹性介质,耦合了裂缝中流体流动与地质应力间的相互作用。最终得到了多孔眼起裂表现出 4 种竞争起裂模式:初期就起裂并维持张开;孔眼张开但未曾起裂;初期起裂扩展后又闭合;初期未起裂中后期才起裂。

Long 等[129]考虑分段多簇压裂中流体的均衡分配并考虑射孔侵蚀引起的射孔压降以及在射孔侵蚀期间,排出系数 Cd 和孔径 D 随时间同时增大,建立了一个依赖于磨损机制的射孔–侵蚀模型,并将模型运用到非平面水力压裂模拟器中。计算结果表明,在地应力较高射孔簇区域应该增大射孔数量,有利于减少射孔压降,从而增加流体的吸入量,最终实现流体产生均匀的流体分布和裂缝同时起裂延伸。

Duan 等[130]基于离散元理论建立了多簇裂缝同时起裂与扩展模型,研究了原地应力状态和众多输入参数对裂缝延伸轨迹的影响。计算结果表明,储层非均质性放大了应力屏蔽效应,并在裂缝间产生相互作用。较高的有效应力各向异性会抵消部分应力阴影屏蔽效应,并迫使裂缝向最大应力方向延伸,从而产生相对较长的平行裂缝。

Xin[131]在线性弹性断裂力学(LEFM)的背景下,采用了位移不连续方法(DDM),利用 J

和 I 轮廓积分方法来计算二维裂纹尖端的应力强度因子,并基于裂纹尖端附近的应力和位移场以及预测裂纹扩展。

而在页岩非均质储层多簇裂缝扩展中,裂缝内部的流体行为主要有两种,一种是沿裂缝面切向的流动,另一种是沿裂缝面法向的渗流[132]。切向流方面,通过假设上下裂缝面为平行光滑板,缝内流体为层流;法向渗流方面,一种裂缝面不滤失,压裂液流体只用来支撑裂缝扩展[133];另一种采用 Carter 滤失模型,通过滤失系数考虑压裂液向岩体内部的滤失[134]。然而 Carter 模型不能考虑裂缝周围孔隙压力变化过程,有大量文献考虑孔隙压力变化和压裂液滤失,以多孔介质理论为基础的流固耦合有限元计算进行水力裂缝扩展模拟[132,135]。

综上所述,目前针对页岩裂缝扩展多采用解析方法、改进的位移不连续法(DDM)、有限元法(FEM)、扩展有限元法(XFEM)、离散元法(DEM)进行广泛的研究。但是目前多簇裂缝扩展大多假设储层物性和地应力均质各向同性,各射孔簇裂缝同时起裂和扩展。尚未全面考虑地应力差异、力学参数各向异性、物性非均质、多簇射孔起裂次序、先起裂簇产生的诱导应力对多簇射孔竞争起裂与扩展,也没有考虑流体沿着裂缝面扩散,进行流固耦合研究,更没有将页岩非均质裂缝扩展作为穿插天然裂缝形成复杂缝网以及裂缝非均衡扩展及缝网调控必不可少的基础环节。

1.1.3.3 多簇非平面裂缝扩展模拟

近年来,学者们基于位移不连续法(DDM)[136-138]、有限元法(FEM)[139-140]、扩展有限元法(XFEM)[141-143]和离散元法(DEM)[144-146]等数值方法研究了多簇水力裂缝扩展、水力裂缝与天然裂缝交互扩展机制。

Wu[147]、Bunger 等[148]提出了一种新的裂缝扩展模型(FPM),它可以模拟水平井筒的多水力裂缝和天然裂缝扩展。该模型将水力裂缝和天然裂缝变形与水平井筒中的流体流动耦合,采用位移不连续法(DDM)来表示裂缝及其开口的力学性质。考虑了井筒流动和射孔孔眼压降,采用基尔霍夫第一定律和第二定律和牛顿迭代方法求解井筒与多裂缝之间的流体流量和流体压力[149]。

曾凡辉[3]等耦合页岩储层岩石力学特征、射孔参数以及施工参数等,建立了页岩水平井分段多簇压裂过程中水力裂缝与天然裂缝交互的动态扩展模型,提出了提高页岩水平井改造体积和裂缝复杂程度的改进交替压裂模式。

Yao[150]根据穿越天然裂缝所需的应变能、岩石基质变形所需的应变能、扩展新体积表面所需的能量、微弱的热量(忽略)能量之和与注入流体总能量满足能量守恒,基于格里菲斯破坏准则,获取裂缝扩展缝宽、缝长、应力强度因子以及方向,并且获取天然裂缝开启的临界流体压力,判断能否沿着天然裂缝继续扩展。

Zhang 等[146]采用离散元法模拟了水力裂缝与天然裂缝的相交作用行为,模拟结果表明:高天裂缝壁面摩擦系数和高相交角有利于水裂缝穿过天然裂缝;天然裂缝两侧岩石的强度(断裂韧性)和刚度(杨氏模量)差异对相交结果也有重要影响,水力裂缝从低强度地层向高强度地层扩展或是从高刚度地层到低刚度地层扩展的过程中,较易被天然裂缝捕获。

Neutra[151]利用三维位移不连续和间断边界元方法,考虑裂缝扩展受裂缝尖端附近应力场的控制,建立表征尖端钝化应力强度模型,基于流量守恒和压力平衡,建立起均匀、各向同性和线性弹性空间中不连续的裂缝扩展轨迹模型。该方法表征尖端钝化应力强度模型可以借鉴作为本书水力裂缝与天然裂缝交互产生尖端钝化效应因素,从而全面的表征页岩非均质裂缝扩展。

页岩层理较为发育,主要导致页岩力学性质的各向异性[152],Olson等认为页岩的各向异性的存在是其在压裂改造中形成复杂裂缝网络的重要有利因素,提出了净压力指数的概念来量化是否可以形成裂缝网络的可能性[153]。并且压裂裂缝易沿最大水平主应力扩展,为了获得大体积的横切裂缝系统,页岩气水平井一般沿最小水平主应力或小于30°夹角钻进。天然裂缝的力学性质较为薄弱,往往是优选有利压裂层段优先考虑的主要地质因素,这是由于天然裂缝可改变人工裂缝延伸方向,多级转向裂缝和天然裂缝相互交切,最终共同形成了整个页岩层系内部复杂的裂缝系统[154]。但要获得有效的改造体积,需要较高的净压力,才能够使页岩中原先存在的层理缝、纹理缝和充填缝等弱面缝张开,形成较为充分的非平面裂缝网络[155]。

侯振坤等[156]通过大型真三轴实验,研究了页岩水平井水力压裂裂缝扩展规律,得到了裂缝在垂直层理发现起裂,在弱层理面会发生交叉、转向等现象,弱结构面的存在是形成复杂裂缝的基础等认识。

Wu[157]通过预置多条天然裂缝,根据复杂裂缝网络中流体流动的方程、形变方程和裂缝扩展/交互作用准则,基于改进的位移不连续方法,建立非常规复杂裂缝扩展模型(UFM)。结果表明,当产生复杂裂缝时,如果地层具有较小的应力各向异性,裂缝交互和应力排斥作用会导致裂缝复杂度急剧增加。另一方面,对于较大的应力各向异性,由于应力各向异性会抵消应力阴影引起裂缝转向的影响,迫使裂缝向最大应力方向移动,因此存在有限的裂缝复杂度。然而,无论断裂复杂度如何,应力阴影对裂缝缝宽有很强的影响,影响流量在多个裂缝分支分布,以及整体裂缝网络轨迹。

综上所述,目前针对页岩裂缝扩展多采用裂缝扩展实验、解析方法、改进的位移不连续法(DDM)、有限元法(FEM)、扩展有限元法(XFEM)、离散元法(DEM)、非平面裂缝扩展模型(UFM)进行广泛的研究。但多簇裂缝、天然裂缝交互扩展大多假设储层物性和地应力均质各向同性,各射孔簇裂缝非同时起裂和扩展、非平面裂缝扩展研究较少。尚未全面考虑各向异性、地应力差异、物性非均质、多簇射孔起裂次序、先起裂簇产生的诱导应力对多簇射孔竞争起裂与扩展、考虑孔隙压力分布的裂缝面动态滤失以及非平面裂缝扩展的影响,更没有将页岩非均质裂缝扩展作为裂缝非均衡扩展及缝网调控必不可少的基础环节。尽管上述研究方法有缺陷,但可以借鉴位移不连续法(DDM),结合各向异性页岩破裂压力预测模型,考虑非同时起裂与扩展,进行裂缝竞争起裂与扩展研究;再结合改进的位移不连续法(DDM),基于水力裂缝与天然裂缝交互判断准则,进行水力裂缝与天然裂缝交互、非平面裂缝扩展研究,建立各向异性页岩非平面裂缝扩展模型,从而成为裂缝非均衡扩展及调控重要组成部分。

1.1.4 多尺度暂堵压裂提高裂缝复杂程度研究

暂堵剂颗粒的粒度分布是其能否在水力裂缝中形成有效的封堵层的基础,不仅关系到暂堵颗粒与缝宽的适配,还关系到封堵层的渗透率和强度,任何一方面的缺陷均会导致暂堵转向失败,而评价暂堵剂封堵效果的最直接手段便是进行室内实验。为了明确不同级配暂堵剂堆积后的强度特征,优化调控并评价封堵层渗透率和强度,首先对多尺度暂堵剂粒度优化方法和非均匀暂堵剂堆积强度与封堵效果评价实验开展了调研。

1.1.4.1 暂堵剂粒度优化设计

对于暂堵剂粒度分布的设计,常用的模型有 Rosin – Rammler 模型、Gaudin – Schuhmann 模型和 Alfred 模型[158-159],但针对不同配比的暂堵剂颗粒,以上模型的模型系数需重新确定。

Fuller 曲线[160]为颗粒粒度分布的理想筛析曲线,当所设计粒度分布与曲线重合时堆积紧密,同样需要确定颗粒形状指数。

崔迎春等[161]提出屏蔽暂堵分形理论,以颗粒的粒度分布分形维数等于孔隙分形维数来设计暂堵剂粒度分布,但需要对孔隙结构进行测量。

罗向东等[162]提出架桥颗粒粒径为裂缝宽度的 2/3,填充颗粒包括弹性颗粒与软化颗粒的粒径为裂缝宽度的 1/4~1/2 时,可实现有效封堵。

Hands 等[163]提出了 d_{90} 理论,认为当暂堵剂颗粒累积粒度 d_{90} 所对应的粒径与裂缝最大宽度相等时,可以得到最佳的封堵效果。

许成元等[164]对深层裂缝性堵漏材料的研究中提出粒度降级的概念,认为暂堵剂 d_{90} 需不小于 5/6 缝宽。

暂堵剂封堵过程为大颗粒首先形成架桥,随后小颗粒填充孔隙空间降低渗透性,进一步由裂缝壁面压实形成有效封堵层。现有研究中只对暂堵剂颗粒参数和堆积参数进行了单独设计,未形成对于不同裂缝宽度的暂堵剂粒度分布确定方法,没有考虑暂堵剂堆积形成封堵层的渗透率和强度。针对以上问题,可通过颗粒架桥理论确定暂堵剂的关键颗粒粒径,再结合紧密堆积理论确定暂堵剂的粒度分布,确定出暂堵剂可以稳定堆积的粒径后,通过所建封堵层渗透率和强度模型对所设计暂堵剂参数进行优化。

1.1.4.2 暂堵剂堆积强度评价实验

杨科等[165]通过对不同级配矸石材料的承载力学特性实验研究,将集料的压缩变形分为孔隙压密、结构调整和弹塑性变形 3 个阶段。随着轴向应力的增大,集料依次出现大颗粒骨架破坏、中等颗粒滑动移位和小颗粒填充孔隙。不同加载速率下,轴向应力与应变呈幂函数分布,轴向应力和加载速率与颗粒分形维数呈对数函数关系,集料的力链长度随载荷的增大逐渐增长,覆盖范围逐渐增大。

吴疆宇等[166]对骨架颗粒满足 Talbol 级配理论的废石进行单轴抗压实验研究发现,充填体单轴抗压强度、弹性模量、变形模量均随 Talbol 指数 n 呈先增大、后减小的趋势;采用二次多项式拟合充填体单轴抗压强度与骨架颗粒 Talbol 指数的关系,得到了使充填体强度及变形特性达到最优的 Talbol 指数 n 为 0.45。充填体单轴抗压强度基本上随其初始孔隙度的增大而减小,胶结材料的加入能够相应地缩短其应力 – 应变曲线中的孔隙压密阶段时间。

程爱平等[167]通过对不同粒级特征砂体充填分层现象研究发现,自然充填状态下砂体将分为3层,下层大颗粒堆积稀疏,上层细颗粒堆积紧密,中层介于二者之间。充填体的分层变化特性是由于试样内部颗粒间的排列方式及紧密程度之间的特征而导致,分层现象对充填体的强度影响较大,颗粒密实程度越好、颗粒排列越均匀,越能更好地对其强度进行表征。

尚宏波等[168]通过对煤体渗透特性随围压及孔隙率的演化实验研究发现,三轴应力作用下破碎煤样的孔隙率与围压的变化规律呈负相关,各级轴向位移下,两者服从对数函数关系;随着有效应力的增大,各粒径下的破碎煤样孔隙率逐渐减小。各级轴向位移下,破碎煤样的渗透率随围压增大而减小,不同粒径的破碎煤样渗透率随围压的演化规律可用拟合公式 $k = me^{n\sigma_3}$ 表示,颗粒粒径越大,破碎煤样的渗透率随围压的变化越敏感。

闫浩等[169]从形态特征、孔隙特征和接触特征3个方面表征散体充填材料的细观结构,通过数模实验以颗粒等效粒径、颗粒形状系数、颗粒定向度、表观孔隙率、连通率和颗粒接触关系6个指标对散体充填材料进行细观结构的量化分析。研究发现颗粒摩擦因数和颗粒孔隙率对宏观应变量的敏感性明显高于颗粒刚度比和颗粒粒径。

韩华强等[170]通过对不同围压和动应力条件下不同级配颗粒破碎特性研究发现,低应力状态下颗粒变形较小,级配优劣对颗粒破碎的影响不明显,而主要受充填层粗颗粒骨架作用强弱的影响;应力越高,充填层变形越大,级配优劣对充填颗粒破碎的影响越明显,表现为级配越粗,细颗粒对粗颗粒的填充作用越弱,相对分担的应力越小,颗粒破碎率越高。

调研发现,级配优劣对封堵层强度影响显著,暂堵剂有效堆积后随着闭合应力增大将出现孔隙压密、结构调整和弹塑性变形3个阶段,暂堵颗粒在弹性限度内的粒径减小将会改变整体的分形维数,明确大颗粒滑动移位和小颗粒充填下封堵层应变特征对于封堵层强度表征意义重大。目前研究表明暂堵颗粒分形维数和封堵层渗透性与轴向应力和围压存在一定的拟合关系,但对于非均匀级配暂堵剂封堵层强度随应力的力学演化特征需要进一步开展研究,以验证暂堵剂粒度优化设计方法的可靠性。

1.1.4.3 暂堵效果评价实验

王建华等[171]利用动态岩心污染损害评价实验仪,通过测定含暂堵剂钻井液污染后岩心的渗透率恢复值和动滤失量来评价暂堵剂的封堵效果,以最大突破压差评价封堵层强度。实验时,先用饱和煤油法测出岩心的初始渗透率,随后在一定压差条件下模拟循环含暂堵剂钻井液一段时间,测量动滤失量和突破压差,结束后刮去滤饼,测量污染后岩心渗透率。实验结果表明,采用暂堵剂理想充填可以有效降低动滤失量和最大突破压差,提高渗透率恢复值。但此方法无法模拟漏失及封堵过程中裂缝漏失通道的动态变化行为。

Gomaa 和 Williams 等[172-173]利用桥接实验装置对暂堵剂的架桥性能进行了研究,通过测试含暂堵剂颗粒流体对带有不同宽度裂缝的通过能力来评价暂堵剂的架桥性能。实验时,通过测量流体的质量流量来确定不同参数暂堵剂配方的架桥能力和渗透率的降低值。实验发现,暂堵剂桥接可将开阔的裂缝空间转化为具有紧密质地的多孔介质,有效降低渗透率,需要优化的粒度分布才能在储层深部形成架桥,裂缝宽度与桥接所需的平均粒度之比为2.4。该实验原理简单,但没有考虑封堵层强度和地层闭合压力的影响。

对于纤维复合材料的封堵性能,Kefi 等[174]利用静态滤失设备对不同宽度裂缝采用纤维与暂堵剂颗粒组合进行封堵评价实验,发现当细颗粒累积体积小于10%时,无法形成有效封堵。Potapenko 等[175]实验发现加入纤维可以提高桥接效率,从而有效减少暂堵剂用量。以上研究都只是从实验角度评价了复合材料的封堵能力,未进行各参数变化对封堵效果的影响分析,没有形成与之对应的理论模型来解释实验结果。

Zhong 等[176]采用预剖缝岩心开展静态复合暂堵实验,将岩心出口端流量剧增(压力突破)时刻视为封堵层失效,评价暂堵剂与支撑剂协同暂堵的效果。其实验暂堵剂粒径为 20～100 目(850～150 μm),大颗粒粒径为水力裂缝宽度的 1/3～1/2,支撑剂粒径为 40～70 目(435～212 μm)和 70～140 目(212～106 μm)。通过研究不同暂堵剂比例对封堵强度的影响寻找最优配比,但没有进一步明确复合材料的粒度,且忽略了封堵层渗透性对暂堵效果的影响。

综上所述,暂堵剂封堵效果评价实验流程和压力突破暂堵失效等实验判据发展较为完善,但目前的实验研究大都聚焦于暂堵剂封堵强度,而忽略了封堵层渗透性。封堵层渗透性过大将会降低流体过流压降,无法有效提升缝内净压力,裂缝将继续沿主裂缝延伸,无法转向开启新缝。因此,本书将对粒度优化后的暂堵剂封堵效果开展实验研究,评价封堵层强度和渗透性。

1.1.4.4 多尺度暂堵剂封堵理论模型研究

暂堵剂封堵能力指暂堵剂在水力裂缝中形成封堵层后阻止后续工作液流体通过的能力,表现为封堵层的渗透率和封堵强度。暂堵剂堆积后既要具有较低的渗透率,阻止工作液通过以提高缝内压力,也要具有足够高的承压能力,在水力裂缝转向之前不至于发生失稳破坏。而暂堵剂在运移到封堵位置之前,在随携砂液向裂缝深部运移的同时发生沉降,暂堵颗粒沉降到裂缝底部的位置即为暂堵剂形成封堵的位置。为了准确预测暂堵剂封堵效果和暂堵位置,进一步对暂堵剂封堵数值模拟研究进行了调研。

(1)封堵层渗透性模型。

对于暂堵剂颗粒堆积后的渗透率研究,Hubbert[177]根据 Darcy 定律推导得出的计算模型中,将渗透率表示为颗粒平均粒径的函数,但对于颗粒形状和颗粒堆积形式没有做具体的研究。

Krumbern[178]将颗粒视为具有基本参数平均粒径和标准差的对数频率分布,将颗粒特征用统计参数表示,采用冰川积砂进行了实验,通过控制形状、堆积、孔隙率等变量保持合理的常数,评估渗透率对各个参数的依赖性。最后的关系表明,对于粒径满足正态分布的颗粒,渗透率可以表示为平均粒径的幂函数和标准差的指数函数的乘积,表明控制渗透率的尺寸因子可以通过实验和分析来评价,但没有得出普适性的结论。

高才尼(Kozeny)提出以孔隙度和多孔介质的比面表征渗透率,未对高才尼常数做出明确的定义。Rose 和 Bruce[179]定义了孔道的迂曲度 τ,卡尔曼等学者修正了毛管束模型,建立了高才尼－卡尔曼渗透率模型,将渗透率用孔隙度、孔道迂曲度和岩石比面来表示。

Walsh 和 Brace[180]根据 Wyllie 和 Rose[181]的假设模型推导出了简单毛管束模型的渗透率表达式。

陈永平等[182]将多孔介质渗透率表征为颗粒当量直径和孔隙比的函数,建立了渗透率分形求解模型。采用分形理论求解多孔介质渗透率可避免研究复杂的孔隙空间,研究思路值得借鉴,但此方法需要通过介质剖面来确定比例因数,无法适用于封堵层。

Nishiyama 和 Yokoyama[183]通过测量不同粒径的颗粒对多孔介质的通过能力,利用排水法得到了孔隙度-临界孔半径-渗透率关系。实验结果表明,临界孔径对多孔介质的渗透性起着至关重要的作用,在具有较低渗透率的多孔颗粒介质中,流道更加曲折。

于华等[184]基于串联毛管模型,将孔道视为直径连续变化的毛管,引入岩电实验参数确定了孔喉直径比,结合孔隙度和喉道直径建立了储层微观参数渗透率模型。

李雄炎等[185]基于测井资料和其延伸参数,通过流动单元指标与决策树分类模型耦合建立了高精度渗透率模型,此类模型对于已有多孔介质渗透率评价精度较高,但不适用于暂堵剂颗粒堆积后的封堵层渗透率预测。

Teng 等[186]引入并修正 Kozeny - Carman 模型,将颗粒简化为圆形,模型中迂曲度以孔隙度表征,建立了冻土渗透性模型,研究表明流体饱和度和固体颗粒的形状系数比是影响渗透性的重要参数。

Ruan 等[187]在压实膨润土的渗透性研究中将传统 KC 方程中的总孔隙度和总迂曲度等临界参数分别以宏观孔隙度和迂曲度代替,研究表明 KC 方程可以很好地表征出在压实和膨胀作用下颗粒粒径变化引起的渗透性变化。

调研发现,现有的渗透率计算模型多数需要获得孔隙喉道参数或基于颗粒平均粒径,而暂堵剂粒度分布广泛,且封堵层无法实际观测,孔隙结构难以定量研究。Kozeny - Carman 模型中孔隙度和比面均可由暂堵剂粒度分布得出,从而避免了研究复杂的孔隙空间,简化了渗透率的求解过程,适用于暂堵剂颗粒粒度分布广泛的特点,所以本书将以此为基础建立渗透率计算模型。

暂堵剂颗粒堆积形成的封堵层根据颗粒排列层数分为单模态、双模态和复模态[188]。单模态情况下暂堵剂颗粒大小只有一种,颗粒排列方式有较宽松的立方体排列和较紧密的菱面体排列。双模态指封堵层由两种不同粒径颗粒组成,较小粒径颗粒在较大粒径颗粒的孔隙间形成填充,显著减小了封堵层的孔隙度。复模态指封堵层存在 3 种及以上粒径颗粒,小颗粒逐级填充孔隙,此时封堵层孔隙度将进一步减小。

Katz 和 Thompson 利用扫描电子显微镜和光学数据发现,几个砂岩的孔隙空间是分形几何,论证了孔隙体积是一个分形,其分形维数与孔隙-岩石界面的分形维数相同,分形维数在 2~3 之间。

彭振彬等[189]用 Menger 海绵体模型对砾石颗粒孔隙进行了研究,建立了砾石孔隙的孔隙分形理论模型,发现当统计足够精细时,颗粒的统计分形维数与孔隙分形维数相等。

颜旭等[190]对泥沙自然堆积孔隙度计算进行了实验研究,采用排水体积法对不同粒径组泥沙、均匀沙和混合沙的孔隙度进行了测量。实验发现,当细沙部分一定时,粗沙与细沙粒径相差越大,混合沙的孔隙度越小,说明细沙对粗沙的填充效果越好。

张佳佳等[191]将经验模型与 Kuster - Toksoz 理论相结合,建立了多孔可变临界孔隙度模型,可由不同储层段的岩石弹性参数得出孔隙体积,适用于具有多重孔隙特征的储层。

Chang 等[192]认为传统堆积模型填料孔隙度是每种粒级颗粒体积分数的线性函数,在小尺寸比的情况下误差较大,提出多颗粒混合物非线性堆积模型。该模型中,体系主要骨架由一类以上的粒子组成,由于主要填料骨架随填料的组成而变化,因此将代表粒径被视为一个连续变量,对于不同类型颗粒组合的混合物孔隙度预测更加精确。

Perera 等[193]考虑颗粒堆积的影响扩展了随机颗粒填充理论,建立双峰混合物孔隙度的随机颗粒堆积半经验模型。通过将模型与各种双峰混合物(包括球形玻璃颗粒、采石场颗粒和天然沉积物)的实测数据拟合,校准模型系数,由于颗粒形状的差异,对于球形玻璃颗粒和自然沉积物,模型系数分别是粗细颗粒直径比的函数。

Xie 等[194]建立了基于随机填充理论的多阶段归一化模型,用于预测二元填充和三元填充的多尺寸混合物的孔隙度。该模型通过将混合物按照粒级划分,组合并循环计算粒级组分的代表分数、代表孔隙度和代表粒径,直至最终组合为两或三个,将代表参数代入二元或三元模型计算最终孔隙度。

从调研结果可以看出,孔隙度的确定方法有多种,但经验公式法针对不同岩石样本得出的,没有广泛的代表性;模态分析法可以针对不同粒径颗粒组合计算孔隙度,但颗粒填充存在不确定性,且暂堵剂粒度分布广泛,采用此方法计算孔隙度误差较大;分形理论为孔隙度计算提供了一种新方法,可通过暂堵剂粒度分形维数确定孔隙分形维数,进而得出孔隙度,适用于本书粒度分布广泛的特点。

(2)封堵层强度模型。

对于暂堵剂封堵强度模型的研究,Stimlab[195]协会经过大量实验建立了裂缝中颗粒回流经验模型,讨论了颗粒回流与闭合压力、支撑颗粒参数以及临界流速之间的关系,但该模型只能用于较低闭合压力,没有考虑颗粒发生破坏的情况。

Andrews[196]针对 Stimlab 模型的不足之处建立了楔形模型,将临界回流压降梯度作为回流判据,而不用临界流速。但此模型在高闭合压力下,当裂缝长宽比小于 6 时,填充层随着拖曳力的增大出现了由不稳定到稳定的现象,不符合实际情况。

何雨遥[197]对裂缝中充填颗粒进行了受力分析,将裂缝壁面作用与砂体自身强度之和作为充填层强度,联立受力与强度之间的关系建立了临界回流压降梯度方程,使得模型的计算结果更能被合理化解释。但将颗粒所受流体作用力统一视为拖曳力作用。

刘成武[198]在对裂缝中颗粒稳定性进行了研究,认为在颗粒回流时存在回流动力和回流阻力,回流动力为支撑剂的拖拽力强度,回流阻力包括闭合应力阻力强度、剪切应力强度及拉伸强度,当动力和阻力相等时,处于临界平衡状态。但对于回流参数敏感性分析中考虑的都是单因素,没有进行相互影响的多因素分析以及各参数的影响程度。

许成元等[199]经过对封堵层分析,认为裂缝壁面与封堵层之间的摩擦力和暂堵剂之间的剪切强度是维持封堵层稳定的主要控制因素,提出了封堵层摩擦失稳和剪切失稳模型,封堵层强度由摩擦强度和剪切强度中较小的所决定。研究发现架桥概率是决定裂缝封堵带形成和裂缝封堵效率的关键因素,临界桥接浓度和绝对桥接浓度是损耗控制配方设计的关键指标,随着桥接绝对浓度的增加,桥接的控制因素由材料粒度变为材料粒度和摩擦力的组合。

Yan 等[200-201]通过对封堵层颗粒间作用力的分析,提出了封堵带结构表征方法。认为裂缝封堵带是一个致密的颗粒物质系统,颗粒间作用力以接触力为主,以封堵带的微观尺度的力链表征宏观封堵带强度。研究发现,暂堵颗粒的形状和粒度分布、表面摩擦系数、抗压能力、耐磨性和耐温性是裂缝封堵层的关键微观结构参数。宏观尺度结构参数主要包括结构的尺寸、密实度和渗透性。

Li 等[202]根据岩体节理的不同尺寸和破坏模式,建立了岩体节理断裂破坏和剪切滑移破坏的强度模型。分析发现,节理中颗粒分形维数增加时,无论破坏模式如何,岩体的破坏概率都会增加。

调研发现,以上裂缝封堵层强度模型均有不足之处,对于封堵颗粒所受作用力考虑不全面,没有考虑到堆积颗粒在液体中将产生毛管力,且没有考虑多种暂堵剂颗粒配比的情况下对封堵层强度的影响,所以在结构失稳模型基础上结合以上两个因素建立颗粒型暂堵剂封堵层强度模型,对于屏蔽暂堵具有积极意义。

(3)暂堵剂运移模型。

单相 Navier – Stokes 方程[203]考虑流型和颗粒浓度,将固体颗粒和流体的混合物视为均匀混合的浆体,但将流体和固体视为单相无法区分分散暂堵剂相和连续压裂液相之间的相对运动,无法捕捉暂堵剂沉降和充填层形成等现象。

润滑理论[204]忽略了沿最小尺寸的流体流动,即在水力裂缝流动中,暂堵剂的输送发生在宽度始终小于高度和长度的区域内,垂直于裂缝壁的流动被忽略,采用 2D 模型来近似 3D Navier – Stokes 系统,是各种水力压裂模拟器中使用最广泛的流体流动模型之一。考虑裂缝宽度变化,N – S 方程简化为 Poiseuille 定律,表征为将流速与缝宽和压力梯度变化联系的偏微分方程。

由于重力、阻力和浮力的综合作用,暂堵剂在压裂液中将发生沉降直至裂缝底部[205],Shah[206]提出了颗粒悬浮的 Stokes 流动模型,假设支撑剂是悬浮在低速层流中的小颗粒,惯性力可以忽略不计。载液和支撑剂颗粒之间的相互作用由相反流动方向的阻力表示,流体雷诺数直接影响颗粒下落的速度。

Cleary 等[207]提出颗粒对流模型,修正了颗粒间沉降的相互影响作用。随着压裂液滤失入地层,颗粒浓度增加,当颗粒相互靠近时沉降受阻,其运动受到相邻颗粒的限制。

Liu 等[208]建立了以颗粒半径和裂缝半宽表征的壁面效应修正模型,由于水力裂缝宽度较小,支撑剂的输送可能会受到裂缝壁的影响,造成架桥、堵塞或颗粒滞留。研究发现,裂缝壁面粗糙度对颗粒运移速度影响显著。

McClure[209]基于充填层对后注入颗粒的影响,提出作用在支撑剂上的力通常可分为 4 种类型:阻力、升力、重力和浮力。阻力平行于流体流动,升力垂直于支撑剂床,重力和浮力的总和趋向向下作用。颗粒在充填层中的运动存在悬浮、跳跃和蠕变,悬浮发生在注入早期,此后,充填层由连续的颗粒沉降而形成。

在基于 PKN 和单元 P3D 模型的水力压裂模拟中[210-211],沿裂缝扩展方向的流体流动被简化为一维。通过一些简化和假设,便可以模拟出颗粒的二维输送过程,包括流体流动的水平运动、颗粒在每个垂直单元中的沉降以及颗粒的堆积。由于计算简单,一维流体流动中的二维颗粒运移建模长期以来一直被用于水力压裂建模[212-214]。

Hu 等[215]提出了一种理想化的颗粒输送模拟模型,由两个具有恒定高度的平行板形成的窄通道,根据混相流速和沉降速度迭代求解颗粒充填层高度,其数值模拟结果与他人的实验结果具有良好的一致性。

Dontsov 和 Peirce[216]考虑颗粒沉降和裂缝尖端析出,建立了颗粒输送与 P3D 水力压裂结合模型,研究发现,当考虑滤失时,颗粒明显更快地到达裂缝尖端区域并形成堵塞,一旦形成堵塞,只有少量的流体可以穿透堵塞区,从而使裂缝的延伸转向垂直方向。

二维颗粒运移模型效率高,易于实施,是20世纪80年代以来水力压裂模拟器中最流行的颗粒运移模型之一[210,217-218]。Clifton 和 Wang[217]在 PL3D 模型中考虑颗粒沉降、壁面效应、滤失和温度效应,将颗粒运移模型与水力压裂动态扩展相结合。研究发现,高温会造成压裂液黏度降低,导致颗粒分布不均匀。

Roostaei 等[219]采用具有恒定裂缝长度、宽度和高度的矩形和椭圆形裂缝研究了注入速率、支撑剂密度和尺寸、流体黏度对支撑剂运移的影响以及对流和支撑剂沉降对支撑剂垂直运动的影响。研究发现,流体黏度对支撑剂沉降的影响最大,而支撑剂尺寸和密度在实际条件下的影响不大。

Eulerian - Lagrangian 法将流体相视为在欧拉网格中求解的连续相,而通过牛顿定律描述的离散粒子则被视为分散相。使用 Eulerian - Lagrangian 法可以考虑更多的支撑剂运动机制,因为它更准确地模拟了粒子运动。在支撑剂传输建模中 Eulerian - Lagrangian 法分为两种:计算流体动力学 - 离散元方法(CFD - DEM)和多相粒子单元法(MP - PIC)。在 CFD - DEM 框架下,支撑剂颗粒由 DEM 单独模拟,而在 MP - PIC 模型中,一组具有相同性质的颗粒被一起跟踪。对于支撑剂传输建模,CFD - DEM 的耦合方法越来越受到关注[220]。

Zhang 等[221]基于修改后的 Navier - Stokes 方程,考虑粒子 - 粒子和粒子 - 壁相互作用,采用有限差分法进行建模,模拟了水平井中的支撑剂运移。

Zeng 等[222]开发了一种升级的 CFD - DEM 用于模拟 PKN 水力压裂模型中的支撑剂输送,采用对代表性粒子进行跟踪而非对每个单独的粒子进行建模。研究发现,流体黏度越高,颗粒运移越远。

CFD - DEM 模型基于离散颗粒追踪策略,通过显式求解单个颗粒运动方程精确解析颗粒间碰撞及接触力学行为,计算精度高但计算消耗与颗粒数量呈正相关,适用于小规模高精度颗粒流模拟。MP - PIC 方法采用数值粒子表征颗粒群统计特性,通过拉格朗日粒子与欧拉网格的双向耦合实现相间作用计算,利用颗粒属性向网格的投影映射显著降低计算维度,在保留颗粒相特征的前提下适用于百万量级大规模流动模拟。

尽管 MP - PIC 方法已在其他颗粒系统中得到广泛采用,但其在支撑剂输运建模中的应用仍然有限[225]。Tsai 等[223]首先证明了 MP - PIC 在 3D 高度理想化的裂缝中模拟支撑剂输送的可行性。

Zeng 等[222]通过耦合用于支撑剂传输建模的 MP - PIC 和用于裂缝扩展的 PKN 模型模拟了大规模扩展裂缝中的支撑剂传输,发现 MP - PIC 的性能与 CFD - DEM 相似,但计算成本较低,并且在计算成本和精度的权衡中达到了良好的平衡。

综上所述,采用简化数值模型模拟水力压裂中支撑剂运移通常会过度预测裂缝长度,Eu - La 模型(例如 MP - PIC)的效率仍需提高,以针对具有真实裂缝几何形状的现场规模模拟。颗粒注入过程的敏感性研究和设计需要通过支撑剂运移建模结合动态裂缝扩展来进行,而不是通过具有恒定高度、宽度和长度的理想化假设来进行。当前的支撑剂运移建模主要考虑对流和沉降等基本物理过程,但不够全面,无法捕捉与支撑剂运移相关的所有关键机制。且数值模拟方法无法与裂缝扩展相结合,无法确定出不同暂堵剂粒度、用量、暂堵时机和施工排量下的封堵位置。

1.1.5 各向异性页岩多簇射孔裂缝均衡扩展智能调控

水力压裂是页岩开发的关键技术,而压裂设计是水力压裂的基础先导工作。压裂设计的任务是在认识储层和裂缝形态的基础上,尽可能使得裂缝与储层匹配,实现各簇裂缝非均衡扩展及缝网调控,并通过现场实施将需要的裂缝"放置"到储层中[226]。页岩裂缝非均衡扩展及缝网调控面临的挑战包括:(1)如何利用地质工程参数进行方案设计,并且将地质工程参数代入页岩非均质裂缝扩展模型获取水力裂缝参数;(2)如何建立多输入和多输出参数之间的关系;(3)如何基于多目标对象建立页岩非平面裂缝扩展等效的代理模型,从而建立多目标函数,减少机理模型计算的时间成本;(4)如何基于多目标函数,建立基于目标分解的高维多目标并行进化优化方法。

因此,各向异性页岩压裂井裂缝非均衡扩展及缝网调控研究需要综合考虑各向异性页岩多簇射孔破裂压力预测、非均质页岩非平面裂缝扩展模拟、裂缝非均衡扩展及缝网调控研究,3个环节紧密相连,各种模型需无缝对接,实现压裂物理仿真。为了使得页岩压裂井压裂后裂缝非均衡扩展,需要通过对多簇射孔破裂压力预测、非均质页岩非平面裂缝扩展模拟、裂缝非均衡扩展及缝网调控在边界约束条件下来评估采用不同设计参数时的压裂改造体积、各簇缝长、裂缝非均衡扩展系数、施工压力等多目标函数。而压裂改造体积越大,可能导致相邻改造区边界有重叠,此时相邻改造区边界距离并不是最小;裂缝非均衡扩展后裂缝缝长可能越小,而缝长越长,横向改造范围会变小;簇数越多,裂缝之间的干扰越强烈,导致远井筒部分沟通不到,并且功率较大;簇数越少,裂缝之间的干扰越弱,导致近井筒部分沟通不充分,并且功率较小;因此,不可能满足缝网改造体积、簇数、各簇缝长、裂缝非均衡扩展系数、施工压力等多目标同时最优,只存在全局最优的情况。目前,针对压裂参数优化,大量学者从储层可压裂性评价、裂缝扩展传统调控优化和裂缝扩展智能调控优化角度开展了广泛的研究。

1.1.5.1 储层可压裂性评价方法

水力压裂的目的是形成复杂的裂缝网络,增加改造体积,而可压裂性表征的是页岩储层可被有效改造的难易程度[227]。可压裂性是储层的基本属性,与岩石物质成分、构造、成岩作用等内在因素,弹性模量、泊松比、断裂韧性等力学性质,以及沉积背景、构造特征、天然裂缝/弱面、地应力、埋深、温度等外部因素都有密切关系。目前形成了3类评价方法:以物质组分为基础的评价方法、以岩石力学性质为基础的评价方法、以储层地质特征为基础的评价方法。

页岩的物质组成是其物理力学性质的决定性因素,以物质组分分析为基础的可压裂性评价方法也称为脆性指数法。脆性指数是评价页岩储层力学性质、优选甜点段的关键指标之一,脆性矿物含量较高的页岩在压裂时相对容易形成复杂裂缝网络,取得增产效果[227]。

美国 Barnett、Haynesville、Marcellus 以及我国焦石坝、威远、长宁、昭通等页岩气田实际开发效果均显示脆性矿物含量高低与单井产量呈正相关关系。Jarvie 等[28]认为石英是页岩中唯一的脆性矿物,并提出用石英含量占矿物总量的比值表示脆性的大小,即石英含量越高,脆性越好;Jin 等[25]提出,除石英和白云石之外,脆性矿物还应该包括长石、云母、方解石;由于部分页岩层段黄铁矿含量可高达5%以上,因此脆性矿物也应该包括黄铁矿,而黏土矿物、云母和有机质属塑性成分[228]。因此,准确评估页岩的脆性需要考虑不同类型矿物脆性的权重,构建与每种矿物脆性系数及体积分数相关的矿物脆性因子[229]。由于页岩储层物质成分具有很强的非均质性,室内矿物成分分析耗时耗力,且成本很高,往往难以实现连续且完整的长跨度页岩储层可压裂性评价。近年来,通过元素俘获能谱测井、成像测井、自然伽马能谱测井等手段快速获取页岩储层中石英、碳酸盐矿物、长石、黏土矿物等的相对含量,以完整连续地表征页岩储层水平井可压裂性的变化受到了广泛关注[21]。

页岩压裂效果本质上取决于裂缝在页岩内部起裂和扩展的能力,因此页岩可压裂性由岩石力学性质决定。以岩石力学分析为基础的评价方法是运用杨氏模量、泊松比、强度、应变等参数表征页岩的脆性指数,进而反映可压裂性。一般认为页岩的杨氏模量越高,泊松比越小,页岩的脆性越好,越容易破裂。以强度参数为基础的脆性研究主要运用抗压和抗拉强度的差异性进行评价,并认为抗压强度和抗拉强度差异越大,脆性越强,而以硬度或坚固性为基础的脆性评价则主要考虑岩石在宏观、微观硬度和坚固性方面的差异性。Rickman 等[230]利用测井数据计算了 Barnett 页岩甜点段的杨氏模量和泊松比,并提出可利用这两个参数分别计算脆性指数,再分别取0.5的权重计算页岩的综合脆性指数。Guo[231]将页岩的弹性特性与复杂成分和特定的微观结构属性联系起来,采用自相似(SCA)方法考虑多种页岩成分和各种孔隙几何形状影响,并且考虑了黏土矿物和干酪根可能的复合结构,利用 Backus 平均法对页岩各向异性(横向各向异性)建立了评价地层可压裂性的拉梅系数脆性指数方法。Liu 等[232]认为使用杨氏模量和泊松比的熵值法表征脆性更为合适。结合脆性指数和断裂韧性可计算页岩储层的可压裂性指数,再根据页岩储层中岩石力学参数的空间分布特征,可建立可压裂指数分布模型,用以优选甜点段实施压裂。Ye 等[233]对四川盆地周边地区 SY3 井的9个钻芯样品进行了三轴压缩实验、光学显微镜和扫描电子显微镜(SEM)观察和 X 射线衍射分析(XRD),进一步评价了确定脆性、岩石弹性参数和矿物含量之间关系的几种常用的方法(基于岩石弹性参数的脆性指数和岩石矿物组成),结果表明基于能量平衡规律的应力-应变曲线的脆性评价方法是最合适和可靠的。

可以肯定的是,页岩的岩石力学性质与其物质成分密切相关,因此,以脆性指数为基础的可压裂性评价方法已发展到将岩石力学脆性与矿物脆性相结合的新阶段。通过引入剪切模量、拉梅系数,已有学者建立了基于矿物脆性指数与弹性参数的新脆性指数预测模型[234]。通过对页岩进行更精细的岩相类型划分来综合评价储层的可压裂性成为了新趋势。需要注意的是,岩石力学脆性分析也存在一定不足:室内岩石力学脆性分析很大程度受到实验方法与条件、样品制备与尺寸等方面的影响,而依赖于测井、地震等地球物理方法的岩石力学脆性研究则明显受制于数学模型的可靠性和适用性。另一方面,脆性指数是表征页岩储层可压裂性的重要参数,但脆性与可压裂性并不能完全等同。

勘探开发实践和室内实验分析均表明，单一参数不能充分反映页岩发育复杂裂缝的能力，页岩可压裂性不仅由页岩本身的脆性决定，地应力和天然弱面/裂缝也是影响水力裂缝起裂和转向延伸扩展的重要因素。地应力的影响主要取决于水平主应力差：差值较小时，裂缝转向延伸扩展能力强，增加剪切破坏体积，增强裂缝网络的复杂性。页岩压裂微地震监测以及室内模拟都显示，当水平应力差从 10 MPa 降低至 2~5 MPa 时，诱导裂缝形态出现了由双翼直缝向多裂缝、网络缝转变的情况[3]；在低-中低逼近角、低应力差下，诱导裂缝只沿天然弱面/裂缝延伸；而在高逼近角、低应力差下，诱导裂缝可沿着或穿过天然弱面/裂缝。

天然弱面/裂缝的发育程度、长度和间隔均会影响到压裂后裂缝网络的形成，但不一定总是有利。已有研究表明，发育程度过高会导致近井区域压裂液滤失，消耗诱导缝扩展的能量，抑制裂缝延伸的能力，使得改造体积较小[226]。因此，低水平主应力差、天然弱面/裂缝适度发育的区域是实施压裂、形成复杂裂缝网络的理想区域。另一方面，全面评价页岩储层的可压裂性，需要进行多因素综合分析（地质、岩性、岩石力学等）。采用多指标评价体系，通过数学、物理方法建立更科学、合理的评价模型是未来发展的趋势。

1.1.5.2 裂缝扩展传统调控方法

裂缝非均衡扩展及缝网调控的目的是在参数整体取值区间内选择一套最佳匹配的施工参数，尽可能使得缝网改造体积、相邻改造区边界距离、簇数、各簇缝长、裂缝非均衡扩展系数、功率等多目标满足全局最优。而水力压裂可控施工参数较多，包括压裂级数、单级裂缝条数、缝间距、支撑剂尺寸、支撑剂类型、流体类型、支撑剂加量、液体加量、施工压力和泵注速度等。在进行裂缝非均衡扩展及缝网调控时也需要考虑复杂的储层特征参数，水力压裂施工参数与储层特征参数总数高达 50 种。

目前裂缝非均衡扩展及缝网调控优化方法可分为 4 类：（1）单一裂缝扩展模拟，即基于裂缝扩展模拟手段，以泵注流量在各簇间分配极差[235]、整体改造体积[236]或应力反转区大小[237]为目标函数，优化单簇裂缝射孔参数、井间距、泵注速度或泵注程序；（2）固定裂缝参数下单一油气藏数值模拟，即基于数值模拟手段，以气井产能为目标函数，优化裂缝间距、支撑剂分布、裂缝导流、井间距和裂缝数目[238]；（3）裂缝扩展与油藏数值模拟结合；（4）Yu 等[239]结合裂缝扩展和油藏数值模拟技术，考虑非平面裂缝形态，气体滑脱、扩散和解吸附的影响，在给定段长的前提下，优化了裂缝条数。

以上 4 种优化方法都是基于敏感性分析来优化施工参数，即每步优化只改变单一参数。参数敏感性分析非常耗时且须人为改变参数值，得到的优化参数值只能属于局部最优而非全局最优。为此提出了第 5 类压裂设计优化方法，即油藏数值模拟与智能优化算法结合。Holt[240]结合数值模拟和梯度优化算法，固定水平井水平段长度下，优化了压裂级数和压裂位置。Ma 等[241]采用分级优化策略优化了井位置和非均匀缝间距，所用智能算法包括遗传算法、离散扰动随机逼近算法和差分算法。Rammay[242]结合差分演化智能算法和油藏数值模拟技术，优化了水平井水平段长度、水力裂缝半长、支撑剂加量、和缝间距。该类水力压裂设计优化方法可以自动对比不同压裂设计方案的开发效果，但研究过程中假设所有水力裂缝均有相同的性质，忽略了地层、改造区域非均质性和缝间干扰应力对水力裂缝长度、高度、宽度、与天然裂缝交互和导流能力的影响。

此外，裂缝起裂-扩展模拟优化方案中单次模拟可能需要数分钟、数小时，甚至数天才能完成。因此，类似设计优化、设计空间搜索、灵敏性分析等，需要数千，甚至数百万次模拟的任务，直接对原模型求解是不可能的。各个环节所涉及的物理过程复杂、模型表征困难并且工程尺度计算代价昂贵。尽管计算机硬件技术不断进步，但依然不能满足压裂快速仿真的需求，基于物理模型仿真整个压裂过程尚面临巨大挑战。

1.1.5.3 裂缝扩展智能调控方法

改善传统优化方法局限的一个办法就是使用近似模型，通常被称为代理模型来模拟高精度机理模型。代理模型计算成本低廉，可代替高精度物理仿真模型[243-244]。代理模型的思想是对耗时计算的目标函数建立一个近似模型，利用输入参数代入到机理模型获取输出参数的过程中的输入及输出参数建立起相关关系，大幅度节省利用机理模型进行大数据计算所花费的时间成本，而代理模型的计算结果与原模型非常接近，但是求解计算量较小。代理模型采用一个数据驱动的、自下而上的办法来建立。随着智能算法的开发，高精度代理建模在物流输送、生物多样性研究、材料选择、航海、汽车等领域都得到了广泛的应用。在智能油气藏代理模型计算分析中，人工智能算法将起到至关重要的作用，其中机器学习是一种实现人工智能的方法。其本质在于从数据中学习，提取重要模式和趋势，理解数据内涵。在大多数应用中，基于数据库对机器学习模型进行训练，建立起输入与输出之间的关系。代理模型在数学上就是对一些离散数据拟合的数学模型，通过回归分析而得到的变量影响因素与响应产能之间的函数关系代理模型的构建主要包含两方面的内容，一是实验设计方法，二是模型的近似方法。常用的实验设计方法有正交设计、拉丁超立方设计、分部 DOE 方案设计、中心复合 DOE、Box-Behnken 设计等。较为经典的近似方法有样条函数拟合、多项式拟合、级数拟合等。除此之外还有一些现代方法，常用的 5 种代理模型分别为支持向量机代理模型[243]、人工神经网络（ANN）[245]、BP 神经网络代理模型[246]、径向基代理模型[247]、Kriging 代理模型[248]、Kriging 和高斯代理模型[249]。

因为代理模型在工程优化中发挥着越来越重要的作用，现在代理模型也逐渐进入了石油工程领域[250]。2016 年，Panja 和 Deo[251]基于储层渗透性、岩石压缩性、初始凝析油/气体比（CGR）、初始储层压力和裂缝间距采用 BoxBehnken 部分因子实验设计，基于 CMG 产量模拟结果，采用二阶响应面方法多元回归，建立了二阶响应面代理模型。2017 年，Pouladi[252]提出了一种基于快速匹配方法（Fast Marching Method, FMM）的净现值模拟近似的代理模型，模拟单个生产井位置与所产生的净现值之间的关系，显著降低计算成本的同时提供优化出增大净现值的生产井位置布置问题。Isaac Vuciri[253]针对致密储层压裂提产，基于储层物性和裂缝特性，运用大数据集成结合 Eclipse 产能模拟方法建立了压裂数据库，采用人工神经网络算法（ANN）构造了一种以产出油和 NPV 预测的代理模型，优化出最佳压裂裂缝参数组合为裂缝间距为 60 m，裂缝半长为 109 m。Mutalova[254]针对水平井多级压裂作业后生产测井显示出证据表明不同压裂段的产量非常不均匀甚至多达 30% 的压裂段根本没有生产的现象，利用由储层性质、压裂设计和生产数据组成的数据库，采用机器学习方法（包括人工神经网络、支持向量机），优选出适宜的压裂段。

代理模型目前在飞机、列车等气动优化设计方面得到广泛应用[255]。克里金近似模型是数学地质中广泛使用的一种基于随机过程的统计预测法,可对区域化变量求最优、线性、无偏内插估计值,具有平滑效应及估计方差最小的统计特征,在线性地质统计学中占有重要地位[256]。高云凯[257]基于正交实验设计,建立了基于Kriging的汽车耐撞性代理模型。孙泽刚[249]以"U"形节流槽气体体积分数最大值为目标值,通过克里金插值,以高斯函数为相关函数,常数回归模型得到克里金代理模型。

然而,基于代理模型可以建立起多个目标函数,进而基于单参数进行优化,而多个目标函数有时不能同时满足最优条件,只能满足全局最优,并且传统的优化算法解决三维以上优化问题效果欠佳。因此,针对该问题及当前高维多目标优化降维算法存在的不足,刘立佳[258]提出了分组进化算法,该方法将目标函数划分为若干组,分别进化求得各组的Pareto非支配解集,在各组非支配解集上应用SPEA2算法综合求取全体目标函数的Pareto最优解。高轶男[259]针对汽车碰撞安全性能进行多级代理模型评价,利用拉丁超立方实验设计方法选取样本点;其次建立高斯径向基模型、Multiquadric径向基模型及Kriging模型,并对3种模型的误差进行了分析,将精度较高的近似模型作为代理模型;最后采用遗传算法及粒子群算法,求解了多目标优化问题,获得了Pareto最优解集。

综上所述,随着现场储层参数的完善和物理仿真数据的加入,开展储层可压裂性评价,基于压裂改造体积、各簇缝长、裂缝非均衡扩展系数、施工压力等多个目标,以裂缝扩展均衡、储层可压裂性好等为约束,通过实验方案设计并基于克里金高斯建立代理模型,从而建立多目标函数;根据多目标函数,运用目标分解的高维多目标并行进化优化方法,可进行裂缝非均衡扩展及缝网调控。裂缝非均衡扩展及缝网调控需要综合考虑压裂物理仿真结果和整套施工参数的匹配程度。裂缝非均衡扩展及缝网调控物理仿真包括各向异性页岩多簇射孔破裂压力建模、页岩非均质裂缝扩展模拟和裂缝非均衡扩展及缝网调控,仿真过程面临物理过程复杂、模型表征困难和仿真速度慢的难题。前人已证实代理模型可以有效代替高昂计算成本的物理仿真模型,但页岩裂缝非均衡扩展仿真代理模型尚未建立。水力压裂施工参数维度高,现有优化方法大都基于参数敏感性分析,裂缝非均衡扩展高维参数空间优化算法尚未建立,基于多输入、输出的多目标优化方法还未成形。提高压裂仿真速度和多维参数搜索精度是实现裂缝非均衡扩展实时优化的关键。综合以上调研的文献,基于传统压裂参数优化的薄弱点和局限性,以及代理模型结合现代多目标优化算法优化页岩压裂裂缝参数的高效性和准确性,可以将代理模型以及多目标优化算法引入到裂缝参数多目标优化领域,对于提高优化精度、节约计算成本与时间成本具有重要意义。

1.2 研究目标及内容

1.2.1 研究目标

通过开展各向异性页岩压裂储层甜点评价、破裂压力预测、各向异性页岩压裂多簇裂缝扩展、多尺度暂堵提高裂缝复杂程度以及各向异性页岩多簇射孔裂缝扩展均衡调控,建立储层参数－施工变量－物理模拟多源融合压裂数据库,形成融合机器学习与物理模型的智能压裂方法,解决"页岩水平井压裂多裂缝均衡扩展智能调控"的关键科学问题,显著提高裂缝有效性和压裂作业效率,增加改造体积和单井最终采出程度,提升页岩气的开发效益。

1.2.2 研究内容

(1)地质工程一体化可压裂性及甜点评价研究。

围绕页岩储层的工程可压裂性以及页岩储层地质工程一体化甜点评价开展研究:获取地质评价参数(孔隙度、TOC、全烃含量等)和工程甜点评价参数(岩石脆性、断裂韧性、地应力等);在此基础上分析影响工程可压裂性因素,基于熵权法原理,将排量、压裂液黏度等施工参数加入到工程可压裂性评价中,进而建立了耦合施工参数的可压裂性评价模型;进一步采用优劣距离法,采用多元降维构建逼近理想解的方式建立考虑地质和工程甜点的综合选点模型,计算地质、工程以及耦合地质工程参数的欧式贴近度。

(2)各向异性页岩水平井破裂压力预测模型及应用。

基于横观各向异性地层原地应力场,结合平衡方程、几何方程和协调方程建立岩石本构方程,利用Lekhnitskij方法求解得到了各向异性平面井周应力解析解;考虑孔隙压力分布、水平井井眼轨迹等因素,叠加水泥环诱导应力、射孔孔眼诱导应力和压裂液渗滤诱导应力,建立综合考虑岩石力学各向异性特征、套管/水泥环力学特征、压裂液在注入过程中的渗滤特征、流体扰动等影响下的总井周应力预测模型,进而基于各向异性页岩破坏准则,建立各向异性页岩水平井破裂压力预测模型。

(3)各向异性页岩平面裂缝起裂-扩展耦合模型及应用。

结合各向异性页岩破裂压力预测模型,利用物质平衡、岩石变形、压裂液流动方程的流固耦合控制方程,基于射孔簇裂缝Ⅰ型、Ⅱ型复合断裂扩展准则,采用位移不连续法(DDM),建立射孔簇起裂和扩展流固耦合模型;考虑多簇射孔物性非均质、孔眼压降等,耦合多簇裂缝流量动态分配、先起裂射孔簇裂缝诱导应力、各向异性诱导应力,建立各向异性页岩平面裂缝起裂-扩展耦合模型。再根据多裂缝诱导导致储层孔隙压力场变化,基于储层岩石剪性和张性破坏力学条件,建立起多簇平面裂缝改造体积模型。

(4)各向异性页岩非平面裂缝起裂-扩展耦合模型及应用。

在各向异性页岩平面裂缝起裂-扩展耦合模型基础上,考虑非平面裂缝网络流体流动,叠加多裂缝诱导应力、原地应力、各向异性诱导应力及激活天然裂缝诱导应力,耦合多裂缝、分叉裂缝流量动态分配;基于考虑各向异性诱导应力的水力裂缝与天然裂缝交互判断准则,建立各向异性页岩非平面裂缝起裂-扩展耦合机理模型;再结合非平面多簇裂缝诱导储层孔隙压力场变化,基于岩石张剪破坏力学条件,建立多簇非平面裂缝改造体积预测模型。

(5)页岩多尺度暂堵压裂提高裂缝复杂程度优化研究。

在动态缝宽下暂堵剂粒度参数优化设计、暂堵剂封堵效果理论与实验评价和暂堵裂缝扩展与施工参数优化方面开展研究。具体包括建立暂堵剂封堵层强度和渗透率理论模型,形成考虑封堵层渗透率和强度的暂堵剂有效堆积参数优化设计方法,并开展实验评价封堵效果和模型验证,建立暂堵剂参数、施工参数与暂堵裂缝扩展的一体化模型。最终形成针对不同性质的页岩储层,推荐不同暂堵时机动态缝宽下的最优暂堵剂粒度和配比,并得出在不同施工参数条件下的暂堵位置以及暂堵转向水力裂缝扩展形态,实现页岩暂堵压裂多尺度暂堵剂粒度参数优化与调控,为页岩暂堵压裂设计提供有力支撑。

(6)各向异性页岩多簇射孔裂缝均衡扩展智能调控研究。

建立综合考虑脆性指数、断裂韧性、净压力、水平主应力差的工程甜点评价模型;结合地质甜点评价指标,采用多源参数降维逼近理想解方法,建立地质工程可压裂性连续剖面综合评价模型;基于非平面裂缝起裂扩展机理模型,采用DOE实验设计(Design of Experiment)建立样本数据库,利用高斯克里金机器学习算法建立多输入多输出智能代理模型;以匹配储层地质特征的各簇裂缝改造体积大、施工压力低为多目标函数,缝长扩展均衡、地质工程甜点等约束,应用改进的遗传算法综合获取全体目标函数最优解对应的射孔簇数、位置、簇长、孔密、孔径、施工排量、压裂液黏度等参数。应用现场压裂井,开展多目标压裂参数优化。

参 考 文 献

[1] 马永生,蔡勋育,赵培荣. 中国页岩气勘探开发理论认识与实践[J]. 石油勘探与开发,2018,45(4):561-574.

[2] 方栋梁,孟志勇. 页岩气富集高产主控因素分析——以四川盆地涪陵地区五峰组-龙马溪组一段页岩为例[J]. 石油实验地质,2020,42(1):37-41.

[3] Zeng Fanhui, Zhang Yu, Guo Jianchun, et al. Optimized completion design for triggering a fracture network to enhance horizontal shale well production[J]. Journal of Petroleum Science and Engineering, 2020, 190:107043.

[4] Huchton Jake, Mallory CharLee, Calvin James, et al. Enhancement of Production and Economics through Design Optimization in the STACK[C]. SPE Hydraulic Fracturing Technology Conference and Exhibition. The Woodlands, Texas, USA, 2020:199704.

[5] Lekhnitskij S G. Theory of the elasticity of anisotropic bodies[J]. Deformation, 1977(11):1-416.

[6] 赵文智,贾爱林,位云生,等. 中国页岩气勘探开发进展及发展展望[J]. 中国石油勘探,2020,25(1):31-44.

[7] 廖东良,路保平. 页岩气工程甜点评价方法——以四川盆地焦石坝页岩气田为例[J]. 天然气工业,2018,38(2):43-50.

[8] Zeng Fanhui, Gong Gaobin, Zhang Yu, et al. Fracability evaluation of shale reservoirs considering rock brittleness, fracture toughness, and hydraulic fracturing-induced effects[J]. Geoenergy Science and Engineering, 2023, 229:212069.

[9] Sheng Chen, Xiujiao Wang, Xinyu Li, et al. Geophysical prediction technology for sweet spots of continental shale oil: A case study of the Lianggaoshan Formation, Sichuan Basin, China[J]. Fuel, 365 (2024):131146.

[10] 廖东良,路保平,陈延军. 页岩气地质甜点评价方法——以四川盆地焦石坝页岩气田为例[J]. 石油学报,2019,40(2):144-151.

[11] 廖东良. 页岩气层"双甜点"评价方法及工程应用展望[J]. 石油钻探技术,2020,48(4):94-99.

[12] Zeng Fanhui, Chen Zhangxing, Guo Jianchun, et al. Hybridising human judgment, AHP, grey theory, and fuzzy expert systems for candidate well selection in fractured reservoirs[J]. Energies, 2017,10(4):447.

[13] Zeng Fanhui, Guo Jianchun, Long Chuan. A hybrid model of fuzzy logic and grey relation analysis to evaluate tight gas formation quality comprehensively[J]. The Journal of Grey System, 2015, 27(3):87-99.

[14] 夏宏泉,王瀚玮,赵昊. 测井多参数两向量法识别页岩气地质"甜点"[J]. 天然气工业,2017,37(11):36-42.

[15] 张金强,刘振峰,刘喜武,等. 致密砂岩储层工程甜点参数评价方法[C]. 第四届油气地球物理学术年

会论文集. 青岛:2021.
[16] 徐敏. 页岩气地质和工程甜点评价指标体系研究[D]. 北京:中国石油大学(北京),2016.
[17] 蒋裕强,付永红,谢军,等. 海相页岩气储层评价发展趋势与综合评价体系[J]. 天然气工业,2019,39(10):1-9.
[18] Ren Lan,Lin Ran,Zhao Jinzhou,et al. Stimulated reservoir volume estimation for shale gas fracturing:Mechanism and modeling approach[J]. Journal of Petroleum Science and Engineering,2018,166:290-304.
[19] Sheng Guanglong,Su Yuliang,Wang Wendong,et al. Application of fractal geometry in evaluation of effective stimulated reservoir volume in shale gas reservoirs[J]. Fractals,2017,25(4):1740007.
[20] Kwee Chong King,Grieser William Vincent,Passman Andrea,et al. A completions roadmap to shale-play development:a review of successful approaches toward shale-play stimulation in the last two decades[C]. SPE International Oil and Gas Conference and Exhibition in China. SPE,2010:SPE-130369-MS.
[21] Yuan Junliang,Zhou Jinjun,Liu Shujie,et al. An improved fracability-evaluation method for shale reservoirs based on new fracture toughness-prediction models[J]. SPE Journal,2017,22(5):1704-1713.
[22] Yang Sheng,Yi Yuanyuan,Lei Zhengdong,et al. Improving predictability of stimulated reservoir volume from different geological perspectives[J]. Marine and Petroleum Geology,2018,95:219-227.
[23] Xu Wenjun,Zhao Jinzhou,Xu Jia. Fracability evaluation method for tight sandstone oil reservoirs[J]. Natural Resources Research,2021,30(6):4277-4295.
[24] Dehghan Ali Naghi,Goshtasbi Kamran,Ahangari Kaveh,et al. The effect of natural fracture dip and strike on hydraulic fracture propagation[J]. International Journal of Rock Mechanics and Mining Sciences,2015,75:210-215.
[25] Jin Xiaochun,Subhash Shah,Roegiers J C,et al. An integrated petrophysics and geomechanics approach for fracability evaluation in shale reservoirs[J]. SPE Journal,2015,20(3):518-526.
[26] Li Yuwei,Long Min,Zuo Lihua,et al. Brittleness evaluation of coal based on statistical damage and energy evolution theory[J]. Journal of Petroleum Science and Engineering,2019,172:753-763.
[27] Guo Jianchun,Luo Bo,Zhu Hehua,et al. Evaluation of fracability and screening of perforation interval for tight sandstone gas reservoir in western Sichuan Basin[J]. Journal of Natural Gas Science and Engineering,2015,25:77-87.
[28] Jarvie Daniel M,Hill Ronald J,Ruble Tim E,et al. Unconventional shale-gas systems:The Mississippian Barnett Shale of north-central Texas as one model for thermogenic shale-gas assessment[J]. AAPG bulletin,2007,91(4):475-499.
[29] 张广明,刘勇,刘建东,等. 页岩储层体积压裂的地应力变化研究[J]. 力学学报,2015,47(6):965-972.
[30] Wang Duo,Liu Zhidi. Study and application of evaluation method for fracability of deep CBM reservoir-taking the Daning-Jixian block in the Ordos Basin as an example[J]. International Journal of Oil,Gas and Coal Technology,2024,35(4):407-441.
[31] 王登科,曾凡超,王建国,等. 显微工业CT的受载煤样裂隙动态演化特征与分形规律研究[J]. 岩石力学与工程学报,2020,39(6):1165-1174.
[32] Sui Lili,Ju Yang,Yang Yongming,et al. A quantification method for shale fracability based on analytic hierarchy process[J]. Energy,2016,115:637-645.
[33] Sui Lili,Yu Jian,Cang Dingbang,et al. The fractal description model of rock fracture networks characterization[J]. Chaos,Solitons & Fractals,2019,129:71-76.
[34] Wang Fei,Wu Xiang,Duan Chaowei,et al. CT scan-based quantitative characterization and fracability evaluation of fractures in shale reservoirs[J]. Progress in Geophysics,2023,38(5):2147-2159.
[35] Mayerhofer Michael,Elyezer Lolon,Norm Warpinski,et al. What is stimulated reservoir volume?[J]. SPE

Production & Operations,2010,25(1):89-98.

[36] Yuan Bin,Su Yuliang,Moghanloo Rouzbeh Ghanbarnezhad,et al. A new analytical multi-linear solution for gas flow toward fractured horizontal wells with different fracture intensity[J]. Journal of Natural Gas Science and Engineering,2015,23:227-238.

[37] Fisher Kevin,Wright Chris,Davidson Brian M,et al. Integrating fracture mapping technologies to improve stimulations in the Barnett shale[J]. SPE Production & Facilities,2005,20(2):85-93.

[38] Denney Dennis. Optimizing horizontal completions in the Barnett shale with microseismic fracture mapping [J]. Journal of Petroleum Technology,2005,57(3):41-43.

[39] Zhao Boxiong,Wang Zhongren,Liu Rui,et al. Review of microseismic monitoring technology research[J]. Progress in Geophysics,2014,29(4):1882-1888.

[40] Li Nan,Fang Liulin,Sun Weichen,et al. Evaluation of borehole hydraulic fracturing in coal seam using the microseismic monitoring method[J]. Rock Mechanics and Rock Engineering,2021,54:607-625.

[41] Liu Xing,Jin Yan,Lin Botao. Classification and evaluation for stimulated reservoir volume (SRV) estimation models using microseismic events based on three typical grid structures[J]. Journal of Petroleum Science and Engineering,2022,211:110169.

[42] Umar Ibrahim Adamu,Negash Berihun Mamo,Quainoo Ato Kwamena,et al. An outlook into recent advances on estimation of effective stimulated reservoir volume[J]. Journal of Natural Gas Science and Engineering, 2021,88:103822.

[43] Zhang Hao,Sheng James. Optimization of horizontal well fracturing in shale gas reservoir based on stimulated reservoir volume[J]. Journal of Petroleum Science and Engineering,2020,190:107059.

[44] Astakhov D K,Roadarmel W H,Nanayakkara A S. A new method of characterizing the stimulated reservoir volume using tiltmeter-based surface microdeformation measurements[C]. SPE Hydraulic Fracturing Technology Conference and Exhibition. The Woodlands,Texas,USA,2012:SPE-151017-MS.

[45] Zhao Yulong,Zhang Liehui,Luo Jianxin,et al. Performance of fractured horizontal well with stimulated reservoir volume in unconventional gas reservoir[J]. Journal of Hydrology,2014,512:447-456.

[46] 任岚,林然,赵金洲,等. 基于最优SRV的页岩气水平井压裂簇间距优化设计[J]. 天然气工业,2017, 37(4):69-79.

[47] Wang Yu,Li Xiao,Zhang Bo,et al. Optimization of multiple hydraulically fractured factors to maximize the stimulated reservoir volume in silty laminated shale formation, Southeastern Ordos Basin, China[J]. Journal of Petroleum Science and Engineering,2016,145:370-381.

[48] Chen Yun,Ma Guowei,Jin Yan,et al. Productivity evaluation of unconventional reservoir development with three-dimensional fracture networks[J]. Fuel,2019,244:304-313.

[49] 崔雪鹏,黄捍东,罗亚能,等. 基于稀疏强特征提取的三维地震数据完备方法[J]. 石油地球物理勘探,2023,58(2):263-276.

[50] 徐中华,郑马嘉,刘忠华,等. 川南地区龙马溪组深层页岩岩石物理特征[J]. 石油勘探与开发,2020, 47(6):1-11.

[51] 张相权. 川东南地区深层页岩气水平井压裂改造实践与认识[J]. 钻采工艺,2019,42(5):124-126.

[52] 周顺林,尹帅,王凤琴,等. 应力对泥页岩储层脆性影响的试验分析及应用[J]. 石油钻探技术,2017, 45(3):113-120.

[53] 林波,秦世群,谢勃勃,等. 涪陵深层页岩气井压裂工艺难点及对策研究[J]. 石化技术,2019,26(5): 162,168.

[54] 熊健,林海宇,刘向君,等. 高温对富有机质页岩岩石物理特性的影响[J]. 石油实验地质,2019,41 (6):910-915.

[55] Rybacki Eric,Reinicke Andreas,Meier Tobias,et al. What controls the mechanical properties of shale rocks?

—Part I: Strength and Young's modulus[J]. Journal of Petroleum Science and Engineering, 2015, 135: 702-722.

[56] 刘均荣,秦积舜,吴晓东. 温度对岩石渗透率影响的实验研究[J]. 石油大学学报:自然科学版,2001, 25(4):51-53.

[57] 吴晓东,刘均荣,秦积舜. 热处理对岩石波速及孔渗的影响[J]. 石油大学学报:自然科学版,2003,27 (4):70-72.

[58] 王鹏,许金余,刘石,等. 热损伤砂岩力学与超声时频特性研究[J]. 岩石力学与工程学报,2014,33 (9):1897-1904.

[59] Paterson Mervyn S. Experimental rock deformation: the brittle field[M]. Berlin: Springer, 2005.

[60] 孟陆波,李天斌,徐进,等. 高温作用下围压对页岩力学特性影响的试验研究[J]. 煤炭学报,2012,37 (11):1829-1833.

[61] Ghabezloo Siavash, Sulem Jean. Stress dependent thermal pressurization of a fluid-saturated rock[J]. Rock Mechanics & Rock Engineering, 2009, 42(1): 1-24.

[62] Yang Shengqi, Yin Pengfei, Li Bin, et al. Behavior of transversely isotropic shale observed in triaxial tests and Brazilian disc tests[J]. International Journal of Rock Mechanics and Mining Sciences, 2020, 133: 104435.

[63] Lu Yiqiang, Li Cong, He Zhiqiang, et al. Variations in the physical and mechanical properties of rocks from different depths in the Songliao Basin under uniaxial compression conditions[J]. Geomechanics and Geophysics for Geo-Energy and Geo-Resources, 2020, 6(3): 1-14.

[64] Kanfar, Majed F, Chen Zhixi, Rahman Sheik S. Effect of material anisotropy on time-dependent wellbore stability[J]. International Journal of Rock Mechanics and Mining Sciences, 2015, 78: 36-45.

[65] Gao Qianfeng, Tao Junliang, Hu Jianying, et al. Laboratory study on the mechanical behaviors of an anisotropic shale rock[J]. Journal of Rock Mechanics & Geotechnical Engineering, 2015, 7(2): 213-219.

[66] 张伯虎,马浩斌,田小朋. 层状页岩力学参数的各向异性研究[J]. 地下空间与工程学报,2020,16 (S2):634-638.

[67] 曾凡辉,张蔷,陈斯瑜,等. 水化作用下页岩微观孔隙结构的动态表征[J]. 天然气工业,2020,40 (10):66.

[68] 席道瑛,杜赟,易良坤,等. 液体对岩石非线性弹性行为的影响[J]. 岩石力学与工程学报,2009,28 (4):687-696.

[69] 彭灿威,曹函,冯科玮,等. 不同浓度、pH值SDBS压裂液对页岩储层特性影响研究[J]. 探矿工程-岩土钻掘工程,2016,43(10):188-192.

[70] 谢和平,高峰,鞠杨. 深部岩体力学研究与探索[J]. 岩石力学与工程学报,2015 (11):2161-2178.

[71] 曾义金,陈作,卞晓冰. 川东南深层页岩气分段压裂技术的突破与认识[J]. 天然气工业,2016,36 (1):61-67.

[72] 周宏伟,谢和平,左建平. 深部高地应力下岩石力学行为研究进展[J]. 力学进展,2005,35(1): 91-99.

[73] Wong Tengfong, Baud Patrick. The brittle-ductile transition in porous rock: A review[J]. Journal of Structural Geology, 2012, 44: 25-53.

[74] 汪虎,郭印同,张萍,等. 四川盆地焦石坝区块深部页岩力学特性试验研究[J]. 工程地质学报,2016, 24(5):871-880.

[75] 魏元龙,杨春和,郭印同,等. 单轴循环荷载下含天然裂隙脆性页岩变形及破裂特征试验研究[J]. 岩土力学,2015,36(6):1649-1658.

[76] 盛茂,田守嶒,李根生,等. 高压水射流冲蚀作用下页岩破坏模式与力学机制[J]. 中国科学:物理学, 力学,天文学,2017,47(11):95-102.

[77] Cai Ming, Kaiser Peter K, Tasaka Yuki, et al. Generalized crack initiation and crack damage stress thresholds

of brittle rock masses near underground excavations[J]. International Journal of Rock Mechanics & Mining Sciences,2004,41(5):833-847.

[78] Bejarbaneh Behnam Yazdani,Armaghani Danial Jahed,Amin Mohd For Mohd. Strength characterisation of shale using Mohr-Coulomb and Hoek-Brown criteria[J]. Measurement,2015,63(63):269-281.

[79] AltowairqiYazeed,Rezaee Reza,Evans Brian,et al. Shale elastic property relationships as a function of total organic carbon content using synthetic samples[J]. Journal of Petroleum Science and Engineering,2015,133:392-400.

[80] Parisio Francesco,Samat Sergio,Laloui Lyesse. Constitutive analysis of shale:a coupled damage plasticity approach[J]. International Journal of Solids and Structures,2015,75:88-98.

[81] Guo Jianchun,He Songgen,Deng Yan,et al. New stress and initiation model of hydraulic fracturing based on nonlinear constitutive equation[J]. Journal of Natural Gas Science and Engineering,2015,27:666-675.

[82] Aleksandrova Nelli. Over-critical load analysis for residual stresses and displacement around fastener-holes based on the decohesive failure mechanism and non-linear Mises yield criterion[J]. European Journal of Mechanics A-solids,2019,73:373-380.

[83] Mises R. Three remarks on the theory of the ideal plastic body. Reissner Anniversary Volume[J]. Ann Arbor,Michigan:Edwards,1949:415-419.

[84] 蒋廷学,卞晓冰,王海涛,等. 深层页岩气水平井体积压裂技术[J]. 天然气工业,2017,37(1):90-96.

[85] Zeng Fanhui,Peng Fan,Zeng Bo,et al. Perforation orientation optimization to reduce the fracture initiation pressure of a deviated cased hole[J]. Journal of Petroleum Science and Engineering,2019,177:829-840.

[86] FallahzadehSeyed Hassan,Rasouli Vamegh,Sarmadivaleh Mohammad. An Investigation of Hydraulic Fracturing Initiation and Near-Wellbore Propagation from Perforated Boreholes in Tight Formations[J]. Rock Mechanics & Rock Engineering,2015,48(2):573-584.

[87] Zeng Fanhui,ChenZhangxing,Guo Jianchun,et al. Investigation of the initiation pressure and fracture geometry of fractured deviated wells[J]. Journal of Petroleum Science and Engineering,2018,165:412-427.

[88] Li Yang,Deng Jingen,Liu Wei,et al. Numerical Simulation of Limited-Entry Multi-Cluster Fracturing in Horizontal Well[J]. Journal of Petroleum Science and Engineering,2017,152:443-455.

[89] Lei Xin,Zhang Shicheng,Xu Guoqing,et al. Impact of perforation on hydraulic fracture initiation and extension in tight natural gas reservoirs[J]. Energy Technology,2015,3(6):618-624.

[90] Hossain M Mofazzal,Rahman M Motiur,Rahman Sheikh S. Hydraulic fracture initiation and propagation:roles of wellbore trajectory,perforation and stress regimes[J],2000,27(3-4):129-149.

[91] Li Yumei,Liu Gonghui,Li Jun,et al. Improving fracture initiation predictions of a horizontal wellbore in laminated anisotropy shales[J]. Journal of Natural Gas Science and Engineering,2015,24:390-399.

[92] Zhong Guanyu,Wang Ruihe,Zhou Weidong,et al. Analysis of fracture initiation pressure of horizontal well at anisotropic formation using boundary element method[J]. Advances in Petroleum Exploration and Development,2016,11(1):1-9.

[93] Ma Tianshou,Liu Yang,Chen Ping,et al. Fracture-initiation pressure prediction for transversely isotropic formations[J]. Journal of Petroleum Science and Engineering,2019,176:821-835.

[94] Ma Tianshou,Zhang Qianbing,Chen Ping,et al. Fracture pressure model for inclined wells in layered formations with anisotropic rock strengths[J]. Journal of Petroleum Science and Engineering,2017,149:393-408.

[95] 洪国斌,陈勉,卢运虎,等. 川南深层页岩各向异性特征及对破裂压力的影响[J]. 石油钻探技术,1900,46(3):78-85.

[96] Tong Hua,Wang Ningning,Dong Liangliang,et al. Affection mechanism research of initiation crack pressure

of perforation parameters of horizontal well[J]. Petroleum,2016,2(3):282-288.

[97] Hou Bing,Chen Mian,Wang Zheng,et al. Hydraulic fracture initiation theory for a horizontal well in a coal seam[J]. Petroleum Science,2013,10(2):219-225.

[98] Aadnoy Bernt Sigve. Stresses around horizontal boreholes drilled in sedimentary rocks[J]. Journal of Petroleum ence & Engineering,1989,2(4):349-360.

[99] Amadei Bernard. Rock Anisotropy and the Theory of Stress Measurements[M]. Berlin,Heidelberg:Springer,1983.

[100] Duc-Phi Do,Nam-Hung Tran,Hoxha Dashnor,et al. Assessment of the influence of hydraulic and mechanical anisotropy on the fracture initiation pressure in permeable rocks using a complex potential approach[J]. International Journal of Rock Mechanicsand Mining Sciences,2017,100:108-123.

[101] WangY,Dusseault Maurice B. Borehole yield and hydraulic fracture initiation in poorly consolidated rock strata-part Ⅰ. impermeable media[C]. International journal of rock mechanics and mining sciences & geomechanics abstracts. Waterloo,Ontario,Canada,1991,28(4):235-246.

[102] Aadnoy Bernt Sigve,Belayneh Mesfin. Elasto-plastic fracturing model for wellbore stability using non-penetrating fluids[J]. Journal of Petroleum Science & Engineering,2004,45(3-4):179-192.

[103] Shao J F,Homand S. Influences of heat convection and plastic deformation on hydraulic fracture initiation and reservoir compaction[C]. SPE/ISRM Rock Mechanics in Petroleum Engineering. Trondheim,Norway,1998:SPE-47387-MS.

[104] Xia Haiwei,Moore Ian D. Estimation of maximum mud pressure in purely cohesive material during directional drilling[J]. Geomechanics & Geoengineering,2006,1(1):3-11.

[105] Zervos Antonis,Papanastasiou P,Vardoulakis I G. Shear localisation in thick-walled cylinders under internal pressure based on gradient elastoplasticity[J]. Journal of Theoretical and Applied Mechanics,2008,38(1-2):81-100.

[106] 尚希涛,何顺利,刘广峰,等. 水平井分段压裂破裂压力计算[J]. 石油钻采工艺,2009,31(2):96-100.

[107] 朱新春. 泾河油田分段多簇压裂起裂机理分析及参数设计[J]. 断块油气田,2016,23(2):226-229.

[108] 潘林华,程礼军,张烨,等. 页岩水平井多段分簇压裂起裂压力数值模拟[J]. 岩土力学,2015,36(12):3639-3648.

[109] Miller Camron,Waters George,Rylander Erik. Evaluation of production log data from horizontal wells drilled in organic shales[C]. SPE Unconventional Resources Conference/Gas Technology Symposium. The Woodlands,Texas,USA,2011:SPE-144326-MS.

[110] Lecampion Brice,Desroches Jean. Simultaneous initiation and growth of multiple radial hydraulic fractures from a horizontal wellbore[J]. Journal of the Mechanics and Physics of Solids,2015,82:235-258.

[111] Bunger Andrew,Jeffrey Rob,Zhang Xi. Constraints on Simultaneous Growth of Hydraulic Fractures from Multiple Perforation Clusters in Horizontal Wells[J]. SPE Journal,2014,19(4):608-620.

[112] de Pater C J,Weijers Leen,Savic Miloš,et al. Experimental study of nonlinear effects in hydraulic fracture propagation[J]. SPE Production & Facilities,1994,9(4):239-246.

[113] 柳贡慧,庞飞,陈治喜. 水力压裂模拟实验中的相似准则[J]. 石油大学学报:自然科学版,2000,24(5):45-48.

[114] El Rabaa W. Experimental study of hydraulic fracture geometry initiated from horizontal wells[C]. SPE Annual Technical Conference and Exhibition. San Antonio,Texas,1989:SPE-19720-MS

[115] Crosby Daniel Gregory. The initiation and propagation of,and interaction between,hydraulic fractures from horizontal wellbores[D]. Sydney,University of New South Wales,1999.

[116] Alabbad Emad Abbad. Experimental Investigation of Geomechanical Aspects of Hydraulic Fracturing Unconventional Formations[D]. Austin, University of Texas at Austin, 2014.

[117] Andreas Michael. Hydraulic Fracturing Optimization: Experimental Investigation of Multiple Fracture Growth Homogeneity via Perforation Cluster Distribution[D]. Austin, University of Texas at Austin, 2016.

[118] 张烨,潘林华,周彤,等. 页岩水力压裂裂缝扩展规律实验研究[J]. 科学技术与工程,2015,15(5):11-16.

[119] Bunger Andrew P, Lecampion B. Four critical issues for successful hydraulic fracturing applications[J]. Rock Mechanics and Engineering, 2017(5):551-593.

[120] Lee Hunjoo P, Olson Jon E, Holder Jon, et al. The interaction of propagating opening mode fractures with preexisting discontinuities in shale[J]. Journal of Geophysical Research: Solid Earth, 2015, 120(1):169-181.

[121] 侯冰,陈勉,李志猛,等. 页岩储集层水力裂缝网络扩展规模评价方法[J]. 石油勘探与开发,2014,41(6):763-768.

[122] Kiran Somanchi, Cris O'Brien, Paul Huckabee, et al. Insights and Observations into Limited Entry Perforation Dynamics from Fiber-Optic Diagnostics[C]. Unconventional Resources Technology Conference. San Antonio, Texas, 2016:1618-1629.

[123] Wu Kan, Olson Jon E.. Investigation of the Impact of Fracture Spacing and Fluid Properties for Interfering Simultaneously or Sequentially Generated Hydraulic Fractures[J]. SPE Production & Operations, 2013, 28(4):427-436.

[124] 胥云,陈铭,吴奇,等. 水平井体积改造应力干扰计算模型及其应用[J]. 石油勘探与开发,2016,43(5):780-786+798.

[125] Zeng Qinglei, Liu Zhanli, Wang Tao, et al. Fully coupled simulation of multiple hydraulic fractures to propagate simultaneously from a perforated horizontal wellbore[J]. Computational Mechanics, 2018, 61:137-155.

[126] Wu Kan, Anusarn Sangnimnuan, Tang Jizhou. Numerical Study of Flow Rate Distribution for Simultaneous Multiple Fracture Propagation in Horizontal Wells[C]. 50th U.S. Rock Mechanics/Geomechanics Symposium. Houston, Texas 2016: ARMA-2016-038.

[127] Xie Jun, Huang Haoyong, Sang Yu, et al. Numerical Study of Simultaneous Multiple Fracture Propagation in Changning Shale Gas Field[J]. Energies, 2019, 12(7):1335.

[128] 赵金洲,王强,胡永全,等. 多孔眼裂缝竞争起裂与扩展数值模拟[J]. 天然气地球科学,2020,31(10):1343-1354.

[129] Long Gongbo, Liu Songxia, Xu Guanshui, et al. A perforation-erosion model for hydraulic-fracturing applications[J]. SPE Production & Operations, 2018, 33(4):770-783.

[130] Duan Kang, Kwok Chung Yee, Zhang Qiangyong, et al. On the initiation, propagation and reorientation of simultaneously-induced multiple hydraulic fractures[J]. Computers and Geotechnics, 2020, 117:103226.

[131] Cui Xin, Li Hong, Cheng Guanwen, et al. Contour integral approaches for the evaluation of stress intensity factors using displacement discontinuity method[J]. Engineering Analysis with Boundary Elements, 2017, 82(9):119-129.

[132] Gholami Raoof, Rasouli Vamegh, Sarmadivaleh Mohammad, et al. Brittleness of gas shale reservoirs: A case study from the north Perth basin, Australia[J]. Journal of Natural Science and Engineering, 2016, 33:1244-1259.

[133] Fang Changliang, Amro Mohammed. Influence factors of fracability in nonmarine shale[C]//SPE/EAGE European Unconventional Resources Conference and Exhibition. Vienna, Austria, 2014, 2014(1):1-7.

[134] Enderlin M B, Alsleben H, Beyer J A. Predicting fracability in shale reservoirs[C]. AAPG Annual Conven-

tion and Exhibition. Houston,Texas,USA,2011,20:10 – 13.

[135] Chong King Kwee,Grieser Bill,Jaripatke Omkar,et al. A completions roadmap to shale – play development: a review of successful approaches toward shale – play stimulation in the last two decades[C]. SPE International Oil and Gas Conference and Exhibition in China. Beijing,China,2010:SPE – 130369 – MS.

[136] Llanos Ella Maria,Jeffrey Robert G,Hillis Richard,et al. Hydraulic fracture propagation through an orthogonal discontinuity:a laboratory,analytical and numerical study[J]. Rock Mechanics and Rock Engineering,2017,50(8):2101 – 2118.

[137] Zhang Xi,Thiercelin Marc J,Jeffrey Robert G. Effects of frictional geological discontinuities on hydraulic fracture propagation[C]. SPE Hydraulic Fracturing Technology Conference and Exhibition. College Station,Texas,U. S. A. ,2007:SPE – 106111 – MS.

[138] Behnia Mahmoud,Goshtasbi Kamran,Marji Mohammad Fatehi,et al. Numerical simulation of interaction between hydraulic and natural fractures in discontinuous media[J]. Acta Geotechnica,2015,10(4):533 – 546.

[139] Chen Zuorong,Jeffrey Robert G,Zhang Xi,et al. Finite – element simulation of a hydraulic fracture interacting with a natural fracture[J]. SPE Journal,2017,22(1):219 – 234.

[140] Taleghani Arash Dahi,Gonzalez – Chavez Miguel,Yu Hao,et al. Numerical simulation of hydraulic fracture propagation in naturally fractured formations using the cohesive zone model[J]. Journal of Petroleum Science and Engineering,2018,165:42 – 57.

[141] Wang Xiaolong,Shi Fang,Liu Chuang,et al. Extended finite element simulation of fracture network propagation in formation containing frictional and cemented natural fractures[J]. Journal of Natural Gas Science and Engineering,2018,50:309 – 324.

[142] Wang Yuxiao,Javadi Akbar A,Fidelibus Corrado,et al. Improvements for the solution of crack evolution using extended finite element method[J]. Scientific Reports,2024,14(1):26924.

[143] Remij Ernst W,Remmers Joris J C,Huyghe Jacques. M,et al. On the numerical simulation of crack interaction in hydraulic fracturing[J]. Computational Geosciences,2018,22(1):423 – 437.

[144] Wasantha P Liyanage P,Konietzky Heinz. Fault reactivation and reservoir modification during hydraulic stimulation of naturally – fractured reservoirs[J]. Journal of Natural Gas ence and Engineering,2016,34:908 – 916.

[145] Wasantha P Liyanage P,Konietzlcy Heinz,Weber F. Geometric nature of hydraulic fracture propagation in naturally – fractured reservoirs[J]. Computers and Geotechnics,2017,83:209 – 220.

[146] Zhang Fengshou,Dontsov Egor,Mack M. Fully coupled simulation of a hydraulic fracture interacting with natural fractures with a hybrid discrete – continuum method[J]. International Journal for Numerical and Analytical Methods in Geomechanics,2017,41(13):1430 – 1452.

[147] Wu Kan,Olson Jon E. Simultaneous multifracture treatments:fully coupled fluid flow and fracture mechanics for horizontal wells[J]. SPE journal,2015,20(2):337 – 346.

[148] Bunger Andrew P,Zhang Xi,Jeffrey Robert G. Parameters Affecting the Interaction Among Closely Spaced Hydraulic Fractures[J]. SPE Journal,2012,17(1):292 – 306.

[149] Kresse Olga,Weng Xiaowei,Gu Hongren,et al. Numerical Modeling of Hydraulic Fractures Interaction in Complex Naturally Fractured Formations[J]. Rock Mechanicsand Rock Engineering,2013,46(3):555 – 568.

[150] Yao Yao,Wang Wenhua,Keer Leon M. An energy based analytical method to predict the influence of natural fractures on hydraulic fracture propagation[J]. Engineering Fracture Mechanics,2018,189:232 – 245.

[151] Sheibani Farrokh,Olson Jon. Stress intensity factor determination for three – dimensional crack using the displacement discontinuity method with applications to hydraulic fracture height growth and non – planar

propagation paths[C]. ISRM International Conference for Effective and Sustainable Hydraulic Fracturing. Brisbane,Australia,2013:ISRM–ICHF–2013–041.

[152] Blanton T L. Propagation of hydraulically and dynamically induced fractures in naturally fractured reservoirs[C]. SPE unconventional resources conference/gas technology symposium. Louisville, Kentucky, 1986: SPE–15261–MS.

[153] Olson Jon E, Dahi–Taleghani Arash. Modeling simultaneous growth of multiple hydraulic fractures and their interaction with natural fractures[C]. SPE hydraulic fracturing technology conference and exhibition. The Woodlands,Texas,2009:SPE–119739–MS.

[154] 考佳玮,金衍,付卫能,等. 深层页岩在高水平应力差作用下压裂裂缝形态实验研究[J]. 岩石力学与工程学报,2018,37(6):1332–1339.

[155] Jiang Tingxue, Jia Changgui, Wang Haitao. Study on network fracturing design method in shale gas[J]. Petroleum Drilling Techniques,2011,39(3):36–40.

[156] 侯振坤,杨春和,王磊,等. 大尺寸真三轴页岩水平井水力压裂物理模拟试验与裂缝延伸规律分析[J]. 岩土力学,2016,37(2):407–414.

[157] Wu Ruiting, Kresse Olga, Weng Xiaowei, et al. Modeling of interaction of hydraulic fractures in complex fracture networks[C]. SPE Hydraulic Fracturing Technology Conference and Exhibition. The Woodlands, Texas,USA,2012:SPE–152052–MS.

[158] 张荣曾,刘炯天,徐志强,等. 连续粒度分布的充填效率[J]. 中国矿业大学学报,2002,31(6):552–556.

[159] 王非,李振海,王鹏,等. 机加工油雾颗粒散发模型与粒径分布规律[J]. 同济大学学报(自然科学版),2020,48(1):95–100.

[160] 吴天江,平郁才,赵燕红. 硅酸盐水泥调剖剂粒度分形维及其与封堵性能的关系评价[J]. 西安石油大学学报(自然科学版),2014,29(5):93–96.

[161] 崔迎春,张琰. 分形几何理论在屏蔽暂堵剂优选中的应用[J]. 石油大学学报(自然科学版),2000,24(2):17–20.

[162] 罗向东,罗平亚. 屏蔽式暂堵技术在储层保护中的应用研究[J]. 钻井液与完井液,1992,9(2):9.

[163] Hands Nick, Kowbel Kevin, Maikranz Sven, et al. Drill–in fluid reduces formation damage, increases production rates[J]. Oil and Gas Journal,1998,96(28):1–65.

[164] 许成元,闫霄鹏,康毅力,等. 深层裂缝性储集层封堵层结构失稳机理与强化方法[J]. 石油勘探与开发,2020,47(2):399–408.

[165] 杨科,魏祯,何祥,等. 矸石集料承载力学特性模拟研究[J]. 煤炭学报,2022,47(3):1087–1097.

[166] 吴疆宇,冯梅梅,郁邦永,等. 连续级配废石胶结充填体强度及变形特性试验研究[J]. 岩土力学,2017,38(1):101–108.

[167] 程爱平,董福松,戴顺意,等. 全尾砂胶结充填体分层特性试验研究[J]. 金属矿山,2020(8):13–19.

[168] 尚宏波,靳德武,张天军,等. 三轴应力作用下破碎煤体渗透特性演化规律研究[J]. 煤炭学报,2019(4).

[169] 闫浩,张吉雄,张升,等. 散体充填材料压实力学特性的宏细观研究[J]. 煤炭学报,2017,42(2):413–420.

[170] 韩华强,陈生水,傅华,等. 循环荷载作用下堆石料的颗粒破碎特性[J]. 岩土工程学报,2017,39(10):1753–1760.

[171] 王建华,鄢捷年,郑曼,等. 理想充填暂堵钻井液室内研究[J]. 石油勘探与开发,2008,35(2):230–233.

[172] Gomaa Ahmed M, Nino–Penaloza Andrea, Castillo Dorianne, et al. Experimental investigation of particulate

diverter used to enhance fracture complexity[C]. SPE International Conference and Exhibition on Formation Damage Control. Lafayette,Louisiana,USA,2016:D021S012R003.

[173] Williams Vanessa,McCartney Elizabeth,Nino – Penaloza Andrea. Far – field diversion in hydraulic fracturing and acid fracturing:using solid particulates to improve stimulation efficiency[C]. SPE Asia Pacific hydraulic fracturing conference,Beijing,China,August,2016:D022S010R028.

[174] Kefi Slaheddine,Lee Jesse C,Shindgikar Nikhil Dilip,et al. Optimizing in four steps composite lost – circulation pills without knowing loss zone width[C]. SPE Asia Pacific Drilling Technology Conference and Exhibition,Ho Chi Minh City,Vietnam,November,2010:SPE – 133735 – MS.

[175] Potapenko D I,Tinkham S K,Lecerf B,et al. Barnett Shale refracture stimulations using a novel diversion technique[C]. SPE Hydraulic Fracturing Technology Conference,The Woodlands,Texas,January,2009:SPE – 119636 – MS.

[176] Zhong Ying,Zhang Hao,Feng Yunhui,et al. A composite temporary plugging technology for hydraulic fracture diverting treatment in gas shales:Using degradable particle/powder gels (DPGs) and proppants as temporary plugging agents[J]. Journal of Petroleum Science and Engineering,2022,216:110851.

[177] Hubert King M. The Theory of Ground – Water Motion[J]. Soil Science,1941,51(5):428.

[178] Krumbein William,Monk G D. Permeability as a Function of the Size Parameters of Unconsolidated Sand [J]. Transactions of the AIME,1943,151(1):153 – 163.

[179] Rose William D,Bruce William A. Evaluation of capillary character in petroleum reservoir rock[J]. Journal of Petroleum Technology,1949,1(5):127 – 142.

[180] Walsh J Bruce,Brace W F. The effect of pressure on porosity and the transport properties of rock[J]. Journal of Geophysical Research:Solid Earth,1984,89:9425 – 9431.

[181] Wyllie M R J,Rose William D. Some Theoretical Considerations Related To The Quantitative Evaluation Of The Physical Characteristics Of Reservoir Rock From Electrical Log Data[J]. Journal of petroleum technology,1950,2(4):105 – 118.

[182] 陈永平,施明恒. 基于分形理论的多孔介质渗透率的研究[J]. 清华大学学报:自然科学版,2000,40(12):94 – 97.

[183] Nishiyama Naoki,Yokoyama Tadashi. Permeability of porous media:Role of the critical pore size[J]. Journal of Geophysical Research. Solid Earth,2017,122(9):6955 – 6971.

[184] 于华,令狐松,王谦,等. 一种砂岩储层渗透率计算新方法[J]. 西南石油大学学报(自然科学版),2020,42(2):125 – 132.

[185] 李雄炎,秦瑞宝,平海涛,等. 高精度渗透率模型的建立与应用[J]. 中国石油大学学报(自然科学版),2020,44(6):14 – 20.

[186] Jidong Teng,Han Yan,Sihao Liang,et al. Generalising the Kozeny – Carman equation to frozen soils[J]. Journal of Hydrology,2021,594:125885.

[187] Ruan Kunlin,Fu Xianlei. A modified Kozeny – Carman equation for predicting saturated hydraulic conductivity of compacted bentonite in confined condition[J]. Journal of Rock Mechanics and Geotechnical Engineering,2022,14(3):984 – 993.

[188] 张代燕,彭永灿,肖芳伟,等. 克拉玛依油田七中、东区克下组砾岩储层孔隙结构特征及影响因素[J]. 油气地质与采收率,2013,(6):29 – 34,112 – 113.

[189] 彭振斌,杨坪,李奋强,等. 砂卵砾石孔隙计算模型研究[J]. 勘察科学技术,2005 (2):3 – 5.

[190] 颜旭,李志威,余国安,等. 泥沙自然堆积孔隙率计算的试验研究[J]. 水电能源科学,2018,36(5):110 – 113,183.

[191] 张佳佳,曾庆才,印兴耀,等. 多孔可变临界孔隙度模型及储层孔隙结构表征[J]. 地球物理学报,2021,64(2):724 – 734.

[192] Chang Chingshung, Deng Yibing. A nonlinear packing model for multi-sized particle mixtures[J]. Powder Technology, 2018, 336:449-464.

[193] Perera Chamil, Wu Weiming, Knack Ian. Porosity of bimodal and trimodal sediment mixtures[J]. International Journal of Sediment Research, 2022, 37(2):258-271.

[194] Xie Jiafeng, Hu Peng. A multi-stage normalization model for predicting the porosity of the multi-sized mixtures[J]. Powder Technology, 2022, 411:117906.

[195] Canon Javier M, Pham Tai T. Improved fracture design avoids proppant flowback in tightgas completions[J]. World Oil, 2004, 225(7):67-71.

[196] Andrews Jamie S, Kjorholt Halvor. Rock mechanical principles help to predict proppant flowback from hydraulic fractures[C]. SPE/ISRM Rock Mechanics in Petroleum Engineering, Trondheim, Norway, July, 1998:SPE-47382-MS.

[197] 何雨遥. 纤维控制支撑剂回流机理研究[D]. 成都:西南石油大学,2015.

[198] 刘成武. 压裂气井生产过程中支撑剂回流及控制研究[D]. 成都:西南石油大学,2018.

[199] 许成元,闫霄鹏,康毅力,等. 深层裂缝性储集层封堵层结构失稳机理与强化方法[J]. 石油勘探与开发,2020,47(2):399-408.

[200] Yan Xiaopeng, Kang Yili, Xu Chengyuan, et al. Fracture plugging zone for lost circulation control in fractured reservoirs:Multiscale structure and structure characterization methods[J]. Powder Technology, 2020, 370:159-175.

[201] Yan Xiaopeng, Kang Yili, Xu Chengyuan, et al. Impact of friction coefficient on the mesoscale structure evolution under shearing of granular plugging zone[J]. Powder Technology, 2021, 394:133-148.

[202] Li Fangtao, Hu Zhiping, Ren Xiang, et al. Fractal Statistical Study on the Strength of Jointed Rock Mass[J]. Shock & Vibration, 2022, 37(2):1-11.

[203] Kong B, Fathi Ebrahim, Ameni Smaoui. Coupled 3D numerical simulation of proppant distribution and hydraulic fracturing performance optimization in Marcellus shale reservoirs[J]. International Journal of Coal Geology, 2015, 147-148:35-45.

[204] Osiptsov Andrei A. Fluid Mechanics of Hydraulic Fracturing:a Review[J]. Journal of Petroleum Science and Engineering, 2017, 156:513-535.

[205] Liang Feng, Sayed Mohammed, Al-Muntasheri Ghaithan A, et al. A comprehensive review on proppant technologies[J]. Petroleum, 2016, 2(1):26-39.

[206] Shah Shivam Neer. Proppant settling correlations for non-Newtonian fluids under static and dynamic conditions[J]. Society of Petroleum Engineers Journal, 1982, 22(2):164-170.

[207] Cleary M P, Fonseca Amaury. Proppant convection and encapsulation in hydraulic fracturing:Practical implications of computer and laboratory simulations[C]. SPE Annual Technical Conference, Washington, D. C., October, 1992:SPE-24825-MS.

[208] Liu Y, Sharma M M. Effect of fracture width and fluid rheology on proppant settling and retardation:an experimental study[C]. SPE Annual Technical Conference and ExhibitionDallas, Texas, October, 2005:SPE-96208-MS.

[209] Mark McClure. Bed load proppant transport during slickwater hydraulic fracturing:Insights from comparisons between published laboratory data and correlations for sediment and pipeline slurry transport[J]. Journal of Petroleum Science and Engineering, 2018, 161:599-610.

[210] Adachi Asahi, Siebrits Eduard, Peirce Anthony, et al. Computer simulation of hydraulic fractures[J]. International Journal of Rock Mechanics and Mining Sciences, 2007, 44(5):739-757.

[211] Perkins T K, Kern L R. Widths of hydraulic fractures[J]. Journal of petroleum technology, 1961, 13(9):937-949.

[212] Rahim Zuraidy Abd,Holditch Stephen A. The effects of mechanical properties and selection of completion interval upon the created and propped fracture dimensions in layered reservoirs[J]. Journal of Petroleum Science and Engineering,1996,33(1):29-45.

[213] Smith Matt Boyd,Bale Arthur,Britt Larry K. Enhanced 2D Proppant-Transport Simulation:The Key To Understanding Proppant Flowback and Post-Frac Productivity[J]. SPE Production and Facilities,2001,16(1):50-57.

[214] Rahim Zuraidy Abd,Holditch Stephen A,Zuber Michael D,et al. Evaluation of fracture treatments using a layered reservoir description:field examples[J]. Journal of Petroleum Science and Engineering,1995,12(4):257-267.

[215] Hu Xiaodong,Wu Kan,Song Xianzhi,et al. A new model for simulating particle transport in a low-viscosity fluid for fluid-driven fracturing[J]. AIChE Journal,2018,64(9):3542-3552.

[216] Dontsov Egor V,Peirce Anthony P. Proppant transport in hydraulic fracturing:Crack tip screen-out in KGD and P3D models[J]. International Journal of Solids and Structures,2015,63:206-218.

[217] Clifton R J,Brown U,Wang J J,et al. Multiple fluids,proppant transport,and thermal effects in three-dimensional simulation of hydraulic fracturing[C]. SPE Annual Technical Conference & Exhibition,Houston, Texas,October,1988:SPE-18198-MS.

[218] Ouyang Shi Hua,Carey Graham F,Yew Chern Har. An adaptive finite element scheme for hydraulic fracturing with proppant transport[J]. International Journal for Numerical Methods in Fluids,1997,24(7):645-670.

[219] Roostaei Morteza,Nouri Alireza,Fattahpour Vahidoddin,et al. Numerical simulation of proppant transport in hydraulic fractures[J]. Journal of Petroleum Science and Engineering,2018,163:119-138.

[220] Suri Yatin,Islam Zahidul,Hossain Mamdud. A new CFD approach for proppant transport in unconventional hydraulic fractures[J]. Journal of Natural Gas Science and Engineering,2019,70:102951.

[221] Zhang Guodong,Li Mingzhong,Gutierrez Marte. Numerical simulation of proppant distribution in hydraulic fractures in horizontal wells[J]. Journal of Natural Gas Science and Engineering,2017,48:157-168.

[222] Zeng Junsheng,Li Heng,Zhang Dongxiao. Numerical simulation of proppant transport in propagating fractures with the multi-phase particle-in-cell method[J]. Fuel,2019,245:316-335.

[223] Tsai Kuochen,Fonseca Ernesto,Degaleesan Sujatha,et al. Advanced computational modeling of proppant settling in water fractures for shale gas production[J]. SPE Journal,2013,18(1):50-56.

[224] Siddhamshetty Prashanth,Mao Shaowen,Wu Kan,et al. Multi-size proppant pumping schedule of hydraulic fracturing:application to a MP-PIC model of unconventional reservoir for enhanced gas production[J]. Processes,2020,8(570):570.

[225] Gupta Saurabh,Choudhary Shikhar,Kumar Suraj,et al. Large eddy simulation of biomass gasification in a bubbling fluidized bed based on the multiphase particle-in-cell method[J]. Renewable Energy,2021,163:1455-1466.

[226] 郭建春,曾凡辉. 致密砂岩气藏压裂优化设计理论与技术[M]. 北京:石油工业出版社,2019.

[227] 郭建春,曾凡辉,张涛. 页岩储层水平井多段多簇压裂理论[M]. 北京:科学出版社,2020.

[228] Tan Jingqiang,Horsfield Brian,Fink Reinhard,et al. Shale gas potential of the major marine shale formations in the Upper Yangtze Platform,south China,Part Ⅲ:Mineralogical,lithofacial,petrophysical,and rock mechanical properties[J]. Energy & Fuels,2014,28(4):2322-2342.

[229] 刘致水,孙赞东. 新型脆性因子及其在泥页岩储集层预测中的应用[J]. 石油勘探与开发,2015,42(1):117-124.

[230] Rickman Rick,Mullen Mike,Petre Erik,et al. A practical use of shale petrophysics for stimulation design optimization:all shale plays are not clones of the Barnett shale[C]. SPE Annual Technical Conference and

Exhibition, Denver, Colorado, USA, September, 2008: SPE - 115258 - MS.

[231] Guo Zhiqi, Chapman Mark, Li Xiangyang. A shale rock physics model and its application in the prediction of brittleness index, mineralogy, and porosity of the Barnett Shale[C]. Society of Exploration Geophysicists International Exposition, Las Vegas, Nevada, November, 2012: SEG - 2012 - 0777.

[232] Liu Z, Sun S Z, Sun Y, et al. Formation evaluation and rock physics analysis for shale gas reservoir - a case study from China South[C]. 75th EAGE Conference & Exhibition incorporating SPE EUROPEC 2013. European Association of Geoscientists & Engineers, London, United kingdom, June, 2013: cp - 348 - 00222.

[233] Ye Yapei, Tang Shuheng, Xi Zhaodong. Brittleness evaluation in shale gas reservoirs and its influence on fracability[J]. Energies, 2020, 13(2): 388.

[234] 李金磊, 李文成. 涪陵页岩气田焦石坝区块页岩脆性指数地震定量预测[J]. 天然气工业, 2017, 37(7): 13 - 19.

[235] Wu Kan, Olson Jon E. Mechanisms of simultaneous hydraulic - fracture propagation from multiple perforation clusters in horizontal wells[J]. SPE JOURNAL, 2016, 21(3): 1000 - 1008.

[236] Li Sanbai, Zhang Dongxiao. A fully coupled model for hydraulic - fracture growth during multiwell - fracturing treatments: enhancing fracture complexity[J]. SPE Production & Operations, 2018, 33(02): 235 - 250.

[237] Liu Chuang, Shi Fang, Zhang YongPing et al. High injection rate stimulation for improving the fracture complexity in tight - oil sandstone reservoirs[J]. Journal of Natural Gas Science and Engineering, 2017, 42: 133 - 141.

[238] Saputelli Luigi, Lopez Carlos, Chacon Alejandro, et al. Design optimization of horizontal wells with multiple hydraulic fractures in the Bakken Shale[C]. SPE/EAGE European Unconventional Resources Conference and Exhibition, Vienna, Austria, February, 2014: SPE - 167770 - MS.

[239] Yu Wei, Hu Xiaohu, Wu Kan, et al. Coupled fracture - propagation and semianalytical models to optimize shale gas production[J]. SPE Reservoir Evaluation & Engineering, 2017, 20(4): 1004 - 1019.

[240] Holt S. Numerical optimization of hydraulic fracture stage placement in a gas shale reservoir[D]. Netherlands: Delft University of Technology, 2017.

[241] Ma Xiaodan, Gildin Eduardo, Plaksina Tatyana. Efficient optimization framework for integrated placement of horizontal wells and hydraulic fracture stages in unconventional gas reservoirs[J]. Journal of Unconventional Oil & Gas Resources, 2015, 9: 1 - 17.

[242] Rammay Muzammil Hussain, Awotunde Abeeb A. Stochastic optimization of hydraulic fracture and horizontal well parameters in shale gas reservoirs[J]. Journal of Natural Gas Science and Engineering, 2016, 36: 71 - 78.

[243] Brereton Richard G, Lloyd Gavin Rhys. Support vector machines for classification and regression[J]. Analyst, 2010, 135(2): 230 - 267.

[244] Shahk Arami Alireza, Mohaghegh Shahab. 智能代理在油藏建模中的应用[J]. 石油勘探与开发, 2020, 47(2): 372 - 382.

[245] Burnaev Evgeny V, Erofeev P D, et al. The influence of parameter initialization on the training time and accuracy of a nonlinear regression model[J]. Journal of Communications Technology and Electronics, 2016, 61(6): 646 - 660.

[246] Elanayar S, Shin Yung C. Radial basis function neural network for approximation and estimation of nonlinear stochastic dynamic systems[J]. IEEE Transactions on Neural Networks, 1994, 5(4): 594 - 603.

[247] Regis Rommel G, Shoemaker Christine Annette. Combining radial basis function surrogates and dynamic coordinate search in high - dimensional expensive black - box optimization[J]. Engineering Optimization, 2012, 45(5): 1 - 27.

[248] Simpson Timothy W,Mistree Farrokh. Kriging models for global approximation in simulation-based multi-disciplinary design optimization[J]. AIAA Journal,2001,39(12):2233-2241.

[249] 孙泽刚,肖世德,王德华,等. 多路阀双U型节流槽结构对气穴的影响及优化[J]. 华中科技大学学报(自然科学版),2015,43(4):38-43.

[250] Wu Xin,Zheng Yi,Wu Bin,et al. Optimizing conjunctive use of surface water and groundwater for irrigation to address human-nature water conflicts:A surrogate modeling approach[J]. Agricultural Water Management,2016,163(1):380-392.

[251] Palash Panja,Deo Milind. Factors that control condensate production from shales:surrogate reservoir models and uncertainty analysis[J]. SPE Reservoir Evaluation & Engineering,2016,19(1):130-141.

[252] Pouladi Behzad,Keshavarz Sahar,Sharifi Mohammad,et al. A robust proxy for production well placement optimization problems[J]. Fuel,2017,206:467-481.

[253] Vuciri Isaac. 基于ANN代理模型的致密油压裂裂缝参数优化[D]. 山东:中国石油大学(华东),2018.

[254] Morozov Anton D,Popkov Dmitry O,Duplyakov Victor M,et al. Data-driven model for hydraulic fracturing design optimization:focus on building digital database and production forecast[J]. Journal of Petroleum Science & Engineering,2020,194:107504.

[255] 李坚. 代理模型近似技术研究及其在结构可靠度分析中的应用[D]. 上海:上海交通大学,2013.

[256] Song Xueguan,Wang Lin,Park Young Chul. Analysis and optimization of a butterfly valve disc[J]. Proceedings of the Institution of Mechanical Engineers,Part E:Journal of Process Mechanical Engineering,2009,223(2):81-89.

[257] 高云凯,孙芳,余海燕. 基于Kriging模型的车身耐撞性优化设计[J]. 汽车工程,2010,(1):17-21.

[258] 刘立佳,李相民,颜骥. 解决高维多目标优化的分组进化算法[J]. 四川大学学报(工程科学版),2013,(201):118-122.

[259] 高轶男. 基于组合代理模型的汽车碰撞安全性多目标优化研究[D]. 重庆:重庆大学,2016.

第2章 页岩储层地质工程一体化可压裂性及甜点评价

可压裂性与地质工程甜点评价是页岩气储层压前评价的重要内容,是实现非常规储层经济高效开发的关键[1]。可压裂性表征了储层通过压裂形成复杂裂缝网络的能力,甜点表征了在现有勘探开发技术基础上,可以获得经济油气产量、具有实际开发效益的区域。地质工程一体化甜点评价的核心内涵是在地质甜点区单元内形成人造高渗透区,获得较大的改造体积,重构渗流场。深层页岩储层致密,非均质性强,两向应力差大,必须依托地质工程一体化思想,通过钻井打入甜点区,压好甜点段,形成复杂裂缝网络沟通有利储层才能实现深层页岩气的有效开发。本章从深层页岩地质工程甜点参数解释方法出发,构建深层页岩地质工程一体化甜点评价指标体系,在此基础上,基于多源降维的综合评价方法,构建适用于深层页岩的地质工程一体化压裂甜点优选方法。

2.1 地质工程甜点评价指标

2.1.1 地质甜点评价指标

2.1.1.1 TOC

总有机碳含量(TOC)是页岩气储层评价的一个重要参数,反映页岩储层的生烃能力以及页岩气富集程度。总有机碳含量包含两大类物质:干酪根和沥青。干酪根作为原始的生油物质,一般占总有机含碳量的70%~90%[2]。目前计算有机碳含量的方法主要有3种:$\Delta \lg R$重叠法、自然伽马能谱法、多参数经验模型法。

(1)$\Delta \lg R$重叠法。

$\Delta \lg R$重叠法利用AC、CNL、DEN、RT计算TOC,计算时将通过线性坐标进行刻度的声波时差曲线与采用对数坐标进行刻度电阻率曲线进行重叠,将这两条曲线在某一深度内趋势一致时定为基线,读取两曲线的间距在对数坐标上的读数[2],从而确定$\Delta \lg R$。

$$\Delta \lg R = \lg\left(\frac{RT}{RT_b}\right) + 0.02(AC - AC_b) \tag{2.1.1}$$

$$\Delta \lg R = \lg\left(\frac{RT}{RT_b}\right) + 4.0(CNL - CNL_b) \tag{2.1.2}$$

$$\Delta \lg R = \lg\left(\frac{RT}{RT_b}\right) - 2.5(DEN - DEN_b) \tag{2.1.3}$$

$\Delta \lg R$与TOC呈线性相关:

$$TOC = \Delta \lg R \times 10^{2.297 - 0.1688 LOM} \tag{2.1.4}$$

式中:$\Delta \lg R$ 为两条曲线间的间距;RT、RT_b 为测井电阻率、基线对应的电阻率,$\Omega \cdot m$;AC、AC_b 为测井声波时差、基线对应的声波时差,$\mu s/ft$❶;CNL、CNL_b 为测井补偿中子值、基线对应中子测井值,%;DEN、DEN_b 为测井补偿密度值、基线对应补偿密度值,g/m^3;TOC 为总有机碳含量,%;LOM 为与页岩成熟度有关的系数,通常在 5~18 之间。

(2)自然伽马能谱法。

在页岩储层中有机质含量越高的岩石中,自然伽马测井值越高,放射性铀元素值也越高,在海相页岩中更加明显。自然伽马能谱测井能够测得地层中铀元素的浓度,铀元素浓度与储层有机质有较好的经验关系,因此可采用自然伽马能谱测井来获取页岩储层中的总有机含碳量[3]。

$$TOC = A + BU \tag{2.1.5}$$

式中:U 为铀元素含量,$\mu g/g$;A、B 为模型参数。

对于不同地区 A、B 的取值不同,A、B 可通过回归拟合得到。

(3)多参数经验模型法。

多参数经验模型法通过选取对烃源岩含量有显著影响的测井反应多条测井曲线,通过多元函数回归法,建立对总有机碳含量的多元回归模型:

$$TOC = aAC + bDEN + cGR + eSP + f \tag{2.1.6}$$

式中:a、b、c、e 为区域模型参数;f 为随机误差。

2.1.1.2 孔隙度

页岩储层具有典型的低孔隙度特点,页岩的孔隙度在评价页岩气储层质量以及确定储层含气饱和度等方面具有重要作用。页岩气的存在状态受到页岩储层的孔隙大小的影响,页岩在孔隙度较大的页岩中气将以游离气的形式存在,而在较小孔隙度的页岩中则以吸附气的形式吸附于干酪根和黏土矿物表面[4]。页岩孔隙度评价方法有多矿物最优化法和多参数经验模型法。

(1)多矿物最优化法。

基于岩石体积物理模型,联立测井响应方程求解页岩孔隙度。测井响应方程为

$$\Delta T = \phi [A(1 - S_{xo})\Delta T_{hr} + S_{xo}\Delta T_{mf}] + V_{sh}\Delta T_{sh} + \sum_{i=1}^{n} V_{mai}\Delta T_{mai} \tag{2.1.7}$$

$$\phi_n = \phi [A(1 - S_{xo})\phi_{Nhr} + S_{xo}\phi_{Nmf}] + V_{sh}\phi_{Nsh} + \sum_{i=1}^{n} V_{mai}\Delta T_{Nmai} \tag{2.1.8}$$

$$\rho_b = \phi [A(1 - S_{xo})\rho_{hr} + S_{xo}\rho_{mf}] + V_{sh}\rho_{sh} + \sum_{i=1}^{n} V_{mai}\rho_{mai} \tag{2.1.9}$$

$$\phi + V_{sh} + \sum_{i=1}^{n} V_{mai} = 1 \tag{2.1.10}$$

---

❶ 1 $\mu s/ft$ = 3.28 $\mu s/m$。

式中：ΔT_{hr}、ΔT_{mf}、ΔT_{sh}、ΔT_{mai}、ΔT 为残余天然气声波时差、混合流体声波时差、黏土声波时差、岩石骨架声波时差、测井声波时差，$\mu s/ft$；ϕ_{Nhr}、ϕ_{Nmf}、ϕ_{Nsh}、ϕ_{Nmai}、ϕ_n 为残余天然气中子孔隙度、混合流体中子孔隙度、黏土中子孔隙度、岩石骨架中子孔隙度、测井中子孔隙度，%；ρ_{hr}、ρ_{mf}、ρ_{sh}、ρ_{mai}、ρ_b 为残余天然气密度、混合流体密度、黏土密度、岩石骨架密度、测井密度，g/cm^3；ϕ 为储层孔隙度，%；S_{xo} 为冲洗带残余气饱和度，%；V_{mai} 为第 i 种矿物体积含量，%；A 为模型参数。

（2）多参数经验模型法。

多参数经验模型法根据页岩储层的孔隙度与测井曲线具有相关联性的特点，利用岩心孔隙度直接刻度测井曲线，建立孔隙度测井评价模型，用于页岩气储层孔隙度的计算。钟光海优选声波、密度、铀含量并结合岩心孔隙度，建立川南地区页岩储层孔隙度测井精细计算模型[3]。

$$\phi = a + bAC + cDEN + d\lg U \tag{2.1.11}$$

式中：ϕ 为储层孔隙度，%；AC 为补偿声波测井值，$\mu s/ft$，DEN 为岩石密度值，g/cm^3；U 为岩石铀含量 $\mu g/g$；a、b、c、d 为模型系数。

2.1.1.3 含气饱和度

含气饱和度是计算储层含气量的重要参数之一，同时也是进行储层地质甜点评价的重要指标。目前，确定页岩储层含气饱和度的方法一般可分为两大类：一是岩心含气饱和度实验分析；二是基于测井数据进行计算。通过岩心实验分析无法获得连续的含气饱和度分布值，无法进行甜点评价进而进行储层射孔综合选点。因此一般通过测井数据获得连续的含气饱和度分布值。

目前基于测井数据计算页岩气储层含气饱和度的方法沿用了常规砂岩储层的计算方法，主要有 Archie 公式、Simandoux 公式、Total – Shale 公式和印度尼西亚方程[5]。采用 Archie 公式计算含气饱和度：

$$S_g = \sqrt[n]{\frac{abR_w}{\phi^m R_t}} \tag{2.1.12}$$

式中：R_w 为地层水电阻率，$\Omega \cdot m$；R_t 为地层水电阻率，$\Omega \cdot m$；ϕ 为页岩储层孔隙度，%；a 为岩性系数；b 为与岩性有关的系数；m 为地层胶结系数；n 为饱和度系数。其中，a、b、m、n 主要通过实验确定。

2.1.1.4 含气量

页岩储层含气量是评价页岩气储层好坏的重要参数。页岩的含气量受页岩的生气能力和强度控制，损失气、解吸气及残余气分别与吸附气和游离气存在内在联系。页岩吸附含气量和总含气量是页岩含气量地质评价中的重要参数，页岩气中游离气的占比不仅能反映页岩中天然气的赋存状态，而且更指示了页岩气的可采性。含气量越高，反映了产气量越高的一定概率趋势。页岩储层的含气量包括游离气的含量以及吸附气含量，计算储层的含气量时可先分别计算出游离气含量和吸附气含量后进行求和，即可得到储层总的含气量。

(1) 吸附气含量计算。

目前页岩气储层吸附气含量计算主要基于兰格缪尔方程[6]：

$$V_a = \frac{pV_L}{p + p_L} \tag{2.1.13}$$

式中：V_a 为吸附气含量，m³/t；p 为储层压力，MPa；p_L 为兰氏压力，吸附气含量达到饱和时一半的压力，MPa；V_L 为兰氏体积，达到饱和吸附气时的吸附气量，m³/t。

p_L、V_L 可通过建立与 TOC 的回归关系进行计算：

$$V_L = A \cdot TOC^B \tag{2.1.14}$$

$$p_L = C \cdot TOC^D \tag{2.1.15}$$

夏宏泉等[7]以长宁地区下志留系龙马溪组为例，拟合回归计算得到 $A = 2.023$，$B = 0.496$，$C = 14.143$，$D = 0.444$。

(2) 游离气含量计算。

游离气含量以储层的有效孔隙度和含气饱和度为基础进行计算：

$$V_f = \phi S_g \frac{\psi}{B_g DEN} \tag{2.1.16}$$

式中：V_f 为游离气含量，m³/t；ψ 为常数，页岩取 0.91；B_g 为气体体积压缩系数，页岩取 0.0046；ϕ 为有效孔隙度，%；S_g 为含气饱和度，%。

(3) 总含气量计算。

计算得到吸附气和游离气含量后，即可计算出总含气量，总含气量为吸附气与游离气含量之和：

$$V_t = V_a + V_f \tag{2.1.17}$$

式中：V_a 为吸附气含量，m³/t；V_f 为游离气含量，m³/t。

2.1.2 工程甜点评价指标

工程甜点是指压裂时能够降低成本且有利于压裂施工的区域，主要体现在储层的工程可压裂性。目前储层的工程可压裂性主要通过计算可压裂性指数进行定量的评价。本节将选取影响工程可压裂性的主要因素，明确各评影响因素的含义及获取来源，建立工程可压裂性评价模型。

2.1.2.1 岩石力学参数

岩石力学参数主要包括岩石的杨氏模量和泊松比。岩石的杨氏模量是描述材料抵抗变形能力的物理量，页岩的杨氏模量是表征页岩岩石力学特性十分重要的指标，杨氏模量越大，岩石发生一定量形变所需的应力则越大。若圆柱形岩心发生形变，在轴向方向缩短，在沿半径方向增大，则两者在两个方向的应变之比的负值称为泊松比。在压裂时，较高的杨氏模量与较低的泊松比更有利于压裂复杂裂缝的形成。若岩石泥质含量较高，则会有较低的杨氏模量值,不利于压裂作业。

岩石的杨氏模量及泊松比可以通过将取得的岩样进行力学实验得到应力-应变关系求取,此外也可通过弹性波传播以及岩石的额密度获取得到。根据实验得到的杨氏模量及泊松比称为静态杨氏模量及泊松比;根据弹性波传播计算得到的称为动态杨氏模量及泊松比。根据声波测井资料即可计算杨氏模量及泊松比[8]:

$$\nu = \frac{V_p^2 - 2V_s^2}{2(V_p^2 - V_s^2)} \quad (2.1.18)$$

$$E = \frac{\rho(3V_p^2 - 4V_s^2)}{\frac{V_p^2}{V_s^2} - 1} \quad (2.1.19)$$

式中:ν 为泊松比;V_p 为纵波速度,m/s;V_s 为横波速度,m/s;E 为杨氏模量,Pa;ρ 为岩石密度,kg/m³。

岩石脆性及储层三向地应力计算时需要地层条件下的静态杨氏模量及泊松比,通过测井资料计算得到的杨氏模量是动态杨氏模量,计算岩石脆性及储层三向地应力时需要转换成地下实际状态下的静态模量,动静态模量转换关系式可以通过实验岩心测试模量与测井计算模量拟合得到:

$$\begin{aligned} E &= a \cdot E_d + b \\ \mu &= c \cdot \mu_d + d \end{aligned} \quad (2.1.20)$$

式中:a、b、c、d 为动态、静态参数转换系数。实验发现,在围压为 40 MPa 时,龙马溪组页岩动态、静态杨氏模量及泊松比的转化关系如图 2.1.1 所示[42]。

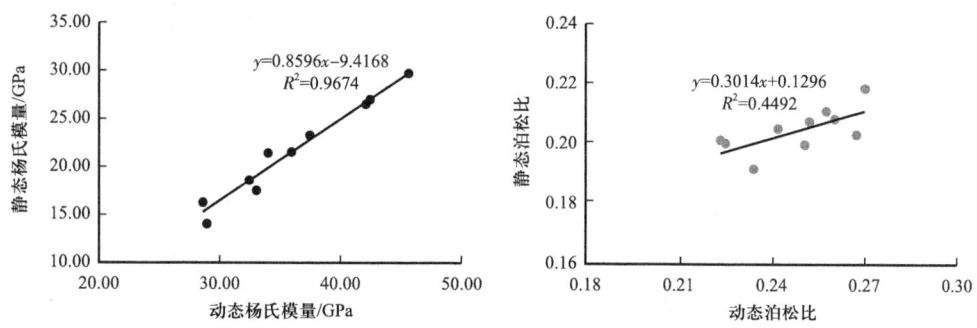

图 2.1.1　动态、静态杨氏模量及泊松比转换关系

2.1.2.2　储层三向地应力

地层岩石的应力状态分为 3 个方向:垂向地应力、最大水平主应力和最小水平主应力。地层的应力分布情况对于获取水力裂缝的形成延伸情况以及工程可压裂性的计算具有重要意义。获得地层的垂向应力、最大水平主应力、最小水平主应力后能够计算出地层的应力差异系数、可压裂性指数等参数,可为地质工程综合可压裂性选点提供基础参数。

垂向应力主要是由上覆岩层的重力以及孔隙流体压力所产生的，基于密度测井资料可获得地层垂向密度剖面从而计算垂向应力：

$$\sigma_z = 10^{-6} \int_0^H \rho(h) g \mathrm{d}h \tag{2.1.21}$$

式中：σ_z 为深度 h 处的垂向应力，MPa；h 为地层深度，m；$\rho(h)$ 为随着深度变化的岩石综合密度，kg/m³。

最大和最小水平主应力与地层的孔隙压力、骨架应力以及水平面上两个方向上的构造应力有关，根据广义虎克定律[9]：

$$\sigma_H - \alpha P_p = \frac{\nu}{1-\nu}(\sigma_z - \alpha P_p) + K_H \frac{EH}{1+\nu} \tag{2.1.22}$$

$$\sigma_h - \alpha P_p = \frac{\nu}{1-\nu}(\sigma_z - \alpha P_p) + K_h \frac{EH}{1+\nu} \tag{2.1.23}$$

式中：σ_H 为最大水平主应力，MPa；σ_h 为最小水平主应力，MPa；α 为有效应力系数；P_p 为孔隙压力，MPa；ν 为泊松比；K_H 为最大水平主应力方向的构造系数，m^{-1}；K_h 为最小水平主应力方向的构造系数，m^{-1}。

基于式(2.1.18)、式(2.1.21)、式(2.1.22)、式(2.1.23)，同时结合声波测井和密度测井资料即可获得地层的三向应力分布情况，从而用于计算应力差异系数、工程可压裂性指数的工程甜点评价参数，最终将获得的工程甜点评价参数用于综合评价选点。

当地层水平最大与最小主应力相差较小时，压裂时水力裂缝能够较为容易地沿多个方向扩展，在这种情况下会更加容易形成相对较为复杂的水力裂缝网络。如果储层具有较大的最大最小水平主应力差，地层应力对水力压裂裂缝的控制作用会增强，此时裂缝主要沿最小水平主应力方向扩展，形成的裂缝形态比较单一。水平应力差异系数可以来描述这种情况[10]，其计算公式为

$$c = \frac{\sigma_{H\max} - \sigma_{h\min}}{\sigma_{h\min}} \tag{2.1.24}$$

式中：c 为应力差异系数；$\sigma_{H\max}$ 为最大水平主应力，MPa；$\sigma_{H\min}$ 为最小水平主应力，MPa。

水平应力差异系数 K_h 反映了地层水平主应力差异情况，K_h 越小表明地层最大最小主应力差异越小，应力对水力裂缝方向的控制作用越弱，压裂时则能够相对容易地形成复杂裂缝网络；K_h 越大则说明地层最大最小主应力差异越大，应力对水力裂缝方向的控制作用越强，压裂形成的裂缝形态较为单一，复杂的裂缝网络能够更好地动用储层。

2.1.2.3 脆性指数

作为可压裂性评价中一个重要的评价参数，页岩脆性的高低表征了在压裂时形成复杂的裂缝网络的能力大小。评价储层脆性的高低对精细布孔以及合理优化压裂施工参数具有重要的指导意义。根据不同的评价目标，储层岩石脆性的定义有很多，如岩石破坏的能力或岩石在应力作用下突然破坏的过程。页岩的脆性综合反映了页岩的力学性质，在储层条件

下页岩的矿物组成成分、页岩的微观孔隙结构以及储层的温度、压力等都会影响页岩的脆性[11]。目前,岩石的脆性主要有3种表征形式[11]:基于岩石脆性矿物含量、基于岩石的力学性质、基于岩石应力-应变实验。

为了进行综合评价选点,基于测井数据及前述杨氏模量及泊松比的计算,本书采用基于岩石力学性质的方法计算脆性指数,能够较为方便地获取连续分布的脆性指数。较高杨氏模量与较低泊松比的岩石具有较强的脆性,脆性指数的计算方法为[12]

$$E_n = \frac{E - E_{min}}{E_{max} - E_{min}} \quad (2.1.25)$$

$$\nu_n = \frac{\nu_{max} - \nu}{\nu_{max} - \nu_{min}} \quad (2.1.26)$$

$$Brit = \frac{E_n + \nu_n}{2} \quad (2.1.27)$$

式中:E_n 为归一化杨氏模量;ν_n 为归一化泊松比;$Brit$ 为脆性指数;E 为地层某处杨氏模量,Pa;ν 为地层某处泊松比;E_{min}、E_{max} 分别为地层中最小、最大杨氏模量,Pa;ν_{min}、ν_{max} 分别为地层中最小、最大泊松比。

2.1.2.4 断裂韧性

断裂韧性是页岩储层进行可压裂性评价的重要参数,断裂韧性描述了储层岩石抵抗裂缝延伸的能力。根据弹性断裂力学理论,裂缝有3种类型:张开型(Ⅰ型)、错开型(Ⅱ型)和撕开型(Ⅲ型)。水力压裂中的裂缝形态主要是Ⅰ型和Ⅱ型。岩石的断裂韧性 K_{IC} 与应力强度因子不同,当岩石的应力强度因子达到临界值 K_{IC} 时裂缝扩展。应力强度因子与岩石的性质、裂缝尺寸以及应力状态有关;而 K_{IC} 即为Ⅰ型断裂韧性,是岩石阻止裂缝扩展的能力,属于岩石本身的性质。断裂韧性的大小关系到裂缝延伸的难易,其值越小,裂缝越容易延伸,越有利于水力压裂[8,13]。

目前预测断裂韧性的方法主要分为两大类:一是通过钻井取岩心进行实验直接测试,这种方法虽然可靠但测试成本较高,同时由于岩心难以获取,无法获取连续断裂韧性分布值;二是利用测井资料计算岩石力学参数,基于岩石力学参数,利用岩石力学参数与断裂韧性的相关性建立经验公式计算断裂韧性。

针对不同岩石类型统计分析发现,随围压增大,岩石断裂韧性呈线性增大,因而围压直接影响断裂韧性,进而影响储层获得较大改造体积的概率[43]。

金衍等[29,33-44]基于测井资料分析的断裂韧性和围压、抗拉强度的关系,计算储层Ⅰ型和Ⅱ型断裂韧性:

$$K_{IC0} = 0.2176 P_c + 0.0059 S_t^3 + 0.0923 S_t^2 + 0.517 S_t - 0.3322 \quad (2.1.28)$$

$$K_{IIC0} = 0.046 P_c + 0.1674 S_t - 0.1851 \quad (2.1.29)$$

式中:K_{IC0} 和 K_{IIC0} 分别为传统Ⅰ型和Ⅱ型断裂韧性,MPa·m$^{1/2}$;P_c 为围压,取最小水平主应力,MPa;S_t 为地层的抗拉强度,MPa。

储层抗张强度计算方法为

$$S_t = \frac{0.0045E_d(1-V_{cl}) + 0.008V_{cl}E_d}{8} \quad (2.1.30)$$

$$V_{cl} = \frac{2^{I_{GR} \cdot GCUR} - 1}{2^{GCUR} - 1} \quad (2.1.31)$$

$$I_{GR} = \frac{GR - GR_{min}}{GR_{max} - GR_{min}} \quad (2.1.32)$$

式中:S_t 为抗拉强度,MPa;V_{cl} 为泥质含量,小数;E_d 为动态杨氏模量,MPa;GR 为自然伽马测井值,API;GCUR 为 Hilchie 指数,与地质年代有关,一般对于新地层取 3.7,对老地层 2;I_{GR} 为泥质含量指数。

上述断裂韧性预测模型能够直接利用测井资料获取岩石的断裂韧性值,但常规的断裂韧性预测模型假设裂缝在延伸过程中生成的是规则裂缝,而在实际储层中,由于天然弱面的存在导致裂缝延伸转向,形成不规则性裂缝面,这种不规则性将引起的岩石断裂韧性改变。分形几何以一种非常简单的方式分析了这种不规则性[46],并由此建立了由天然裂缝引起的裂缝面不规则分形模型。其主要过程如下。

传统的裂缝临界扩展力定义为[47]

$$G_0 = 2\gamma_s \quad (2.1.33)$$

其中:γ_s 为单位宏观表面能,J/m^2。

单位厚度的实际裂缝面积 A_{actual} 大于单位厚度的宏观断裂面积 A_{macro},因此假设 L_0 是直裂纹扩展的长度,$L(\delta)$ 是不规则裂纹扩展的实际长度,那么有

$$A_{actual} = \frac{L(\delta)}{L_0} A_{macro} \quad (2.1.34)$$

根据式(2.1.33)和式(2.1.34),微观层面上的临界裂缝扩展力为

$$G = 2\frac{L(\delta)}{L_0}\gamma_s \quad (2.1.35)$$

然后,不规则裂纹扩展的实际长度可以使用分形理论表示:

$$L(\delta) = L_0\varepsilon^{1-D} = L_0^D(\varepsilon L_0)^{1-D} = L_0^D\delta^{1-D} \quad (2.1.36)$$

式中:ε 为无量纲尺度;δ 为尺度;D 为分形维数。

将式(2.1.36)代入式(2.1.35),我们可以表示微观层面上的临界裂缝扩展力($L_0 = 1$):

$$G = 2\gamma_s\varepsilon^{1-D} \quad (2.1.37)$$

在数学分形构造中,每一步构造均是以生产元来变形,即无量纲码尺长度 ε 可近似表示成生产元的折线长度与生产元长度之比(生产元缩放比例),即

$$\varepsilon \approx r \quad (2.1.38)$$

那么,式(2.1.37)可以近似地写成:

$$G = 2\gamma_s\left(\frac{1}{r}\right)^{D-1} \quad (2.1.39)$$

根据断裂力学，Ⅰ型和Ⅱ型断裂韧性的分形表达式[48]为

$$\begin{cases} K_{\mathrm{I}C} = A\sqrt{G_{\mathrm{I}}} = A\sqrt{G_{\mathrm{I}0}}\left(\frac{1}{r}\right)^{\frac{D-1}{2}} = K_{\mathrm{I}0}\left(\frac{1}{r}\right)^{\frac{D-1}{2}} \\ K_{\mathrm{II}C} = A\sqrt{G_{\mathrm{II}}} = A\sqrt{G_{\mathrm{II}0}}\left(\frac{1}{r}\right)^{\frac{D-1}{2}} = K_{\mathrm{II}0}\left(\frac{1}{r}\right)^{\frac{D-1}{2}} \end{cases} \quad (2.1.40)$$

$$A = \sqrt{\frac{E}{1-v^2}} \quad (2.1.41)$$

式(2.1.40)中是从能量的角度进行表征的裂缝面为规则裂缝面时的断裂韧性，式(2.1.28)和式(2.1.29)在考虑围压对断裂韧性的影响时已经获得了考虑围压的裂缝面为规则裂缝面时的断裂韧性，由此可得

$$K_{\mathrm{I}0} = K_{\mathrm{I}C0} \quad (2.1.42)$$

$$K_{\mathrm{II}0} = K_{\mathrm{II}C0} \quad (2.1.43)$$

根据分形理论，当一个图形被划分为大小和形状相同的 $N(r)$ 个小段时，每个段的大小是原始图形大小的 r 倍。那么，分形维数是

$$D = \frac{\ln N(r)}{\ln(1/r)} \quad (2.1.44)$$

式中：r 为分形的标度比；E 为岩石的杨氏模量，GPa；v 为岩石的泊松比；$G_{\mathrm{I}0}$、$G_{\mathrm{II}0}$ 为Ⅰ型和Ⅱ型线性规则裂缝扩展力，MPa·m$^{1/2}$；$K_{\mathrm{I}0}$、$K_{\mathrm{II}0}$ 为Ⅰ型和Ⅱ型传统线性规则断裂韧性，MPa·m$^{1/2}$。

2.1.2.5 净压力

压裂时裂缝内流体净压力是水力裂缝扩展的直接动力，影响着水力裂缝扩展轨迹、缝长以及缝宽，从而影响着压裂改造效果。净压力受到地层杨氏模量、泊松比、压裂时的施工排量、压裂液黏度等参数的影响，因此将净压力引入工程可压裂性评价是十分有必要的，同时也能够考虑施工参数对可压裂性的影响。压裂前评价中，净压力可通过裂缝延伸模拟获取，裂缝延伸模拟的 PKN 模型的净压力计算如下：

$$p_{\mathrm{net}} = 2.52\left[\frac{E^3 \mu q L_{\mathrm{f}}}{(1-v^2)^3 H_{\mathrm{f}}^4}\right]^{\frac{1}{4}} \quad (2.1.45)$$

式中：p_{net} 为裂缝内净压力，MPa；E 为杨氏模量，MPa；μ 为压裂液黏度，MPa·s；q 为施工排量，m^3/s；v 为泊松比；H_{f} 为 PKN 模型假定缝高为常数，计算时取储层厚度，m；L_{f} 为裂缝长度，Nordgren 给出了其计算公式[14]：

$$L_{\mathrm{f}} = 0.68\left[\frac{Eq^3}{2(1-v^2)\mu H_{\mathrm{f}}^4}\right]^{\frac{1}{5}} t^{\frac{4}{5}} \quad (2.1.46)$$

式中：t 为注液时间，s。

为提升裂缝模拟计算精度，建立三维裂缝扩展模型。三维裂缝扩展模型控制方程主要由岩体变形、缝内压裂液流动方程、方程和断裂破坏准则构成。利用岩石固体变形、缝内流

体流动和基质压力扩散的流固耦合控制方程,基于射孔簇裂缝Ⅰ型、Ⅱ型复合断裂扩展准则,采用位移不连续法(DDM),建立射孔簇起裂和扩展流固耦合模型,从而求解缝内净压力。

(1)缝内流体流动。

假设缝内压裂液流动为牛顿流体和层流,则可以根据泊肃叶定律计算出裂纹内的流体通量。Lamb 提出的椭圆剖面泊肃叶裂缝流动方程为

$$q(x,y,t) = -\frac{\pi H_f(x,y,t)w(x,y,t)^3}{64\mu}\nabla[p_f(x,y,t) - \sigma_n(x,y,t)] \quad (2.1.47)$$

式中:$q(x,y,t)$ 为 t 时刻任意点 (x,y) 的流量矢量,m^2/min;$H_f(x,y,t)$ 表示 t 时刻任意点 (x,y) 的裂缝高度,m;$\nabla = (\partial/\partial x, \partial/\partial y)$ 为 t 时刻裂缝体的梯度算子;$w(x,y,t)$ 为 t 时刻任意点 (x,y) 的裂缝宽度,m;$p_f(x,y,t)$ 为 t 时刻任意点 (x,y) 的缝内流体压力,MPa;$\sigma_n(x,y,t)$ 为 t 时刻任意点 (x,y) 的法向正应力,MPa;μ 为压裂液黏度,mPa·s;$p_f(x,y,t) - \sigma_n(x,y,t) = p_{net}$ 为缝内净压力,MPa。

考虑注入源压裂液流体不可压缩,基于裂缝内流体物质平衡原理,在长度方向上任意水力裂缝微元内压裂液流量应该等于裂缝微元体积变化量与压裂液滤失量之和:

$$Q_{in}(t)\delta_{in} - Q_{out}(t)\delta_{out} = \nabla q(x,y,t) + 2\nu(x,y,t) + \frac{\partial w(x,y,t)}{\partial t} \quad (2.1.48)$$

式中:$Q_{in}(t)$、$Q_{out}(t)$ 为 t 时刻水力裂缝 (x,y) 微元内流入和流出压裂液流量,m^3/min;δ_{in}、δ_{out} 为流入和流出端面的 Kronecker-delta 函数,m^{-2};$\nu(x,y,t)$ 为 t 时刻水力裂缝 (x,y) 微元内压裂液滤失速度,m/min。

(2)岩石固体变形。

利用 Biot 孔隙弹性理论给出了线性孔隙弹性介质的应力、应变和孔隙压力的关系:

$$\sigma_{ij} = 2G\varepsilon_{ij} + \frac{2G\nu}{1-2\nu}\delta_{ij}\varepsilon_{kk} - \alpha\delta_{ij}p \quad (i,j=1,2,3) \quad (2.1.49)$$

式中:ε_{ij} 为应变张量;σ_{kk} 为应力张量,MPa;σ_{kk} 为总体积应力的总和,MPa;ε_{kk} 为总体积应变的总和;p 为孔隙压力,MPa;G 为剪切模量,MPa;ν 为泊松比;δ_{ij} 为 Kronecker-delta 函数;α 为 Biot 系数。

(3)基质压力扩散。

流体质量平衡方程给出的净流体流量等于孔隙空间中流体质量增加和注入/流出流体的总和,且基质流体是可压缩的,流体密度与压力有关,假设基质流体为达西流动且孔隙体积变化很小,则有

$$p_{ii} = \frac{\mu_g}{kM}\frac{\partial p}{\partial t} + \frac{\alpha\mu_g}{k}\frac{\partial \varepsilon_{kk}}{\partial t} + \frac{\mu_g Q_s}{k}$$

$$\frac{1}{M} = \phi C_f + \frac{\alpha - \phi}{K_s} \quad (2.1.50)$$

式中:Q_s 为点源注入或产出流量,m^3/min;C_f 为储层压缩系数,MPa^{-1};ρ_f 为储层流体密度,kg/m^3;k 为基质渗透率,D;μ_g 为基质流体黏度,mPa·s。

利用法向诱导应力增量、切向诱导应力增量、诱导孔隙压力增量同时结合缝内流动方程式转化为位移不连续量,由此组建非线性方程组:

$$F(\Delta \overset{1\xi}{D}_s,\cdots\Delta \overset{N\xi}{D}_s,\Delta \overset{1\xi}{D}_n,\cdots,\Delta \overset{N\xi}{D}_n,q_L^{1\xi},\cdots,q_L^{N\xi},p_f^{1\xi},\cdots,p_f^{N\xi}) = 0 \quad (2.1.51)$$

式中:$\Delta \overset{i\xi}{D}_n$ 为表示 τ_ξ 时间下第 i 点缝宽,m;$p_f^{i\xi}$ 为表示 τ_ξ 时间下第 i 点缝内压力,MPa;$q_L^{i\xi}$ 为表示 τ_ξ 时间下第 i 点滤失速度,m²/min。

式(2.1.51)为 4N 维非线性方程组,采用牛顿-拉弗森迭代法求解,可以将其写成:

$$F(x_1, x_2, \cdots, x_{4N}) = 0 \quad (2.1.52)$$

令 $x^{(k)} = [x_1^{(k)}, x_2^{(k)}, \cdots, x_{4N}^{(k)}]^T$,将函数 $F(x)$ 的分量 $f_i(x)(i=1,\cdots,4N)$ 在 $x^{(k)}$ 用多元函数泰勒展开,并取其线性部分,则可表示为

$$F(x) \approx F(x^{(k)}) + F'(x^{(k)})(x - x^{(k)}) \quad (2.1.53)$$

令上式右端为零,得到非线性方程组:

$$F'(x^{(k)})(x - x^{(k)}) = -F(x^{(k)}) \quad (2.1.54)$$

其中,$F'(x)$ 为雅克比矩阵:

$$F'(x) = \begin{pmatrix} \dfrac{\partial f_1(x)}{\partial x_1} & \dfrac{\partial f_1(x)}{\partial x_2} & \cdots & \dfrac{\partial f_1(x)}{\partial x_{4N}} \\ \dfrac{\partial f_2(x)}{\partial x_1} & \dfrac{\partial f_2(x)}{\partial x_2} & \cdots & \dfrac{\partial f_2(x)}{\partial x_{4N}} \\ \vdots & \vdots & & \vdots \\ \dfrac{\partial f_{4N}(x)}{\partial x_1} & \dfrac{\partial f_{4N}(x)}{\partial x_2} & \cdots & \dfrac{\partial f_{4N}(x)}{\partial x_{4N}} \end{pmatrix} \quad (2.1.55)$$

解非线性方程组的牛顿迭代格式为

$$x^{(k+1)} = x^{(k)} - F'(x^{(k)})^{-1} F(x^{(k)}) \quad (k=0,1,\cdots) \quad (2.1.56)$$

因此,根据式(2.1.56)相邻迭代根 $\|x^{(k)} - x^{(k-1)}\|$ 范数小于一定误差,就能求解得到位移不连续增量 ΔD_s、ΔD_n、q_L、p_f。

现场水力压裂是根据选取的压裂位置泵注高压流体,产生缝内净压力迫使该点裂缝起裂扩展延伸,搭建起高导流通道以达到沟通储层的目的。缝内流体压力与周向应力的差,即为缝内净压力:

$$p_{net} = p_f - \sigma_n \quad (2.1.57)$$

联立位移不连续模型、最大周向正应力模型和裂缝断裂韧性模型求解,即可获取缝内净压力。根据最大周向正应力准则,裂缝起裂点方位为 β_0,在该处周向正应力 $\sigma_n(\beta_0)$ 最大,则裂缝末端最大周向正应力 $\sigma_n(\beta_0)$ 可以根据 I、II 型复合断裂韧性得

$$\sigma_n(\beta_0) = \frac{1}{2\sqrt{2\pi r}}\cos\frac{\beta_0}{2}[K_I(1+\cos\beta_0) - 3K_{II}\sin\beta_0] \qquad (2.1.58)$$

式中：$\sigma_n(\beta_0)$ 为则裂缝末端的最大周向正应力，MPa；β_0 为裂缝起裂点与最小水平主应力的夹角，(°)；r 为计算点到裂缝中心的距离，m；K_I 为 I 型裂缝断裂韧性，MPa·m$^{1/2}$；K_{II} 为 II 型裂缝断裂韧性，MPa·m$^{1/2}$。

裂缝尖端附近的位移不连续量可以计算 K_I、K_{II} 裂缝应力强度因子。基于断裂力学理论，对于规则受力裂缝，K_I 和 K_{II} 表达式为

$$K_I = 0.806\frac{\sqrt{\pi E}}{4(1-\nu^2)\sqrt{a}}D_n \qquad (2.1.59)$$

$$K_{II} = 0.806\frac{\sqrt{\pi E}}{4(1-\nu^2)\sqrt{a}}D_s \qquad (2.1.60)$$

式中：K_I 为 I 型应力强度因子，MPa·m$^{1/2}$；K_{II} 为 II 型强度因子，MPa·m$^{1/2}$；a 为扩展步长的一半，m；E 为杨氏模量，MPa；ν 为泊松比；D_n、D_s 为裂缝扩展尖端对应的位移不连续量，m。

2.2 工程可压裂性评价模型研究

2.2.1 可压裂性评价理论模型

储层的可压裂性表征的是储层压裂的难易程度，主要从储层岩石的脆性、断裂韧性、储层地应力、天然裂缝发育程度等方面衡量。储层岩石的脆性越强，压裂时越容易形成复杂的裂缝网络，进而增大改造体积；断裂韧性表征的是压裂裂缝形成后向前延伸的能力，断裂韧性越小，裂缝向前延伸的能力越强，更易获得较大的改造体积；储层的地应力分布情况对压裂时裂缝的形态也会有显著的影响；由于水力裂缝与天然裂缝的交互，使得压裂裂缝网络更加复杂。除此之外，水力压裂诱导外在应力改变将导致岩石产生不同可压裂性特征[15]。裂缝的起裂与扩展与地层的应力状态、天然裂缝的发育情况及天然裂缝的破坏模式等有关，缝内流体压力是裂缝延伸的直接作用力，当缝内的流体压力超过最小水平主应力时裂缝即可向前延伸，而缝内流体压力由泵入的压裂液产生，与压裂施工时压裂液的排量、黏度、施工时间等参数有关。为了综合反映储层水平主应力和净压力对形成复杂缝网的综合影响，引入水力裂缝诱导断裂指数表征对裂缝复杂裂缝影响：比值越小，水力裂缝以多分支主裂缝为主；比值越大，以径向网状扩展为主，裂缝转向延伸扩展能力强，增加剪切破坏体积，增强裂缝网络复杂性。

$$p_{net,D} = \frac{p_{net}}{\sigma_H - \sigma_h} \qquad (2.2.1)$$

式中：$p_{net,D}$ 为无因次净压力。

考虑工程甜点的可压裂性指数模型能够表征储层压裂的难易程度，是评价页岩储层压

裂形成复杂裂缝网络的关键性指标。而可压裂性指数受到脆性指数、断裂韧性、地应力、施工参数等参数的影响。脆性指数由弹性模量和泊松比表征,弹性模量高表明岩石性质硬脆,被压裂后保持裂缝的能力强,泊松比低反映岩石在压力下更容易破裂。断裂韧性关系到裂缝延伸难易程度,断裂韧性越小,裂缝越容易扩张,越有利于水力压裂。净压力由压裂液黏度、施工排量等施工参数来控制,净压力越大,整体打碎储层能力就越强,有利于对水力裂缝形态控制。应力差越大,地应力对压裂裂缝的控制作用逐渐增强,裂缝形态相对单一越难以产生复杂裂缝;应力差越小,压裂裂缝容易沿多个方向扩展,水力裂缝易于沟通天然裂缝,形成不规则的复杂裂缝网络。因此,本书提出了考虑脆性指数、断裂韧性、净压力、应力差的工程可压裂性评价模型[16]:

$$Frac = Brit \frac{1}{(aK_{\text{I C}} + bK_{\text{II C}})} \frac{p_{\text{net}}}{\sigma_{\text{H}} - \sigma_{\text{h}}} \quad (2.2.2)$$

式中:$Frac$ 为可压裂性指数,$\text{MPa}^{-1} \cdot \text{m}^{-1/2}$。

2.2.2 可压裂性评价实验研究

利用真三轴实验测试系统开展了岩石破坏实验,利用三维 CT 成像对裂缝形态进行重构;其次,通过三维空间数据场可视化计算单位改造体积内裂缝面积,建立裂缝三维分形维数与可压裂性的特征关系;在此基础上,采用多元回归分析方法,构建了裂缝三维分形维数与脆性指数、断裂韧性和无因次净压力综合表达式的可压裂性评价模型,实现可压裂性与具象指标的量化表征;最后,讨论了本书模型的可靠性。

2.2.2.1 真三轴压裂物理模拟实验

(1)岩样加工与制备。

对采集的岩石在石材加工厂及实验室进行切割、磨削,将岩石切制成 4 块 200 mm × 200 mm × 200 mm 的立方体并加以编号(图 2.2.1)。为满足真三轴压裂实验系统要求,在已经加工好的岩样中心垂直于层理表面钻取一个直径为 15 mm、长度为 110 mm 的孔用以模拟井筒;并用一种胶水将孔上部密封 90 mm 的压力管,在模拟井筒下部留下一个 20 mm 长的裸孔。静置 10 天,待压力管粘接牢固后,将其装入特制的耐腐蚀密封胶套中,将压力管与泵注管线连接并装上若干传感器,随后将压力管、传感器与胶套的缝隙封胶,制备好的真三轴岩样样品如图 2.2.2 所示。

图 2.2.1 真三轴压裂实验岩样

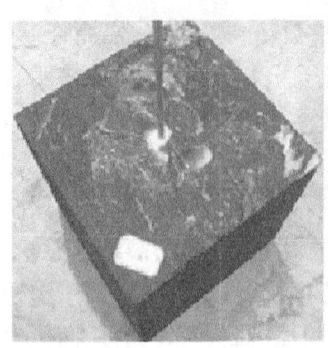 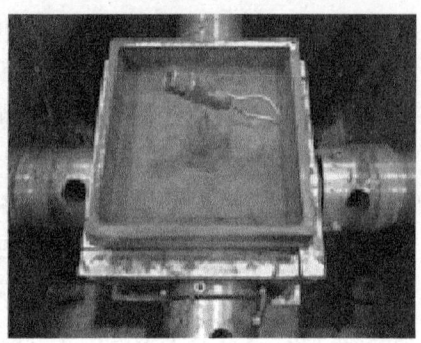

图 2.2.2　岩样钻孔及封胶

(2)真三轴压裂实验设计。

研究工区主要分布在 550～750 m 深度,利用前期压裂井数据采用三向地应力模型计算储层水平应力差为 2.7～5.3 MPa。分别以液态 CO_2、清水作为压裂介质,设置不同排量和不同应力差开展对比实验,研究裂缝的扩展情况。设置实验方案见表 2.2.1。

表 2.2.1　岩石压裂模拟实验方案

编号	压裂介质	最小水平主应力/MPa	最大水平主应力/MPa	垂向应力/MPa	排量/(mL/min)
1#	液态 CO_2	7	12	9	30
2#	液态 CO_2	7	10	9	60
3#	液态 CO_2	7	10	9	30
4#	清水	7	10	9	60

(3)CT 扫描原理及设备。

CT 成像技术是一种构建三维数字岩心的重要方法。本书采用 YXLON 线阵工业 CT 扫描设备,对压裂后岩石试件内部结构进行扫描。该设备能实现最大能量为 450 kV,最大功率为 1.5 kW,探元尺寸 400 μm,最小焦点为 0.2 mm。同时建立了基于 CT 扫描数据的裂缝识别方法。该方法的主要原理是:图像是由一系列灰度值在 0～255 之间的像素点构成,因此图像中的裂缝与其他物质的密度可以通过灰度值的大小表征。

为精确地观察岩石中的裂缝,本次研究采用高斯滤波器和中值滤波算法对灰度矩阵进行滤波处理,过滤图像中的噪点和伪影,提高材料缺陷识别的精确度;由于岩石中基质和裂缝在图像中的灰度值不一致,对岩样中不同组分采用多阈值分割,从而有效地表征岩石基质和裂缝;采用灰度替代法,替代灰度值不连续的像素点区域,可以有效地消除图像上的杂点;采用 VG Studio 软件对岩心进行三维重构,通过叠加 CT 扫描结果图片实现裂缝空间位置的可视化。

(4)裂缝起裂机理及规律。

图 2.2.3 是液态 CO_2 和清水压裂泵注压力对比曲线。3 个液态 CO_2 压裂岩石试件的起裂压力分别为 12.6 MPa、13.1 MPa 和 13.9 MPa,4# 清水压裂岩石试件的起裂压力为 15.2 MPa,与常规水力压裂相比,岩石液态 CO_2 压裂的起裂压力降低了约 13.82%。

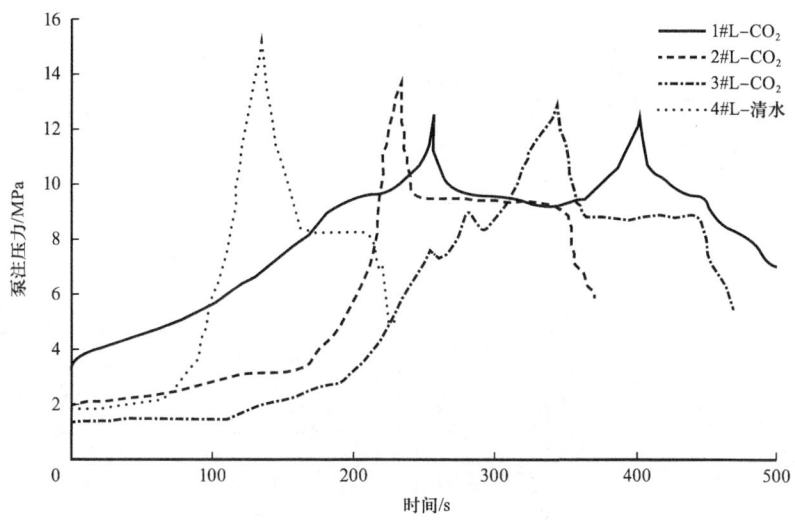

图 2.2.3 岩样压裂时泵注曲线

相较于清水介质,液态 CO_2 具有更低的黏度和表面张力,其渗透能力非常强。用液态 CO_2 作为压裂液时,能有效地渗透到一定深度的孔隙中,井筒周围岩石的孔隙压力增加,使得岩石的破裂压力减小。另一方面,液态 CO_2 从井壁穿过天然裂隙或层理进入岩石,在井壁周围产生附加切向应力[17-18];与此同时 CO_2 在孔隙内发生相变释放能量,增加原生裂缝的宽度和长度,从而降低岩石的起裂压力、提高压裂液的破岩能力。

(5)裂缝扩展形态特征。

① 表面裂缝特征。

根据实验方案,分别以液态 CO_2、清水作为压裂介质,设置不同排量和不同应力差开展对比实验,岩石压裂前后裂缝二维切片图如图 2.2.4 所示。

图 2.2.4(a)展示了 1#岩样在压裂实验前后的 CT 扫描结果。压裂前,岩样中可见两条天然裂缝,这些裂缝为高角度裂缝,且其产状相对单一。在实验中,液态 CO_2 的作用促使岩样产生了一条对称的双翼裂缝。随着裂缝的延伸,裂缝在一定阶段开始转向,并继续延伸直至岩样的角落处。此外,在井筒周围还生成了一条人工裂缝,并伴随部分次生裂缝的出现,最终形成了一个复杂的裂缝网络。这反映了液态 CO_2 在压裂中的有效性,不仅扩展了天然裂缝的规模,还引发了人工裂缝和次生裂缝的产生,增大裂缝与储层基质的接触面积,提升了岩石的渗透能力。

图 2.2.4(b)展示了 2#岩样在压裂实验前后的 CT 扫描结果。压裂前,岩样表面可见较多平行的天然裂缝。在液态 CO_2 的作用下,岩石发生了明显的破裂,裂缝在延伸过程中不仅发生了方向转变,还产生了次生裂缝,最终形成了复杂的裂缝网络结构。这一结果表明,液态 CO_2 的压裂效果不仅促使了天然裂缝的延伸,还引发了裂缝的多次转向和新的裂缝生成,进一步加剧了裂缝网络的复杂程度,裂缝与储层基质的接触面积明显增加,增强了岩石整体的渗流能力。

图 2.2.4(c)展示了 3#岩样在压裂实验前后的 CT 扫描结果。压裂前,岩样表面裂缝较

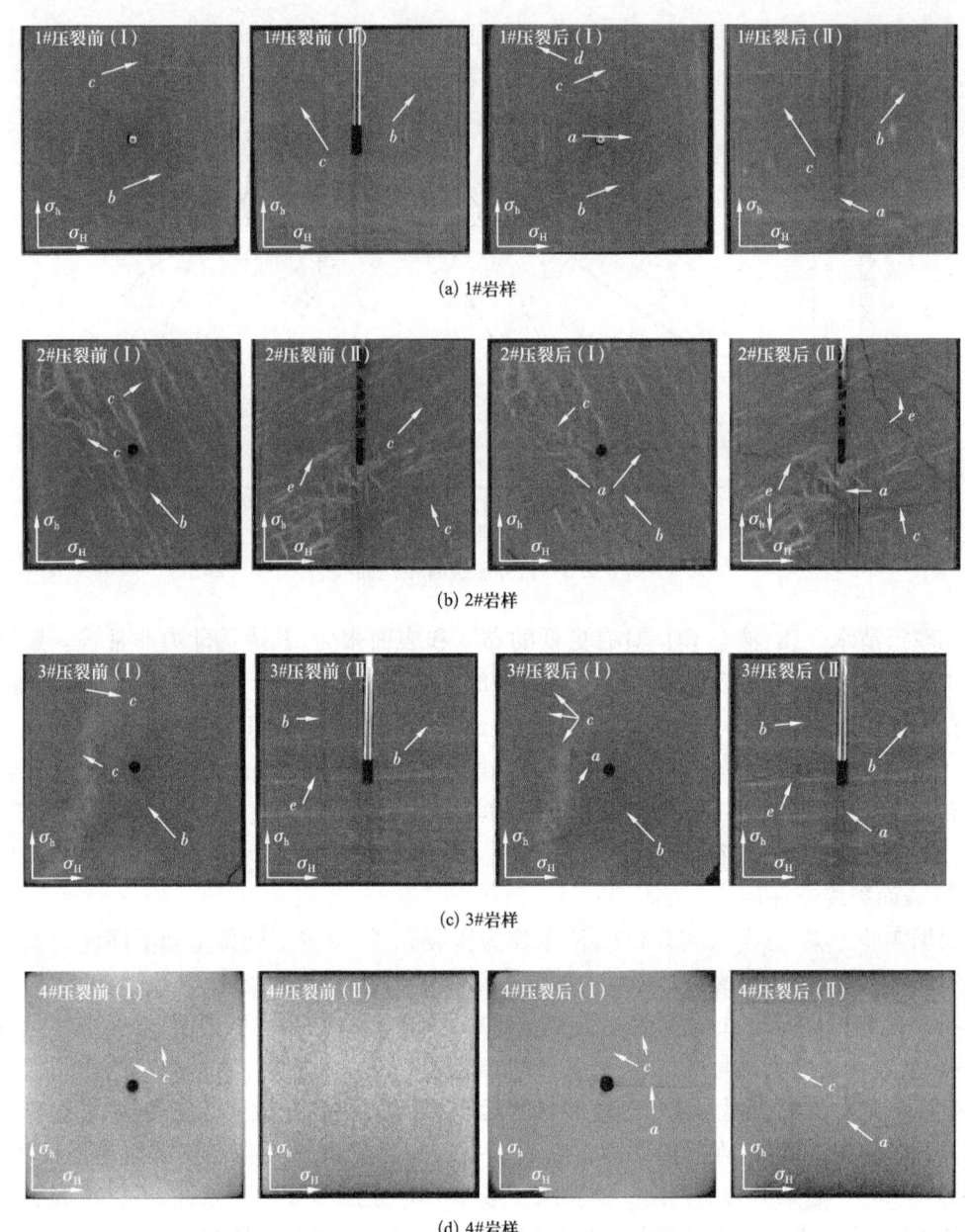

图 2.2.4 岩样压裂前后二维切片图

少,仅存在少量天然裂缝。在液态 CO_2 的作用下,岩石发生了破裂。裂缝在与天然裂缝交互过程中,出现了转向和绕行的现象。主裂缝的延伸不仅激活了天然裂缝,还生成了次生裂缝,最终形成了一个复杂的裂缝网络。这一结果表明,在液态 CO_2 的压裂过程中,即便是原本裂缝较少的岩石,通过压裂操作也能够有效地生成复杂的裂缝网络。

图 2.2.4(d)展示了 4#岩样在压裂实验前后的 CT 扫描结果。压裂前,图像显示岩心内部存在一条垂直于最大主应力方向并穿过井筒的天然裂缝,以及一条垂直于最小水平主应力方向并与井筒不接触的天然裂缝。在水力压裂过程中,人工裂缝并未沿现有的天然裂缝

开启,而是新生成了一条垂直的单翼裂缝,并完全沿垂直于最小水平主应力方向扩展。这一结果表明,在特定的应力条件下,水力压裂可能产生新的裂缝路径,而非沿既有裂缝扩展。

② 岩石裂缝空间展布特征。

液态 CO_2 压裂的裂缝起裂、扩展和几何形态与常规压裂液存在很大差异。通过对比岩样在液态 CO_2 和清水压裂实验后的裂缝三维形态(图 2.2.5)可得出以下结论。

低黏度压裂液具有较高的渗透性。液态 CO_2 黏度低,更容易渗透到井筒周围并产生作用于微观结构的孔隙压力[19-20]。通过对比压裂前后的裂缝形态,发现 1#、2#、3#岩样在液态 CO_2 压裂作用下,能够有效开启并连通天然裂缝,在近井筒区域形成了高密度的复杂裂缝网络。而 4#岩样在清水压裂下,仅沿最小主应力方向产生了形态单一的裂缝,未能有效开启天然裂缝。

液态 CO_2 相比于清水,具有更低的表面张力,因此能够通过较小的孔隙渗透进岩石基质中,使得裂缝延伸更广,形态更加复杂[21]。在液态 CO_2 压裂作用下,1#、2#、3#岩样的裂缝在延伸过程中会穿过天然裂缝,扩展并衍生出次生裂缝。这些次生裂缝与主裂缝交汇,形成"X"形或"Y"形的裂缝系统,且横向裂缝尾端附近会出现大量次级裂缝。此外,受应力干扰影响,这些裂缝在穿越天然裂缝时会发生剪切滑移和错位,形成台阶状裂缝。而在清水压裂条件下,裂缝开度虽然较大,但生成的次生裂缝较少。

与清水压裂形成的裂缝相比,液态 CO_2 压裂生成的裂缝宽度更大,数量更多,密度更高。从裂缝几何形态的角度来看,液态 CO_2 压裂能更有效地沟通天然裂缝和层理裂缝,进一步提高裂缝网络的复杂度。这主要是因为岩石的孔隙和裂缝结构复杂,内部存在许多天然弱面。在主裂缝扩展过程中,当裂缝遇到天然裂纹、层理或微裂纹等薄弱地质面时,液态 CO_2 会优先沿这些弱面扩展,从而诱导产生大量的次生裂缝[22]。

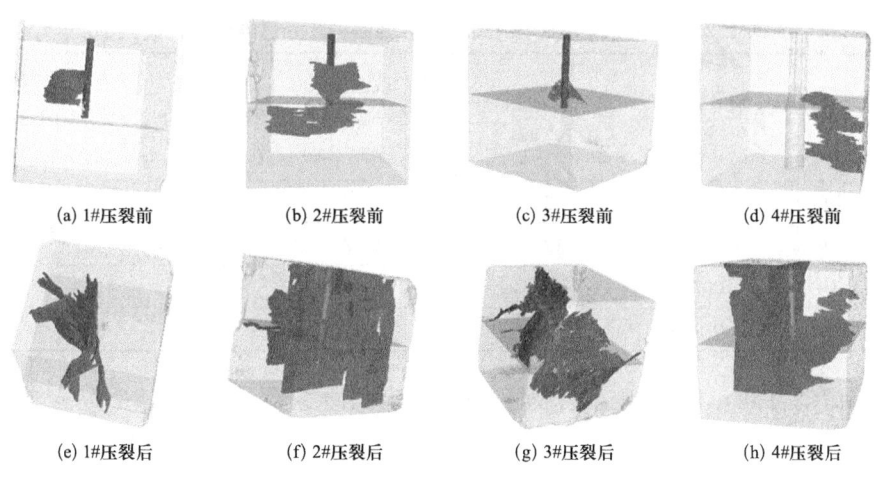

图 2.2.5 岩样压裂前后裂缝三维 CT 图

(6)裂缝复杂度分析。

① 单位改造体积裂缝面积。

对单位改造体积内裂缝总面积的计算首先涉及三维裂缝网络的重构,其实质是实现三维空间数据场的可视化。本书采用 VG Studio 软件处理图像结果,将裂缝的空间位置导出为 STL 格式文件。基于 STL 文件,对获取的断裂面点云数据进行三角面片拼接,从而重构断裂面。过程中,我们对原始点云数据进行了预处理,包括噪声去除和滤波操作。处理后的点云数据被连接成三角网格,形成完整的三维模型,从而计算裂缝的总面积。

计算三角网格的面积时,已知三角形的 3 个节点坐标值即可进行计算。具体步骤如下:通过 Python 设置循环,依次读取每个三角形单元的编号,并根据编号找到对应的 3 个节点编号,再根据这些节点编号查找其坐标值。使用海伦公式计算每个三角形的面积,最终将所有三角形的面积累加,以得到岩样压裂后的裂缝总面积。计算公式为[23]

$$S = \sum_{i=1}^{n} \left[L_i (L_i - A_i)(L_i - B_i)(L_i - C_i) \right]^{\frac{1}{2}} \tag{2.2.3}$$

式中:i 为三角面片的序号;L_i、A_i、B_i 和 C_i 分别为第 i 个三角面片的周长的一半和三角面片 3 个边的边长;n 为三角面片的个数。

通过该方法,对压裂后的 4 块岩石进行三维裂缝网络重构(图 2.2.6),并计算岩样压裂后单位改造体积内裂缝总面积(表 2.2.2)。

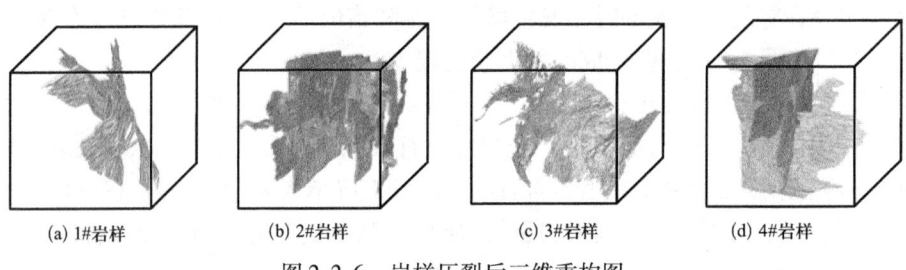

(a) 1#岩样　　(b) 2#岩样　　(c) 3#岩样　　(d) 4#岩样

图 2.2.6　岩样压裂后三维重构图

表 2.2.2　单位改造体积内裂缝的总表面积及分形维数计算结果

编号	压裂介质	压裂前裂缝面积/ 10^4 mm^2	压裂后裂缝面积/ 10^4 mm^2	单位改造体积内裂缝的总表面积/ 10^{-3} mm^2/mm^3	裂缝二维分形维数	裂缝三维分形维数
1#	液态 CO_2	0.0072	13.58	5.03	1.091	2.087
2#	液态 CO_2	1.4500	17.32	6.42	1.127	2.212
3#	液态 CO_2	0.0076	15.64	5.42	1.152	2.163
4#	清水	2.0800	11.54	4.27	1.052	2.058

从表 2.2.2 中可以看出,压裂后裂缝网面积显著增大。压裂前,1#、2#、3#岩样的缝网面积远小于 4#岩样,而液态 CO_2 压裂后,1#、2#、3#岩样的裂缝网面积增幅明显大于 4#岩样。这表明,与清水压裂相比,液态 CO_2 作为压裂介质能够形成更大的裂缝面积,这一结论与 CT 扫描结果一致。结合表 2.2.1 中设置的实验参数,在不同的水平主应力差和排量的影响下,对比压裂后单位改造体积内的裂缝总表面积,发现 3#岩样的裂缝面积大于 1#岩样,3#岩样的裂缝面积小于 2#岩样。这表明,降低水平主应力差和增加排量有助于提高裂缝的复杂程度。

② 裂缝网络分形维数。

裂缝是储层中常见的特征,其破碎过程通常表现出随机自相似性,裂缝的分布和几何形态常具有明显的分形结构。在传统意义上,维数反映的是空间的方向数(例如一维线、二维平面、三维空间)。然而,分形维数描述的是分形对象的空间占据特性和复杂程度,不是整数。裂缝的二维分形维数通常通过盒维数法来计算,而对于裂缝的三维分形维数,本书采用了改进的稳定差分立方体覆盖的盒计数法进行计算[24]。这种方法能够有效地捕捉到裂缝的三维分形特性,并提供对裂缝复杂度的定量评估。根据分形维数定义,在自相似区间内裂缝分布与盒子尺寸满足幂律关系:

$$N(r) = Cr^{-D} \qquad (2.2.4)$$

式中:$N(r)$ 为以边长为 r 盒子覆盖图像盒子个数;C 为裂缝分布初值,是覆盖有分形体即裂缝的盒子数量;r 为盒子边长,m;D 为盒维数法得到的分形维数。对式(2.2.4)两边取对数可得

$$\ln N(r) = \ln C - D\ln r \qquad (2.2.5)$$

由式(2.2.5)可得分形维数:

$$D = -\frac{\ln N(r)}{\ln r} \qquad (2.2.6)$$

通过多次变换正方形盒子的边长(图2.2.7),得到一系列 r 和与之对应的 $N(r)$,在双对数坐标下,r 与 $N(r)$ 的斜率即为三维分形维数。

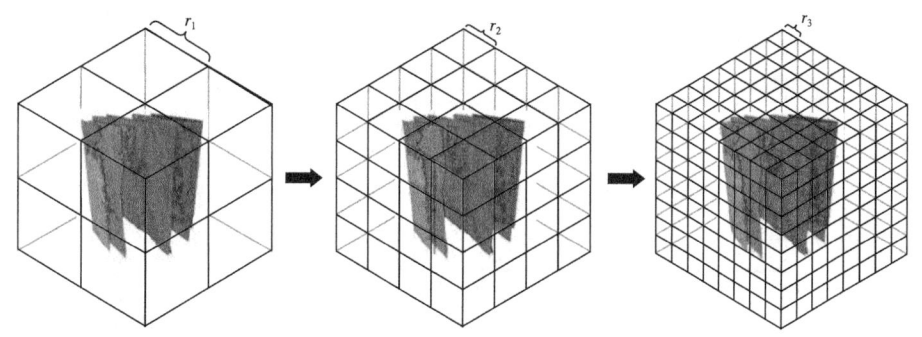

图 2.2.7　三维盒计数法流程示意图[25]

将岩样压裂后三维重构的缝网用盒子覆盖(图2.2.8),我们可以观察到2#岩样所占用的盒子体积明显大于其他岩样,表明其裂缝的空间占据体积更大,形态特征更为复杂。利用这一方法计算得到的裂缝三维分形维数(图2.2.9)表明,液态 CO_2 作为压裂介质所形成的缝网的三维分形维数显著大于清水,说明液态 CO_2 能够生成更复杂的裂缝网络。其中,2#岩样的三维分形维数最大,这表明在降低水平主应力差和增加压裂液排量的条件下,能够有效地形成更复杂的缝网,并提高缝网的三维分形维数。这一结果与前述实验数据一致,进一步验证了液态 CO_2 在形成复杂裂缝网络方面的优势。

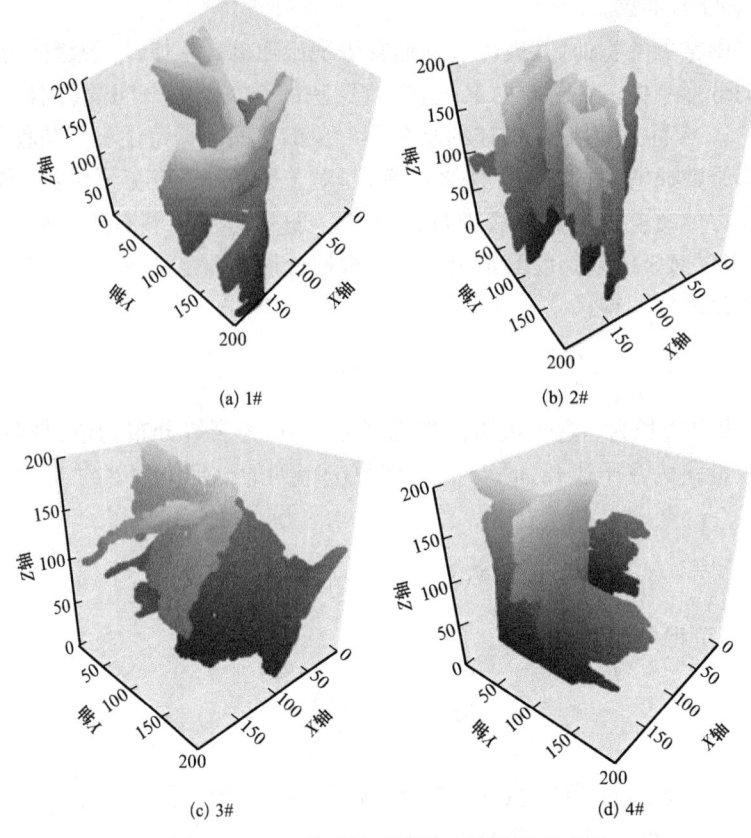

图 2.2.8　三维重构后裂缝盒计数法示意图

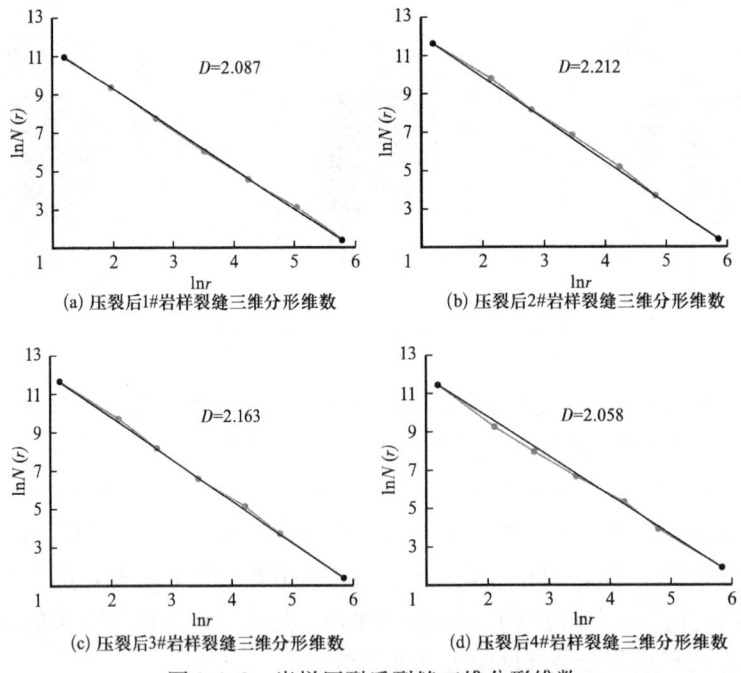

图 2.2.9　岩样压裂后裂缝三维分形维数

③ 裂缝网络分形特征。

裂缝的分形维数越大,表明裂缝网络的复杂度越高。在研究中,我们将岩石压裂后单位改造体积内的裂缝总表面积与裂缝的二维和三维分形维数进行了拟合(表2.2.2和图2.2.10)。结果显示,裂缝二维分形维数与裂缝面积的相关系数为$R^2=0.5748$,而裂缝三维分形维数的相关系数则显著提高至$R^2=0.9246$。这一结果表明,单位改造体积内裂缝面积与裂缝三维分形维数之间的相关性更强。

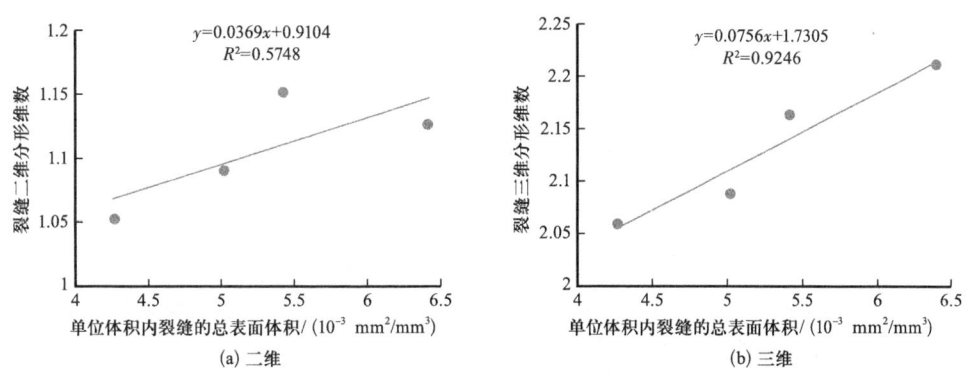

图2.2.10 单位改造体积内裂缝的总表面积与裂缝的二维和三维分形维数的拟合关系

二维分形维数仅考虑了裂缝在二维平面上的投影,忽略了裂缝在深度方向上的复杂性。因此,它可能无法全面反映实际三维空间中裂缝网络的复杂性,使得对裂缝几何特征的描述不够充分。相反,岩石压裂后裂缝通常呈现三维结构,二维分形维数无法准确描述这些裂缝的空间分布和连接性,尤其是在裂缝网络较为复杂的情况下,二维分形维数可能无法真实反映裂缝系统的结构。因此,三维分形维数提供了更全面的描述,有助于更准确地评估裂缝网络的复杂度。

2.2.2.2 可压裂性评价模型实验验证

在真三轴压裂物理模型实验基础上,采用裂缝面积以及裂缝网络的分形维数表征压裂裂缝复杂程度,利用三轴力学表征脆性、三点弯曲测试断裂韧性,获取实验尺度下的可压性评价参数,对比实验尺度的可压性评价模型计算结果与裂缝复杂程度表征结果的相关性,以验证工程可压性评价理论模型的准确性。

利用压裂物理模拟实验获取净压力,进而求取水力压裂诱导断裂。净压力指的是施加在岩石裂缝面上的实际流体压力与最小主应力之间的差值。在压裂过程中,净压力的大小受到多个因素的综合影响,包括储层的杨氏模量、泊松比、施工排量以及压裂液的黏度等参数。在一定范围内,随着施工排量增加,净压力升高,进而有利于形成复杂裂缝[26]。因此,本书引入无因次净压力式(2.2.1)表征施工参数对形成复杂裂缝的影响[16]。当泵注入压力达到破裂压力(第一个峰值压力)时,岩石开始发生裂缝。在保持最小水平主应力不变的情况下,我们将裂缝破裂压力之后的平缓段的平均压力作为岩石裂缝面上的实际压力,各组实验的无因次净压力计算结果见表2.2.4。

不同的可压裂性评价模型往往根据储层类型、评价参数和参数权重的不同而有所差异。

为了对岩石的综合评价模型进行有效的验证,本书将所提出的模型与现有的可压裂性评价模型进行对比。

表 2.2.3 不同可压裂性模型的对比

可压裂性评价模型	计算公式	评价参数	各参数权重
Rickman 模型[20]	$F_{rac} = Brit$	岩石脆性	相同
Jin 模型[27]	$F_{rac} = \dfrac{Brit + K_{IC}}{2}$	脆性、Ⅰ型断裂韧性	相同
Yuan 模型[28]	$F_{rac} = Brit \dfrac{1}{(0.5K_{IC} + 0.5K_{IIC})} \dfrac{1}{G_{梯度}}$	脆性、Ⅰ型和Ⅱ型断裂韧性、最小水平主应力梯度	相同
本模型	$F_{rac} = Brit \dfrac{1}{0.5K_{IC} + 0.5K_{IIC}} P_{net,D}$	脆性、Ⅰ型和Ⅱ型断裂韧性、无因次净压力	相同

本书建立的岩石可压裂性综合评价模型除了考虑岩石脆性外(表 2.2.3),还考虑了岩石断裂韧性和无因次净压力,使得模型对岩石储层可压裂性评价更加全面和准确,为综合评价岩石可压裂性提供了更为全面的评估方法。

表 2.2.4 可压裂性模型综合评价结果

编号	脆性指数	Ⅰ型断裂韧性/MPa·m$^{1/2}$	Ⅱ型断裂韧性/MPa·m$^{1/2}$	无因次净压力	可压裂性指数			
					Li 模型[29]	Jin 模型[27]	Yuan 模型[28]	本模型
1#	0.561	0.252	0.210	0.464	0.544	0.407	2.007	1.127
2#	0.554	0.287	0.232	0.606	0.436	0.421	2.201	1.294
3#	0.515	0.258	0.228	0.582	0.644	0.387	1.999	1.233
4#	0.504	0.212	0.184	0.431	0.692	0.358	2.004	1.097

通过上述实验获得的评价参数,通过本模型计算了 4 块岩样的可压裂性评价结果,作为对比验证,同时计算了现有 4 种可压裂性评价模型的评价结果(表 2.2.4)。在 4 块岩样中,根据本模型评价结果,2#岩样的可压裂性最好,4#岩样的可压裂性最差,这与前文分析的压裂效果相吻合(图 2.2.11)。

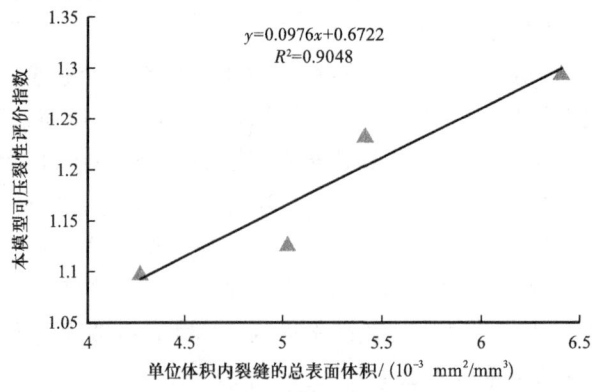

图 2.2.11 本模型的评价结果与实际压裂效果的拟合关系

表 2.2.5 不同可压裂性模型相关性分析结果

可压裂性评价模型	与单位改造体积内裂缝的总表面积的相关性系数 R^2
Rickman 模型[20]	0.3328
Jin 模型[27]	0.7358
Yuan 模型[28]	0.7005
本模型	0.9048

通过对储层单位改造体积内裂缝总表面积与现有评价模型结果的相关性分析(表2.2.5)，本模型的相关性系数达到0.9048，相关性最高。以 Rickman 模型为例，该模型计算结果与实际压裂效果的相关性远低于其他模型，这一差异主要源于 Rickman 模型仅考虑岩石脆性的影响，而单一的脆性指标无法全面评价岩石的可压裂性，此外，岩石低弹性模量、高泊松比、易破碎及压缩和层理、天然裂缝等薄弱结构发育，使其对应力和净压力高度敏感[30]。这种高应力敏感性使得岩石在水平主应力差和净压力影响下，裂缝更容易沿应力集中区域迅速扩展，从而引发突发性破裂。因此，在进行储层可压裂性评价时需要结合多个因素进行综合分析。

上述结果表明，在综合评价时，本模型评价结果与单位改造体积内裂缝总表面积的相关性明显高于其他评价模型，且模型结果与实际压裂情况一致，进而验证了本模型在岩石储层可压裂性评价中的合理性和有效性。

2.2.3 模型验证及现场应用

以四川盆地长宁地区一口实例井长宁 X 井进行综合可压裂性评价模型的验证及应用，根据最终的可压裂性评价理论模型，通过动静态岩石力学参数转换，采用静态杨氏模量及泊松比表征储层岩石的脆性；利用前期地震测试资料获取天然弱面分布情况，从而通过分形考虑从非规则裂缝面对断裂韧性的影响；根据压裂设计中推荐的施工排量、压裂液黏度等施工参数利用裂缝扩展模型计算施工时裂缝内净压力；利用前期测井资料计算压裂段内地应力分布。作为对比验证，同时计算部分现有的可压裂评价模型，现有可压裂性评价模型(表2.2.8)，将评价结果与压裂段内产气比进行对比，验证模型的合理性。

2.2.3.1 非规则裂缝分形维数

以长宁 X 井为例，应用蚂蚁体、极大似然、斯通利波、微地震监测等天然裂缝监测方法得到的裂缝情况，以 10 m 为一个计算段，计算长宁 X 井第 17 压裂段内非规则裂缝的分形维数特征。该井的蚂蚁体极大似然剖面如图 2.2.12 和图 2.2.13 所示，由分形理论分段计算的分形维数见表 2.2.6，表 2.2.6 中给出了部分测深位置的断裂韧性对比，整个第 17 压裂段的断裂韧性剖面如图 2.2.13 所示。从计算结果可以发现，在考虑裂缝面的不规则性后，裂缝在延伸过程中岩石的断裂韧性值增大。

2.2.3.2 施工净压力

压裂施工时裂缝内流体与最小水平主应力之差即为净压力。根据长宁 X 井第 17 段推荐的施工参数以及计算的岩石力学参数，依据裂缝扩展模型，计算压裂施工时裂缝内的净压力。该井设计推荐第17压裂段平均施工排量15 m³/min,分6簇射孔,表2.2.7给出了单簇射孔模拟的部分施工参数。假设每簇流量均匀分配,平均每簇流量2.5 m³/min,进而模拟相同施工参数情况下的净压力。图2.2.14为模拟施工时裂缝内净压力随时间的变化情况,取模拟施工时间内的平均净压力作为每个测深位置平均净压力用作可压裂性评价。

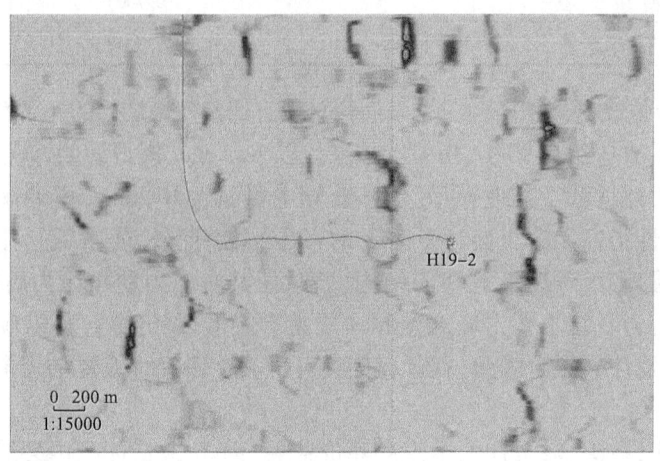

图2.2.12 长宁X井蚂蚁体图

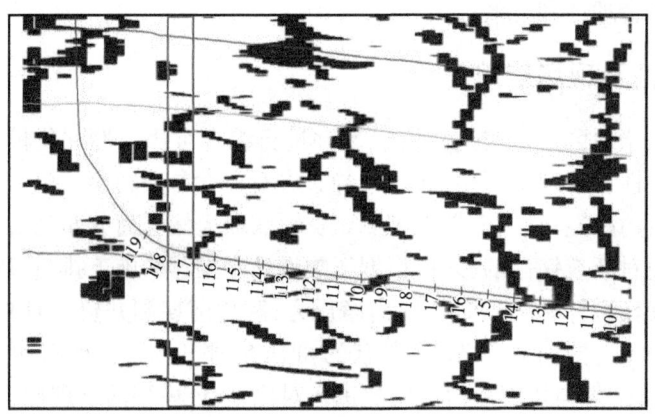

图2.2.13 长宁X井第17压裂段(3112~3181 m)沿轨迹极大似然剖面

表2.2.6 长宁X井第17压裂段(3112~3181 m)分段分形维数

测深分段/m	分形维数 D	相似比 r
3112~3121	1.5357	0.3922
3122~3131	1.6903	0.4878
3132~3141	1.6372	0.5555
3142~3151	1.6594	0.4878
3152~3161	1.5485	0.4878
3162~3171	1.5702	0.4878
3172~3181	1.6932	0.5555

表 2.2.7　长宁 X 井 17 压裂段单簇施工参数

施工排量/(m³/min)	2.5
压裂液黏度/(mPa·s)	10
阶段泵注时间/min	100

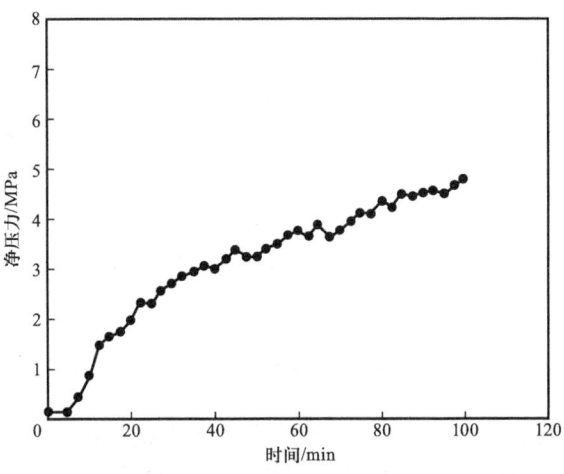

图 2.2.14　单簇施工净压力随时间变化

2.2.3.3　可压裂性模型对比验证

(1) 压裂段内分簇对比。

基于长宁 X 井的测井资料,根据建立的可压裂性指数模型计算综合可压裂性的评价指数,并与 Rickman、Yuan 等理论模型进行模型对比验证。现有模型中 Rickman 模型只考虑了脆性指数;Jin 模型考虑脆性指数与 Ⅰ 型断裂韧性加权;Yuan 模型考虑了脆性指数,Ⅰ 型、Ⅱ 型断裂韧性的平均加权,最小水平主应力梯度;而本书模型考虑净压力、脆性指数、裂缝扩展断裂韧性、应力差的影响。

该井通过连油光纤产剖测试,采用了深度模型校正测试、2 种工作制度测试、关井测试、DTS/DAS 测试、井底压力计量等多种方法进行连续产层监测,获得了生产剖面数据。为此,应用本书建立的可压裂性评价模型同现有的可压裂性评价模型与光纤测井实测产气量剖面进行对比验证。图 2.2.15 给出了第 17 压裂段的可压裂性计算参数剖面及可压裂性评价结果剖面。图 2.2.15 中从左至右依次反映了长宁 X 井第 17 压裂段内杨氏模量、泊松比、三向地应力、断裂韧性、净压力、Rickman 模型[20]、Jin 模型[11]、袁模型[28]、YUAN 模型[4]、本书模型可压裂指数随井测深的分布以及光纤实测产气量百分比。在整个压裂段内,对比现有的可压裂性评价模型以及长宁 X 井的产气百分比剖面可知,本书得到的可压裂性模型剖面与现有的可压裂性评价模型既具有一定的相似性但又具有区别。例如,本书模型与现有模型在测深 3124 m(第 1 簇)处均表现出相对高的可压裂性,在该位置也具有较高的产气量;而在测深 3145 m(第 3 簇)处具有较高的产气量,而现有的可压裂性评价模型评价结果中等,本书模型在该处评价为较高的可压裂性。

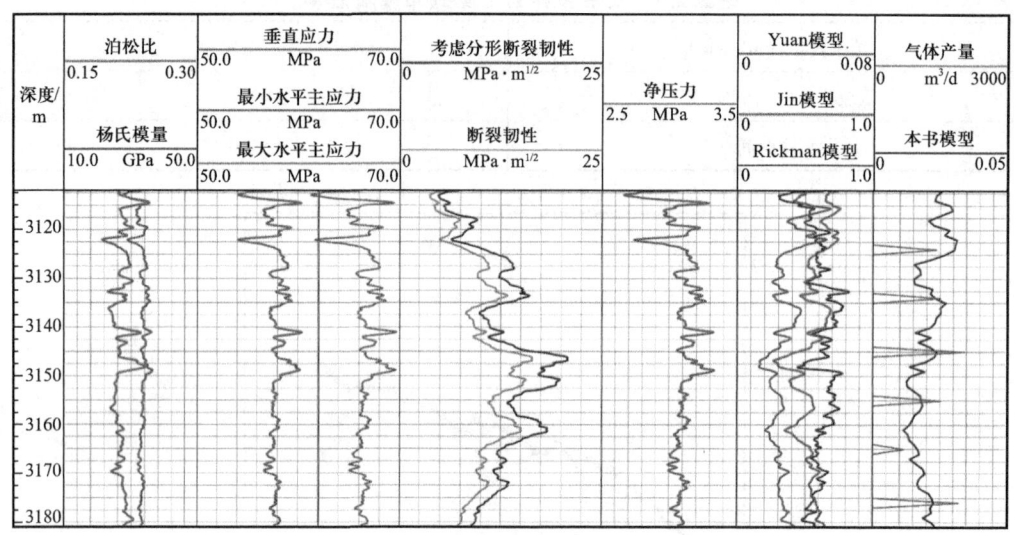

图 2.2.15　不同可压裂模型及产量百分比对比

表 2.2.8 给出了各簇生产位置的本书可压裂性评价结果以及产气量,同时给出了各簇的总有机碳含量(TOC),TOC 的高低反映页岩储层的生烃能力以及页岩气富集程度。对比分析各簇的生产情况可知,测深在 3124 m(第 1 簇)处本书评价的可压裂指数在 6 簇中为最大值,但由于该簇的 TOC 较其他簇低,从而导致该簇的产气量并不是 6 簇中的最大值;而测深在 3145 m(第 3 簇)处,本书评价的可压裂指数大小仅次于测深位置在 3124 m(第 1 簇)处,但其储层位置的 TOC 却达到了 6 簇中的最优,进而该簇的产气量为 6 簇中的最大值,达到 2061 m^3/d;测深 3145 m(第 3 簇)与 3155 m(第 4 簇)的两簇位置由于 TOC 相差不大,而本书可压裂性评价结果在 3145 m(第 3 簇)处为 0.024 MPa^{-1}·m$^{-1/2}$,在 3155 m(第 4 簇)处为 0.018 MPa^{-1}·m$^{-1/2}$,评价结果差距较大,最终 3155 m(第 4 簇)处的产气量较 3145 m(第 3 簇)处低;而由于在 3165 m(第 5 簇)处 TOC 含量较低,可压裂性评价结果较差,最终该簇的产量在 6 簇中最低,仅为 691 m^3/d。因此,综合该段所有生产位置可知,本书所得可压裂性指数高值较好地对应了高产气量。

表 2.2.8　各簇可压裂指数及产气量对比

测深/m	簇号	TOC	脆性指数	未考虑分形断裂韧性/MPa·m$^{1/2}$	考虑分形断裂韧性/MPa·m$^{1/2}$	模拟净压力/MPa	应力差/MPa	本书可压裂指数/MPa^{-1}·m$^{-1/2}$	产气量/m^3/d
3124	1	4.912	0.63	8.32	10.66	3.13	6.10	0.030	1415
3134	2	5.284	0.65	12.28	14.80	3.19	6.09	0.023	1509
3145	3	6.055	0.64	13.89	17.60	3.10	4.71	0.024	2061
3155	4	5.905	0.70	11.25	13.70	3.10	8.79	0.018	1522
3165	5	4.804	0.58	10.13	12.43	3.05	8.53	0.017	691
3176	6	5.202	0.54	8.59	10.53	3.08	7.07	0.023	1927

(2)不同压裂段对比。

上部分以同一压裂段为例对比了本书可压裂性模型与现有的可压裂性评价模型,并将多簇产气量进行了对比。为了进一步验证本书可压裂性评价模型的合理性,以整个压裂段为基础,评价各压裂段整体的可压裂性,并将可压裂性与产量、施工压力以及微地震监测等参数进行对比分析。

在相同的施工参数下,施工时某压裂段的平均施工压力能够间接反映该压裂段的可压裂能力,平均施工压力高表明该压裂段压裂难度较大、可压裂性较低;平均施工压力低表明该压裂段压裂难度较小,可压裂性较高。伴随着水力压裂裂缝的生成或已有裂缝的激活,地层中将发生一系列微弱的地震事件,记录微地震事件的个数能够反映裂缝的复杂程度。

选取长宁 X 井的第 8 和第 17 压裂段进行对比分析,表 2.2.9 中给出了第 8 和第 17 压裂段可压裂性评价结果、平均施工压力、微地震监测情况以及各段的生产情况,图 2.2.16 为第 8 段和第 17 段的压裂施工压力曲线图,图 2.2.17 为长宁 X 井微地震监测图。从本书可压裂性评价结果来看,第 8 压裂段的可压裂性弱于第 17 压裂段;从施工压力曲线可以看出第 8 压裂段施工压力高于第 17 压裂段,平施工压力达到 60 MPa,第 17 压裂段为 54 MPa;而根据微地震监测资料,第 17 压裂段的微地震事件个数大于第 8 压裂段;由此表明第 8 压裂段的平均可压裂性较弱,与本书评价结果一致。

表 2.2.9 第 8 和第 17 压裂段可压裂性对比情况

压裂段	脆性指数	断裂韧性/ $MPa \cdot m^{1/2}$	应力差/ MPa	施工排量/ m^3/min	平均可压裂指数/ $MPa^{-1} \cdot m^{-1/2}$	平均施工压力/ MPa	微地震事件数	产气量/ m^3/d
8	0.50	8.93	8.17	15.0	0.018	58~63	28	4828
17	0.62	13.29	6.88	15.0	0.023	52~55	88	9125

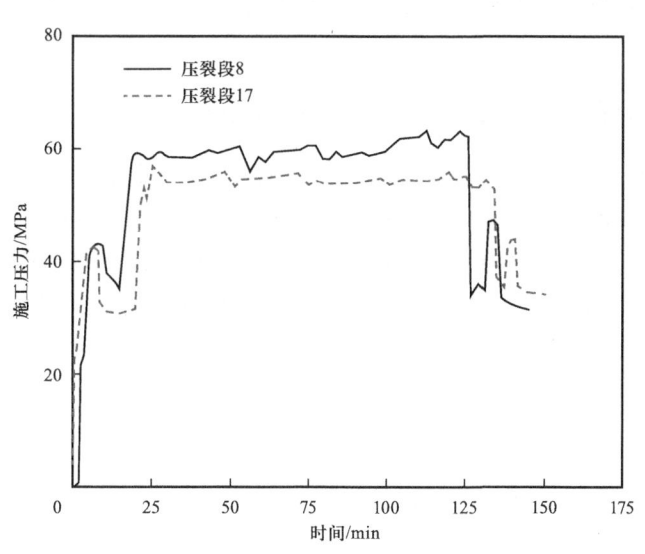

图 2.2.16 第 8 和第 17 压裂段施工压力变化曲线

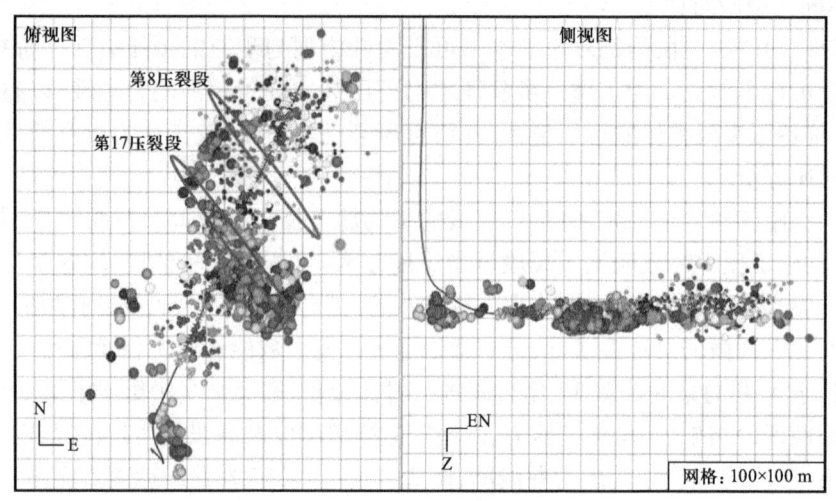

图 2.2.17　长宁 X 井微地震监测图

2.3　地质-工程综合可压裂性评价模型

页岩气井分段体积压裂射孔位置选择、储层压裂改造的难易程度以及储层有效的压裂改造规模对页岩气井开发效果有很大影响,从地质潜力选取的地质甜点参数进行的评价与从工程甜点参数出发的工程可压裂性评价结果一般存在差异,目前国内外的选点评价方法主要单从地质含气量或者工程可压裂性进行评价,缺乏耦合地质甜点及工程甜点的综合评价方法。基于前述选取的地质甜点评价指标以及工程可压裂性评价模型,采用优劣距离方法建立地质工程综合可压裂性评价方法,从地质潜力和工程可压裂性两方面进行综合评价布缝。

2.3.1　深层页岩储层地质工程综合选点基本原则

考虑储层综合甜点区应受地质和工程因素双重影响,可重新定义可压裂性为储层地质条件和压裂施工效果的综合评价指标,即表征非常规储层通过压裂改造获取油气产量的能力。因此,基于甜点综合分析的可压裂性评价方法,利用地质、工程参数构建储层的可压裂性指数,将其作为量化储层综合甜点的关键指标,定量化表征储层可压裂性品质。评价方法主要分为 4 步:(1)地质/工程评价参数和产量评价参数选取,构建评价矩阵;(2)对原始数据进行标准化处理;(3)构建压裂段内逼近理想解参数;(4)应用多源参数降维逼近理想解方法,计算各点参数与理想解参数之间的欧式贴近度,根据结果进行分类,初步选择压裂点。

2.3.2　深层页岩储层地质-工程甜点选点模型

2.3.2.1　构建评价矩阵

首先选取评价区域的评价指标:地质甜点评价指标、工程甜点评价指标。由此,可以获

得某一个压裂段内 n 个评价指标构成的矩阵 X：

$$X = (x_{ij})_{mn} \quad (i = 1, 2, \cdots, m; j = 1, 2, \cdots, n) \tag{2.3.1}$$

式中：X 为选取评价区域的 n 个评价指标、m 个数据点构成的评价矩阵；x_{ij} 为第 j 个评价指标的第 i 个数据点对应的数值。

2.3.2.2 原始数据标准化处理

不同地质/工程指标的量纲、有效范围和数量级有很大差异，为了使数据之间更具有可比性，采用极差变换对原始数据进行标准化处理。评价指标分为正向指标、逆向指标。正向指标表明指标值越大越好，逆向指标则代表指标值越大越差。

对于正理想指标（可压裂性指数、全烃含量、孔隙度、渗透率等），采用越大越好的极差变换进行标准化处理：

$$x_{ij}^* = \frac{x_{ij} - \min\limits_{k=1,2,\cdots,m}(x_{kj})}{\max\limits_{k=1,2,\cdots,m}(x_{kj}) - \min\limits_{k=1,2,\cdots,m}(x_{kj})} \quad (1 \leqslant i \leqslant m, j \text{ 为对应的正理想指标参数列}) \tag{2.3.2}$$

对于负理想指标（破裂压力、水平地应力差异系数等），采用越大越差的极差变换进行标准化处理：

$$x_{ij}^* = \frac{\max\limits_{k=1,2,\cdots,m}(x_{kj}) - x_{ij}}{\max\limits_{k=1,2,\cdots,m}(x_{kj}) - \min\limits_{k=1,2,\cdots,m}(x_{kj})} \quad (1 \leqslant i \leqslant m, j \text{ 为对应的负理想指标参数列}) \tag{2.3.3}$$

式中：x_{ij}^* 为标准化后第 j 个评价参数的第 i 个数据点对应的数值；$\max\limits_{k=1,2,\cdots,m} x_{kj}$ 为评价矩阵 X 中第 j 个评价指标对应的压裂段所有数据点取最大值；$\min\limits_{k=1,2,\cdots,m} x_{kj}$ 为评价矩阵 X 中第 j 个评价指标对应的压裂段所有数据点取最小值。

可以得到标准化后的评价矩阵 X^*：

$$X^* = (x_{ij}^*)_{mn} \quad (i = 1, 2, \cdots, m; j = 1, 2, \cdots, n) \tag{2.3.4}$$

式中：x_{ij}^* 为标准化处理后第 j 个评价指标的第 i 个数据点对应的数值。

2.3.2.3 计算加权归一化评价矩阵

设 n 个评价指标对应的权重分别为 $w_1, w_2, \cdots, w_n$，则压裂段数据点与正理想指标和负理想指标的加权距离平方和为[31]

$$f_i(w) = f_i(w_1, w_2, \cdots, w_n) = \sum_{j=1}^{n} w_j^2 (1 - x_{ij}^*)^2 + \sum_{j=1}^{n} w_j^2 (x_{ij}^*)^2 \tag{2.3.5}$$

考虑正、负理想评价指标对距离的贡献，则正、负理想指标属性权重 C_j^+、C_j^- 为

$$C_j^+ = \frac{\sum_{i=1}^{m} w_j^2 \left[x_{ij}^* - r_j^+ \right]^2}{\sum_{j=1}^{n} \left\{ \sum_{i=1}^{m} w_j^2 \left[x_{ij}^* - r_j^+ \right]^2 \right\}} \tag{2.3.6}$$

$$C_j^- = \frac{\sum_{i=1}^{m} w_j^2 \left[x_{ij}^* - r_j^- \right]^2}{\sum_{j=1}^{n} \left\{ \sum_{i=1}^{m} w_j^2 \left[x_{ij}^* - r_j^- \right]^2 \right\}} \tag{2.3.7}$$

式中：$r_j^+ = \max\limits_{k=1,2,\cdots,m}(x_{kj}^*)$，$j$ 为正理想指标参数列；$r_j^- = \min\limits_{k=1,2,\cdots,m}(x_{kj}^*)$，$j$ 为负理想指标参数列。

结合正理想和负理想评价指标属性对距离的贡献，进行加权平均：

$$C_j = (C_j^+ + C_j^-)/2 \tag{2.3.8}$$

利用得到的权重系数，可以获得加权归一化评价矩阵 $X^\#$：

$$X^\# = (x_{ij}^\#)_{m \times n} = (x_{ij}^*)_{m \times n} \times \mathrm{diag}(C_1, C_2, \cdots, C_n)_{n \times n} \tag{2.3.9}$$

式中：$x_{ij}^\#$ 为加权归一化处理后第 j 个评价指标的第 i 个数据点对应的数值。

2.3.2.4 地质工程一体化参数评价方法

影响选点的因素众多、关系复杂，各因素可能在不同层次上对压裂选点起着不同的作用。因此，为了综合考虑各因素对压裂选点的影响，采用多源参数降维逼近理想解方法对水平井射孔位置进行快速选择。对于加权归一化处理后的评价矩阵，选取理想值数列计算欧式距离，即计算压裂段第 i 点的所有评价指标值与评价指标列理想值数列的距离。

正理想欧式距离，表示与正理想指标最好值/最差值的贴近程度：

$$d_i^+(x_{oi}) = \sqrt{\sum_{j=1}^{n}(x_{ij}^\# - r_j^{+\#})^2} \tag{2.3.10}$$

$$d_i^-(x_{oi}) = \sqrt{\sum_{j=1}^{n}(x_{ij}^\# - r_j^{-\#})^2} \tag{2.3.11}$$

式中：$r_j^{+\#} = \max\limits_{k=1,2,\cdots,m}(x_{kj}^\#)$，$r_j^{-\#} = \min\limits_{k=1,2,\cdots,m}(x_{kj}^\#)$，$j$ 为正负理想指标参数列。

结合正理想欧式距离和负理想欧式距离，可得每个数据点对理想值的贴近度，其计算公式为

$$d_i(x_{oi}) = d_i^-(x_{oi}) / [d_i^+(x_{oi}) + d_i^-(x_{oi})] \tag{2.3.12}$$

式中：$d_i^+(x_{oi})$ 为表示压裂段测深位置 x_{oi} 处与正理想值的欧式距离；$d_i^-(x_{oi})$ 为表示压裂段测深位置 x_{oi} 处与负理想值的欧式距离；$d_i(x_{oi})$ 为压裂段测深位置 x_{oi} 处与理想值的欧氏距离；x_{oi} 为压裂段第 i 个数据点对应的测深，m。

参 考 文 献

[1] 孙龙德,赵文智,刘合,等. 页岩油"甜点"概念及其应用讨论[J]. 石油学报,2023,44(1):1-13.

[2] 谭佳静,吴康军,李昱翰,等. 测井预测 TOC 方法在页岩储层评价中的运用[J]. 地球物理学进展,2021,36(1):258-266.

[3] 钟光海,陈丽清,廖茂杰,等. 页岩气储层品质测井综合评价[J]. 天然气工业,2020,40(2):54-60.

[4] 王飞宇,关晶,冯伟平,等. 过成熟海相页岩孔隙度演化特征和游离气量[J]. 石油勘探与开发,2013,(6):764-768.

[5] 张晋言,李淑荣,王利滨,等. 低阻页岩气层含气饱和度计算新方法[J]. 天然气工业,2017,37(4):34-41.

[6] Blauch Matt, Grieser Bill. Special techniques tap shale gas[J]. Exploration and Production in Hart Energy, 2007,80(3):89-92.

[7] 夏宏泉,刘畅,王瀚玮,等. 页岩含气量测井评价方法研究[J]. 特种油气藏,2019,26(3):1-6.

[8] 袁俊亮,邓金根,张定宇,等. 页岩气储层可压裂性评价技术[J]. 石油学报,2013,(3):523-527.

[9] 徐延涛,王杏尊,罗勇,等. 基于测井和压裂资料的储层三向地应力求取方法[J]. 重庆科技学院学报(自然科学版),2013,15(6):92-94,102.

[10] 周健,陈勉,金衍,等. 裂缝性储层水力裂缝扩展机理试验研究[J]. 石油学报,2007,(5):109-113.

[11] 张羽,范存辉,钟城,等. 复杂地质特征中富有机质页岩脆性评价方法研究[J]. 地质与勘探,2018,54(5):1069-1083.

[12] Rickman Rick, Mullen Michael J, Petre James Erik, et al. A practical use of shale petrophysics for stimulation design optimization: all shale plays are not clones of the Barnett Shale[C]. SPE Annual Technical Conference and Exhibition, Denver, Colorado, USA, 2008: SPE-115258-MS.

[13] Irwin G R. Analysis of stresses and strains near the end of a crack traversing a plate[J]. Journal of Applied Mechanics,1957,24(3):361-364.

[14] Nordgren Ronald P. Propagation of a vertical hydraulic fracture[J]. Society of Petroleum Engineers Journal, 1972,12(4):306-314.

[15] Zeng Fanhui, Zhang Yu, Guo Jianchun, et al. Optimized completion design for triggering a fracture network to enhance horizontal shale well production[J]. Journal of Petroleum Science and Engineering,2020,190:107043.

[16] Zeng Fanhui, Gong Gaobin, Zhang Yu, et al. Fracability evaluation of shale reservoirs considering rock brittleness, fracture toughness, and hydraulic fracturing-induced effects[J]. Geoenergy Science and Engineering, 2023,229:212069.

[17] Li Yuwei, Jia Dan, Wang Meng, et al. Hydraulic fracturing model featuring initiation beyond the wellbore wall for directional well in coal bed[J]. Journal of Geophysics and Engineering,2016,13(4):536-548.

[18] Haimson Bezalel, Fairhurst Charles. Hydraulic fracturing in porous-permeable materials[J]. Journal of Petroleum Technology,1969,21(7):811-817.

[19] Jiang Yongdong, Luo Yahuang, Lu Yiyu, et al. Effects of supercritical CO_2 treatment time, pressure, and temperature on microstructure of shale[J]. Energy,2016,97:173-181.

[20] Zhang Yihuai, Zhang Zike, Sarmadivaleh Mohammad, et al. Micro-scale fracturing mechanisms in coal induced by adsorption of supercritical CO_2[J]. International Journal of Coal Geology,2017,175:40-50.

[21] Yang Jianfeng, Lian Haojie, Li Li. Fracturing in coals with different fluids: an experimental comparison between water, liquid CO_2, and supercritical CO_2[J]. Scientific Reports,2020,10(1):18681.

[22] He Wei, Lian Haojie, Liang Weiguo, et al. Experimental study of supercritical CO_2 fracturing across coal-rock interfaces[J]. Rock Mechanics and Rock Engineering,2023,56(1):57-68.

[23] 寇淑清,杨宏宇,高岩,等. 裂解连杆断裂结合面缺损面积定量描述与分析[J]. 吉林大学学报(工学版),2013,(6):1541-1545.

[24] Wu Mingyang, Wang Wensong, Shi Di, et al. Improved box-counting methods to directly estimate the fractal

dimension of a rough surface[J]. Measurement,2021,177:109303.

[25] Zhao Boxiong,Wang Zhongren,Liu Rui,et al. Review of microseismic monitoring technology research[J]. Progress in Geophysics,2014,29(4):1882-1888.

[26] Fu Haifeng,Liu Yunzhi,Liang Tiancheng,et al. Laboratory study on hydraulic fracture geometry of Longmaxi Formation shalein Yibin area of Sichuan Province[J]. Natural Gas Geoscience,2016,27(12):2231-2236.

[27] Jin Xiaochun,Shah Subhash N,Roegiers Jean Claude,et al. An integrated petrophysics and geomechanics approach for fracability evaluation in shale reservoirs[J]. SPE Journal,2015,20(3):518-526.

[28] Yuan Junliang,Zhou Jianliang,Liu Shujie,et al. An improved fracability-evaluation method for shale reservoirs based on new fracture toughness-prediction models[J]. SPE Journal,2017,22(5):1704-1713.

[29] Li Yuwei,Long Min,Zuo Lihua,et al. Brittleness evaluation of coal based on statistical damage and energy evolution theory[J]. Journal of Petroleum Science and Engineering,2019,172:753-763.

[30] 孟召平,刘翠丽,纪懿明. 煤层气/页岩气开发地质条件及其对比分析[J]. 煤炭学报,2013,38(5):728-736.

[31] 尤天慧,樊治平. 区间数多指标决策的一种TOPSIS方法[J]. 东北大学学报,2002,(9):840-843.

第3章 各向异性页岩水平井破裂压力预测模型及应用

本章基于页岩各向异性横观各向同性地层原地应力场,结合平衡方程、几何方程和协调方程建立岩石本构方程,利用Lekhnitskij方法求解得到了各向异性平面井周应力解析解;考虑孔隙压力分布、水平井井眼轨迹等因素,叠加水泥环诱导应力、射孔孔眼诱导应力和压裂液渗滤诱导应力,建立综合考虑岩石力学各向异性特征、套管/水泥环力学特征、压裂液在注入过程中的渗滤特征、流体扰动等影响下的总井周应力预测模型,进而基于各向异性岩石破坏准则,建立各向异性页岩水平井破裂压力预测模型,为各向异性页岩起裂压力与裂缝扩展耦合奠定基础。

3.1 物理模型及基本假设

对于页岩各向异性横观各向同性储层,假设每一个层状地层的力学特征近似相同,纵向不同位置地层力学特征不相同。当页岩层理面力学特征近似相同时,层理面视为各向同性,而储层可看作横观各向同性地层,如图3.1.1所示。

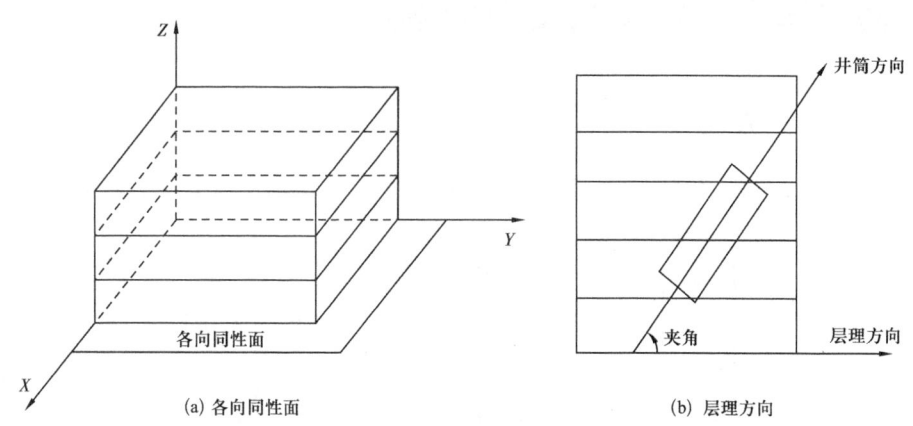

图3.1.1 横观各向同性地层示意图

为简化模型建立过程,假设:页岩为各向异性横观各向同性介质;岩石变形满足广义平面应变、弹性变形及小变形;忽略温度和压裂液化学作用的影响。对任意层理发育的页岩井筒,应力分布模型涉及5个坐标系(图3.1.2):(1)整体坐标系(X,Y,Z),也称大地坐标系;(2)地应力坐标系(X_s,Y_s,Z_s),最小水平地应力与北坐标夹角为β_s;(3)井眼坐标系(x,y,z),井眼与Z方向的夹角为井斜角ψ,井眼投影与正北方向的夹角为方位角β;(4)圆柱坐标系(R,θ,z),以井眼坐标系为参考,θ 也为射孔方位角;(5)地层坐标系(x_w,y_w,z_w),其中地层层理倾角为 α_w、倾向为 β_w。

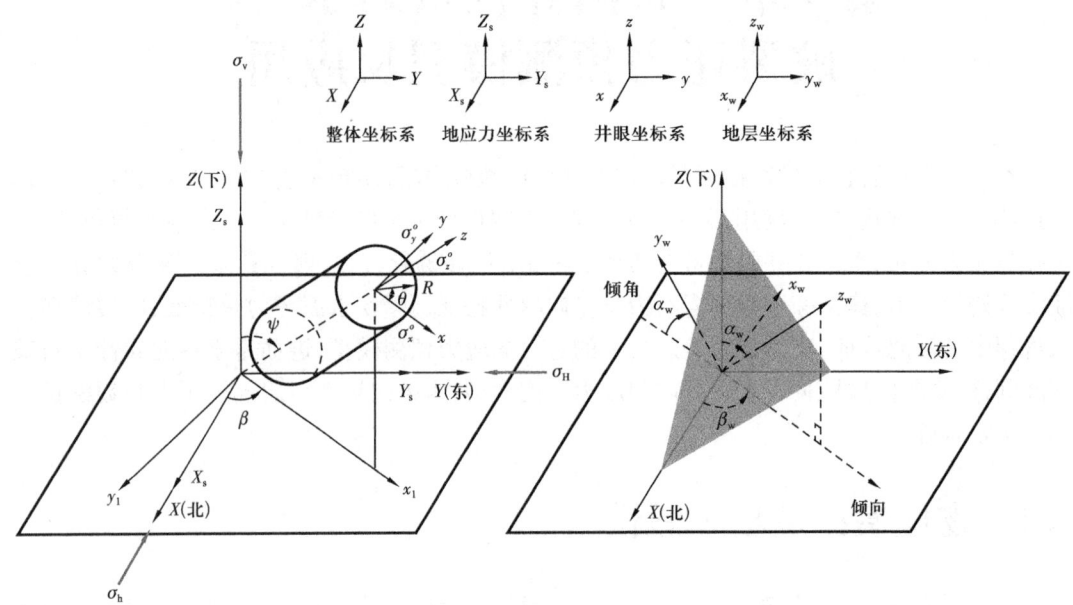

图 3.1.2　各向异性页岩破裂压力预测物理模型

3.2　各向异性页岩本构及力学参数

3.2.1　页岩本构方程

根据广义胡克定律,在小变形的情况下,反映弹性体内应力和应变之间关系的本构方程为[1]

$$\begin{Bmatrix}\varepsilon_{xciso}\\\varepsilon_{yciso}\\\varepsilon_{zciso}\\\gamma_{yzciso}\\\gamma_{zxciso}\\\gamma_{xyciso}\end{Bmatrix}=\begin{bmatrix}a_{11}&a_{12}&a_{13}&a_{14}&a_{15}&a_{16}\\a_{21}&a_{22}&a_{23}&a_{24}&a_{25}&a_{26}\\a_{31}&a_{32}&a_{33}&a_{34}&a_{35}&a_{36}\\a_{41}&a_{42}&a_{43}&a_{44}&a_{45}&a_{46}\\a_{51}&a_{52}&a_{53}&a_{54}&a_{55}&a_{56}\\a_{61}&a_{62}&a_{63}&a_{64}&a_{65}&a_{66}\end{bmatrix}\begin{Bmatrix}\sigma_{xciso}\\\sigma_{yciso}\\\sigma_{zciso}\\\tau_{yzciso}\\\tau_{zxciso}\\\tau_{xyciso}\end{Bmatrix} \qquad(3.2.1)$$

式中:a_{ij} 为表示柔度的系数。

式(3.2.1)还可以写成:

$$\{\varepsilon\}=[A]\{\sigma\} \qquad(3.2.2)$$

式中:$\{\varepsilon\}$ 为应变列阵;$\{\sigma\}$ 为应力列阵,MPa;$[A]$ 为柔度矩阵,MPa^{-1}。

对于页岩各向异性横观各向同性地层,因为其具有对称性,柔度矩阵中:

$$a_{ij} = 0 \quad (i \neq j, i > 3, j > 3) \tag{3.2.3}$$

将式(3.2.3)代入式(3.2.1),简化得

$$\begin{Bmatrix} \varepsilon_{xciso} \\ \varepsilon_{yciso} \\ \varepsilon_{zciso} \\ \gamma_{yzciso} \\ \gamma_{zxciso} \\ \gamma_{xyciso} \end{Bmatrix} = \begin{bmatrix} \dfrac{1}{E} & \dfrac{-\nu}{E} & \dfrac{-\nu'}{E'} & 0 & 0 & 0 \\ \dfrac{-\nu}{E} & \dfrac{1}{E} & \dfrac{-\nu'}{E'} & 0 & 0 & 0 \\ \dfrac{-\nu'}{E'} & \dfrac{-\nu'}{E'} & \dfrac{1}{E'} & 0 & 0 & 0 \\ 0 & 0 & 0 & \dfrac{1}{G'} & 0 & 0 \\ 0 & 0 & 0 & 0 & \dfrac{1}{G'} & 0 \\ 0 & 0 & 0 & 0 & 0 & \dfrac{1}{G} \end{bmatrix} \begin{Bmatrix} \sigma_{xciso} \\ \sigma_{yciso} \\ \sigma_{zciso} \\ \tau_{yzciso} \\ \tau_{zxciso} \\ \tau_{xyciso} \end{Bmatrix} \tag{3.2.4}$$

其中:

$$\begin{cases} E_{xiso} = E_{yiso} = E \\ E_{ziso} = E' \\ \nu_{xyiso} = \nu_{yxiso} = \nu \\ \nu_{zxiso} = \nu_{zyiso} = \nu' \\ G_{xyiso} = E/2(1+\nu) \\ G_{yziso} = G_{xziso} = G' \end{cases} \tag{3.2.5}$$

式中:E 为平行层理平面的弹性模量,MPa;E' 为垂直层理平面的弹性模量,MPa;ν 为平行层理平面的泊松比;ν' 为垂直层理平面的泊松比;G 为平行层理平面的剪切模量,MPa;G' 为垂直层理平面剪切模量,MPa。

3.2.2 页岩力学参数

对于各向异性储层,尤其是页岩这种具有层理的地层,假设每一个层状地层的力学特征近似相同。当每一个平行的层理面力学特征近似相同时,储层可以看作横观各向同性地层,所以页岩各向异性横观各向同性地层的岩石本构方程也可以写成:

$$\sigma_{ij} = \begin{bmatrix} \sigma_{xxiso} \\ \sigma_{yyiso} \\ \sigma_{zziso} \\ \sigma_{yziso} \\ \sigma_{zxiso} \\ \sigma_{xyiso} \end{bmatrix} = \begin{bmatrix} C_{11} & C_{12} & C_{13} & 0 & 0 & 0 \\ C_{12} & C_{11} & C_{13} & 0 & 0 & 0 \\ C_{13} & C_{13} & C_{33} & 0 & 0 & 0 \\ 0 & 0 & 0 & C_{44} & 0 & 0 \\ 0 & 0 & 0 & 0 & C_{44} & 0 \\ 0 & 0 & 0 & 0 & 0 & C_{66} \end{bmatrix} \begin{bmatrix} \varepsilon_{xxiso} \\ \varepsilon_{yyiso} \\ \varepsilon_{zziso} \\ \varepsilon_{yziso} \\ \varepsilon_{zxiso} \\ \varepsilon_{xyiso} \end{bmatrix} \tag{3.2.6}$$

式(3.2.6)可由5个弹性常数来描述,其中:

$$\begin{cases} C_{11} = C_{12} + 2C_{66} \\ C_{11} = \rho V_{PH}^2, C_{33} = \rho V_{PV}^2, C_{44} = \rho V_{SV}^2, C_{66} = \rho V_{SH}^2 \\ C_{13} = -C_{44} + m\sqrt{(C_{11} + C_{44} - 2\rho V_{45}^2)(C_{33} + C_{44} - 2\rho V_{45}^2)} \end{cases} \quad (3.2.7)$$

式中:V_{PH}、V_{PV} 为水平方向、垂直方向传播的纵波速度,m/s;V_{SH}、V_{SV} 为水平方向、垂直方向传播的横波速度,m/s;V_{45} 为地层对称轴成45°的纵波($m=-1$)或横波($m=1$)速度,m/s。

通过声波测井的数据可以计算出 C_{33}、C_{44}、C_{66}:

$$C_{33} = \rho V_P^2 = M_V = \frac{E_{dyn\_V}(1 - \nu_{dyn\_V})}{(1 + \nu_{dyn\_V})(1 - 2\nu_{dyn\_V})} \quad (3.2.8)$$

$$C_{44} = C_{55} = \rho V_{slows}^2 = \rho V_{fasts}^2 = G' = \frac{E_1'}{2(1 + \nu_1')} \quad (3.2.9)$$

$$C_{66} = \rho V^2 = \frac{E_1}{2(1 + \nu_1)} = G \quad (3.2.10)$$

Michael 等[2]提出了一种三参数各向异性模型,可以计算各向异性力学参数:

$$\begin{aligned} C_{12} &= C_{13} \\ C_{13} &= (C_{33} - 2C_{44}) = (C_{11} - 2C_{66}) \end{aligned} \quad (3.2.11)$$

因此,可得到计算 C_{11}、C_{13} 的公式:

$$C_{11} = (C_{33} - 2C_{44} - 2C_{66}) \quad (3.2.12)$$

$$C_{13} = (C_{33} - 2C_{44}) \quad (3.2.13)$$

式中:M_V 为垂直层理平面的压缩模量,MPa;G' 为垂直层理平面的剪切模量,MPa;G 为平行层理平面的剪切模量,MPa;E_1' 为动态垂直层理平面的弹性模量,MPa;E_1 为动态平行层理平面的弹性模量,MPa;ν_1' 为动态垂直于层理平面的泊松比;ν_1 为动态平行层理平面的泊松比;V_{slows} 为慢横波速度,m/s;V_{fasts} 为快横波速度,m/s;V 为斯通利波导出的横波速度,m/s。

由此可以得到岩石弹性力学参数的计算方法:

$$E_1' = C_{33} - 2\frac{C_{13}^2}{C_{11} + C_{12}} \quad (3.2.14)$$

$$E_1 = \frac{(C_{11} - C_{12})(C_{11}C_{13} - 2C_{13}^2 + C_{12}C_{33})}{C_{11}C_{33} - C_{13}^2} \quad (3.2.15)$$

$$\nu_1' = \frac{C_{13}}{C_{11} + C_{12}} \quad (3.2.16)$$

$$\nu_1 = \frac{C_{33}C_{12} - C_{13}^2}{C_{33}C_{11} - C_{13}^2} \tag{3.2.17}$$

$$G' = C_{44} = C_{55} \tag{3.2.18}$$

$$G = C_{66} \tag{3.2.19}$$

3.3 各向异性页岩射孔井破裂压力预测

将基于页岩各向异性横观各向同性地层原地应力场,结合平衡方程、几何方程和协调方程建立岩石本构方程,利用 Lekhnitskij[3] 方法求解得到了各向异性诱导应力解析解;考虑孔隙压力分布、水平井井眼轨迹等因素,叠加水平井筒应力、射孔孔眼周围应力,根据各向异性页岩裂缝起裂准则,建立各向异性页岩射孔井破裂压力预测模型。

3.3.1 水平井筒应力分布

3.3.1.1 原地应力诱导应力

地层原地应力状态包含 3 个相互正交的主应力,即垂向地应力 σ_v、最小水平主应力 σ_h 和最大水平主应力 σ_H。水平井井筒轴线与大地坐标系 Z 轴的夹角为井斜角 $\psi(\psi = \pi/2)$,井筒轴线与正北方向的夹角 β 为方位角。根据图 3.1.2 物理模型,原地应力在井眼周围的正应力分量和剪应力分量为

$$\begin{cases}
\sigma_x^o = (\sigma_H\cos^2\beta + \sigma_h\sin^2\beta)\cos^2\psi + \sigma_v\sin^2\psi \\
\sigma_y^o = \sigma_H\sin^2\beta + \sigma_h\cos^2\beta \\
\sigma_z^o = (\sigma_H\cos^2\beta + \sigma_h\sin^2\beta)\sin^2\psi + \sigma_v\cos^2\psi \\
\tau_{xy}^o = (\sigma_h - \sigma_H)\cos\psi\sin\beta\cos\beta \\
\tau_{yz}^o = (\sigma_h - \sigma_H)\sin\psi\sin\beta\cos\beta \\
\tau_{xz}^o = (\sigma_H\cos^2\beta + \sigma_h\sin^2\beta - \sigma_v)\sin\psi\cos\psi
\end{cases} \tag{3.3.1}$$

式中:σ_H、σ_h、σ_v 为最大水平主应力、最小水平主应力和垂向应力,MPa;ψ、β 为井斜角和方位角,(°)。

3.3.1.2 各向异性诱导应力

对各向异性储层井周条件的基本假设:(1)井筒横截面为圆形;(2)沿着井筒的表面施加均匀的内部压力,不存在体力;(3)广义平面应变条件的存在使得应力、应变、位移、物体和表面力的所有分量在垂直于井筒轴线的所有平面中相同。

根据上述假设,平衡方程可以写成:

$$\begin{cases} \dfrac{\partial \sigma_{x\text{ciso}}}{\partial x} + \dfrac{\partial \tau_{xy\text{ciso}}}{\partial y} = 0 \\[6pt] \dfrac{\partial \tau_{xy\text{ciso}}}{\partial x} + \dfrac{\partial \sigma_{y\text{ciso}}}{\partial y} = 0 \\[6pt] \dfrac{\partial \tau_{xz\text{ciso}}}{\partial x} + \dfrac{\partial \tau_{yz\text{ciso}}}{\partial y} = 0 \end{cases} \quad (3.3.2)$$

应变-位移方程为

$$\begin{cases} \varepsilon_{x\text{ciso}} = \dfrac{\partial u}{\partial x}, \varepsilon_{y\text{ciso}} = \dfrac{\partial v}{\partial y}, \varepsilon_{z\text{ciso}} = 0 \\[6pt] \gamma_{yz\text{ciso}} = -\dfrac{\partial w}{\partial y}, \gamma_{zx\text{ciso}} = -\dfrac{\partial w}{\partial x}, \gamma_{xy\text{ciso}} = -\left(\dfrac{\partial u}{\partial y} + \dfrac{\partial v}{\partial x}\right) \end{cases} \quad (3.3.3)$$

应变相容性方程为

$$\begin{cases} \dfrac{\partial^2 \varepsilon_{x\text{ciso}}}{\partial y^2} + \dfrac{\partial^2 \varepsilon_{y\text{ciso}}}{\partial x^2} = \dfrac{\partial^2 \gamma_{xy\text{ciso}}}{\partial x \partial y} \\[6pt] \dfrac{\partial \gamma_{zx\text{ciso}}}{\partial y} - \dfrac{\partial \gamma_{yz\text{ciso}}}{\partial x} = 0 \end{cases} \quad (3.3.4)$$

结合广义平面假设条件 $\varepsilon_z = 0$ 和本构方程[式(3.2.1)],σ_z 可以由下式表示:

$$\sigma_{z\text{ciso}} = -\dfrac{1}{a_{33}}(a_{31}\sigma_{x\text{ciso}} + a_{32}\sigma_{y\text{ciso}} + a_{34}\tau_{yz\text{ciso}} + a_{35}\tau_{zx\text{ciso}} + a_{36}\tau_{xy\text{ciso}}) \quad (3.3.5)$$

引入两个应力函数 $F(x,y)$ 和 $\Psi(x,y)$ 来求解这些方程。应力分量可表示为 $F(x,y)$ 和 $\Psi(x,y)$ 的函数:

$$\begin{cases} \sigma_{x\text{ciso}} = \dfrac{\partial^2 F}{\partial y^2}, \sigma_{y\text{ciso}} = \dfrac{\partial^2 F}{\partial x^2} \\[6pt] \tau_{xy\text{ciso}} = -\dfrac{\partial^2 F}{\partial x \partial y}, \tau_{xz\text{ciso}} = \dfrac{\partial \Psi}{\partial y}, \tau_{yz\text{ciso}} = -\dfrac{\partial \Psi}{\partial x} \end{cases} \quad (3.3.6)$$

式(3.3.6)与式(3.3.5)代入本构方程[式(3.2.1)],则可以用 $F(x,y)$ 和 $\Psi(x,y)$ 表示应变。再代入相容性方程[式(3.3.4)],得到 Beltrami Michel 相容性方程:

$$\begin{cases} L_4 F + L_3 \Psi = 0 \\ L_3 F + L_2 \Psi = 0 \end{cases} \quad (3.3.7)$$

L_2、L_3 和 L_4 分别是二阶、三阶和四阶微分算子,其定义如下:

$$\begin{cases} L_2 = \beta_{44}\dfrac{\partial^2}{\partial x^2} - 2\beta_{45}\dfrac{\partial^2}{\partial x\partial y} + \beta_{55}\dfrac{\partial^2}{\partial y^2} \\ L_3 = -\beta_{24}\dfrac{\partial^3}{\partial x^3} + (\beta_{25}+\beta_{46})\dfrac{\partial^3}{\partial x^2\partial y} - (\beta_{14}+\beta_{56})\dfrac{\partial^3}{\partial x\partial y^2} + \beta_{15}\dfrac{\partial^3}{\partial y^3} \\ L_4 = \beta_{22}\dfrac{\partial^4}{\partial x^4} - 2\beta_{26}\dfrac{\partial^4}{\partial x^3\partial y} + (2\beta_{12}+\beta_{66})\dfrac{\partial^4}{\partial x^2\partial y^2} - 2\beta_{16}\dfrac{\partial^4}{\partial x\partial y^3} + \beta_{11}\dfrac{\partial^4}{\partial y^4} \end{cases} \quad (3.3.8)$$

式中：$\beta_{ij} = a_{ij} - \dfrac{a_{i3}a_{j3}}{a_{33}}(i,j=1,2,4,5,6)$，其中 a_{ij} 是柔度矩阵 $[A]$ 的组成部分。

Lekhnitskii[3] 给出了式(3.3.7)的通解：

$$\begin{cases} F = 2\mathrm{Re}[F_1(z_1) + F_2(z_2) + F_3(z_3)] \\ \Psi = 2\mathrm{Re}\left[\lambda_1 F'_1(z_1) + \lambda_2 F'_2(z_2) + \dfrac{1}{\lambda_3}F'_3(z_3)\right] \end{cases} \quad (3.3.9)$$

式中：Re 代表其参数的实部；$F_i(z_i)(i=1,2,3)$ 是复变量 $z_i = x + \mu_i y$ 的解析函数，其中 (x,y) 是计算应力分量的点的位置。$\mu_i(i=1,2,3)$ 与地层方位角 β_w 和地层倾角 α_w 转化到井筒坐标系相关，值为以下方程的 3 个根：

$$l_4(\mu)l_2(\mu) - l_3^2(\mu) = 0 \quad (3.3.10)$$

其中，l_2、l_3 和 l_4 分别是 3 个微分算子 L_2、L_3、L_4 的特征方程：

$$\begin{cases} l_2 = \beta_{44} - 2\beta_{45}\mu + \beta_{55}\mu^2 \\ l_3 = -\beta_{24} + (\beta_{25}+\beta_{46})\mu - (\beta_{14}+\beta_{56})\mu^2 + \beta_{15}\mu^3 \\ l_4 = \beta_{22} - 2\beta_{26}\mu + (2\beta_{12}+\beta_{66})\mu^2 - 2\beta_{16}\mu^3 + \beta_{11}\mu^4 \end{cases} \quad (3.3.11)$$

Lekhnitskii[3] 证明了式(3.3.10)只有复根或纯虚根。这些根其中 3 个是另外 3 个的共轭复数。因此，设 $\mu_i(i=1,2,3)$ 是式(3.3.10)的 3 个根。$\lambda_i(i=1,2,3)$ 可以定义为

$$\lambda_1 = -\dfrac{l_3(\mu_1)}{l_2(\mu_1)},\ \lambda_2 = -\dfrac{l_3(\mu_2)}{l_2(\mu_2)},\ \lambda_3 = -\dfrac{l_3(\mu_3)}{l_4(\mu_3)} \quad (3.3.12)$$

Lekhnitskii 随后引入了 3 个解析函数 $\phi_i(z_i)(i=1,2,3)$，其定义如下：

$$\phi_1(z_1) = F'_1(z_1),\ \phi_2(z_2) = F'_2(z_2),\ \phi_3(z_3) = \dfrac{1}{\lambda_3}F'_3(z_3) \quad (3.3.13)$$

结合式(3.3.9)和式(3.3.13)，得

$$\begin{cases} \dfrac{\partial F}{\partial x} = 2\mathrm{Re}[\phi_1(z_1) + \phi_2(z_2) + \lambda_3\phi_3(z_3)] \\ \dfrac{\partial F}{\partial y} = 2\mathrm{Re}[\mu_1\phi_1(z_1) + \mu_2\phi_2(z_2) + \lambda_3\mu_3\phi_3(z_3)] \\ \Psi = 2\mathrm{Re}[\lambda_1\phi_1(z_1) + \lambda_2\phi_2(z_2) + \phi_3(z_3)] \end{cases} \quad (3.3.14)$$

因此，各向异性应力分量可以用 $F(x,y)$ 和 $\Psi(x,y)$ 的函数来表示。用 $\phi_i(z_i)(i=1,2,3)$ 表示各向异性储层井周应力分布解析解为

$$\begin{cases}
\sigma_{xciso} = 2\text{Re}[\mu_1^2\phi_1'(z_1) + \mu_1^2\phi_2'(z_2) + \lambda_3\mu_1^2\phi_3'(z_3)] \\
\sigma_{yciso} = 2\text{Re}[\phi_1'(z_1) + \phi_2'(z_2) + \lambda_3\phi_3'(z_3)] \\
\sigma_{zciso} = -\dfrac{1}{a_{33}}(a_{31}\sigma_{xciso} + a_{32}\sigma_{yciso} + a_{34}\tau_{yzciso} + a_{35}\tau_{zxciso} + a_{36}\tau_{xyciso}) \\
\tau_{yzciso} = -2\text{Re}[\lambda_1\phi_1'(z_1) + \lambda_2\phi_2'(z_2) + \phi_3'(z_3)] \\
\tau_{zxciso} = 2\text{Re}[\lambda_1\mu_1\phi_1'(z_1) + \lambda_2\mu_2\phi_2'(z_2) + \mu_3\phi_3'(z_3)] \\
\tau_{xyciso} = -2\text{Re}[\mu_1\phi_1'(z_1) + \mu_2\phi_2'(z_2) + \lambda_3\mu_3\phi_3'(z_3)]
\end{cases} \quad (3.3.15)$$

井眼形成引起的应力分量。对于不考虑内压的情况，井眼形成后井壁应力为0，则对井壁上任意点 (R_w,θ)，其边界条件为

$$\begin{cases}
\sigma_{x,0} = \sigma_h \\
\sigma_{y,0} = \sigma_H \\
\sigma_{z,0} = \sigma_v \\
\tau_{xy,0} = 0 \\
\tau_{yz,0} = 0 \\
\tau_{zx,0} = 0
\end{cases} \quad (3.3.16)$$

横观各向异性介质中圆形孔内部压力为0。对于沿孔壁的任意点 (R_w,θ)，边界条件可写成：

$$\begin{cases}
\sigma_{xciso}\cos\theta + \tau_{xyciso}\sin\theta = -(\sigma_{x,0}\cos\theta + \tau_{xy,0}\sin\theta) \\
\tau_{xyciso}\cos\theta + \sigma_{yciso}\sin\theta = -(\tau_{xy,0}\cos\theta + \sigma_{y,0}\sin\theta) \\
\tau_{zxciso}\cos\theta + \tau_{yzciso}\sin\theta = -(\tau_{zx,0}\cos\theta + \tau_{y,0}\sin\theta)
\end{cases} \quad (3.3.17)$$

则可以表示为解析函数 $\phi_i(z_i)(i=1,2,3)$ 的3个方程：

$$\begin{cases}
\phi_1(z_1) = \dfrac{1}{\Delta\xi_1}[(\mu_1 - \mu_3\lambda_2\lambda_3)\bar{a}_1 + (\lambda_2\lambda_3 - 1)\bar{b}_1 + \lambda_3(\mu_3 - \mu_2)\bar{c}_1] \\
\phi_2(z_2) = \dfrac{1}{\Delta\xi_2}[(\lambda_1\lambda_3\mu_3 - \mu_1)\bar{a}_1 + (1 - \lambda_1\lambda_3)\bar{b}_1 + \lambda_3(\mu_1 - \mu_3)\bar{c}_1] \\
\phi_3(z_3) = \dfrac{1}{\Delta\xi_3}[(\mu_1\lambda_2 - \mu_2\lambda_1)\bar{a}_1 + (\lambda_1 - \lambda_2)\bar{b}_1 + (\mu_2 - \mu_1)\bar{c}_1]
\end{cases} \quad (3.3.18)$$

将式中各向异性诱导应力转化到井筒坐标系为

$$\begin{cases} \sigma_{xiso} = (\sigma_{xciso}\cos^2\beta + \sigma_{yciso}\sin^2\beta)\cos^2\psi + \sigma_{zciso}\sin^2\psi \\ \sigma_{yiso} = \sigma_{xciso}\sin^2\beta + \sigma_{yciso}\cos^2\beta \\ \sigma_{ziso} = (\sigma_{xciso}\cos^2\beta + \sigma_{yciso}\sin^2\beta)\sin^2\psi + \sigma_{zciso}\cos^2\psi \\ \tau_{xyiso} = (\sigma_{yciso} - \sigma_{xciso})\cos\psi\sin\beta\cos\beta \\ \tau_{yziso} = (\sigma_{yciso} - \sigma_{xciso})\sin\psi\sin\beta\cos\beta \\ \tau_{xziso} = (\sigma_{xciso}\cos^2\beta + \sigma_{yciso}\sin^2\beta - \sigma_{zciso})\sin\psi\cos\psi \end{cases} \quad (3.3.19)$$

由于井筒为圆柱形,需要进一步得到柱坐标系(R,θ,z)中的应力分布。在井筒受力分析过程中,规定压应力为正,拉应力为负。基于页岩弹性变形特征,分析各应力分量对井筒周围应力的贡献值,运用应力叠加原理获取水平井筒围岩应力状态。基于弹性力学理论[4],由$\sigma_x^o + \sigma_{xiso}$产生的应力分量为

$$\begin{cases} \sigma_R = \dfrac{\sigma_x^o + \sigma_{xiso}}{2}\left(1 - \dfrac{R_w^2}{R^2}\right) + \dfrac{\sigma_x^o + \sigma_{xiso}}{2}\left(1 + 3\dfrac{R_w^4}{R^4} - 4\dfrac{R_w^2}{R^2}\right)\cos2\theta \\ \sigma_\theta = \dfrac{\sigma_x^o + \sigma_{xiso}}{2}\left(1 + \dfrac{R_w^2}{R^2}\right) - \dfrac{\sigma_x^o + \sigma_{xiso}}{2}\left(1 + 3\dfrac{R_w^4}{R^4}\right)\cos2\theta \\ \tau_{R\theta} = -\dfrac{\sigma_x^o + \sigma_{xiso}}{2}\left(1 - 3\dfrac{R_w^4}{R^4} + 2\dfrac{R_w^2}{R^2}\right)\sin2\theta \end{cases} \quad (3.3.20)$$

同理,$\sigma_y^o + \sigma_{yiso}$引起的应力场为

$$\begin{cases} \sigma_R = \dfrac{\sigma_y^o + \sigma_{yiso}}{2}\left(1 - \dfrac{R_w^2}{R^2}\right) - \dfrac{\sigma_y^o + \sigma_{yiso}}{2}\left(1 + 3\dfrac{R_w^4}{R^4} - 4\dfrac{R_w^2}{R^2}\right)\cos2\theta \\ \sigma_\theta = \dfrac{\sigma_y^o + \sigma_{yiso}}{2}\left(1 + \dfrac{R_w^2}{R^2}\right) + \dfrac{\sigma_y^o + \sigma_{yiso}}{2}\left(1 + 3\dfrac{R_w^4}{R^4}\right)\cos2\theta \\ \tau_{R\theta} = \dfrac{\sigma_y^o + \sigma_{yiso}}{2}\left(1 - 3\dfrac{R_w^4}{R^4} + 2\dfrac{R_w^2}{R^2}\right)\sin2\theta \end{cases} \quad (3.3.21)$$

进而,$\tau_{xy}^o + \tau_{xyiso}$产生的应力场为

$$\begin{cases} \sigma_R = (\tau_{xy}^o + \tau_{xyiso})\left(1 + 3\dfrac{R_w^4}{R^4} - 4\dfrac{R_w^2}{R^2}\right)\sin2\theta \\ \sigma_\theta = -(\tau_{xy}^o + \tau_{xyiso})\left(1 + 3\dfrac{R_w^4}{R^4}\right)\sin2\theta \\ \tau_{R\theta} = (\tau_{xy}^o + \tau_{xyiso})\left(1 - 3\dfrac{R_w^4}{R^4} + 2\dfrac{R_w^2}{R^2}\right)\cos2\theta \end{cases} \quad (3.3.22)$$

式中：σ_R、σ_θ、σ_z 为径向应力、周向应力和沿着井眼方向的轴向应力分量，MPa；$\tau_{R\theta}$、$\tau_{\theta z}$、τ_{Rz} 为剪应力，MPa；R_w、R 为井筒半径和地层中某一点到井眼中心的径向距离，m；θ 为射孔方位角，(°)。

通过以下分析得到非平面应力 $(\sigma_z^o + \sigma_{ziso})$、$(\tau_{xy}^o + \tau_{xyiso})$ 和 $(\tau_{yz}^o + \tau_{yziso})$ 引起的井筒周围应力分布。由于本问题为平面应变问题，因此 $\varepsilon_z = 0$。同时，结合胡克定律及相容方程得到正应力 $(\sigma_z^o + \sigma_{ziso})$ 产生的应力为

$$\sigma_z = (\sigma_z^o + \sigma_{ziso}) - \nu \left[2(\sigma_x^o + \sigma_{xiso} - \sigma_y^o - \sigma_{yiso}) \frac{R_w^2}{R^2} \cos 2\theta + 4(\tau_{xy}^o + \tau_{xyiso}) \frac{R_w^2}{R^2} \sin 2\theta \right] \tag{3.3.23}$$

式中：ν 为页岩平行层理的泊松比。

非平面剪应力不会导致体积的改变，即

$$\nabla^2 u_i = 0 \tag{3.3.24}$$

式中：$u_i (i = z, R, \theta)$ 为位移分量，m。

下面计算 $(\tau_{xz}^o + \tau_{xziso})$ 引起的应力分量。由弹性力学理论知：

$$u_z = \left(AR + \frac{B}{R} \right) \cos\theta \tag{3.3.25}$$

$$u_R = Cz\cos\theta \tag{3.3.26}$$

$$y = 0, |x| \leqslant a$$
$$u_x(x, 0^-) - u_x(x, 0^+) = D_s$$
$$u_y(x, 0^-) - u_y(x, 0^+) = D_n \tag{3.3.27}$$
$$Q_s = -Q_k$$

对应的应力分量为

$$\tau_{\theta z} = -\left(E + F + \frac{H}{R^2} \right) \sin\theta \tag{3.3.28}$$

$$\tau_{Rz} = \left(E + F - \frac{H}{R^2} \right) \cos\theta \tag{3.3.29}$$

式中：A、B、C、E、F、H 为边界条件对应的常数。

边界条件为 $R = R_w$ 时，有

$$\tau_{Rz} = 0 \tag{3.3.30}$$

边界条件为 $R \to \infty$ 时，有

$$\begin{cases} \tau_{\theta z} = -(\tau_{xz}^o + \tau_{xziso}) \sin\theta \\ \tau_{Rz} = (\tau_{xz}^o + \tau_{xziso}) \cos\theta \end{cases} \tag{3.3.31}$$

得

$$\begin{cases} \tau_{\theta z} = -(\tau_{xz}^o + \tau_{xziso})\left(1 + \dfrac{R_w^2}{R^2}\right)\sin\theta \\ \tau_{Rz} = (\tau_{xz}^o + \tau_{xziso})\left(1 - \dfrac{R_w^2}{R^2}\right)\cos\theta \end{cases} \quad (3.3.32)$$

同理,可得 $(\tau_{yz}^o + \tau_{yziso})$ 引起的应力分量为

$$\begin{cases} \tau_{\theta z} = (\tau_{yz}^o + \tau_{yziso})\left(1 + \dfrac{R_w^2}{R^2}\right)\cos\theta \\ \tau_{Rz} = (\tau_{yz}^o + \tau_{yziso})\left(1 - \dfrac{R_w^2}{R^2}\right)\sin\theta \end{cases} \quad (3.3.33)$$

运用弹性力学线性叠加原理,得到原地应力在 (R,θ,z) 柱坐标系下的应力分布:

$$\begin{cases}
\sigma_R = \dfrac{(\sigma_x^o + \sigma_{xiso}) + (\sigma_y^o + \sigma_{yiso})}{2}\left(1 - \dfrac{R_w^2}{R^2}\right) + \dfrac{(\sigma_x^o + \sigma_{xiso}) - (\sigma_y^o + \sigma_{yiso})}{2} \\
\qquad \cdot \left(1 + 3\dfrac{R_w^4}{R^4} - 4\dfrac{R_w^2}{R^2}\right)\cos 2\theta + (\tau_{xy}^o + \tau_{xyiso})\left(1 + 3\dfrac{R_w^4}{R^4} - 4\dfrac{R_w^2}{R^2}\right)\sin 2\theta \\
\sigma_\theta = \dfrac{(\sigma_x^o + \sigma_{xiso}) + (\sigma_y^o + \sigma_{yiso})}{2}\left(1 + \dfrac{R_w^2}{R^2}\right) - \dfrac{(\sigma_x^o + \sigma_{xiso}) - (\sigma_y^o + \sigma_{yiso})}{2} \\
\qquad \cdot \left(1 + 3\dfrac{R_w^4}{R^4}\right)\cos 2\theta - (\tau_{xy}^o + \tau_{xyiso})\left(1 + 3\dfrac{R_w^4}{R^4}\right)\sin 2\theta \\
\sigma_z = (\sigma_z^o + \sigma_{ziso}) - \nu\left[2(\sigma_x^o + \sigma_{xiso} - \sigma_y^o - \sigma_{yiso})\dfrac{R_w^2}{R^2}\cos 2\theta + 4(\tau_{xy}^o + \tau_{xyiso})\dfrac{R_w^2}{R^2}\sin 2\theta\right] \\
\tau_{R\theta} = \dfrac{(\sigma_y^o + \sigma_{yiso}) - (\sigma_x^o + \sigma_{xiso})}{2}\left(1 - 3\dfrac{R_w^4}{R^4} + 2\dfrac{R_w^2}{R^2}\right)\sin 2\theta \\
\qquad + (\tau_{xy}^o + \tau_{xyiso})\left(1 - 3\dfrac{R_w^4}{R^4} + 2\dfrac{R_w^2}{R^2}\right)\cos 2\theta \\
\tau_{\theta z} = \left[-(\tau_{xz}^o + \tau_{xziso})\sin\theta + (\tau_{yz}^o + \tau_{yziso})\cos\theta\right]\left(1 + \dfrac{R_w^2}{R^2}\right) \\
\tau_{Rz} = \left[(\tau_{xz}^o + \tau_{xziso})\cos\theta + (\tau_{yz}^o + \tau_{yziso})\sin\theta\right]\left(1 - \dfrac{R_w^2}{R^2}\right)
\end{cases}$$

$$(3.3.34)$$

3.3.1.3 套管水泥环诱导应力

对于套管射孔完井的页岩储层,由于套管杨氏模量、泊松比等力学性质与地层力学性质

相差较大,因此,当高压压裂液不断注入井筒时,套管与地层会发生错动,产生应力应变,并诱导套管水泥环产生应力。此时套管水泥环周围应力分布[5]如图 3.3.1 所示。

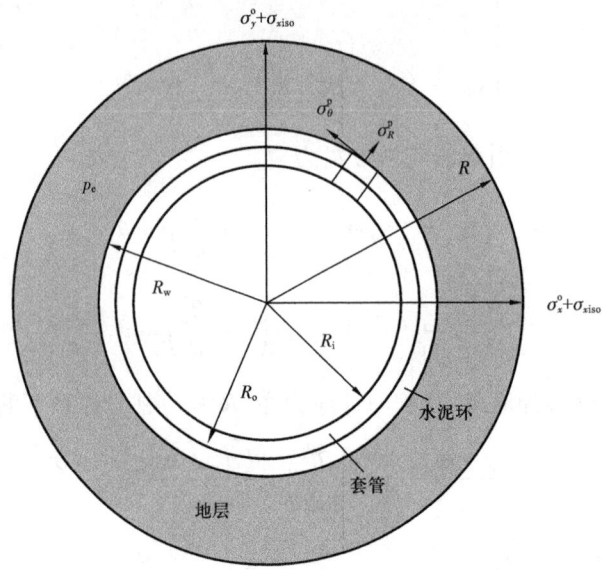

图 3.3.1 套管水泥环周围应力分布

沿着径向距离,套管井周围的岩石的诱导应力分布可以写成:

$$\begin{cases} \sigma_R^p = TF \dfrac{R_o^2}{R^2} p_w \\ \sigma_\theta^p = - TF \dfrac{R_o^2}{R^2} p_w \end{cases} \quad (3.3.35)$$

式中:σ_R^p、σ_θ^p 为井眼周围由套管诱导产生的径向应力和周向应力,MPa;p_w 为井底压力,MPa;TF 为传导系数,代表着井眼中的压力往地层岩石中传导。

$$TF = \dfrac{\dfrac{2n(1-\nu_c)}{R_o^2 - R_i^2} R_i^2}{1 + n \dfrac{R_i^2 + (1-2\nu_c) R_o^2}{R_o^2 - R_i^2}} \quad (3.3.36)$$

式中:$n = \dfrac{E(1+\nu_c)}{E_c(1+\nu)}$;$R_o$、$R_i$ 分别为套管的外径和内径,m;E、E_c 为地层和套管的杨氏模量,MPa;ν、ν_c 为地层和套管的泊松比;

3.3.1.4 水平井筒总应力分布

考虑页岩储层原地应力、套管水泥环的影响,通过叠加各向异性诱导应力和井底压力的综合效应,可以得到水平井筒总应力分布:

$$\begin{cases}
\sigma_R^c = \dfrac{(\sigma_x^o + \sigma_{xiso}) + (\sigma_y^o + \sigma_{yiso})}{2}\left(1 - \dfrac{R_w^2}{R^2}\right) + \dfrac{(\sigma_x^o + \sigma_{xiso}) - (\sigma_y^o + \sigma_{yiso})}{2} \\
\quad \cdot \left(1 + 3\dfrac{R_w^4}{R^4} - 4\dfrac{R_w^2}{R^2}\right)\cos2\theta + (\tau_{xy}^o + \tau_{xyiso})\left(1 + 3\dfrac{R_w^4}{R^4} - 4\dfrac{R_w^2}{R^2}\right)\sin2\theta + TF\dfrac{R_o^2}{R^2}p_w \\
\sigma_\theta^c = \dfrac{(\sigma_x^o + \sigma_{xiso}) + (\sigma_y^o + \sigma_{yiso})}{2}\left(1 + \dfrac{R_w^2}{R^2}\right) - \dfrac{(\sigma_x^o + \sigma_{xiso}) - (\sigma_y^o + \sigma_{yiso})}{2} \\
\quad \cdot \left(1 + 3\dfrac{R_w^4}{R^4}\right)\cos2\theta - (\tau_{xy}^o + \tau_{xyiso})\left(1 + 3\dfrac{R_w^4}{R^4}\right)\sin2\theta - TF\dfrac{R_o^2}{R^2}p_w \\
\sigma_z^c = (\sigma_z^o + \sigma_{ziso}) - \nu\left[2(\sigma_x^o + \sigma_{xiso} - \sigma_y^o - \sigma_{yiso})\dfrac{R_w^2}{R^2}\cos2\theta + 4(\tau_{xy}^o + \tau_{xyiso})\dfrac{R_w^2}{R^2}\sin2\theta\right] \\
\tau_{R\theta}^c = \dfrac{(\sigma_y^o + \sigma_{yiso}) - (\sigma_x^o + \sigma_{xiso})}{2}\left(1 - 3\dfrac{R_w^4}{R^4} + 2\dfrac{R_w^2}{R^2}\right)\sin2\theta \\
\quad + (\tau_{xy}^o + \tau_{xyiso})\left(1 - 3\dfrac{R_w^4}{R^4} + 2\dfrac{R_w^2}{R^2}\right)\cos2\theta \\
\tau_{\theta z}^c = \left[-(\tau_{xz}^o + \tau_{xziso})\sin\theta + (\tau_{yz}^o + \tau_{yziso})\cos\theta\right]\left(1 + \dfrac{R_w^2}{R^2}\right) \\
\tau_{Rz}^c = \left[(\tau_{xz}^o + \tau_{xziso})\cos\theta + (\tau_{yz}^o + \tau_{yziso})\sin\theta\right]\left(1 - \dfrac{R_w^2}{R^2}\right)
\end{cases}$$

(3.3.37)

式中：σ_R^c、σ_θ^c、σ_z^c、$\tau_{R\theta}^c$、$\tau_{\theta z}^c$、τ_{Rz}^c 为水平井筒坐标系中径向、周向、轴向正应力，径向与周向、周向与轴向、径向与轴向切应力，MPa。

3.3.2 射孔孔眼周围应力分布

3.3.2.1 射孔孔眼诱导应力

在套管水力压裂时往往需要射孔，产生薄弱面和流体进液优势通道。而射孔孔眼导致周围岩石发生应力应变，产生射孔孔眼应力集中，导致射孔孔道附近的岩石中产生应力的重新分布，如图3.3.2所示。而沿着射孔孔道应力分布求解较为复杂，需要采用半解析、解析、数值模拟等方法进行求解[6]。

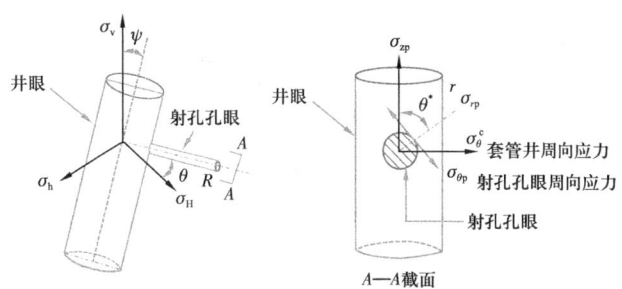

图 3.3.2 射孔孔眼中周向应力重新分布示意图

在水力压裂开始时,沿着射孔孔眼的应力分布:

$$\begin{cases} \sigma_{rp} = p_w \\ \sigma_{\theta p} = (\sigma_x^o + \sigma_{xiso} + \sigma_y^o + \sigma_{yiso} + \sigma_z) \\ \qquad + 2(\sigma_x^o + \sigma_{xiso} + \sigma_y^o + \sigma_{yiso} - \sigma_z)\cos2\theta^* \\ \qquad - 2(\sigma_x^o +_{xiso} - \sigma_y^o - \sigma_{yiso})(\cos2\theta + 2\cos2\theta\cos2\theta^*) \\ \qquad - 4(\tau_{xy}^o + \tau_{xyiso})(1 + 2\cos2\theta)\sin2\theta - 4\tau_{\theta z}\sin2\theta^* \\ \qquad - 2p_w(\cos2\theta^* + 1) \\ \sigma_{zp} = \sigma_R^c - \nu[2(\sigma_z - \sigma_\theta)\cos2\theta^* + 4\tau_{\theta z}\sin2\theta^*] \\ \tau_{\theta zp} = 2(-\tau_{Rz}\sin\theta^* + \tau_{R\theta}\cos\theta^*) \\ \tau_{r\theta p} = \tau_{rzp} = 0 \end{cases} \quad (3.3.38)$$

式中:σ_{rp}、$\sigma_{\theta p}$、σ_{zp}、$\tau_{\theta zp}$、$\tau_{r\theta p}$、τ_{rzp} 为射孔孔眼坐标系中径向、周向、轴向正应力,周向与轴向、径向与周向、径向与轴向切应力,MPa;θ^* 为轴 σ_{zp} 投影到射孔孔眼截面之后在截面转过的角度,(°);下标 p 为射孔孔眼。

式(3.3.38)可以计算不同射孔方位角的应力分布,相比较于文献[7-8],考虑了各向异性诱导应力的影响。

3.3.2.2 压裂液渗滤诱导应力

通过引入压力扩散方程,考虑压裂过程中地层压力变化。当压裂液注入到井筒,将在渗透性岩石中诱导一个外径向流动应力。将地层考虑为均质可渗透,同时孔隙流体的特性与压裂液一致。则流体渗滤产生的渗滤诱导应力为[9]

$$\begin{cases} \sigma_{rp}^f = -\dfrac{\alpha(1-2\nu)}{(1-\nu)[R^2(t) - r_w^2]} \int_{r_w}^{R(t)} pr\,dr \\ \sigma_{\theta p}^f = \dfrac{\alpha(1-2\nu)}{1-\nu}\left[\dfrac{1}{R^2(t) - r_w^2}\int_{r_w}^{R(t)} pr\,dr - p_e\right] \\ \sigma_{zp}^f = \dfrac{\alpha(1-2\nu)}{1-\nu}\left[\dfrac{1}{R^2(t) - r_w^2}\int_{r_w}^{R(t)} pr\,dr - p_e\right] \\ \tau_{r\theta}^f = \tau_{rz}^f = \tau_{\theta z}^f = 0 \end{cases} \quad (3.3.39)$$

式中:上标 f 表示由压裂液渗滤产生的径向、周向、轴向、切向诱导应力,这些应力的单位为 MPa;$R(t)$ 为激动半径,m;r_w 为射孔孔眼半径,m;p_e 为原始地层压力,MPa;r 为地层中任意一点到射孔孔眼处的距离,m。

孔隙压力 p 和激动半径 $R(t)$ 共同取决于地层孔隙压力分布;初始时刻以定排量 Q_i 注入

地层时，压裂液通过多孔介质岩石进行渗滤，导致井眼周围孔隙压力 p 分布发生变化。根据达西一维径向渗流模型[10]：

$$\frac{\partial^2 p}{\partial r^2} + \frac{1}{r}\frac{\partial p}{\partial r} = \frac{\phi\mu c}{k}\frac{\partial p}{\partial t} \tag{3.3.40}$$

式中：k 为岩石渗透率，mD；ϕ 为地层孔隙度小数；μ 为压裂液黏度，mPa·s；c 为压裂液压缩系数，MPa^{-1}；t 为注入时间，s。

相应的初始条件和边界条件如下：

初始条件：

$$t = 0,\ p(r) = p_e \tag{3.3.41}$$

内边界条件：

$$r = r_w,\ r\frac{\partial p}{\partial r} = -\frac{1}{N_{p,i}}\frac{Q_i\mu}{2\pi k L_{p,i}},\ t > 0 \tag{3.3.42}$$

外边界条件：

$$r \to \infty,\ p(r, Q_i) = p_e,\ t > 0 \tag{3.3.43}$$

式中：Q_i 为第 i 个射孔簇压裂液注入排量，m^3/min；$N_{p,i}$ 为第 i 个射孔簇孔眼数量；$L_{p,i}$ 为第 i 个射孔簇孔眼深度，m。

针对式（3.3.40），Lhomme 等[11]采用复杂积分计算方法，但求解困难烦琐。因此，本书采用点源解求解一维径向渗流问题，第 i 簇射孔位置处孔隙压力为[10]

$$p(r, Q_i) = p_e + \frac{Q_i\mu}{4\pi N_{p,i} k L_{p,i}}\left[-\text{Ei}\left(-\frac{\phi\mu c r^2}{4kt}\right)\right] \tag{3.3.44}$$

其中，Ei 为幂积分函数：

$$\begin{aligned} & y = 0,\ |x| \leq a \\ & u_x(x, 0^-) - u_x(x, 0^+) = D_s \\ & u_y(x, 0^-) - u_y(x, 0^+) = D_n \\ & Q_s = -Q_k \end{aligned} \tag{3.3.45}$$

压力分布的激动半径 $R(t)$ 与压力激动前缘相关联。考虑时间变化，得到不同时间和位置的孔隙压力分布；当从点源位置到地层边界移动一定半径距离，孔隙压力逐渐减小；则获取激动半径 $R(t)$ 条件为孔隙压力等于原始地层压力。

3.3.2.3 射孔孔眼应力分布

在井壁 R_w 处，射孔孔眼总应力可以通过原地应力、各向异性诱导应力、套管水泥环诱导应力、射孔孔眼诱导应力、压裂液渗滤诱导应力分量叠加得

$$\begin{cases}
\sigma_{rp} = p_w - \dfrac{\alpha(1-2\nu)}{(1-\nu)[R^2(t)-r_w^2]}\int_{r_w}^{R(t)} pr\,dr \\
\sigma_{\theta p} = (\sigma_x^o + \sigma_{xiso} + \sigma_y^o + \sigma_{yiso} + \sigma_z) \\
\qquad + 2(\sigma_x^o + \sigma_{xiso} + \sigma_y^o + \sigma_{yiso} - \sigma_z)\cos2\theta^* \\
\qquad - 2(\sigma_x^o + \sigma_{xiso} - \sigma_y^o - \sigma_{yiso})(\cos2\theta + 2\cos2\theta\cos2\theta^*) \\
\qquad - 4(\tau_{xy}^o + \tau_{xyiso})(1 + 2\cos2\theta)\sin2\theta \\
\qquad - 4\tau_{\theta z}\sin2\theta^* - 2p_w(\cos2\theta^* + 1) \\
\qquad + \dfrac{\alpha(1-2\nu)}{1-\nu}\left[\dfrac{1}{R^2(t)-r_w^2}\int_{r_w}^{R(t)} pr\,dr - p_e\right] \\
\sigma_{zp} = \sigma_R^e - \nu[2(\sigma_z - \sigma_\theta)\cos2\theta^* + 4\tau_{\theta z}\sin2\theta^*] \\
\qquad + \dfrac{\alpha(1-2\nu)}{1-\nu}\left[\dfrac{1}{R^2(t)-r_w^2}\int_{r_w}^{R(t)} pr\,dr - p_e\right] \\
\tau_{\theta zp} = 2(-\tau_{Rz}\sin\theta^* + \tau_{R\theta}\cos\theta^*) \\
\tau_{r\theta p} = \tau_{rzp} = 0
\end{cases} \quad (3.3.46)$$

3.3.3 各向异性页岩裂缝起裂准则

各向异性页岩储层受天然裂缝和倾角的影响,水力裂缝在水平井壁处存在2种起裂方式,分别为岩石本体起裂和沿天然裂缝面破裂。因此,根据地层地应力状态及天然裂缝的产状,建立了页岩层理天然裂缝发育水平井压裂水力裂缝2种起裂方式的水力裂缝起裂方式和起裂压力的判别方法。

3.3.3.1 岩石本体起裂准则

张性破坏通常被用来预测裂缝起裂压力,它假设当井壁上任意一点的最大主应力分量达到岩石抗张强度时,则射孔孔眼起裂,对应的3个主应力如下:

$$\sigma_1 = \sigma_{rp} \tag{3.3.47}$$

$$\sigma_2 = \frac{1}{2}\left[(\sigma_{\theta p} + \sigma_{zp}) + \sqrt{(\sigma_{\theta p} - \sigma_{zp})^2 + 4\tau_{\theta zp}^2}\right] \tag{3.3.48}$$

$$\sigma_3 = \frac{1}{2}\left[(\sigma_{\theta p} + \sigma_{zp}) - \sqrt{(\sigma_{\theta p} - \sigma_{zp})^2 + 4\tau_{\theta zp}^2}\right] \tag{3.3.49}$$

通过对比式(3.3.47)至式(3.3.49)可知,σ_3 表示孔眼壁处最大张应力(负值)。当考虑孔隙弹性系数(以下简称孔弹系数)时会减小有效最大张应力:

$$\sigma_f = \sigma_3 - \alpha \bar{p}_{R(t)} \tag{3.3.50}$$

页岩吸水后,会导致地层岩石杨氏模量变化,进而影响岩石孔弹系数。孔弹系数 α 定义为[8]

$$\alpha = 1 - \frac{E}{3K_{ma}(1-2\nu)} \tag{3.3.51}$$

式中:K_{ma}为岩石骨架体积模量,MPa。

为了获取杨氏模量与含水量关系,开展了龙马溪组页岩吸水实验。实验温度为25 ℃,压力为1 atm(1 atm=101325 Pa)。首先将制备的25 mm×50 mm的标准岩样在烘干箱中干燥24 h,然后称重,记为干燥岩样的质量m_0;紧接着将岩样完全浸没于滑溜水压裂液(淡水+0.1%降阻剂+0.1%防膨剂+1%助排剂),然后每隔6 h取出一块岩样测量此时岩样质量m,测量完后开展三轴压缩实验(围压40 MPa)获取杨氏模量和泊松比,而含水量ω按照$\omega = (m-m_0)/m_0 \times 100\%$计算。表3.3.1为龙马溪组页岩岩样吸水后三轴实验获取的杨氏模量数据。结果表明,随着含水量的增加,杨氏模量降低,泊松比变化不大。

表3.3.1 龙马溪组页岩吸水后杨氏模量和泊松比变化

序号	干岩样质量/g	吸水后质量/g	含水量/%	杨氏模量/MPa	泊松比
1	63.221	64.014	1.25	30624.9	0.278
2	64.832	65.956	1.73	28842.1	0.282
3	64.754	66.224	2.27	28488.5	0.275
4	62.821	64.589	2.81	25957.7	0.284
5	62.714	64.915	3.51	25395.5	0.292
6	62.564	65.455	4.62	21042.7	0.295

为进一步明确杨氏模量与含水量的关系,做出杨氏模量随含水量变化的关系曲线,如图3.3.3所示。

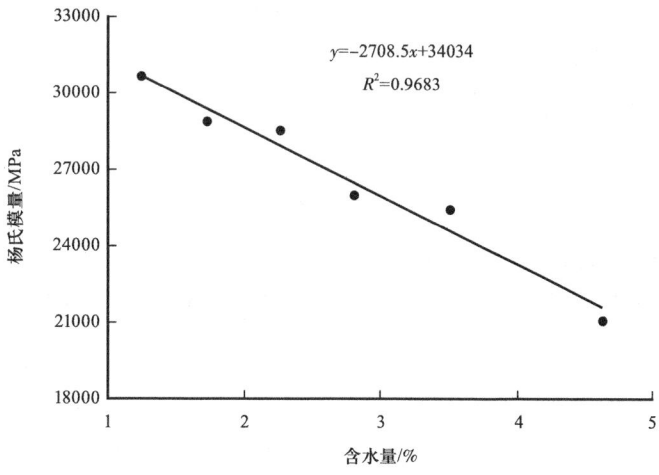

图3.3.3 页岩杨氏模量与含水量关系

拟合杨氏模量E与含水量ω的关系,得

$$E = -2708.5\omega + 34034 \tag{3.3.52}$$

压裂过程中射孔孔眼附近的含水量可以定义为某时间段注入压裂液的质量与激动半径

所波及范围内岩石质量的比值。当岩石吸水未饱和时,含水率是注入量的函数;当岩石吸水达到饱和时,含水率不发生变化,即

$$\omega = \begin{cases} \dfrac{Q_i \rho_s t}{60\pi N_{p,i}[R(t)^2 - r_w^2] L_{p,i} \rho_r}, & \omega < \dfrac{\varphi \rho_s}{(1-\varphi)\rho_r} \\ \dfrac{\varphi \rho_s}{(1-\varphi)\rho_r}, & \omega \geqslant \dfrac{\varphi \rho_s}{(1-\varphi)\rho_r} \end{cases} \tag{3.3.53}$$

式中:ρ_s 为压裂液密度,kg/m^3;ρ_r 为岩石骨架密度,kg/m^3。

将式(3.3.53)代入式(3.3.52),再代入式(3.3.51),得孔弹性系数表达式为

$$\begin{aligned} & y = 0, |x| \leqslant a \\ & u_x(x,0^-) - u_x(x,0^+) = D_s \\ & u_y(x,0^-) - u_y(x,0^+) = D_n \\ & Q_s = -Q_k \end{aligned} \tag{3.3.54}$$

在流体注入过程中的体积平衡,也遵循单位时间内压裂井的注入体积等于弹性流体在扰动区域压缩的改变量。激动区域的平均压力为[12]

$$\bar{p}_{R(t)} = \dfrac{1}{\pi[R^2(t) - r_w^2]} \int_{r_w}^{R(t)} p(r) \cdot 2\pi r dr = \dfrac{2}{R^2(t) - r_w^2} \int_{r_w}^{R(t)} p(r) r dr \tag{3.3.55}$$

最大张应力准则用来确定起裂压力:

$$\sigma_f \leqslant -\sigma_t \tag{3.3.56}$$

式中:σ_t 为岩石抗张强度,MPa。

裂缝起裂的方向通过使用莫尔圆来确定:

$$\gamma = \dfrac{1}{2}\arctan \dfrac{2\tau_{\theta zp}}{\sigma_{zp} - \sigma_{\theta p}} \tag{3.3.57}$$

式中:γ 为裂缝起裂角,rad。

则当压裂液注入使得井底压力逐渐增加到满足式(3.3.56)时,岩石本体破裂,此时破裂压力记为 p_f^b。

3.3.3.2 天然裂缝起裂准则

对于天然裂缝发育的地层,水力裂缝起裂形式分为沿天然裂缝剪切破裂和沿天然裂缝张性破裂。

(1)天然裂缝剪切破裂准则。

假设天然裂缝带与井筒夹角为 β_{NF},可以利用弱面破坏准则来研究水力裂缝沿天然裂缝剪切破裂问题。

弱面破坏准则表达式为[13]

$$\sigma_1 - \sigma_3 = \frac{2(C + \mu_f \sigma_f)}{(1 - \mu_f \text{ctg}\alpha_w)\sin 2\alpha_w} \quad (3.3.58)$$

式中：σ_1 为最大主应力，MPa；σ_3 为最小主应力，MPa；C 为弱面黏聚力；μ_w 为弱面的内摩擦系数；α_w 为弱面法向与水平最大地应力方位的夹角。

对于裂缝性地层，$C = 0$，则水力裂缝沿天然裂缝剪切破裂准则为

$$\sigma_1 - \sigma_3 = \frac{2\mu_f \sigma_f}{(1 - \mu_f \text{ctg}\alpha_w)\sin 2\alpha_w} \quad (3.3.59)$$

则当压裂液注入使得井底压力逐渐增加到满足式(3.3.59)时，水力裂缝沿天然裂缝剪切破裂，此时破裂压力记为 p_f^τ。

(2) 天然裂缝张性破裂准则。

水平最大地应力方位为 β_s，裂缝面上正应力的表达式为[13]

$$\sigma_n = \sigma_z l_1^2 + \sigma_\theta l_2^2 + \sigma_r l_3^2 \quad (3.3.60)$$

其中：

$$\begin{cases} l_1 = \sin\alpha_w \\ l_2 = -\sin\beta_{NF}\cos\alpha_w\cos(TR - \beta_s) + \cos\beta_{NF}\cos\alpha_w\sin(TR - \beta_s) \\ l_3 = \cos\beta_{NF}\cos\alpha_w\cos(TR - \beta_s) + \sin\beta_{NF}\cos\alpha_w\sin(TR - \beta_s) \end{cases} \quad (3.3.61)$$

式中：TR 为天然裂缝带的走向为北偏东 TR 度。

水力裂缝沿天然裂缝张性破裂的准则为

$$p_f^t = p_w \geq \sigma_n - \alpha_1 p(r,t) \quad (3.3.62)$$

3.3.4 破裂压力预测模型

对于天然裂缝发育的页岩地层，水力裂缝起裂形式可能为以下3种形式中的一种：水力裂缝在岩石本体起裂、水力裂缝沿天然裂缝张性起裂、水力裂缝沿天然裂缝剪切破裂。对于特定的天然裂缝地层，水力裂缝的破裂方式和破裂压力 p_f 的判别方法为

$$p_f = \min\{p_f^b, p_f^\tau, p_f^t\} \quad (3.3.63)$$

3.4 模型验证及应用

利用 Li 等[14]、Zeng 等[15] 的理论模型对本书建立的各向异性页岩水平井渗流-应力起裂压力模型进行理论模型验证，以检验本书模型的正确性，最后分析地层参数、施工参数、破裂准则对起裂压力的影响。

3.4.1 模型验证

Li 等[14] 基于线性断裂力学理论解析模型，考虑岩石力学参数(杨氏模量和泊松比)各向

异性因素,来研究射孔对起裂压力的影响。Zeng 等[16]运用半解析方法,考虑套管水泥环分析了任意井斜角和方位角射孔孔眼周围的应力分布,在此基础上建立了一个解析模型,用于预测井眼周围射孔孔眼中的裂缝起裂压力和裂缝方位角。本书运用了他们的理论模型,对各向异性页岩多簇射孔破裂压力模型进行了验证。

选取四川盆地长宁区块的典型页岩气井第 10 压裂段(3616~3546 m)作为模拟的基础参数,该井微地震蚂蚁体显示天然裂缝发育。模型计算基础参数见表 3.4.1。

表 3.4.1 模型计算基础参数

参数名	单位	数值
最大水平主应力	MPa	61.7
最小水平主应力	MPa	55.2
垂向应力	MPa	58.8
原始地层孔隙压力	MPa	33.43
储层渗透率	mD	0.014
储层厚度	m	70
综合压缩系数	10^{-4}MPa^{-1}	8
储层孔隙度	%	3.76
平行层理杨氏模量	MPa	31323
垂直层理杨氏模量	MPa	20882
平行层理泊松比	—	0.23
垂直层理泊松比	—	0.23
岩石抗张强度	MPa	5
弱面黏聚力	MPa	0
地层倾向	(°)	0
地层倾角	(°)	20
套管杨氏模量	MPa	210000
套管泊松比	—	0.3
套管外径	mm	139.7
套管内径	mm	115.4
施工排量	m^3/min	16
压裂液黏度	mPa·s	10
井眼半径	m	0.5
簇数	—	6
射孔深度	cm	10
孔眼半径	m	0.005
射孔长度	m	0.5
射孔密度	孔/m	16
井筒井斜角	(°)	90

续表

参数名	单位	数值
井筒方位角	(°)	0
射孔相位角	(°)	60
内摩擦角	(°)	30
裂缝带与正北方向夹角	(°)	60

注:最大水平主应力方位角为90°,井筒方位角为0°。

3.4.1.1 破坏准则优选

从图3.4.1中可以看出,随着射孔方位角逐渐增加,破裂压力先减小后上升再减小。沿着天然裂缝张性破坏的破裂压力,大于岩石本体张性破坏的破裂压力,大于沿着天然裂缝剪性破坏的破裂压力。因此,对于天然裂缝发育的页岩储层,沿着天然裂缝剪性破坏最容易达到破坏条件[17]。

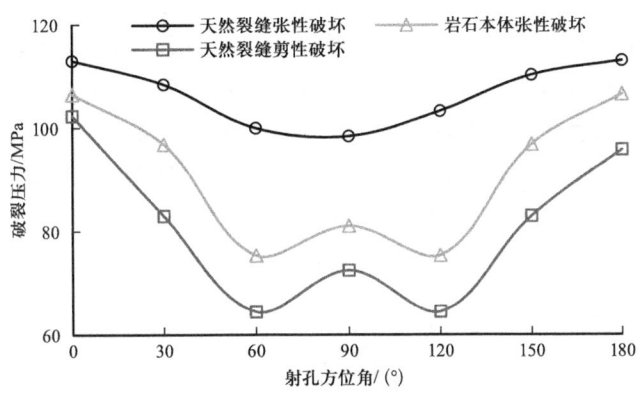

图3.4.1 不同破裂准则破裂压力变化

3.4.1.2 模型验证

以沿着天然裂缝剪性破坏为准则,基于表3.4.1参数与Li等、Zeng等的理论模型,进行各向异性破裂压力验证。

从图3.4.2中可以看出,随着射孔方位角(0°~180°)的逐渐增加,破裂压力呈现周期性变化。本书模型(考虑各向异性、压裂液渗滤、射孔)与Li模型(考虑各向异性,不考虑渗滤、射孔)相比,计算的破裂压力都先减小后增加,呈现"W"形破裂压力分布,且在射孔方位角为60°和120°分别取得最小破裂压力71.0 MPa(Li模型)和65.4 MPa(本书模型);本书模型破裂压力小于Li模型破裂压力,是由于本书模型考虑了压裂液向地层渗滤,产生额外的渗滤应力促进地层破裂。本书模型(考虑各向异性、压裂液渗滤、射孔)与Zeng模型(不考虑各向异性,考虑压裂液渗滤、射孔)相比,在射孔方位角为60°和120°分别取得最小破裂压力71.0 MPa(Li模型)和65.4 MPa(本书模型),相差不大,而在0°~60°和120°~180°范围本书模型显著大于Zeng模型,这是由于本书模型考虑了地层岩石力学参数的各向异性,在不同射孔方位角方向产生额外不同的各向异性地应力分量,其中在射孔方位角0°最大、60°最小。

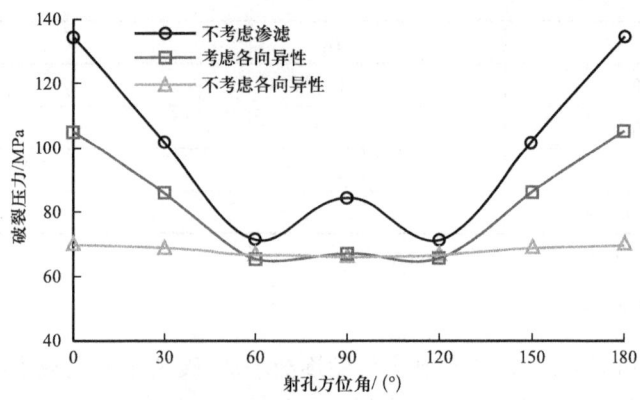

图 3.4.2　不同射孔方位角下本书模型与 Li 模型、Zeng 模型的理论模型验证

从图 3.4.3 中可以看出,随着井筒方位角(0°~180°)的逐渐增加,破裂压力先增加后减小,这是由于井筒方位角沿着最大水平主应力方向(方位角 90°)破裂压力最大。进一步分析表明,随着井筒方位角(0°~180°)的逐渐增加,本书模型(考虑各向异性、压裂液渗滤、射孔)与 Li 模型(考虑各向异性,不考虑渗滤、射孔)、Zeng 模型(不考虑各向异性,考虑压裂液渗滤、射孔)相比,计算的破裂压力都先增加后减小,且在井筒方位角为 0°和 180°取得最小破裂压力,为 65.36 MPa;而本书模型(考虑各向异性、压裂液渗滤、射孔)小于 Zeng 模型(不考虑各向异性,考虑压裂液渗滤、射孔),这是由于本书模型考虑了地层岩石力学参数的各向异性,在不同射孔方位角方向产生额外不同的各向异性地应力分量。

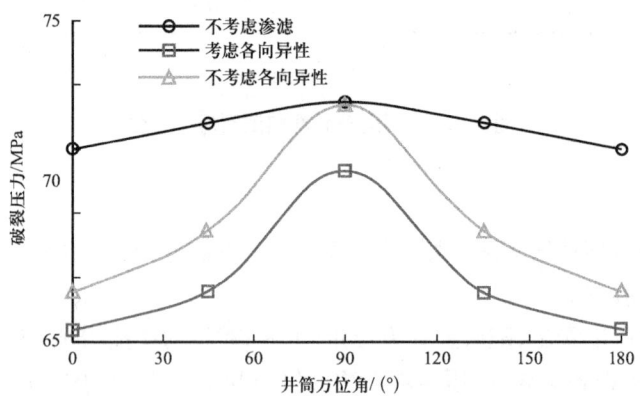

图 3.4.3　不同井筒方位角下本书模型与 Li 模型、Zeng 模型的理论模型验证

从图 3.4.4 中可以看出,随着地层倾向(0°~360°)增加,破裂压力呈现周期性变化。在不考虑各向异性情况下,本书模型将退化为 Zeng 模型。从图 3.4.4(a)可以看出,破裂压力不随地层倾向、倾角发生变化。当考虑各向异性时,在地层倾角小于 60°时,从图 3.4.4(b)可以看出,地层方位角沿着最小水平主应力方向破裂压力较小,而沿着最大水平主应力方向破裂压力较大;在地层倾角大于 60°时,地层方位角沿着最小水平主应力方向破裂压力较大,沿着最大水平主应力方向破裂压力也较大。当不考虑渗滤效应本书模型将退化为 Li 模型,

从图 3.4.4(c)可以看出,地层倾角为 20°、地层方位角为 0°时,本书模型的破裂压力为 65.4 MPa,Li 模型的破裂压力为 71 MPa。由于本书模型考虑了压裂液向地层渗滤,产生额外的渗滤应力促进地层破裂,在不同地层倾向、倾角下,不考虑渗流的破裂压力大于考虑渗滤的破裂压力。

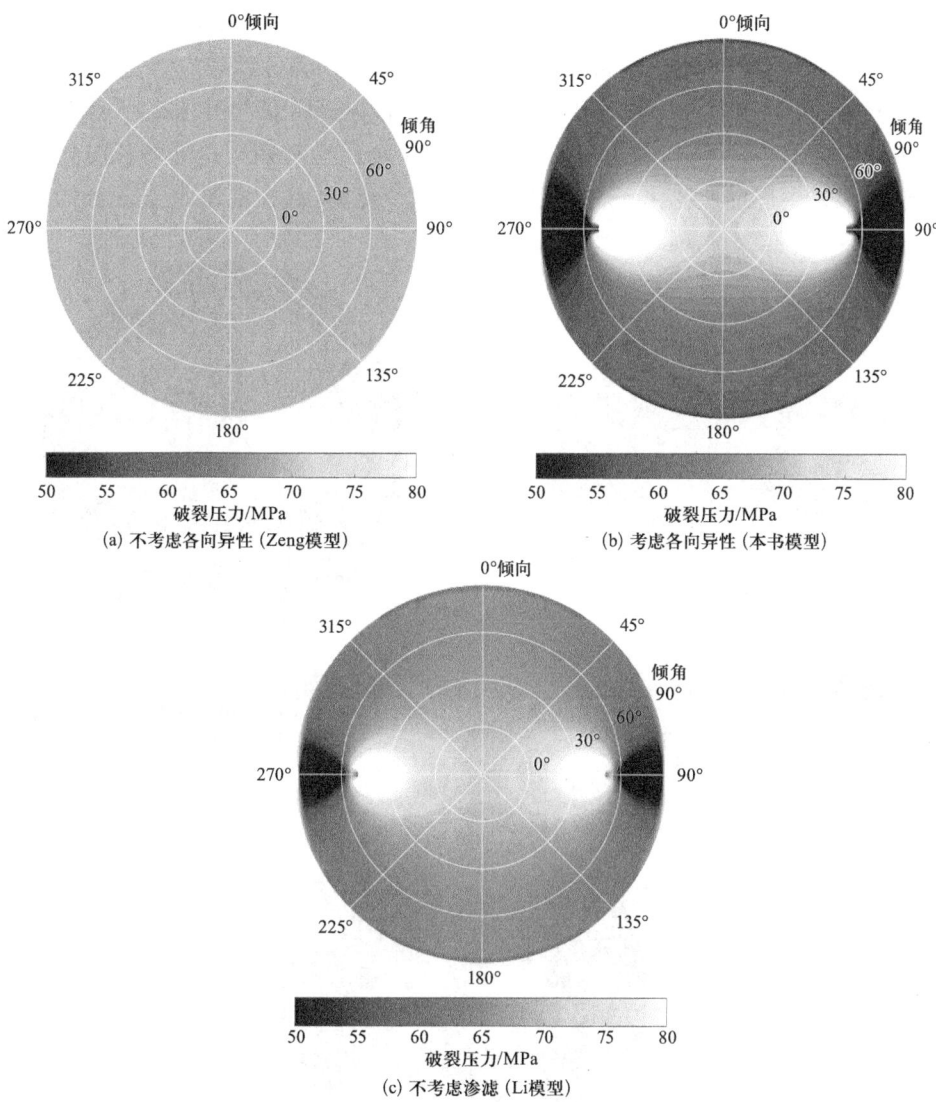

图 3.4.4　不同地层倾向、倾角下本书模型与 Li 模型、Zeng 模型的理论模型验证

3.4.2　影响因素分析

利用建立的各向异性页岩水平井破裂压力预测模型,基于表 3.4.1 所示的基础参数,分别从力学参数(杨氏模量、泊松比、地层孔隙压力)、施工参数(施工排量、压裂液黏度)、储层参数(渗透率)等 3 方面开展影响因素分析,以进一步明确各向异性页岩破裂规律,为后续竞争起裂与扩展奠定基础。

3.4.2.1 力学参数

储层力学参数是影响页岩破裂压力、安全施工的重要因素。因此,分析了杨氏模量各向异性、泊松比各向异性、孔隙压力等力学参数对破裂压力的影响。

(1)杨氏模量各向异性。

从图 3.4.5 中可以看出,当平行层理与垂直层理杨氏模量之比(E_{st}/E_n)为 1 时[图 3.4.5(a)],本书模型退化为各向同性地层,不存在各向异性诱导应力,故破裂压力不随地层倾向、倾角发生变化;当平行层理与垂直层理杨氏模量之比(E_{st}/E_n)为 1.5、2.5[图 3.4.5(b)和图 3.4.5(c)]时为各向异性地层,由杨氏模量差异诱导的各向异性应力随地层倾向、倾角发生周期性变化,破裂压力随之发生变化,并且在地层倾角小于 60°时,地层

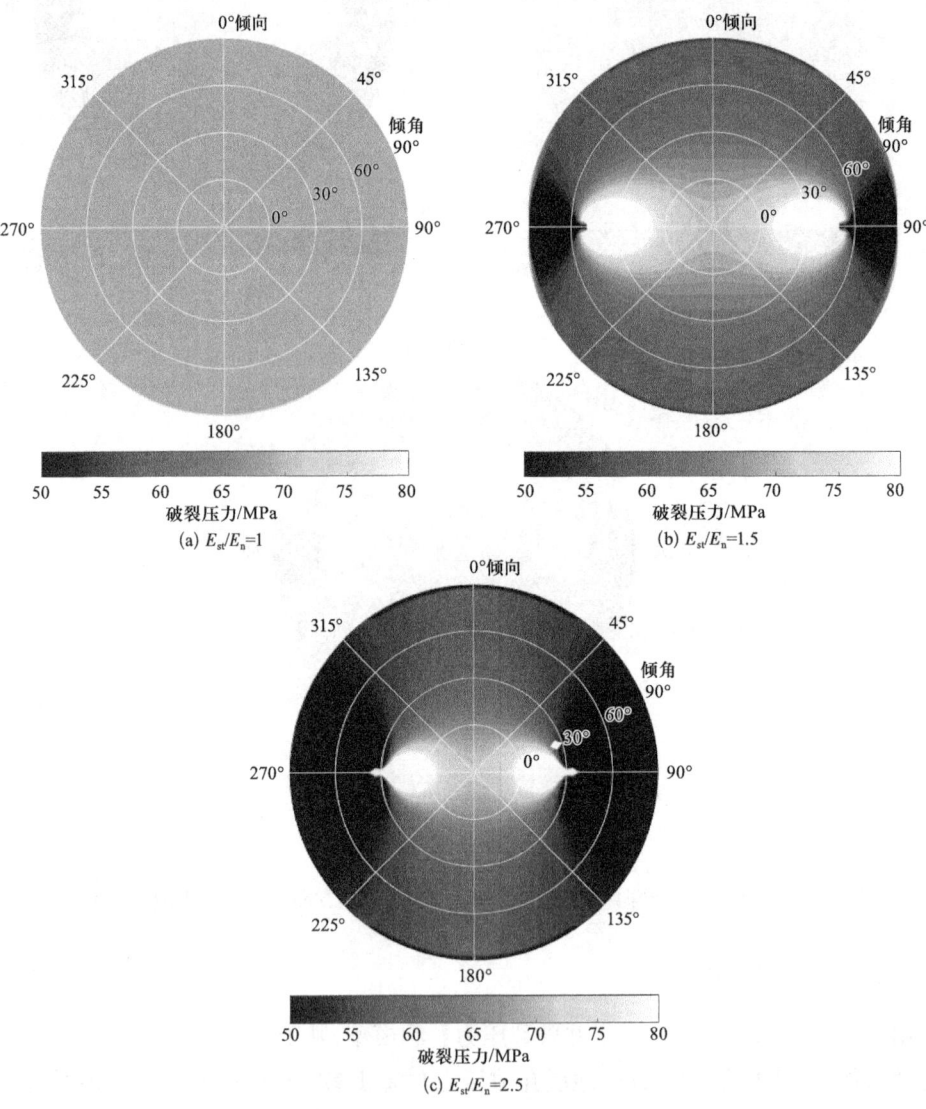

图 3.4.5　不同平行层理杨氏模量与垂直层理杨氏模量之比下破裂压力变化

方位角沿着最小水平主应力方向破裂压力较小,而沿着最大水平主应力方向破裂压力较大;在地层倾角大于60°时,地层方位角沿着最小水平主应力方向破裂压力较大,而沿着最大水平主应力方向破裂压力较大;而随着平行层理与垂直层理杨氏模量之比逐渐增加,破裂压力逐渐减小,这是由于一方面垂直层理和平行层理方向的岩石本体强度差异更大、强度更低[18],另外一方面各向异性诱导正应力增大和切应力减小,有效应力减小,更容易发生破坏。

(2)泊松比各向异性。

从图3.4.6中可以看出,当平行层理与垂直层理泊松比之比(v_{st}/v_n)为1时[图3.4.6(a)],本书模型退化为各向同性地层,不存在各向异性诱导应力,破裂压力不随地层倾向、倾角发生变化;当平行层理与垂直层理泊松比之比(v_{st}/v_n)为1.5、2.5时[图3.4.6(b)和图3.4.6(c)]为各向异性地层,由泊松比差异诱导的各向异性应力随地层倾向、倾角发生周

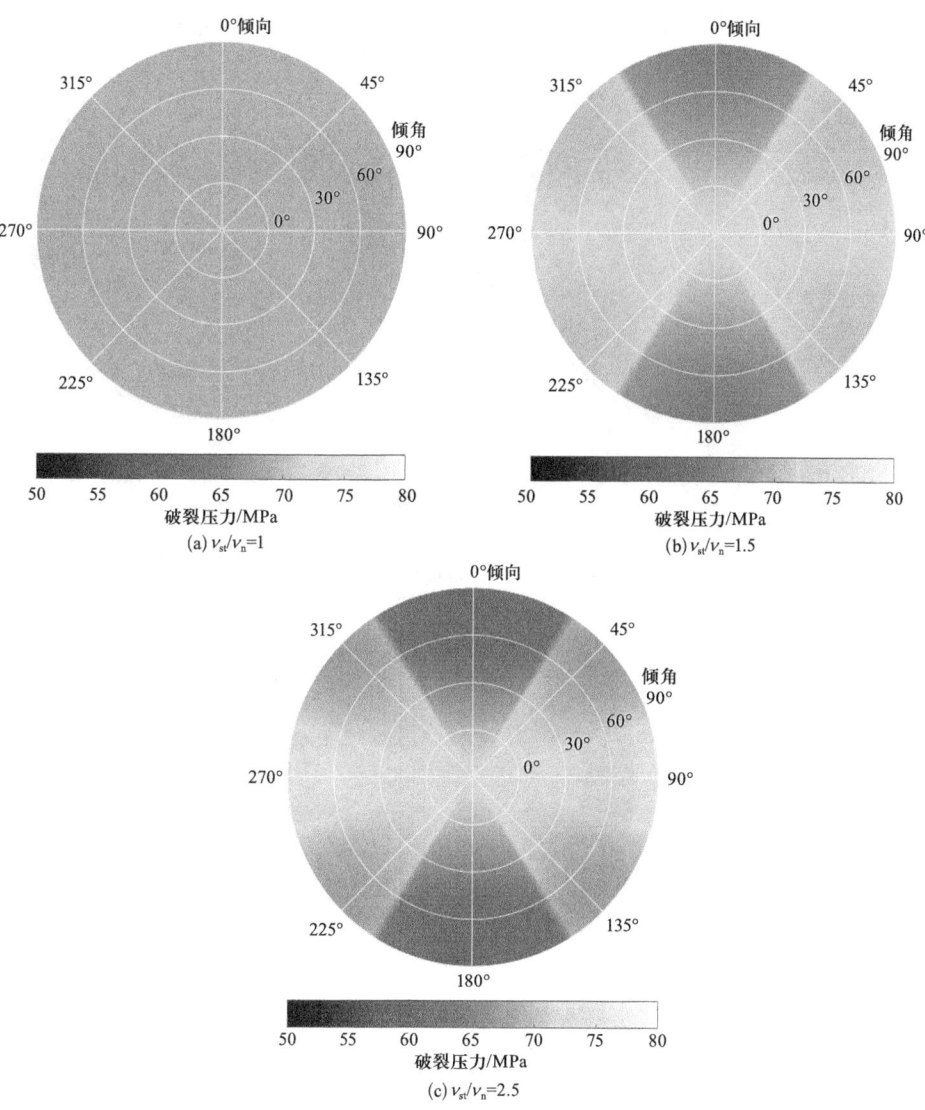

图 3.4.6　不同平行层理泊松比与垂直层理泊松比之比下破裂压力变化

期性变化,破裂压力随之发生变化,并且沿着最大水平主应力方向破裂压力较大,而沿着最小水平主应力方向破裂压力较小;而随着平行层理泊松比与垂直层理泊松比之比逐渐增加,破裂压力逐渐增大,这是由于一方面平行层理和垂直层理方向的岩石本体强度差异不明显,另一方面各向异性诱导正应力减小和切应力增大,有效应力增大,更不容易发生破坏。

(3)原始地层压力。

从图 3.4.7 中可以看出,随着原始地层孔隙压力从 33.43 MPa 减小到 25 MPa,地层破裂压力逐渐增加。这是由于原始地层孔隙压力减小,一方面导致注入流体作用于岩石骨架的有效应力增加而需要更大的注入流体能量使地层岩石发生破裂;另一方面,在地层不同倾向、倾角的各向异性应力分量差异增加(低角度层理破裂压力增大、高角度层理破裂压力减小),进而导致高破裂压力倾向、倾角区域增加,低破裂压力倾向、倾角区域相对减小。

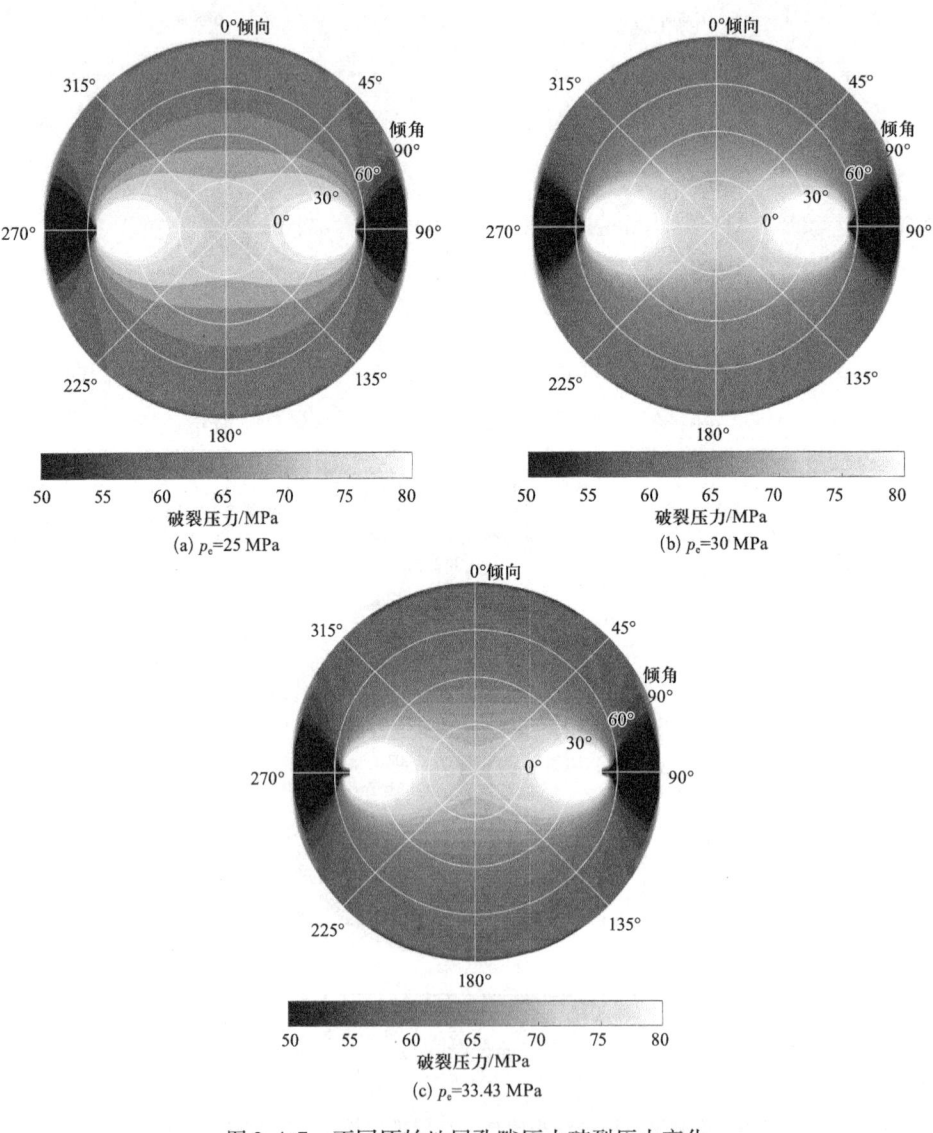

图 3.4.7 不同原始地层孔隙压力破裂压力变化

3.4.2.2 储层参数

渗透率等储层物性参数是影响压裂吸液能力、压裂液渗滤进而影响页岩破裂压力的重要因素。因此,分析了储层渗透率为 0.0014 mD、0.005 mD、0.05 mD、0.5 mD 对各向异性破裂压力的影响。从图 3.4.8 中可以看出,随着渗透率从 0.0014 mD 逐渐增加到 0.5 mD,破裂压力从 65.4 MPa 逐渐减小到 53.3 MPa,并且随着渗透率逐渐增大,破裂降低幅度逐渐减小[19]。这是因为渗透率越大,流体向地层传递压力的速度越快,更容易波及到储层,导致激动半径更大,孔隙压力更大,有效应力更小,破裂压力就更小。

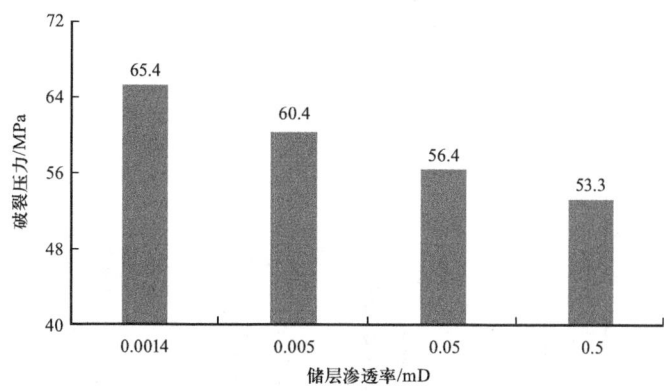

图 3.4.8 不同储层渗透率破裂压力变化

3.4.2.3 施工参数

建立的各向异性页岩水平井破裂压力预测模型中考虑施工参数影响,可以分析施工排量、压裂液黏度对各向异性破裂压力的影响规律。

(1)施工排量。

从图 3.4.9 中可以看出,在射孔方位角为 60°的条件下,施工排量从 10 m³/min 逐渐增加到 16 m³/min,破裂压力从 57.7 MPa 增加到 65.4 MPa。这是因为施工排量增加,压裂液注入速率增加,一方面会使得在断裂起始处产生一些微裂纹,导致更高的水动力损失和剪切破坏形式的裂缝增长[20-21];另一方面,页岩吸水导致含水量增加,杨氏模量减小,孔弹系数减小,使得射孔孔眼轴向方向的正应力增加,有效应力增加,破裂压力也逐渐增加。

(2)压裂液黏度。

从图 3.4.10 中可以看出,随着黏度从 5 mPa·s 逐渐增加到 20 mPa·s,破裂压力从 60 MPa 快速增加到 69 MPa,但是破裂压力增长率逐渐减小;而随着黏度从 20 mPa·s 逐渐增加到 40 mPa·s,破裂压力增加不明显。这是由于黏度导致压裂液滤失的速度和地层吸液能力的差异所致;在低黏情况下黏度增加,占主导作用的压裂液滤失速度远大于地层吸液速度,增加了与地层中黏性流体的能量损耗,使得孔隙压力减小,有效应力增加,破裂压力上升;高黏情况下,压裂液黏度增加,压裂液滤失速度增加不明显,使得破裂压力上升不明显。

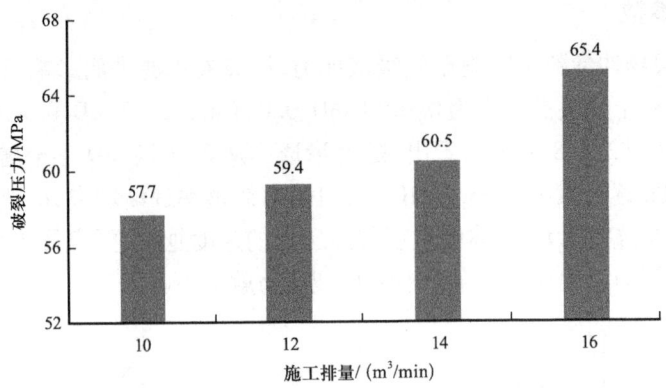

图 3.4.9 不同排量破裂压力变化

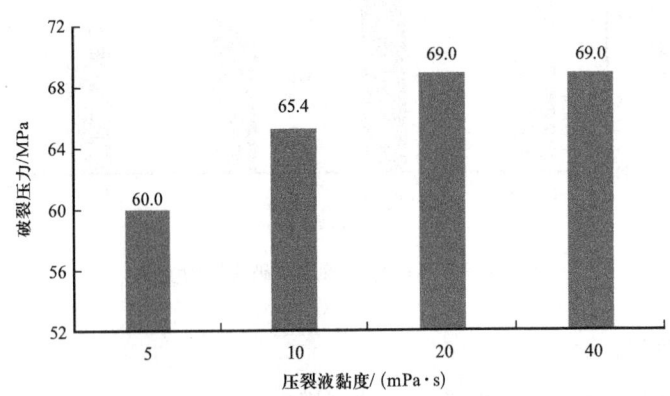

图 3.4.10 不同黏度破裂压力变化

3.5 本章小结

(1)基于页岩各向异性横观各向同性假设,考虑原地应力、压裂液渗滤、水泥环和射孔孔眼等诱导应力叠加;结合岩石本构方程、平衡方程、应变-位移方程、应变相容性方程,利用Lekhnitskij方法求解各向异性诱导应力,建立综合考虑各向异性特征、水泥环特征、压裂液渗滤特征等影响下的总井周应力模型;基于岩石本体、沿着天然裂缝张性和剪切破坏准则,建立起各向异性页岩射孔破裂压力预测模型。

(2)岩石本体破坏、沿着天然裂缝张性和剪性等破坏准则的破裂压力中,天然裂缝剪性破坏的破裂压力最小;与 Li 模型(考虑各向异性、不考虑渗滤、射孔)、Zeng 模型(不考虑各向异性,考虑压裂液渗滤、射孔)进行模型计算结果对比,验证了本书模型的正确性;进一步表明不考虑各向异性为各向同性,不存在各向异性诱导应力,破裂压力不随地层倾向、倾角发生变化;考虑各向异性时,地层倾角小于60°时,地层方位角沿着σ_{min}方向破裂压力较小,而沿着σ_{max}方向破裂压力较大;在地层倾角大于60°时,结果刚好相反;地层倾角20°、地层方位角0°时,不考虑渗滤,不会产生额外的渗滤应力促进地层破裂,破裂压力为 71 MPa,考虑渗流的破裂压力为 65.4 MPa。

(3) 分析力学参数对破裂压力的影响,结果表明:随着平行层理与垂直层理杨氏模量之比逐渐增加,各向异性诱导正应力增大和切应力减小,有效应力减小,更易破坏,破裂压力随之减小;而平行层理泊松比与垂直层理泊松比之比逐渐增加,各向异性诱导正应力减小和切应力增大,有效应力增大,破裂压力随之增加。

(4) 分析储层参数对破裂压力的影响,结果表明:随着渗透率从 0.0014 mD 逐渐增加到 0.5 mD,流体向地层传递压力的速度更快,更容易波及到周围储层,激动半径更大,孔隙压力更大,有效应力更小,所以破裂压力从 65.4 MPa 逐渐减小到 53.3 MPa。

(5) 分析施工参数对破裂压力的影响,结果表明:随着施工排量逐渐增加,页岩吸水导致含水量增加,杨氏模量减小,孔弹系数减小,使得射孔孔眼 z 方向的正应力增加,有效应力增加,使得破裂压力随之增加;随着黏度从 5 mPa·s 逐渐增加到 20 mPa·s,占主导作用的压裂液滤失速度远大于地层吸液速度,增加了与地层中黏性流体的能量损耗,使得孔隙压力减小,有效应力增加,破裂压力从 60 MPa 快速增加到 69 MPa;而随着黏度从 20 mPa·s 逐渐增加到 40 mPa·s,压裂液滤失速度增加不明显,使得破裂压力上升不明显。

参考文献

[1] Dell'Isola Francesco, Sciarra Giulio, Vidoli Stefano. Generalized Hooke's law for isotropic second gradient materials[J]. Mathematics and Mechanics of Solids, 2009, 14(3):267-287.

[2] Andreas Michael. Hydraulic fracturing optimization: experimental investigation of multiple fracture growth homogeneity via perforation cluster distribution[D]. Texas Austin: University of Texas Austin, 2016.

[3] Savin G N, Fleishman N P. Theory of the elasticity of anisotropic bodies[J]. Prikladnaya Mekhanika, 1971, 7(12):129-130.

[4] 徐芝纶. 弹性力学:第 5 版/上册[M]. 北京:高等教育出版社, 2016.

[5] A J M Spencer. Stress concentration around holes: G. N. Savin: Translation edited by W. Johnson. Pergamon Press, Oxford, 1961. 430 pp., 84s. [J]. Journal of the Mechanics and Physics of Solids, 1962, 10(1):87-88.

[6] Hossain Md Mofazzal, Rahman Mohammad Mustafizur, Rahman Sheik S. Hydraulic fracture initiation and propagation: roles of wellbore trajectory, perforation and stress regimes[J]. Journal of Petroleum Science & Engineering, 2000, 27(3-4):129-149.

[7] Li Yuwei, Jia Dan, Wang Meng, et al. Hydraulic fracturing model featuring initiation beyond the wellbore wall for directional well in coal bed[J]. J Geophys Eng, 2016, 13(4):536-548.

[8] Zhu Haiyan, Deng Jingen, Jin Xiaochun, et al. Hydraulic fracture initiation and propagation from wellbore with oriented perforation[J]. Rock Mechanics and Rock Engineering, 2015, 48(2):585-601.

[9] Haimson Bezalel, Fairhurs C, et al. Hydraulic fracturing in porous-permeable materials[J]. Journal of Petroleum Technology, 1968, 20(9):1002.

[10] Larson V C. Understanding the Muskat method of analysing pressure build-up curves[J]. Journal of Canadian Petroleum Technology, 1963, 2(3):136-141.

[11] Lhomme, Tanguy, Detournay, et al. Effect of fluid compressibility and borehole on the initiation and propagation of a tranverse hydraulic fracture.[J]. Strength, Fracture and Complexity, 2005, 3(2):149-162.

[12] Dietz D N. Determination of average reservoir pressure from build-up surveys[J]. Journal of Petroleum Technology, 1965, 17(8):955-959.

[13] 金衍,张旭东,陈勉. 天然裂缝地层中垂直井水力裂缝起裂压力模型研究[J]. 石油学报,2005,(6):113-114,118.

[14] Li Hai,Zou Yushi,Liu Shuai,et al. Prediction of fracture initiation pressure and fracture geometries in elastic isotropic and anisotropic formations[J]. Rock Mechanics & Rock Engineering,2017,50(3):705-717.

[15] Zeng Fanhui,Cheng Xiaozhao,Guo Jianchun,et al. Investigation of the initiation pressure and fracture geometry of fractured deviated wells[J]. Journal of Petroleum ence & Engineering,2018,165:412-427.

[16] 金衍,陈勉,张旭东. 天然裂缝地层斜井水力裂缝起裂压力模型研究[J]. 石油学报,2006,(5):124-127.

[17] Li Yumei,Liu Gonghui,Li Jun,et al. Improving fracture initiation predictions of a horizontal wellbore in laminated anisotropy shales[J]. Journal of Natural Gas Science and Engineering,2015,24:390-399.

[18] Zhang Xiangxiang,Wang Jianguo,Gao Feng,et al. Impact of water and nitrogen fracturing fluids on fracturing initiation pressure and flow pattern in anisotropic shale reservoirs[J]. Computers & Geotechnics,2017,81:59-76.

[19] Cheng Yuxiang,Zhang Yanjun. Hydraulic fracturing experiment investigation for the application of geothermal energy extraction[J]. ACS Omega,2020,5(15):8667-8686.

[20] Chitrala Yashwanth,Sondergeld Carl,Rai Chandra. Microseismic studies of hydraulic fracture evolution at different pumping rates[C]. Society of Petroleum Engineers Americas Unconventional Resources Conference,Pittsburgh,Pennsylvania,USA,June,2012:SPE-155768-MS.

第4章 各向异性页岩平面裂缝起裂-扩展耦合模型及应用

结合各向异性页岩破裂压力预测模型,利用岩石固体变形、缝内流体流动和基质压力扩散的流固耦合控制方程,基于射孔簇裂缝Ⅰ型、Ⅱ型复合断裂扩展准则,采用位移不连续法(DDM),建立射孔簇起裂和扩展流固耦合模型;基于储层物性非均质性以及射孔孔眼压降等,耦合多裂缝起裂与扩展过程中的流量动态分配、先起裂射孔簇延伸和裂缝诱导应力、各向异性诱导应力,建立了各向异性页岩平面裂缝起裂-扩展耦合模型。再根据多裂缝诱导导致储层孔隙压力场变化,基于储层岩石剪切滑移和张性破坏力学条件和缝网渗透率模型,建立起多簇裂缝改造体积模型。

4.1 物理模型及基本假设

各向异性页岩储层水平井多簇射孔起裂与扩展是一个非常复杂的物理过程,受多个影响因素相互干扰,主要耦合以下几个过程:(1)各向异性页岩单裂缝起裂过程;(2)多裂缝流量动态分配;(3)先起裂射孔簇裂缝的延伸;(4)先起裂射孔簇延伸形成裂缝产生的诱导应力与各向异性诱导应力叠加。图4.1.1为各向异性页岩平面裂缝起裂-扩展物理模型,按照起裂压力由小到大的顺序编号,共有 M 个射孔簇起裂形成 M 条裂缝。水平井分段多簇压裂施工排量为 Q_t,各射孔簇裂缝扩展到第 j 段时井筒流体压力为 $p_w(j)$;在施工流量下分配给各射孔簇流量为 $Q_{1,j}, \cdots, Q_{i,j}, \cdots, Q_{M,j}$;由于裂缝扩展导致各裂缝缝内压力为 $p_{f1,j}, \cdots, p_{fi,j}, \cdots, p_{fM,j}$;各射孔簇孔眼压降为 $p_{pf1,j}, \cdots, p_{pfi,j}, \cdots, p_{pfM,j}$;各射孔簇对应储层渗透率为 $k_1, \cdots, k_i, \cdots, k_M$。

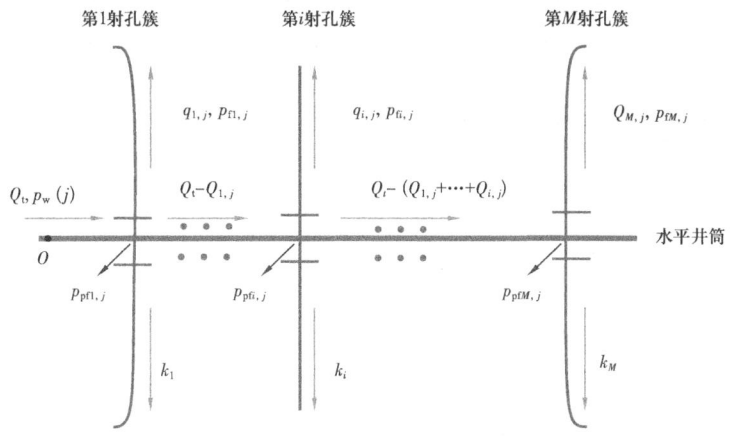

图4.1.1 各向异性页岩平面裂缝起裂-扩展物理模型

压裂初期,随着压裂液的不断注入,各射孔簇流量动态变化导致了不同的破裂压力;当井底压力逐渐升高到各射孔簇最小起裂压力时,该射孔簇裂缝扩展;同样地,未起裂的射孔簇也按照流量动态分配导致新的起裂压力,井底压力逐渐升高到各射孔簇最小起裂压力时该射孔簇裂缝扩展,以此类推,直到施工结束。因此,作出以下基本假设:(1)压应力为正,拉应力为负;(2)储层井眼周围应力为横观各向异性;(3)二维裂缝断面为椭圆形裂缝;(4)不考压裂液与储层岩石作用后的化学作用;(5)一个射孔簇只产生一条裂缝。

4.2 裂缝起裂–扩展耦合方程

结合各向异性页岩破裂压力预测模型,利用岩石固体变形、缝内流体流动和基质压力扩散的流固耦合控制方程,基于射孔簇裂缝Ⅰ型、Ⅱ型复合断裂扩展准则,采用位移不连续法(DDM),建立射孔簇起裂和扩展流固耦合模型。

4.2.1 流固耦合控制方程

通过将裂缝离散为 N 个裂缝段,并将所有 N 个裂缝段的应力叠加和压降相加,可以获得由压裂液注入/流出的单一裂缝或多裂缝引起的位移场、诱导应力和孔隙压力。

4.2.1.1 岩石固体变形

岩石基质中的多孔岩石变形和孔隙流体扩散受线弹性理论控制。线弹性理论描述了由于孔隙压力变化引起的体积变化率以及由于平均应力变化引起的孔隙压力变化之间的关系[1]。岩石本构关系、位移不连续量通常用于解释多孔岩石变形行为。在移去外加作用力后可以完全恢复其大小和形状的物体称为弹性物体。组成弹性物体的材料称为弹性材料。许多材料在通常的载荷作用下应力值不超出比例极限,其应力与应变呈现为线性关系。利用 Biot 孔隙弹性理论给出了线性孔隙弹性介质的应力、应变和孔隙压力的关系[2-3]:

$$\sigma_{ij} = 2G\varepsilon_{ij} + \frac{2G\nu}{(1-2\nu)}\delta_{ij}\varepsilon_{kk} - \alpha\delta_{ij}p \quad (i,j=1,2,3) \tag{4.2.1}$$

式中:ε_{ij} 为应变张量;σ_{ij} 为应力张量,MPa;σ_{kk} 为总体积应力的总和,MPa;ε_{kk} 为总体积应变的总和;p 为孔隙压力,MPa;G 为剪切模量,MPa;ν 为泊松比;δ_{ij} 为 Kronecker–delta 函数;α 为 Biot 系数。

结合应力与位移静力平衡方程为[4]

$$\varepsilon_{ij} = \frac{1}{2}(u_{i,j} + u_{j,i}) \tag{4.2.2}$$

式中:$u_{i,j}$ 为位移分量,m。

将静力平衡方程(4.2.2)与式(4.2.1)相结合,忽略体力,得出孔隙弹性的 Navier 方程:

$$Gu_{i,kk} + \frac{G}{1-2\nu}u_{k,ki} - \alpha p_{,i} = 0 \tag{4.2.3}$$

其中,总体积应变 ε_{kk} 包括孔隙空间应变 ζ_p 和固体颗粒应变 ζ_s。

(1)固体颗粒变形 ζ_s。

由流体压力和有效应力载荷引起的固体颗粒应变[5]：

$$\zeta_s = \zeta_{s1} + \zeta_{s2} = \frac{K_m}{K_s}\varepsilon_{kk} + \frac{p}{K_s}\left[\frac{K_m}{K_s} - (1-\varphi)\right] \qquad (4.2.4)$$

式中：K_m 为包括流体和固体颗粒在内的整个系统的体积模量，MPa；K_s 为固体颗粒的体积模量，MPa。

其中，由流体压力(压缩应力或应变为负值)的固体颗粒变形为

$$\zeta_{s1} = -\frac{p}{K_s}(1-\varphi) \qquad (4.2.5)$$

其中，由有效应力荷载的固体颗粒变形为

$$\zeta_{s2} = \frac{\sigma'_{kk}}{3K_s} \qquad (4.2.6)$$

平均有效应力($\sigma'_{kk}/3$)与体积应变和孔隙压力有以下关系[6]：

$$\frac{\sigma'_{kk}}{3} = K_m\varepsilon_{kk} + \frac{K_m}{K_s}p \qquad (4.2.7)$$

(2)孔隙空间应变 ζ_p。

通过从总体积应变中减去固体颗粒变形并使用比奥系数的定义来获得：

$$\zeta_p = \alpha\varepsilon_{kk} + (\alpha - \varphi)\frac{p}{K_s} \qquad (4.2.8)$$
$$\alpha = 1 - K_m/K_s$$

式(4.2.1)和式(4.2.3)中唯一的未知量为位移 u，将通过位移不连续量进行耦合求解。

4.2.1.2　缝内流体流动

(1)动量平衡方程。

假设缝内压裂液流动为牛顿流体和层流，则可以根据泊肃叶定律计算出裂纹内的流体通量。Lamb[7]提出的椭圆剖面泊肃叶裂缝流动方程为

$$q(x,y,t) = -\frac{\pi H_f(x,y,t)w(x,y,t)^3}{64\mu}\nabla[p_f(x,y,t) - \sigma_n(x,y,t)] \qquad (4.2.9)$$

式中：$q(x,y,t)$ 为 t 时刻任意点 (x,y) 的流量矢量，m^2/min；$H_f(x,y,t)$ 为 t 时刻任意点 (x,y) 的裂缝高度，m；$\nabla = (\partial/\partial x, \partial/\partial y)$ 为 t 时刻裂缝体的梯度算子；$w(x,y,t)$ 为 t 时刻任意点 (x,y) 的裂缝宽度，m；$p_f(x,y,t)$ 为 t 时刻任意点 (x,y) 的缝内流体压力，MPa；$\sigma_n(x,y,t)$ 为 t 时刻任意点 (x,y) 的法向正应力，MPa；μ 为压裂液黏度，mPa·s；$p_f(x,y,t) - \sigma_n(x,y,t) = p_{net}$ 为缝内净压力，MPa。

式(4.2.9)中裂缝宽度可通过法向位移不连续量 D_n 求解。

(2) 质量平衡方程。

考虑注入源压裂液流体不可压缩,基于裂缝内流体物质平衡原理,在长度方向上任意水力裂缝微元内压裂液流量应该等于裂缝微元体积变化量与压裂液滤失量之和[8]:

$$Q_{in}(t)\delta_{in} - Q_{out}(t)\delta_{out} = \nabla q(x,y,t) + 2\nu(x,y,t) + \frac{\partial w(x,y,t)}{\partial t} \quad (4.2.10)$$

式中:$Q_{in}(t)$、$Q_{out}(t)$ 为 t 时刻水力裂缝 (x,y) 微元内流入和流出压裂液流量,m^3/min;δ_{in}、δ_{out} 为流入和流出端面的 Kronecker-delta 函数,m^{-2};$\nu(x,y,t)$ 为 t 时刻水力裂缝 (x,y) 微元内压裂液滤失速度,m/min。

式(4.2.10)中左边代表任意水力裂缝微元内流入流出压裂液流量变化;右边第一项代表注入流量强度;右边第二项代表压裂液滤失量;右边第三项代表裂缝微元体积变化量。

进一步将式(4.2.9)代入式(4.2.10),则可以写成:

$$Q_k \delta(x,y,t) = -\frac{\pi}{64\mu} \nabla \{H_f(x,y,t) w(x,y,t)^3 \nabla [p_f(x,y,t) - \sigma_n(x,y,t)]\}$$

$$+ q_L(x,y,t) + \frac{\pi}{4} \frac{\partial [H_f(x,y,t) w(x,y,t)]}{\partial t} \quad (4.2.11)$$

式中:Q_k 为第 k 簇水力裂缝压裂液流量,m^3/min;c_L 为滤失系数,$m/min^{1/2}$;t 为作业注入时间,min;q_L 为 t 时刻水力裂缝 (x,y) 处压裂液滤失速度,m^2/min。

(3) 裂缝边界条件。

$$w(x,y,t)|_{y \geq L(t)} = 0 \quad (4.2.12)$$

$$-\frac{\pi H_f(x,y,t) w(x,y,t)^3}{64\mu} \nabla [p_f(x,y,t) - \sigma_n(x,y,t)]\bigg|_{y=0} = Q_i \quad (4.2.13)$$

$$p|_{r \to \infty} = p_e \quad (4.2.14)$$

$$p|_{C(x,y)} = p_f|_{C(x,y)} \quad (4.2.15)$$

式中:Q_i 为第 i 条裂缝分配的流量,m^3/min;$r = \sqrt{x^2 + y^2}$ 为距离源点的距离,m;C 为裂缝面。

4.2.1.3 基质压力扩散

流体质量平衡方程给出的净流体流量等于孔隙空间中流体质量增加和注入/流出流体的总和[5]:

$$(\rho_f Q_m)_{,i} = \frac{\partial (\rho_f V_f)}{\partial t} + \rho_f Q_s \quad (4.2.16)$$

式中:ρ_f 为流体密度,kg/m^3;Q_m 为基质中的流体流量,m^3/min;V_f 为孔隙体积,m^3;Q_s 为点源注入或产出流量,m^3/min。

基质流体是可压缩的,流体密度与压力有关:

$$\frac{\partial \rho_f}{\partial p} = c_f Q_f \quad (4.2.17)$$

式中：c_f 为储层压缩系数，MPa^{-1}；ρ_f 为储层流体密度，kg/m^3。

在无限大地层多孔介质中，孔隙空间为 ϕ，孔隙空间变化量为 ζ_p，式(4.2.16)改写为

$$(\rho_f Q_m)_{,i} = \phi \frac{\partial \rho_f}{\partial t} + \rho_f \frac{\partial \zeta_p}{\partial t} + \rho_f Q_s \tag{4.2.18}$$

假设基质流体为达西流动：

$$Q_m = -\frac{k}{\mu_g} p_{,i} \tag{4.2.19}$$

将式(4.2.8)、式(4.2.17)和式(4.2.19)代入式(4.2.18)，忽略 $(\partial p/\partial x_i)^2$ 的项，并假设孔隙体积变化很小，则有

$$\begin{aligned} p_{,ii} &= \frac{\mu_g}{kM} \frac{\partial p}{\partial t} + \frac{\alpha \mu_g}{k} \frac{\partial \varepsilon_{kk}}{\partial t} + \frac{\mu_g Q_s}{k} \\ \frac{1}{M} &= \phi c_f + \frac{\alpha - \phi}{K_s} \end{aligned} \tag{4.2.20}$$

式中：k 为基质渗透率，D；μ_g 为基质流体黏度，$\text{mPa} \cdot \text{s}$。

4.2.2 裂缝起裂-扩展耦合模型

4.2.2.1 裂缝扩展准则

压裂初期，随着压裂液的不断注入，井底压力逐渐升高；当井底压力首先达到 k 射孔簇裂缝的起裂压力时即满足式(3.3.63)裂缝起裂条件后，裂缝扩展可以看作是 I 型、II 型复合断裂问题。由裂缝尖端附近的位移不连续量可以计算 K_I、K_{II} 应力强度因子，进而可以计算出裂缝的扩展方向。基于断裂力学理论，对于规则受力裂缝，Olson 建立了 K_I 和 K_{II} 表达式为[9]

$$K_I = 0.806 \frac{\sqrt{\pi} E}{4(1-\nu^2)\sqrt{a}} D_n \tag{4.2.21}$$

$$K_{II} = 0.806 \frac{\sqrt{\pi} E}{4(1-\nu^2)\sqrt{a}} D_s \tag{4.2.22}$$

式中：K_I 为 I 型强度因子，$\text{MPa} \cdot \text{m}^{1/2}$；$K_{II}$ 为 II 型强度因子，$\text{MPa} \cdot \text{m}^{1/2}$；$a$ 为扩展步长的一半，m；E 为杨氏模量，MPa；ν 为泊松比；D_n、D_s 为裂缝扩展尖端对应的位移不连续量，m。

当满足等效应力强度因子等于临界应力强度因子条件，裂缝扩展，即

$$\frac{1}{2} \cos \frac{\omega}{2} [K_I (1+\cos\omega) - 3K_{II} \sin\omega] = K_{Ic} \tag{4.2.23}$$

此时，定义一个等效强度因子：

$$K_e = \frac{1}{2} \cos \frac{\omega}{2} [K_I (1+\cos\beta) - 3K_{II} \sin\omega] \tag{4.2.24}$$

式中：K_e 为等效强度因子，MPa·m$^{1/2}$。

故用等效强度因子描述最大周向应力准则为

$$K_e - K_{Ic} = 0 \tag{4.2.25}$$

对式(4.2.25)左侧求一阶导数，令其值为0，同时保证二阶导数小于0，得到射孔裂缝延伸方向角 ω 为

$$\omega = \arccos\left(\frac{3K_{II}^2 + K_I\sqrt{K_I^2 + 8K_{II}^2}}{K_I^2 + 9K_{II}^2}\right) \tag{4.2.26}$$

4.2.2.2 位移不连续法耦合求解

裂缝起裂扩展耦合是综合岩石固体变形（应变、应力）、缝内流体流动（缝内压力、缝宽）、基质压力扩散（孔隙压力）等流固耦合控制方程，在满足裂缝起裂扩展准则的条件下，进行裂缝起裂－扩展。其中起到桥接连接作用的共同变量是位移不连续量。应力、应变、缝内压力、缝宽、孔隙压力都与位移不连续量 D_n、D_s 直接相关。

(1) 固体变形方程应力和位移求解。

对于平面应变条件，长度为 $2a$ 的单个裂缝段在 $t=0$ 时刻以恒定流量开始注入压裂液，如图 4.2.1 所示。根据初始条件、式(4.2.3)和式(4.2.20)确定内边界、外边界条件定义为式(4.2.27)~(4.2.29)。

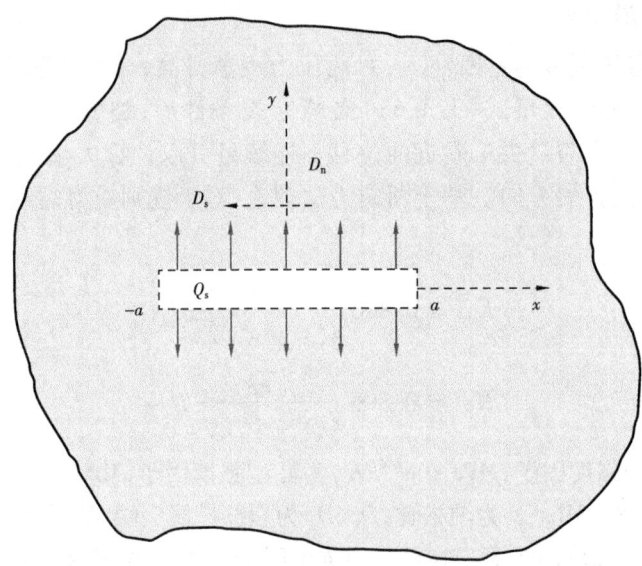

图 4.2.1 平面弹性多孔介质中($-a$,0)到(a,0)裂缝断裂单元

初始条件由下式给出：

$$t = 0, (x,y): p = 0, u_x = u_y = 0, \sigma_{xx} = \sigma_{yy} = \sigma_{xy} = 0 \tag{4.2.27}$$

内边界条件为

$$y = 0, |x| \leq a:$$
$$u_x(x,0^-) - u_x(x,0^+) = D_s$$
$$u_y(x,0^-) - u_y(x,0^+) = D_n \quad (4.2.28)$$
$$Q_s = -Q_k$$

外边界条件为

$$\sqrt{x^2 + y^2} \to \infty: u_x = u_y = 0, \sigma_{xx} = \sigma_{yy} = \sigma_{xy} = p = 0 \quad (4.2.29)$$

结合流体恒定流量注入/产出、边界条件和位移不连续性解,得到孔弹性岩石应力应变以及位移的基本解如下[5]。

诱导位移:

$$u_x(x,y,t) = u_x^{dn}(x,y,t)D_n + u_x^{ds}(x,y,t)D_s + u_x^{q}(x,y,t)q_L$$
$$u_y(x,y,t) = u_y^{dn}(x,y,t)D_n + u_y^{ds}(x,y,t)D_s + u_y^{q}(x,y,t)q_L \quad (4.2.30)$$

诱导应力:

$$\sigma_{xx}(x,y,t) = \sigma_{xx}^{dn}(x,y,t)D_n + \sigma_{xx}^{ds}(x,y,t)D_s + \sigma_{xx}^{q}(x,y,t)q_L$$
$$\sigma_{yy}(x,y,t) = \sigma_{yy}^{dn}(x,y,t)D_n + \sigma_{yy}^{ds}(x,y,t)D_s + \sigma_{yy}^{q}(x,y,t)q_L \quad (4.2.31)$$
$$\sigma_{xy}(x,y,t) = \sigma_{xy}^{dn}(x,y,t)D_n + \sigma_{xy}^{ds}(x,y,t)D_s + \sigma_{xy}^{q}(x,y,t)q_L$$

式中:D_n 和 D_s 为法向位移和切向位移不连续源,m;q_L 为裂缝中的滤失速度(裂缝和基质之间的界面流速),m^3/min;上标 dn、ds 和 q 分别表示法向位移不连续量、切向位移不连续量和流体源;u_x^q、u_y^q 为 x、y 方向位移,m;σ_{xx}^q、σ_{yy}^q、σ_{xy}^q 为流体源应力分量,MPa;u_x^{dn}、u_x^{ds}、u_y^{dn}、u_y^{ds} 为位移不连续量产生的 x、y 方向位移,m;σ_{xx}^{dn}、σ_{yy}^{dn}、σ_{xy}^{dn}、σ_{xx}^{ds}、σ_{yy}^{ds}、σ_{xy}^{ds} 为位移不连续量产生的应力分量,MPa。

其中,沿直线裂缝段的连续单元流体源引起的位移 u_x^q、u_y^q 和应力 σ_{xx}^q、σ_{yy}^q、σ_{xy}^q 求解如下。令

$$r^2 = (x - x')^2 + y^2 \quad (4.2.32)$$

其中 x' 从 $-a$ 到 $+a$ 变化。定义:

$$E_1(x) = \int_x^\infty \frac{e^{-u}}{u} du \quad (4.2.33)$$

令

$$\xi = \frac{r}{2\sqrt{ct}} \quad (4.2.34)$$

流体源诱导位移为

$$u_x^q = \frac{\alpha\mu(1-2\nu)}{16\pi kG(1-\nu)}\left\{2cte^{-\xi^2} - \frac{r^2 E_1(\xi^2)}{2} - 2ct[\ln r^2 + E_1(\xi^2)]\right\} \quad (4.2.35)$$

$$u_y^q = \frac{\alpha\mu(1-2\nu)}{16\pi kG(1-\nu)}\left[\left(-4ct\arctan\frac{x-x'}{y}\right)_{-a}^{a} + y\int_{-a}^{a} E_1(\xi^2)\mathrm{d}x' - 4cty\int_{-a}^{a}\frac{e^{-\xi^2}}{r^2}\mathrm{d}x'\right] \quad (4.2.36)$$

流体源诱导应力为

$$\sigma_{xx}^q = \frac{\alpha\mu(1-2\nu)}{8\pi k(1-\nu)}\left\{\left[-(x-x')\left(\frac{1}{\xi^2} - \frac{e^{-\xi^2}}{\xi^2} + E_1(\xi^2)\right)\right]_{-a}^{a} - 2\int_{-a}^{a} E_1(\xi^2)\mathrm{d}x'\right\} \quad (4.2.37)$$

$$\sigma_{yy}^q = \frac{\alpha\mu(1-2\nu)}{8\pi k(1-\nu)}\left[(x-x')\left(\frac{1}{\xi^2} - \frac{e^{-\xi^2}}{\xi^2} + E_1(\xi^2)\right)\right]_{-a}^{a} \quad (4.2.38)$$

$$\sigma_{xy}^q = \frac{\alpha\mu(1-2\nu)}{8\pi k(1-\nu)}\left[-y\left(\frac{1}{\xi^2} - \frac{e^{-\xi^2}}{\xi^2} + E_1(\xi^2)\right)\right]_{-a}^{a} \quad (4.2.39)$$

其中，沿直线裂缝段的连续单元法向位移不连续量引起的位移 u_x^{dn}、u_y^{dn} 和应力 σ_{xx}^{dn}、σ_{yy}^{dn}、σ_{xy}^{dn} 求解如下：

法向位移不连续量诱导位移：

$$u_x^{dn} = -\frac{1}{4\pi(1-\nu)}\left\{\begin{array}{l}(1-2\nu)\ln|r| - \dfrac{\nu_u-\nu}{1-\nu_u}\left[\ln r + \dfrac{E_1(\xi^2)}{2} - \dfrac{1-e^{-\xi^2}}{2\xi^2}\right] \\ + \dfrac{y^2}{r^2}\left[1 + \dfrac{\nu_u-\nu}{1-\nu_u}\left(1 - \dfrac{1}{\xi^2} + \dfrac{e^{-\xi^2}}{\xi^2}\right)\right]\end{array}\right\}_{-a}^{a} \quad (4.2.40)$$

$$u_y^{dn} = -\frac{1}{4\pi(1-\nu)}\left\{\begin{array}{l}-2(1-\nu)\arctan\dfrac{x-x'}{y}\ln|r| \\ -\dfrac{(x-x')y}{r^2}\left[1 + \dfrac{\nu_u-\nu}{1-\nu_u}\left(1 - \dfrac{1}{\xi^2} + \dfrac{e^{-\xi^2}}{\xi^2}\right)\right]\end{array}\right\}_{-a}^{a} \quad (4.2.41)$$

法向位移不连续量诱导应力：

$$\sigma_{xx}^{dn} = -\frac{G}{2\pi(1-\nu)}\left\{\begin{array}{l}\dfrac{(x-x')^3 - (x-x')y^2}{r^4} + \dfrac{\nu_u-\nu}{1-\nu_u}\left[\dfrac{(x-x')^3 - (x-x')y^2}{r^4}\right. \\ \left. + \dfrac{3(x-x')y^2 - (x-x')^3}{r^4}\dfrac{1-e^{-\xi^2}}{\xi^2} - \dfrac{2(x-x')y^2 e^{-\xi^2}}{r^4}\right]\end{array}\right\}_{-a}^{a}$$

$$(4.2.42)$$

$$\sigma_{yy}^{dn} = -\frac{G}{2\pi(1-\nu)}\left\{\frac{(x-x')^3+3(x-x')y^2}{r^4}+\frac{\nu_u-\nu}{1-\nu_u}\left[\frac{(x-x')^3+3(x-x')y^2}{r^4}\right.\right.$$
$$\left.\left.+\frac{(x-x')^3-3(x-x')y^2}{r^4}\frac{1-e^{-\xi^2}}{\xi^2}-\frac{2(x-x')^3 e^{-\xi^2}}{r^4}\right]\right\}_{-a}^{a}$$

(4.2.43)

$$\sigma_{xy}^{dn} = -\frac{G}{2\pi(1-\nu)}\left\{\frac{(x-x')^2 y-y^3}{r^4}+\frac{\nu_u-\nu}{1-\nu_u}\left[\frac{(x-x')^2 y-y^3}{r^4}\right.\right.$$
$$\left.\left.-\frac{3(x-x')^2 y-y^3}{r^4}\frac{1-e^{-\xi^2}}{\xi^2}+\frac{2(x-x')^2 y e^{-\xi^2}}{r^4}\right]\right\}_{-a}^{a}$$

(4.2.44)

由沿直线断裂段的连续单位剪切位移不连续性引起的位移 u_x^{ds}、u_y^{ds} 和应力 σ_{xx}^{ds}、σ_{yy}^{ds}、σ_{xy}^{ds} 求解如下。

切向位移不连续量诱导位移：

$$u_x^{ds} = -\frac{1}{4\pi(1-\nu)}\left\{-2(1-\nu)\arctan\frac{x-x'}{y}\ln|r| \right.$$
$$\left.+\frac{(x-x')y}{r^2}\left[1+\frac{\nu_u-\nu}{1-\nu_u}\left(1-\frac{1}{\xi^2}+\frac{e^{-\xi^2}}{\xi^2}\right)\right]\right\}_{-a}^{a}$$

(4.2.45)

$$u_y^{ds} = -\frac{1}{4\pi(1-\nu)}\left\{-(1-2\nu)\ln|r|+\frac{\nu_u-\nu}{1-\nu_u}\left[\ln r+\frac{E_1(\xi^2)}{2}+\frac{(1-e^{-\xi^2})}{2\xi^2}\right]\right.$$
$$\left.+\frac{y^2}{r^2}\left[1+\frac{\nu_u-\nu}{1-\nu_u}\left(1-\frac{1}{\xi^2}+\frac{e^{-\xi^2}}{\xi^2}\right)\right]\right\}_{-a}^{a}$$

(4.2.46)

切向位移不连续量诱导应力：

$$\sigma_{xx}^{ds} = -\frac{G}{2\pi(1-\nu)}\left\{-\frac{3(x-x')^2 y+y^3}{r^4}+\frac{\nu_u-\nu}{1-\nu_u}\right.$$
$$\left.\cdot\left[-\frac{3(x-x')^2 y+y^3}{r^4}+\frac{3(x-x')^2 y-y^3}{r^4}\frac{1-e^{-\xi^2}}{\xi^2}+\frac{2y^3 e^{-\xi^2}}{r^4}\right]\right\}_{-a}^{a}$$

(4.2.47)

$$\sigma_{yy}^{ds} = -\frac{G}{2\pi(1-\nu)}\left\{\frac{(x-x')^2 y-y^3}{r^4}+\frac{\nu_u-\nu}{1-\nu_u}\right.$$
$$\left.\cdot\left[\frac{(x-x')^2 y-y^3}{r^4}-\frac{3(x-x')^2 y-y^3}{r^4}\frac{1-e^{-\xi^2}}{\xi^2}+\frac{2(x-x')y e^{-\xi^2}}{r^4}\right]\right\}_{-a}^{a}$$

(4.2.48)

$$\sigma_{xy}^{ds} = -\frac{G}{2\pi(1-\nu)} \left\{ \frac{(x-x')^3 - (x-x')y^2}{r^4} + \frac{\nu_u - \nu}{1-\nu_u} \left[\frac{(x-x')^3 - (x-x')y^2}{r^4} \right. \right.$$
$$\left. \left. + \frac{3(x-x')y^2 - (x-x')^3}{r^4} \frac{1-e^{-\xi^2}}{\xi^2} - \frac{2(x-x')y^2 e^{-\xi^2}}{r^4} \right] \right\}_{-a}^{a}$$
(4.2.49)

(2) 基质压力扩散求解。

裂缝段流体以恒定流量注入/产出的位移不连续性量诱导孔隙压力为[5]

$$p(x,y,t) = p^{dn}(x,y,t)D_n + p^{ds}(x,y,t)D_s + p^q(x,y,t)q_L \quad (4.2.50)$$

式中：p^{dn}、p^{ds} 为位移不连续量产生的诱导孔隙压力，MPa；p^q 为裂缝段恒速流体注入/产出产生的诱导孔隙压力，MPa。

由沿直线断裂段的连续单位剪切位移不连续性引起的孔隙压力求解如下。

其中，流体源诱导孔隙压力 p^q 为

$$p^q = \frac{\mu_g}{4\pi k} \int_{-a}^{a} E_1(\xi^2) dx' \quad (4.2.51)$$

法向位移不连续量诱导孔隙压力 p^{dn} 为

$$p^{dn} = -\frac{G(\nu_u - \nu)}{2\pi\alpha r^2(1-2\nu)(1-\nu_u)} \left[-\frac{2(x-x')}{r^2}(1-e^{-\xi^2}) \right]_{-a}^{a} \quad (4.2.52)$$

切向位移不连续量诱导孔隙压力 p^{ds} 为

$$p^{ds} = -\frac{G(\nu_u - \nu)}{2\pi\alpha r^2(1-2\nu)(1-\nu_u)} \left[\frac{2y}{r^2}(1-e^{-\xi^2}) \right]_{-a}^{a} \quad (4.2.53)$$

式中：ν_u 为不排水条件下岩石泊松比，一般为 0.31。

(3) 缝内流体流动方程离散。

根据式(4.2.11)建立的缝内流体流动方程，具有较强的非线性特征，采用有限差分法离散后，结合位移不连续量进行求解。水力裂缝质量平衡方程的有限差分方程为

$$\frac{2a\pi H_f}{64\mu\Delta x}\left((w_{fi+\frac{1}{2}}^n)^3 \frac{\partial p_f}{\partial x}\bigg|_{i+\frac{1}{2}} - (w_{fi-\frac{1}{2}}^n)^3 \frac{\partial p_f}{\partial x}\bigg|_{i-\frac{1}{2}} \right) = 2aq_L^n - Q_s^{n-1} + \frac{\pi}{4}2aH_f \frac{w_{fi}^n - w_{fi}^{n-1}}{\Delta t}$$

(4.2.54)

式(4.2.54)中，$\Delta x = x_{i+\frac{1}{2}} - x_{i-\frac{1}{2}}$，$\Delta t = t^n - t^{n-1}$，$n$ 表示目前时间，$n-1$ 表示上一段时间。进一步离散方程有

$$(w_{fi+\frac{1}{2}}^{n-1})^3 \frac{\partial p_f}{\partial x}\bigg|_{i+\frac{1}{2}} = (w_{fi+\frac{1}{2}}^{n-1})^3 \frac{(p_f)_{i+1}^n - (p_f)_i^n}{\Delta x} \quad (4.2.55)$$

其中

$$(w_{fi+\frac{1}{2}}^{n-1})^3 = \frac{(w_{fi+1}^{n-1})^3 + (w_{fi}^{n-1})^3}{2} \tag{4.2.56}$$

相似的有

$$(w_{fi-\frac{1}{2}}^{n-1})^3 \frac{\partial p_f}{\partial x}\bigg|_{i-\frac{1}{2}} = (w_{fi-\frac{1}{2}}^{n-1})^3 \frac{(p_f)_i^n - (p_f)_{i-1}^n}{\Delta x} \tag{4.2.57}$$

$$p(x,y,t) = p^{dn}(x,y,t)D_n + p^{ds}(x,y,t)D_s + p^q(x,y,t)q_L \tag{4.2.58}$$

将式(4.2.55)~(4.2.58)代入式(4.2.54),重新排列各项有

$$\frac{\pi H_f}{64\mu \cdot 2a}\left[\frac{(w_{fi+1}^n)^3 + (w_{fi}^n)^3}{2}(p_{fi+1}^n - p_{fi}^n) - \frac{(w_{fi}^n)^3 + (w_{fi-1}^n)^3}{2}(p_{fi-1}^n - p_{fi}^n)\right]$$

$$= 2aq_L^n - Q_s^{n-1} + \frac{\pi}{4}2aH_f \frac{w_{fi}^n - w_{fi}^{n-1}}{\Delta t} \tag{4.2.59}$$

(4) 位移不连续法耦合求解。

图4.2.2为位移不连续量随时间变化。

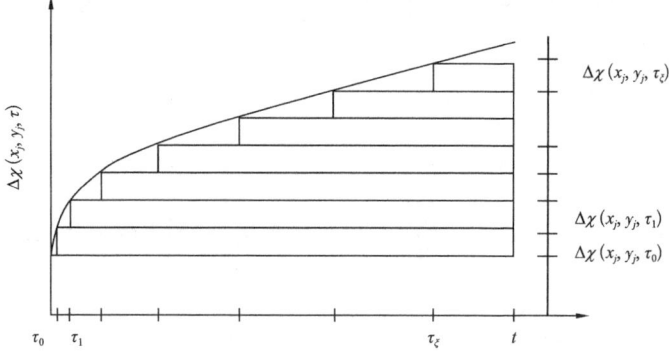

图4.2.2 位移不连续性和界面滤失速度随时间变化(χ代表ΔD_s、ΔD_n、q_L、p)

位移不连续量的解与空间和时间有关,其基本解基于恒定位移不连续性和恒定界面滤失速度。在对每个时间步的源强度进行数值积分时,必须包括源强度的所有先前增量。根据源强度增量计算了第i个裂缝段上的诱导应力和孔隙压力增量:

$$\Delta\overset{i}{\sigma}_n(t) = \sum_{j=1}^{N}\overset{ij}{A}(t-\tau_\xi)\Delta\overset{j\xi}{D}_n + \sum_{j=1}^{N}\overset{ij}{B}(t-\tau_\xi)\Delta\overset{j\xi}{D}_s + \sum_{j=1}^{N}\overset{ij}{C}(t-\tau_\xi)\Delta\overset{j\xi}{q}_L$$

$$+ \sum_{h=0}^{\xi-1}\sum_{j=1}^{N}\overset{ij}{A}(t-\tau_h)\Delta\overset{jh}{D}_n + \sum_{h=0}^{\xi-1}\sum_{j=1}^{N}\overset{ij}{B}(t-\tau_h)\Delta\overset{jh}{D}_s + \sum_{h=0}^{\xi-1}\sum_{j=1}^{N}\overset{ij}{C}(t-\tau_h)\Delta\overset{jh}{q}_L$$

$$\Delta\overset{i}{\sigma}_s(t) = \sum_{j=1}^{N}\overset{ij}{E}(t-\tau_\xi)\Delta\overset{j\xi}{D}_n + \sum_{j=1}^{m}\overset{ij}{F}(t-\tau_\xi)\Delta\overset{j\xi}{D}_s + \sum_{j=1}^{N}\overset{ij}{K}(t-\tau_\xi)\Delta\overset{j\xi}{q}_L$$

$$+ \sum_{h=0}^{\xi-1}\sum_{j=1}^{N}\overset{ij}{E}(t-\tau_h)\Delta\overset{jh}{D}_n + \sum_{h=0}^{\xi-1}\sum_{j=1}^{N}\overset{ij}{F}(t-\tau_h)\Delta\overset{jh}{D}_s + \sum_{h=0}^{\xi-1}\sum_{j=1}^{N}\overset{ij}{K}(t-\tau_h)\Delta\overset{jh}{q}V$$

$$\overset{i}{\Delta p}(t) = \sum_{j=1}^{N} \overset{ij}{L}(t-\tau_\xi) \Delta \overset{j\xi}{D}_n + \sum_{j=1}^{N} \overset{ij}{H}(t-\tau_\xi) \Delta \overset{j\xi}{D}_s + \sum_{j=1}^{N} \overset{ij}{N}(t-\tau_\xi) \Delta \overset{j\xi}{q}_L$$

$$+ \sum_{h=0}^{\xi-1} \sum_{j=1}^{N} \overset{ij}{L}(t-\tau_h) \Delta \overset{jh}{D}_n + \sum_{h=0}^{\xi-1} \sum_{j=1}^{N} \overset{ij}{H}(t-\tau_h) \Delta \overset{jh}{D}_s$$

$$+ \sum_{h=0}^{\xi-1} \sum_{j=1}^{N} \overset{ij}{N}(t-\tau_h) \Delta \overset{jh}{q}_L \tag{4.2.60}$$

式中：$\Delta \overset{j\xi}{D}_n$、$\Delta \overset{j\xi}{D}_s$ 和 $\Delta \overset{j\xi}{q}_L$ 为当前时间 τ_ξ 第 j 个裂缝段的源强度增量；$\Delta \overset{jh}{D}_n$、$\Delta \overset{jh}{D}_s$ 和 $\Delta \overset{jh}{q}_L$ 为 τ_h 时间第 j 个裂缝段的源强度增量，h 从 1 求和到 $\xi-1$；$\overset{ij}{A}(t-\tau_h)$、$\overset{ij}{B}(t-\tau_h)$、$\overset{ij}{C}(t-\tau_h)$、$\overset{ij}{E}(t-\tau_h)$、$\overset{ij}{F}(t-\tau_h)$、$\overset{ij}{K}(t-\tau_h)$、$\overset{ij}{L}(t-\tau_h)$、$\overset{ij}{H}(t-\tau_h)$ 和 $\overset{ij}{N}(t-\tau_h)$ 为第 j 个断裂单元在时间步 τ_h 通过式(4.2.20)、式(4.2.31)和式(4.2.50)转化到第 i 个断裂单元的影响系数。

利用法向诱导应力增量组建方程组：

$$\overset{i}{p}(t) + \sum_{j=1}^{N} \overset{ij}{A}(t-\tau_\xi) \Delta \overset{j\xi}{D}_n + \overset{i}{K}_n \Delta \overset{i\xi}{D}_n + \sum_{j=1}^{N} \overset{ij}{B}(t-\tau_\xi) \Delta \overset{j\xi}{D}_s + K_n \tan\phi_d \Delta \overset{i\xi}{D}_s + \sum_{j=1}^{n} \overset{ij}{C}(t-\tau_\xi) \Delta \overset{j\xi}{q}_L$$

$$= - \sum_{h=0}^{\xi-1} \sum_{j=1}^{N} \overset{ij}{A}(t-\tau_h) \Delta \overset{jh}{D}_n - \sum_{h=0}^{\xi-1} \sum_{j=1}^{N} \overset{ij}{B}(t-\tau_h) \Delta \overset{jh}{D}_s - \sum_{h=0}^{\xi-1} \sum_{j=1}^{N} \overset{ij}{C}(t-\tau_h) \Delta \overset{jh}{q}_L$$

$$- \overset{i}{K}_n \left(\sum_{h=0}^{\xi-1} \Delta \overset{ih}{D}_n + \tan\phi_d \sum_{h=0}^{\xi-1} \Delta \overset{ih}{D}_s \right) + \overset{i}{p}(0) \tag{4.2.61}$$

利用切向诱导应力增量组建方程组：

$$\sum_{j=1}^{m} \overset{ij}{E}(t-\tau_\xi) \Delta \overset{j\xi}{D}_n + \sum_{j=1}^{m} \overset{ij}{F}(t-\tau_\xi) \Delta \overset{j\xi}{D}_s + \sum_{j=1}^{m} \overset{ij}{K}(t-\tau_\xi) \Delta \overset{j\xi}{q}_L$$

$$= - \sum_{h=0}^{\xi-1} \sum_{j=1}^{m} \overset{ij}{E}(t-\tau_h) \Delta \overset{jh}{D}_n - \sum_{h=0}^{\xi-1} \sum_{j=1}^{m} \overset{ij}{F}(t-\tau_h) \Delta \overset{jh}{D}_s$$

$$- \sum_{h=0}^{\xi-1} \sum_{j=1}^{m} \overset{ij}{K}(t-\tau_h) \Delta \overset{jh}{q}_L + \overset{i}{K}_s \sum_{h=0}^{\xi-1} \Delta \overset{ih}{D}_s \tag{4.2.62}$$

利用诱导孔隙压力增量组建方程组：

$$- \overset{i}{p}(t) + \sum_{j=1}^{N} \overset{ij}{L}(t-\tau_\xi) \Delta \overset{j\xi}{D}_n + \sum_{j=1}^{N} \overset{ij}{H}(t-\tau_\xi) \Delta \overset{j\xi}{D}_s + \sum_{j=1}^{N} \overset{ij}{N}(t-\tau_\xi) \Delta \overset{j\xi}{q}_L$$

$$= - \overset{i}{p}(0) - \sum_{h=0}^{\xi-1} \sum_{j=1}^{N} \overset{ij}{L}(t-\tau_h) \Delta \overset{jh}{D}_n - \sum_{h=0}^{\xi-1} \sum_{j=1}^{N} \overset{ij}{H}(t-\tau_h) \Delta \overset{jh}{D}_s$$

$$- \sum_{h=0}^{\xi-1} \sum_{j=1}^{N} \overset{ij}{N}(t-\tau_h) \Delta \overset{jh}{q}_L \tag{4.2.63}$$

结合缝内流动方程(4.2.59)转化为位移不连续量形式：

$$\frac{\pi H_f}{64\mu \cdot 2a} \left[\frac{(\Delta \overset{(i+1)\xi}{D}_n)^3 + (\Delta \overset{i\xi}{D}_n)^3}{2} (\overset{(i+1)\xi}{p}_f - \overset{i\xi}{p}_f) - \frac{(\Delta \overset{i\xi}{D}_n)^3 + (\Delta \overset{(i-1)\xi}{D}_n)^3}{2} (\overset{(i-1)\xi}{p}_f - \overset{i\xi}{p}_f) \right]$$

$$= 2aq_{\mathrm{L}}^{i\xi} - Q_{\mathrm{s}}^{ih} + \frac{\pi}{4} \cdot 2a\mathrm{H_f} \frac{\Delta \overset{i\xi}{D}_{\mathrm{n}} - \Delta \overset{ih}{D}_{\mathrm{n}}}{\tau_{\xi} - \tau_{h}} \quad (4.2.64)$$

式中：K_{n} 为裂缝正刚度，MPa/m；a 为扩展步长的一半，m；$\Delta \overset{i\xi}{D}_{\mathrm{n}}$ 为 τ_{ξ} 时间下第 i 点缝宽，m；$\overset{i\xi}{p}_{\mathrm{f}}$ 为 τ_{ξ} 时间下第 i 点缝内压力，MPa；$q_{\mathrm{L}}^{i\xi}$ 为 τ_{ξ} 时间下第 i 点滤失速度，m²/min。

式(4.2.61)~(4.2.64)中与 τ_{h} 时间下的参量都是已知量，在 τ_{ξ} 时间下的参量都是未知量，由此组建非线性方程组与式(2.1.51)相同。然后根据式(2.1.52)~(2.1.56)就能求解得到位移不连续增量 ΔD_{s}、ΔD_{n}、q_{L}、p_{f}，代入缝内流体流动方程得到缝长、缝宽、缝内压力。

4.3 多簇裂缝起裂－扩展流固耦合模型

在平面单簇裂缝起裂－扩展耦合方程的基础上，考虑储层物性、地应力非均质性以及射孔孔眼压降等，耦合多裂缝竞争起裂与扩展过程中的流量动态分配、先起裂射孔簇延伸和裂缝诱导应力、各向异性诱导应力，建立了各向异性页岩平面多簇裂缝起裂－扩展耦合模型。再根据多裂缝诱导导致储层孔隙压力场变化，基于储层岩石剪切滑移和张性破坏力学条件和缝网渗透率模型，建立起多簇裂缝改造体积模型。

4.3.1 水力裂缝诱导应力

水力裂缝扩展应力场分布是多裂缝诱导应力、原地应力以及各向异性诱导应力的叠加；假设有 M 个射孔簇，每个射孔簇离散为 N 个微元段，在射孔簇扩展诱导应力场公式(4.2.60)基础上叠加多裂缝诱导应力，得到在 (x,y) 坐标的正应力和剪应力分量为

$$\sigma_{mx} = \sigma_{\mathrm{H}} + \sigma_{xciso} + \sum_{m=1}^{M}\sum_{i}^{N} \Delta \overset{i,m}{\sigma}_{\mathrm{s}}(x,y,t)\cos\omega_i + \sum_{m=1}^{M}\sum_{i}^{N} \Delta \overset{i,m}{\sigma}_{\mathrm{n}}(x,y,t)\sin\omega_i$$

$$\sigma_{my} = \sigma_{\mathrm{h}} + \sigma_{yciso} + \sum_{m=1}^{M}\sum_{i}^{N} \Delta \overset{i,m}{\sigma}_{\mathrm{s}}(x,y,t)\sin\omega_i + \sum_{m=1}^{M}\sum_{i}^{N} \Delta \overset{i,m}{\sigma}_{\mathrm{n}}(x,y,t)\cos\omega_i \quad (4.3.1)$$

$$\tau_{mxy} = \tau_{xyciso} + \sum_{m=1}^{M}\sum_{i}^{N} \Delta \overset{i,m}{\tau}_{\mathrm{sn}}(x,y,t)$$

式中：σ_{mx}、σ_{my}、τ_{mxy} 为在 x 和 y 坐标下射孔簇裂缝产生的正应力和剪应力分量，MPa；σ_{H}、σ_{h}、σ_{v} 为最大水平主应力、最小水平主应力和垂向应力，MPa；β、ψ 为井筒方位角和井斜角，(°)；σ_{xciso}、σ_{yciso}、τ_{xyciso} 为采用第 3 章式(3.3.15)计算的 x、y、xy 方向各向异性井周应力，MPa；$\Delta \overset{i,m}{\sigma}_{\mathrm{s}}(t)$、$\Delta \overset{i,m}{\sigma}_{\mathrm{n}}(t)$、$\Delta \overset{i,m}{\tau}_{\mathrm{sn}}(t)$ 为在 x 和 y 坐标下 t 时刻对应第 m 条射孔簇裂缝扩展到第 i 段的正向、切向诱导应力，MPa。

在单簇裂缝诱导应力[式(4.2.60)]计算的基础上，将多簇裂缝诱导应力场叠加即可得到多簇裂缝诱导应力场。设有 M 簇裂缝，则多簇裂缝中第 m 簇 j 点诱导应力为

$$\begin{aligned}
\Delta \overset{i,m}{\sigma_{\mathrm{s}}}(t) = & \sum_{m=1}^{M-1}\sum_{j=1}^{N} \overset{i,j,m}{A_{\mathrm{sn}}}(t-\tau_{\xi})\Delta \overset{jm\xi}{D_{\mathrm{n}}} + \sum_{m=1}^{M-1}\sum_{j=1}^{N} \overset{i,j,m}{A_{\mathrm{ss}}}(t-\tau_{\xi})\Delta \overset{jm\xi}{D_{\mathrm{s}}} \\
& + \sum_{x=1}^{M-1}\sum_{j=1}^{N} \overset{i,j,m}{B}(t-\tau_{\xi})\Delta \overset{jm\xi}{q_{\mathrm{L}}} + \sum_{m=1}^{M-1}\sum_{h=0}^{\xi-1}\sum_{j=1}^{N} \overset{i,j,m}{A_{\mathrm{sn}}}(t-\tau_{h})\Delta \overset{jmh}{D_{\mathrm{n}}} \\
& + \sum_{m=1}^{M-1}\sum_{h=0}^{\xi-1}\sum_{j=1}^{N} \overset{i,j,m}{A_{\mathrm{ss}}}(t-\tau_{h})\Delta \overset{jmh}{D_{\mathrm{s}}} + \sum_{m=1}^{M-1}\sum_{h=0}^{\xi-1}\sum_{j=1}^{N} \overset{i,j,m}{B}(t-\tau_{h})\Delta \overset{jmh}{q_{\mathrm{L}}}
\end{aligned}$$

$$\begin{aligned}
\Delta \overset{i,m}{\sigma_{\mathrm{n}}}(t) = & \sum_{m=1}^{M-1}\sum_{j=1}^{N} \overset{i,j,m}{A_{\mathrm{nn}}}(t-\tau_{\xi})\Delta \overset{jm\xi}{D_{\mathrm{n}}} + \sum_{m=1}^{M-1}\sum_{j=1}^{N} \overset{i,j,m}{A_{\mathrm{ns}}}(t-\tau_{\xi})\Delta \overset{jm\xi}{D_{\mathrm{s}}} \\
& + \sum_{m=1}^{M-1}\sum_{j=1}^{N} \overset{i,j,m}{C}(t-\tau_{\xi})\Delta \overset{jm\xi}{q_{\mathrm{L}}} + \sum_{m=1}^{M-1}\sum_{h=0}^{\xi-1}\sum_{j=1}^{N} \overset{i,j,m}{A_{\mathrm{nn}}}(t-\tau_{h})\Delta \overset{jxh}{D_{\mathrm{n}}} \quad (4.3.2)\\
& + \sum_{m=1}^{M-1}\sum_{h=0}^{\xi-1}\sum_{j=1}^{N} \overset{i,j,m}{A_{\mathrm{ns}}}(t-\tau_{h})\Delta \overset{jmh}{D_{\mathrm{s}}} + \sum_{m=1}^{M-1}\sum_{h=0}^{\xi-1}\sum_{j=1}^{N} \overset{i,j,m}{C}(t-\tau_{h})\Delta \overset{jmh}{q_{\mathrm{L}}}
\end{aligned}$$

$$\begin{aligned}
\Delta \overset{i,m}{\tau_{\mathrm{sn}}}(t) = & \sum_{m=1}^{M-1}\sum_{j=1}^{N} \overset{i,j,m}{A_{\mathrm{sn}}}(t-\tau_{\xi})\Delta \overset{jm\xi}{D_{\mathrm{n}}} + \sum_{m=1}^{M-1}\sum_{j=1}^{N} \overset{i,j,m}{A_{\mathrm{ns}}}(t-\tau_{\xi})\Delta \overset{jm\xi}{D_{\mathrm{s}}} \\
& + \sum_{m=1}^{M-1}\sum_{j=1}^{N} \overset{i,j,m}{C}(t-\tau_{\xi})\Delta \overset{jm\xi}{q_{\mathrm{L}}} + \sum_{m=1}^{M-1}\sum_{h=0}^{\xi-1}\sum_{j=1}^{N} \overset{i,j,m}{A_{\mathrm{ns}}}(t-\tau_{h})\Delta \overset{jmh}{D_{\mathrm{n}}} \\
& + \sum_{m=1}^{M-1}\sum_{h=0}^{\xi-1}\sum_{j=1}^{N} \overset{i,j,m}{A_{\mathrm{sn}}}(t-\tau_{h})\Delta \overset{jmh}{D_{\mathrm{s}}} + \sum_{m=1}^{M-1}\sum_{h=0}^{\xi-1}\sum_{j=1}^{N} \overset{i,j,m}{C}(t-\tau_{h})\Delta \overset{jmh}{q_{\mathrm{L}}}
\end{aligned}$$

式中：$\Delta \overset{j\xi}{D_{\mathrm{n}}}$、$\Delta \overset{j\xi}{D_{\mathrm{s}}}$ 和 $\Delta \overset{j\xi}{q_{\mathrm{L}}}$ 为当前时间步第 j 个断裂段的震源强度增量；$\Delta \overset{jh}{D_{\mathrm{n}}}$、$\Delta \overset{jh}{D_{\mathrm{s}}}$ 和 $\Delta \overset{jh}{q_{\mathrm{L}}}$ 为时间步长 h 处第 j 个断裂段的先前震源强度增量，从 1 求和到 $\xi-1$；$\overset{ij}{A}(t-\tau_h)$、$\overset{ij}{B}(t-\tau_h)$、$\overset{ij}{C}(t-\tau_h)$ 是式(4.2.60)转换到多簇情况下的第 j 个断裂单元在时间步 h 对第 i 个断裂单元的影响系数。

4.3.2 多簇裂缝流量动态分配

(1) 流量平衡。

页岩水平井多簇射孔竞争起裂与扩展流量动态分配物理模型如图 4.1.1 所示，示意图展示了多簇裂缝的情形。基于 Kirchoff 第一定律，在进行水平井分段多簇压裂时，压裂泵的总排量为 Q_t，总流量被分到各簇，水平井第 k 射孔簇扩展到第 j 段的排量为 $Q_{k,j}$，流体的总排量等于所有裂缝每簇排量之和，即

$$Q_\mathrm{t} = \sum_{k=1}^{M} Q_{k,j} \quad (4.3.3)$$

(2) 压力平衡。

基于 Kirchoff 第二定律，将图 5.2.1 中水平井筒中（O 靶点）作为参考点，建立水平井筒中流体压力平衡准则。则 O 靶点的井筒压力等于各簇裂缝入口处的流体压力、射孔孔眼摩阻之和：

$$p_w = p_{\mathrm{pf}k,j} + p_{\mathrm{f}k,j}(j = 1,2,\cdots,n) \tag{4.3.4}$$

式中：p_w 为水平井裂缝 k 扩展到第 j 段时的井筒流体压力，MPa；$p_{\mathrm{pf}k,j}$ 为水平井裂缝 k 扩展到第 j 段时射孔孔眼摩阻压力，MPa；$p_{\mathrm{f}k,j}$ 为水平井裂缝 k 扩展到第 j 段时缝口流体压力，MPa。

射孔摩阻 $p_{\mathrm{pf}k,j}$ 的计算公式如下[10]：

$$p_{\mathrm{pf}k,j} = \frac{2.2516 \times 10^{-10} \rho_s}{N_{\mathrm{p}k}^2 d_{\mathrm{p}k}^4 C_d^2} Q_{k,j}^2 \tag{4.3.5}$$

式中：ρ_s 为压裂液密度，kg/m³；$N_{\mathrm{p}k}$ 为水平井 k 射孔簇射孔数量，为射孔孔密 G_k 与射孔簇长 L_k 的乘积，$N_{\mathrm{p}k} = G_k L_k$，m；$d_{\mathrm{p}k}$ 为水平井 k 射孔簇孔眼直径，m；C_d 为水平井孔眼流量系数。

水平井裂缝 k 扩展到第 j 段时，缝口流体压力为

$$p_{\mathrm{f}k,j} = p_{\mathrm{net}k,j} + \sigma_{\mathrm{n}k,j} \tag{4.3.6}$$

其中缝内净压力为

$$p_{\mathrm{net}k,j} = p_{\mathrm{f}k,j} - \sigma_{\mathrm{n}k,j} \tag{4.3.7}$$

水平井射孔簇裂缝 k 扩展到第 j 段时，缝端周向应力为

$$\sigma_{\mathrm{n}k,j} = \frac{\sigma_{\mathrm{m}x} + \sigma_{\mathrm{m}y}}{2} - \frac{\sigma_{\mathrm{m}x} - \sigma_{\mathrm{m}y}}{2} \cos 2\omega_{k,j} \tag{4.3.8}$$

式中：$\omega_{k,j}$ 为射孔簇裂缝 k 扩展到第 j 段时，裂缝延伸方向与水平方向的夹角，(°)。

联立式(4.3.3)和式(4.3.4)可以组建非线性方程组：

$$\boldsymbol{F}(Q_1, Q_2, \cdots, Q_M, p_w) = 0 \tag{4.3.9}$$

上式为 $M+1$ 维非线性方程组，$\boldsymbol{F}$ 的分量形式为

$$\begin{cases} f_1 = p_w - p_{\mathrm{pf}1}(Q_1^2, Q_2^2, \cdots, Q_M^2, p_w) - p_{\mathrm{f}1}(Q_1, Q_2, \cdots, Q_M, p_w) \\ f_2 = p_w - p_{\mathrm{pf}2}(Q_1^2, Q_2^2, \cdots, Q_M^2, p_w) - p_{\mathrm{f}2}(Q_1, Q_2, \cdots, Q_M, p_w) \\ \qquad\qquad\qquad\qquad\qquad \vdots \\ f_M = p_w - p_{\mathrm{pf}M}(Q_1^2, Q_2^2, \cdots, Q_M^2, p_w) - p_{\mathrm{f}2}(Q_1, Q_2, \cdots, Q_M, p_w) \\ f_{M+1} = Q_t - (Q_1 + Q_2 + \cdots + Q_M) \end{cases} \tag{4.3.10}$$

采用牛顿–拉弗森迭代法[11]求解非线性方程组式(4.3.9)，可以写成

$$\boldsymbol{F}(x_1, x_2, \cdots, x_M, x_{M+1}) = 0 \tag{4.3.11}$$

令 $\boldsymbol{x}^{(k)} = [x_1^{(k)}, x_2^{(k)}, \cdots, x_{M+1}^{(k)}]^\mathrm{T}$，将函数 $\boldsymbol{F}(\boldsymbol{x})$ 的分量 $f_i(\boldsymbol{x})(i = 1,\cdots,M)$ 在 $\boldsymbol{x}^{(k)}$ 用多元函数泰勒展开，并取其线性部分，则可表示为

$$\boldsymbol{F}(\boldsymbol{x}) \approx \boldsymbol{F}(\boldsymbol{x}^{(k)}) + \boldsymbol{F}'(\boldsymbol{x}^{(k)})(\boldsymbol{x} - \boldsymbol{x}^{(k)}) \tag{4.3.12}$$

令上式右端为零，得到线性方程组：

$$F'(x^{(k)})(x - x^{(k)}) = -F(x^{(k)}) \tag{4.3.13}$$

式(4.3.13)中 $F'(x)$ 为雅克比矩阵：

$$F'(x) = \begin{pmatrix} \dfrac{\partial f_1(x)}{\partial x_1} & \dfrac{\partial f_1(x)}{\partial x_2} & \cdots & \dfrac{\partial f_1(x)}{\partial x_{M+1}} \\ \dfrac{\partial f_2(x)}{\partial x_1} & \dfrac{\partial f_2(x)}{\partial x_2} & \cdots & \dfrac{\partial f_2(x)}{\partial x_{M+1}} \\ \vdots & \vdots & & \vdots \\ \dfrac{\partial f_{M+1}(x)}{\partial x_1} & \dfrac{\partial f_{M+1}(x)}{\partial x_{M+1}} & \cdots & \dfrac{\partial f_{M+1}(x)}{\partial x_{M+1}} \end{pmatrix} \tag{4.3.14}$$

解非线性方程组(4.3.13)的牛顿迭代格式为

$$x^{(k+1)} = x^{(k)} - F'(x^{(k)})^{-1} F(x^{(k)}) \quad (k = 0, 1, \cdots) \tag{4.3.15}$$

因此，根据式(4.3.15)相邻迭代根 $\| x^{(k)} - x^{(k-1)} \|$ 范数小于一定误差，就能求解出每个射孔簇的流量以及压力。

(3)计算流程。

计算流程图如图4.3.1所示。

4.3.3 多簇裂缝改造体积预测

根据式(4.3.16)就得到了平面多簇裂缝压力响应后的储层孔隙压力动态演化，再结合式(4.3.17)和式(4.3.18)平面薄弱点张开剪切破坏准则，判断储层内任一点的薄弱点是否发生破坏，提取储层内所有破坏点的坐标数据及其破坏的类型，利用数值积分方法，分别计算张性破坏 SRV 和剪切破坏 SRV，并将两者的区域并集作为总体 SRV，就可以获得多簇裂缝改造体积。

(1)储层孔隙压力动态演化。

将形成的第 i 条水力裂缝以间距为 a 离散为 $u(i)$ 段，每一段看作点源注入对平面产生的压力变化，基于压降叠加原理[12]，多簇裂缝流体对平面产生的压力为

$$p(x, y) = p_e + \sum_{i=1}^{M} \sum_{j=1}^{u(i)} [p_{i,j}(x, y) - p_e] \tag{4.3.16}$$

式中：$p(x, y)$ 为平面 (x, y) 处由多簇裂缝压力响后的孔隙压力；$p_{i,j}(x, y)$ 为根据式(4.3.15)计算第 i 射孔簇第 j 段在平面 (x, y) 处产生的孔隙压力。

(2)剪切和张性破坏条件。

随着压裂液不断注入地层产生水力裂缝，水力裂缝周围岩石受到水力裂缝挤压作用产生应力应变，促使岩石发生张性破坏和剪切破坏。根据摩尔库伦准则，当裂缝面周围岩石剪应力达到岩石的抗剪切强度时，周围岩石薄弱点发生剪切破坏：

$$\tau_n \geq \tau_o + (\sigma_n - p) \tan\varphi_{\text{basic}} \tag{4.3.17}$$

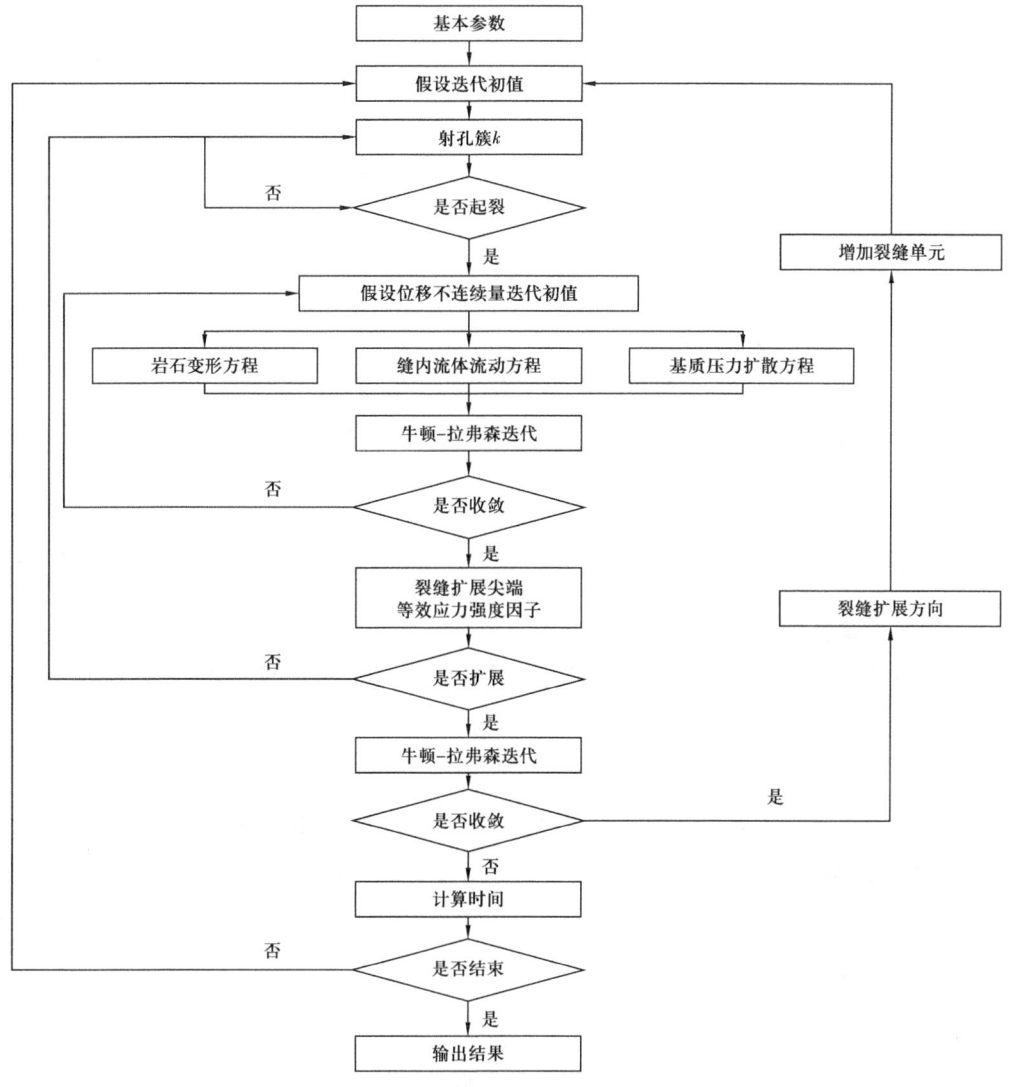

图 4.3.1　多簇裂缝起裂-扩展流固耦合计算流程

式中：τ_n 为作用在周围岩石的剪应力，MPa；τ_o 为作用在周围岩石的内聚力，MPa；φ_{basic} 为周围岩石摩擦角，(°)；σ_n 为作用在周围岩石的正应力，MPa。

随着压裂液不断注入使得水力裂缝扩展，压裂液沿着裂缝面滤失，增大孔隙压力。当孔隙压力达到周围岩石正应力时，岩石薄弱点发生张性破坏：

$$p \geqslant \sigma_n \tag{4.3.18}$$

薄弱点面上的正应力和剪应力可以表示为

$$\sigma_n = \frac{\sigma_H + \sigma_h}{2} - \frac{\sigma_H - \sigma_h}{2}\cos2\theta \tag{4.3.19}$$

$$\tau_n = \frac{\sigma_H - \sigma_h}{2}\sin2\theta \tag{4.3.20}$$

式中:σ_H 为最大主应力,MPa;σ_h 为最小主应力,MPa;θ 为薄弱点与水平最大主应力的夹角,(°)。

水力裂缝扩展响应薄弱点后,缝内孔隙流体压力可以表示为

$$p = \sigma_h + p_{net} \tag{4.3.21}$$

将式(4.3.19)~(4.3.21)代入式(4.3.17),得到薄弱点被剪切激活所需要的净压力为

$$p_{net} \geqslant \frac{\tau_o}{\tan\varphi_{basic}} + \frac{\sigma_H - \sigma_h}{2}\frac{1 - \sin2\theta}{\tan\varphi_{basic} - \cos2\theta} \tag{4.3.22}$$

同理,将式(4.3.19)~(4.3.21)代入式(4.3.18),得到薄弱点张性破坏而激活的净压力条件为

$$p_{net} \geqslant \frac{\sigma_H - \sigma_h}{2}(1 - \cos2\theta) \tag{4.3.23}$$

(3)破坏区渗透率计算。

根据线弹性理论,薄弱点的剪切位移与有效的剪应力成正比,即剪切位移为

$$U_s = \frac{\Delta\tau}{K_s} \tag{4.3.24}$$

式中:U_s 为剪切位移,m;$\Delta\tau$ 为有效剪应力,MPa;K_s 为剪切刚度,MPa/m。

有效剪应力定义为

$$\Delta\tau = \tau_n - \sigma_f\tan(\varphi_{basic} + \varphi_d) \tag{4.3.25}$$

式中:φ_d 为剪切膨胀角,(°)。

剪切刚度定义为

$$K_s = \frac{7\pi G}{24L_f} \tag{4.3.26}$$

式中:G 为剪切模量,MPa;L_f 为剪切激活半长,m。

由于裂缝剪切滑移增加的裂缝宽度即 a_s 可以表示为[13]

$$a_s = U_s\tan\varphi_d \tag{4.3.27}$$

式中:a_s 为剪切膨胀开度,m。

当裂缝发生张性破坏之后,薄弱点的法向开度等于固体颗粒变形 ζ_s 与周围岩石孔隙空间应变 ζ_p 之和[14]:

$$a_n = \zeta_s + \zeta_p \tag{4.3.28}$$

式中:a_n 为薄弱点的法向开度,m。

薄弱点总开度包括薄弱点张开的法向开度、剪切膨胀开度及原始开度:

$$a_f = a_0 + a_n + a_s = a_0 + \zeta_s + \zeta_p + \frac{\Delta \tau}{K_s}\tan\varphi_d \tag{4.3.29}$$

式中：a_f 为薄弱点总开度，m；a_0 为薄弱点初始开度，m。

薄弱点所在边长为 l 的网格块的等效体积渗透率可以由立方定律得到：

$$K_s = \frac{a_f^3}{12l} \tag{4.3.30}$$

4.4 模型验证及应用

4.4.1 模型验证

为了验证本书建立的平面裂缝起裂与扩展耦合模型的准确性，将其与水力压裂物模实验（试样 Y200-1）结果进行对比，实验基本参数见表 4.4.1。该实验采用室内真三轴水力压裂实验系统开展龙马溪组页岩露头样品尺寸 300 mm×300 mm×600 mm 的 2 簇水力裂缝起裂与扩展实验研究。在 300 mm×300 mm 岩面中心钻取 600 mm×ϕ25 mm 圆孔（井筒）。在圆孔中间处利用环向割缝预制裂缝长度 7.5 mm，宽度 1 mm，设置对称的双簇裂缝；并在圆孔左右两端各放入 290 mm 钢管作为套管，中间位置用胶水和 PVC 软管固封。该水力压裂物模实验是在裸眼井中进行射孔，故进行本书模型验证时不考虑套管水泥环的影响。

表 4.4.1 本书模型与水力压裂实验验证基本参数

参数名	单位	数值	参数名	单位	数值
最大水平主应力	MPa	6.3	施工排量	cm³/min	0.5
最小水平主应力	MPa	4.9	压裂液黏度	mPa·s	90
垂向应力	MPa	5.8	注液时间		
原始地层孔隙压力	MPa	0.1	簇间距	mm	80
射孔簇储层渗透率	mD	0.003、0.001	簇数	—	2
储层厚度	mm	600	井眼半径	mm	12.5
综合压缩系数	10^{-4}MPa^{-1}	6	射孔深度	mm	7.5
储层孔隙度	%	4	孔眼半径	mm	0.5
平行层理杨氏模量	MPa	32060	射孔数量		1
垂直层理杨氏模量	MPa	32060	井筒井斜角	(°)	90
平行层理泊松比	—	0.281	井筒方位角	(°)	0
垂直层理泊松比	—	0.281	扩展步长	m	0.5
地层倾向	(°)	0	岩石抗张强度	MPa	5
地层倾角	(°)	13	最大水平主应力方位角	—	90°

在图 4.4.1 中,水力压裂实验压力曲线表明,注液 809.4 s 时,第 2 簇裂缝起裂和扩展,起裂压力 7.1 MPa;到 826 s 第 1 簇裂缝起裂和扩展,此时压力为起裂压力 7.3 MPa;之后两簇竞争分配流量扩展;而本书模型随着注液时间的增加,压力逐渐升高,达到 811.2 s 第 2 簇裂缝起裂和扩展,此时压力为起裂压力 7.31 MPa;到 825 s 第 1 簇裂缝起裂和扩展,此时压力为起裂压力 7.44 MPa;之后两簇竞争分配流量扩展。从水力压裂实验和本书模型模拟的压力变化率曲线,分别在 243 s、240 s 达到峰值,在 1000.3 s、1000 s 达到谷值。本书模型与张萍水力压裂实验压力曲线和压力变化率曲线基本吻合,充分验证本书模型的正确性。

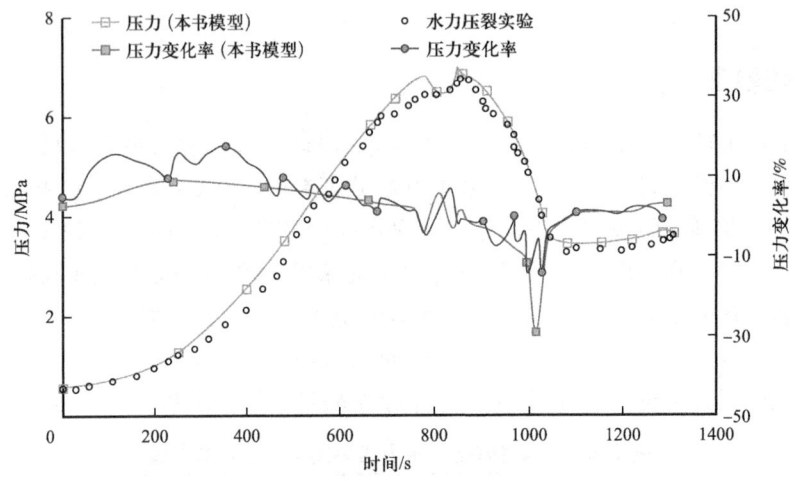

图 4.4.1　本书模型与 2 簇水力压裂实验施工压力对比

从图 4.4.2 中可以看出,2 簇水力压裂实验第 1 簇裂缝沿着最大主应力方向扩展缝长为 172 mm,第 2 簇裂缝沿着最大主应力方向扩展缝长为 300 mm;从图 4.4.3 中可以看出,本书模型 2 簇水力裂缝起裂扩展模拟结果中,第 1 簇水力裂缝沿着最大主应力方向延伸了 175.3 mm,第 2 簇裂缝沿着最大主应力方向扩展缝长为 300 mm。本书模型和 2 簇水力压裂实验水力裂缝扩展轨迹基本吻合,充分说明了本书模型的正确性和合理性。

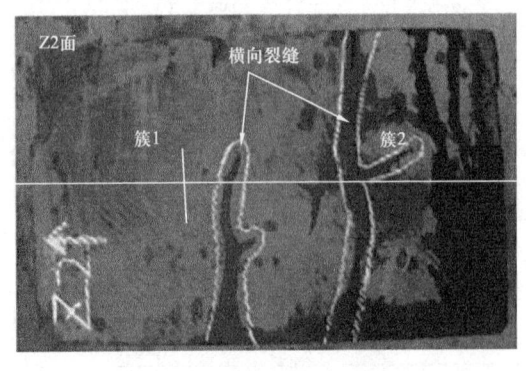

图 4.4.2　2 簇水力压裂实验结果

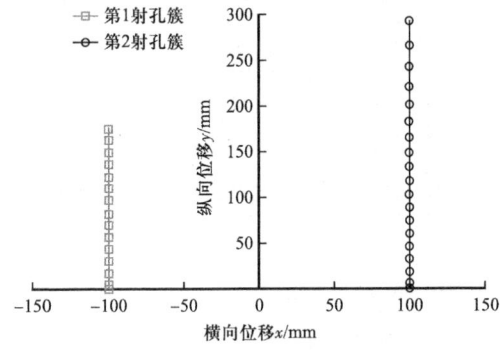

图 4.4.3　本书模型计算结果

4.4.2 影响因素分析

基于建立的各向异性页岩平面裂缝起裂-扩展模型,选取四川盆地长宁区块页岩气井 X 井作为模拟的基础参数,开展多簇裂缝竞争起裂与扩展规律分析。以往多数学者建立的多簇裂缝扩展模型都假设各簇同时起裂,忽略了由于储层非均质、地应力差异以及射孔压降可能导致射孔簇并非同时起裂。为此,本书在 6 个射孔簇附近分别设置 6 个不同的渗透率区域来描述物性非均质,具体参数见表 4.4.2。分析不同施工参数、射孔参数对单簇裂缝扩展的影响。在研究不同参数对改造体积的影响时,只改变所研究参数的数值,其余参数采用表 4.4.2 参数。

表 4.4.2 长宁 X 页岩气井多簇平面裂缝起裂与扩展模型计算基础参数表

参数名	单位	数值
最大水平主应力	MPa	61.7
最小水平主应力	MPa	55.2
垂向应力	MPa	58.8
原始地层孔隙压力	MPa	33.43
储层渗透率	mD	0.014~0.021
储层厚度	m	70
综合压缩系数	10^{-4}MPa^{-1}	8
储层孔隙度	%	3.76
平行层理杨氏模量	MPa	31323
垂直层理杨氏模量	MPa	20882
平行层理泊松比	—	0.23
垂直层理泊松比	—	0.23
岩石抗张强度	MPa	5
扩展步长	m	0.5
弱面黏聚力	MPa	3
地层倾向	(°)	0
地层倾角	(°)	20
临界应力强度因子	$\text{MPa} \cdot \text{m}^{1/2}$	3
套管杨氏模量	MPa	210000
套管泊松比	—	0.3
套管外径	mm	139.7
套管内径	mm	115.4
施工排量	m³/min	16
压裂液黏度	mPa·s	5
簇间距	m	10.5

续表

参数名	单位	数值
簇数	—	6
井眼半径	m	0.5
射孔深度	cm	10
孔眼半径	m	0.005
射孔长度	m	0.5
射孔密度	孔/m	16
井筒井斜角	(°)	90
井筒方位角	(°)	0
射孔相位角	(°)	60
内摩擦角	(°)	30
压裂段	—	10
裂缝带与正北方向夹角	(°)	60

注:最大水平主应力方位角为90°,井筒方位角为0°。

4.4.2.1 单簇裂缝扩展

施工排量是影响单簇压裂形成剪切和张性改造体积的重要参数,直接影响着压裂改造效果。因此,设置渗透率为 0.014 mD,分析施工排量对单簇裂缝改造缝长、改造宽度、改造体积以及缝网渗透率的影响。模拟了单簇裂缝排量 1~16 m³/min 条件下单簇裂缝起裂与扩展,从图4.4.4 和图4.4.5 中可以看出,随着排量逐渐增加,支撑裂缝扩展的净压力增加,改造储层的能量越大,改造缝长和宽度增加,改造体积呈现线性增加。

从图4.4.6 和图4.4.7 中可以看出,随着排量的增加,缝网渗透率逐渐增大,改造宽度逐渐增加。尽管单裂缝扩展缝长较长,但相对于压裂段而言改造宽度控制有限,近井地带改造不充分。

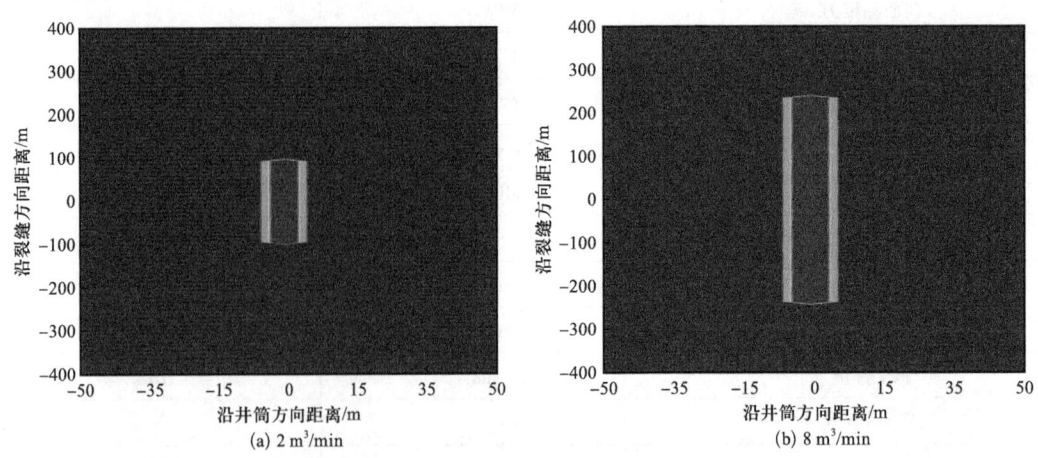

图 4.4.4 模拟不同排量下裂缝扩展改造体积

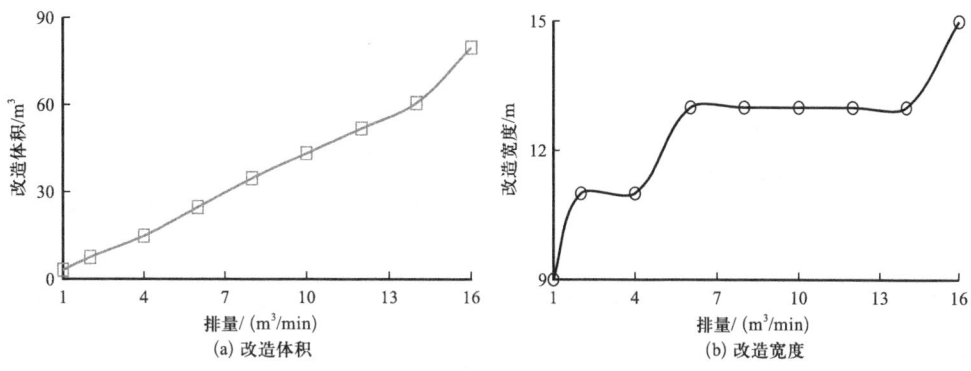

图 4.4.5　模拟不同排量下裂缝扩展改造体积和改造宽度

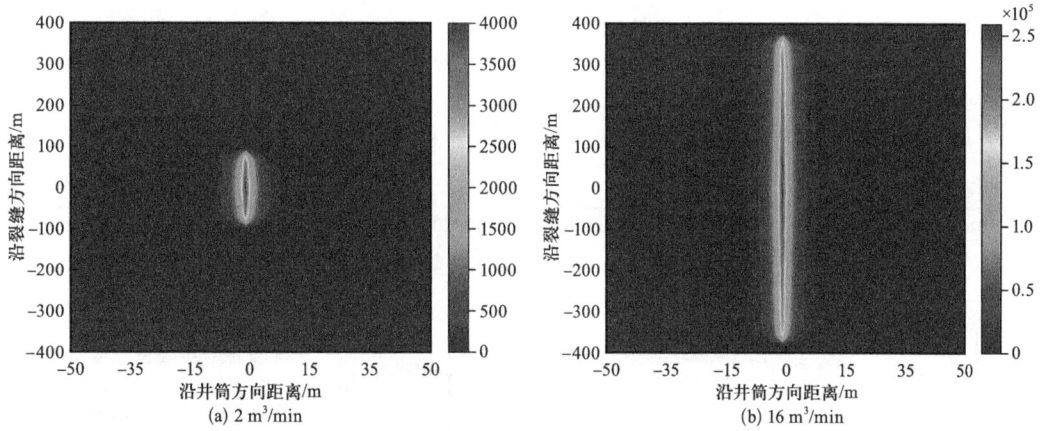

图 4.4.6　模拟不同排量下裂缝扩展缝网渗透率（单位：mD）

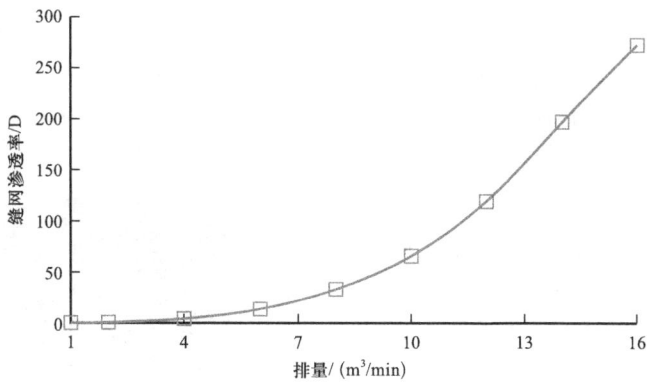

图 4.4.7　模拟不同排量下裂缝扩展缝网渗透率

4.4.2.2　多簇裂缝扩展

目前现场多采用多簇射孔压裂对压裂井段兼顾近井地带和远井地带进行控制，增大改造体积。因此，分析不同施工参数、射孔参数对多簇裂缝扩展的影响。射孔位置 3558.25 m、

3568.75 m、3579.25 m、3589.25 m、3599.75 m、3610.25 m(6簇渗透率0.018 mD、0.01 mD、0.015 mD、0.013 mD、0.008 mD、0.017 mD)基础参数,其余参数采用表4.4.2参数。

(1)簇间距。

设置6 m、9 m、15 m、25 m簇间距,模拟6簇在非均质渗透率情况下裂缝扩展情况下的施工压力、流量分配、改造体积、缝网渗透率、应力干扰情况。

从图4.4.8(a)~(d)簇间距15 m下的裂缝扩展情况可以看出,0~0.034 min压裂液各簇孔眼向地层渗滤,由于第1、6、3、4簇渗透率较大,分配流量多,而2、5簇渗透率较小,分配流量较少,表明射孔簇渗透率非均质分布是各簇流量分配不均的重要原因之一;到0.034 min时,第1簇由于井底压力达到射孔簇破裂压力而起裂扩展,扩展射孔簇流体压力转为周向应力、缝

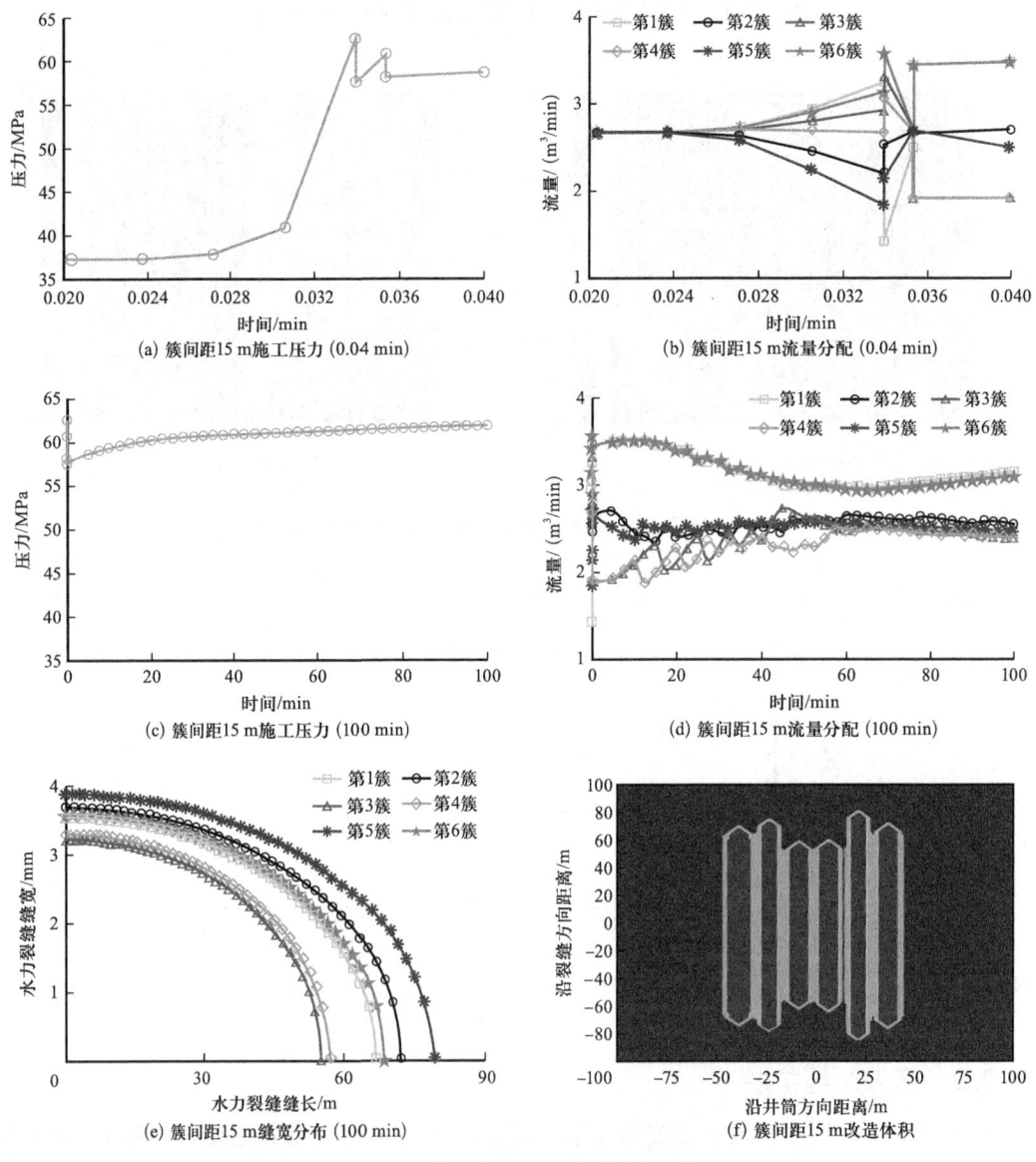

图4.4.8 簇间距15 m下裂缝扩展情况

内延伸摩阻和射孔孔眼摩阻之和，此时单簇孔眼摩阻急剧增加，导致扩展分配流量急剧下降，其他簇流量急剧上升；经过1.76 s后，第2～第6簇由于井底压力快速达到射孔簇破裂压力而起裂扩展，最终实现以各簇流量动态平衡和压力守恒方式扩展到100 min。

从图4.4.8(e)～(f)中可以看出，由于中间第3、第4簇受到裂缝诱导应力干扰较大，压应力使得第3、第4簇裂缝缝宽过窄，增大了缝内流体阻力，致使压裂液进液量逐渐变少，改造缝长小、改造宽度小[15]；而外侧第1、第6簇裂缝诱导应力干扰最小进液量最多，但该射孔簇对应的渗透率较大，滤失大，用于支持裂缝扩展的缝内体积相对减小，导致改造缝长小而改造宽度较大；而外侧第2、第5簇裂缝诱导应力干扰较小、渗透率较小，滤失量较少，用于支持裂缝扩展的缝内体积相对较大，改造缝长长而改造宽度较小。从而说明了射孔簇渗透率非均质分布导致各簇起裂次序不同、孔眼摩阻不同、进液量分配不平衡、诱导应力不同以及滤失体积差异，都会导致各簇裂缝最终发育较为非均衡。

从图4.4.9中可以看出，随着簇间距从25 m减小到6 m，各簇诱导应力干扰逐渐增强，压应力使得中间簇裂缝缝宽越窄，分配流量越小，而外侧裂缝分配流量越大，孔眼摩阻越大，最终导致施工压力从61.7 MPa逐渐增加到62.4 MPa。

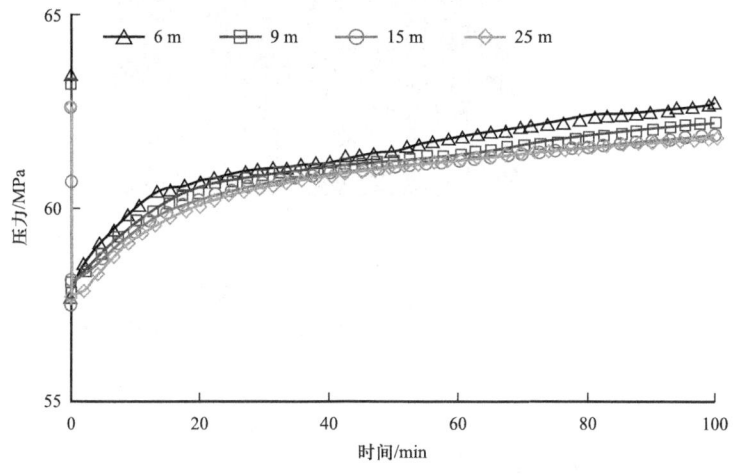

图4.4.9 不同簇间距下施工压力变化

模拟不同簇间距下裂缝扩展改造体积，从图4.4.10可以看出，随着簇间距增加，改造体积先增加后减小，簇间距9～15 m有利于增大改造体积；进一步分析，随着簇间距逐渐减小，缝间应力干扰越强，内侧第3、第4簇水力裂缝受到的压应力越大，改造宽度和张性改造体积越小，外侧第1、第2、第5、第6簇受到的压应力越小，改造宽度和张性改造体积越大；由于剪性改造体积随着簇间距的减小，呈现先增大后减小趋势，其中簇间距为15 m达到最大，而张性改造体积逐渐减小，使得总改造体积先增加后减小。

从图4.4.11中不同簇间距下裂缝扩展缝网渗透率可以看出，一方面随着簇间距逐渐增大，外侧第2、第5簇裂缝受到诱导应力干扰越小、射孔簇渗透率小、岩石更致密，滤失量小，用于支持裂缝扩展的缝内体积相对增大，水力裂缝缝长长、缝宽大导致压力波响应源更强，孔隙压力大，储层更易打碎，缝网渗透率逐渐增加[16]；而第1、第6簇受到诱导应力干扰最

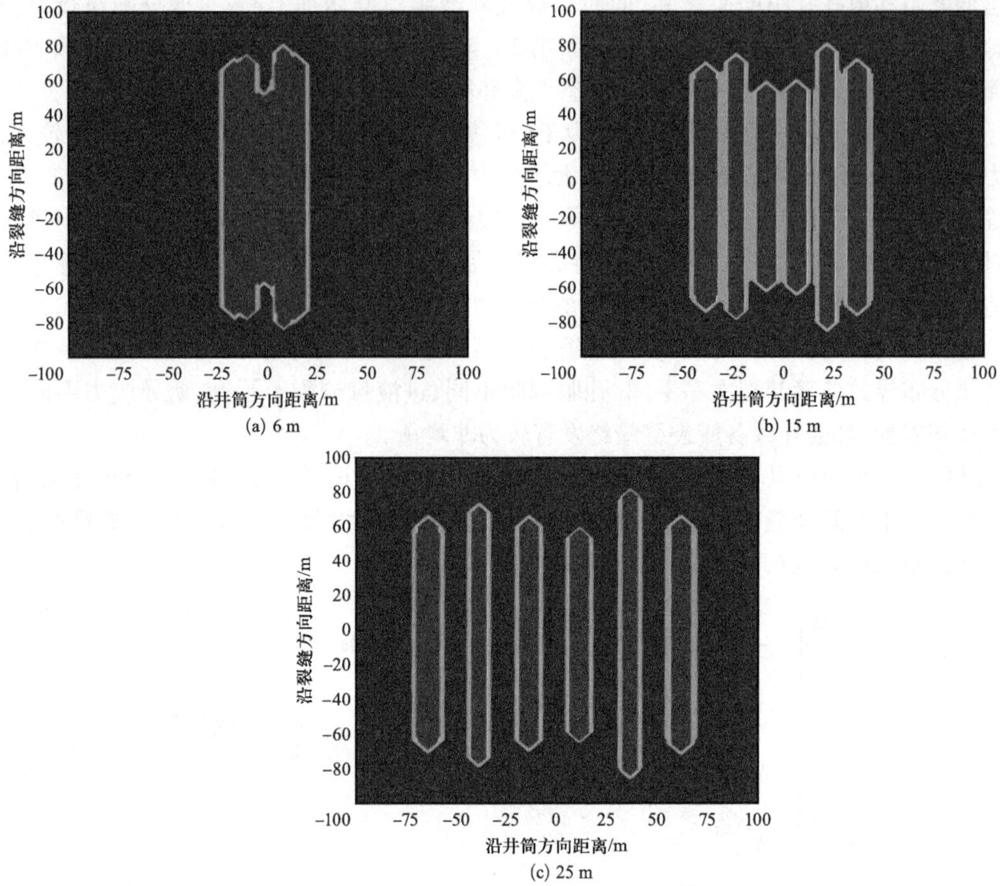

图 4.4.10　不同簇间距下裂缝扩展改造体积

（白亮区域为剪性改造体积，白亮区域内部的黑色部分为张性改造体积）

小、分配流量最大而射孔簇渗透率大，滤失量很大，用于支持裂缝扩展的缝内体积相对减小，水力裂缝缝长减小、缝宽小导致压力波响应源较小，储层打碎程度不及第2、第5簇，但大于第3、第4簇裂缝，缝网渗透率逐渐减小；另一方面，构建缝网"人工改造油气藏"的高速通道网络随着簇间距的增加，高速通道网络逐渐下降，导致了大簇间距部分区域未改造充分，小簇间距部分区域过度改造。因此，在满足施工条件情况下，应尽可能选择合适的簇间距射孔施工。

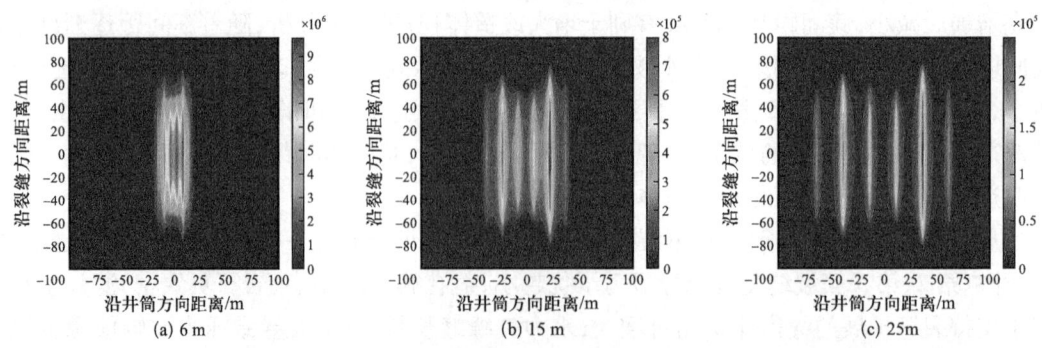

图 4.4.11　不同簇间距下裂缝扩展缝网渗透率（单位：mD）

从图 4.4.12 中可以看出，中间第 3、第 4 簇裂缝受到的诱导应力大于第 2、第 5 簇，外侧第 2、第 5 簇裂缝受到的诱导应力大于第 1、第 6 簇；随着簇间距从 25 m 逐渐减小到 6 m，中间簇受到裂缝诱导应力干扰越大，压应力使得第 3、第 4 簇裂缝缝宽过窄，增大了缝内流体阻力，致使压裂液进液量逐渐变少，改造缝长小，裂缝扩展更不均衡，致使簇间过度改造；而在大簇间距 25 m，中间簇受到应力干扰越弱，裂缝扩展不均衡有所改善，但簇间改造不充分，属于欠改造。因此，存在簇间距使得各簇裂缝扩展较为均衡，充分改造储层。

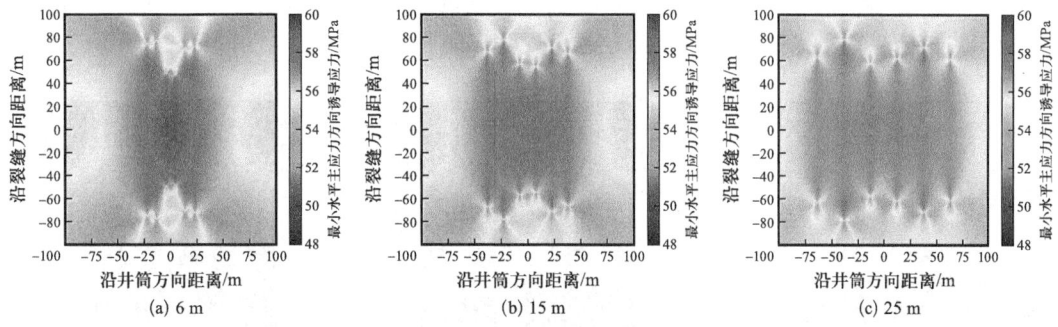

图 4.4.12　模拟不同簇间距下裂缝扩展应力场

（2）簇数。

设置 4、6、8、10 簇，第 1～第 10 簇渗透率依次为 0.018 mD、0.01 mD、0.015 mD、0.013 mD、0.008 mD、0.017 mD、0.014 mD、0.018 mD、0.01 mD、0.02 mD；模拟不同簇数对裂缝扩展的改造体积、缝网渗透率、应力干扰的影响。

模拟不同簇数下裂缝扩展改造体积，从图 4.4.13 可以看出，随着簇数逐渐增加，改造体积先增加后减小，4～6 簇有利于增大改造体积；一方面随着簇数逐渐增加，中间簇裂缝受到诱导应力更强，压应力使得水力缝宽窄、摩阻大，中间簇分配的流量减小[15]，而外侧裂缝分配流量增加，加剧了各簇裂缝的非均衡扩展，导致 6 簇模拟中有 2 簇裂缝受到抑制增长，而 10 簇模拟中与 8 簇受到抑制增长，中间簇改造体积减小，外侧裂缝改造体积增大以及中间簇数更多使得改造体积先增大后减小；另一方面随着簇数逐渐增加，横向注入流体压力波响应源增多，近井区域横向裂缝改造宽度逐渐增大，但改造缝长逐渐减小；意味着簇数越多，裂缝扩展越不均衡；簇数减少，各簇裂缝扩展不均衡程度有所改善。

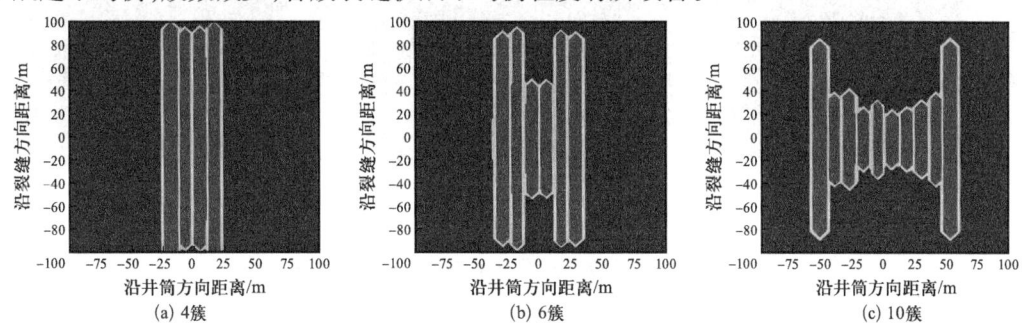

图 4.4.13　不同簇数下裂缝扩展改造体积

模拟不同簇数下裂缝扩展缝网渗透率,从图4.4.14中可以看出,一方面随着簇数逐渐增加,缝间诱导应力成倍增加,中间簇裂缝增长抑制效应不断增加,压力波响应源减小、孔隙压力减小使得中间簇周围薄弱点张开的法向开度、剪切膨胀开度减小,而外侧裂缝增长抑制效应不断减小,外侧裂缝周围薄弱点张开的法向开度、剪切膨胀开度增大,使得由长方形高渗透带逐渐转变为凹陷型高渗透带;另一方面,构建缝网"人工改造气藏"的高速通道网络随着簇数的增加,缝长方向的高速通道网络逐渐下降,宽度方向的高速通道网络逐渐增加,导致了大簇数远井地带未改造充分,小簇数近井区域过度改造。因此,在满足施工条件情况下,应尽可能选择适当簇数,使得缝长方向和宽度方向都改造充分。

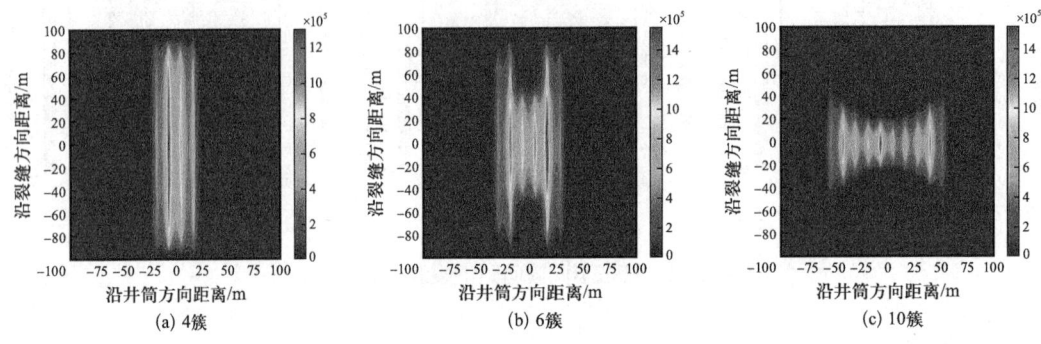

图4.4.14 模拟不同簇数下裂缝扩展缝网渗透率(单位:mD)

(3)施工排量。

施工排量是影响多簇压裂形成剪切和张性改造体积、施工压力、净压力的重要参数,直接影响着压裂改造效果。因此,设置总施工排量范围为$4 \sim 16 \text{ m}^3/\text{min}$,分析不同施工排量对裂缝扩展改造体积、缝网渗透率的影响。

模拟不同排量下裂缝扩展改造体积,从图4.4.15中可以看出,随着排量逐渐增加,各簇分配流量越多,用于支撑裂缝扩展和裂缝滤失的压裂液体积增加,从而导致水力裂缝扩展缝长越长、缝宽越宽;并且缝内净压力和孔隙压力不断增大,越容易达到页岩发生剪性破坏和张性破坏的临界净压力状态,使得改造缝长及宽度增加,改造体积越大。

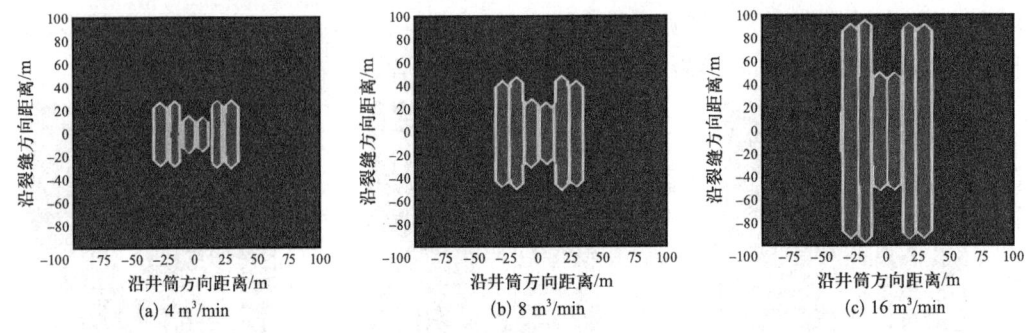

图4.4.15 模拟不同排量下裂缝扩展改造体积

模拟不同施工排量下裂缝扩展缝网渗透率,从图4.4.16中,可以看出,一方面,随着施工排量的增加,由于缝内净压力和孔隙压力不断增大[17],各簇裂缝周围薄弱点张开的法向开度、剪切膨胀开度增大以及周围薄弱点基质块体积增加,使得构建缝网"人工改造油气藏"高渗透带面积和缝网渗透率逐渐增加,基质流体流动阻力减小而越容易被采出;另一方面,排量越大,净压力越大使得簇间诱导应力越强,中间两簇的受到两边射孔簇的应力干扰就越强烈,压应力使得中间簇缝宽更小分配流量少,裂缝扩展越不均衡。因此,在满足施工条件情况下,应选择适当排量施工,保证既兼顾近井和远井储层有效动用,又兼顾各簇裂缝扩展较为均衡。

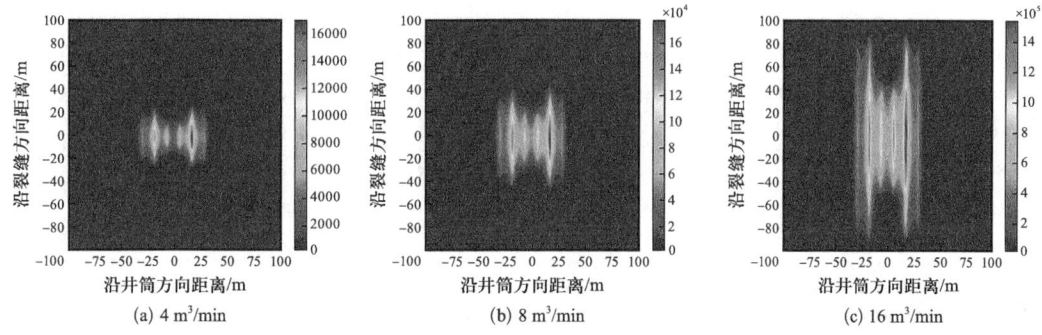

图 4.4.16　模拟不同排量下裂缝扩展缝网渗透率(单位:mD)

(4)压裂液黏度。

压裂液黏度是影响多簇压裂形成剪切和张性改造体积、施工压力、净压力的重要参数,直接影响着压裂改造效果。因此,设置压裂液黏度范围为 5~40 mPa·s,分析不同压裂液黏度对裂缝扩展改造体积、缝网渗透率的影响。

从图 4.4.17 中可以看出,随着压裂液黏度增加,改造体积逐渐减小,压裂液黏度为 5~10 mPa·s 有利于增大改造体积;进一步分析,随着压裂液黏度逐渐增加,缝内净压力增大,滤失体积少,用于支撑裂缝扩展的压裂液体积越大和能量越足,使得水力裂缝扩展缝长越长、缝宽越宽;但是各簇裂缝滤失量显著减小,压力波响应区域面积减小,剪性和张性破坏区域面积减小,使得改造缝长增加而改造宽度减小,总改造体积逐渐减小。

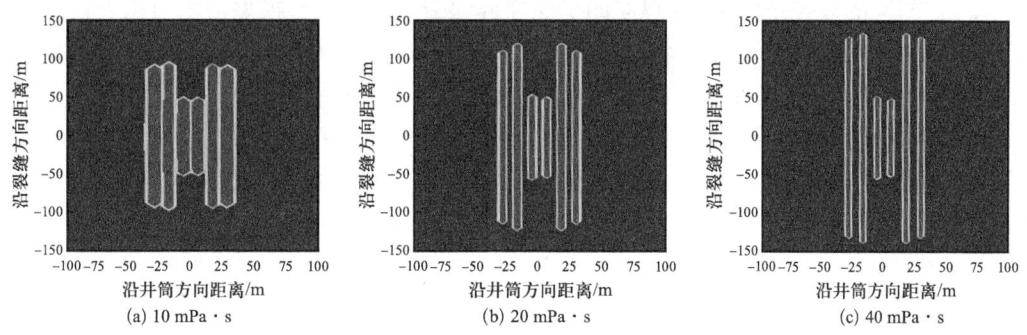

图 4.4.17　不同黏度下裂缝扩展改造体积

模拟不同黏度下裂缝扩展缝网渗透率,从图 4.4.18 中可以看出,一方面,随着压裂液黏度的增加,滤失量显著减小,压力波响应区域面积减小,使得各簇裂缝周围薄弱点张开的法向开度、剪切膨胀开度减小以及周围薄弱点基质块体积减小,使得构建缝网"人工改造油气藏"高渗透带面积和缝网渗透率逐渐减小,基质流体流动阻力增加而越不容易被采出;另一方面,压裂液黏度越大,净压力越大使得簇间诱导应力越强,中间两簇的受到两边射孔簇的应力干扰就越强烈,压应力使得中间簇缝宽更小分配流量少,缝长增长被抑制,而外侧裂缝增长被加强,裂缝扩展越不均衡。因此,在满足施工条件情况下,应选择适当压裂液黏度施工,保证既兼顾近井和远井储层有效动用,又兼顾各簇裂缝扩展较为均衡。

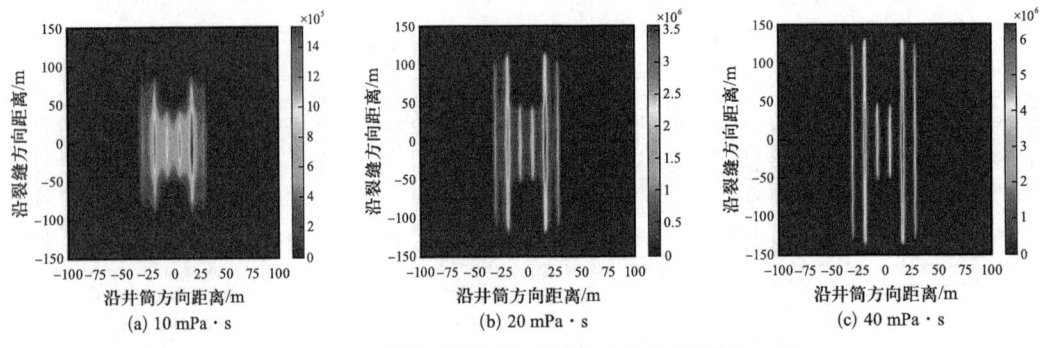

图 4.4.18　不同黏度下裂缝扩展缝网渗透率(单位:mD)

4.5　本章小结

(1)利用岩石固体变形和基质流体压力扩散、缝内流体流动动量平衡和质量守恒原理,基于裂缝起裂判据和裂缝复合断裂扩展准则,采用位移不连续法(DDM)建立射孔簇起裂和扩展流固耦合模型;在此基础上,考虑储层物性非均质性、射孔孔眼压降等,耦合多簇裂缝流量动态分配、先起裂射孔簇延伸和裂缝诱导应力、各向异性诱导应力,建立了各向异性页岩平面裂缝起裂-扩展耦合模型;再根据多簇裂缝诱导导致储层孔隙压力场变化,基于储层岩石剪性和张性破坏力学条件,建立起多簇裂缝改造体积预测模型。

(2)在相同的模拟条件下,将建立的平面裂缝起裂与扩展耦合模型与水力压裂物模实验(试样 Y200-1)模拟结果对比,本书模型与水力压裂实验压力曲线、压力变化率曲线、2 簇水力压裂实验水力裂缝扩展轨迹基本吻合,充分说明了本书模型的正确性和合理性。

(3)多簇平面裂缝模拟结果表明,射孔簇渗透率非均质分布使得高渗射孔簇先起裂、低渗射孔后起裂和高渗射孔簇滤失量大、低渗射孔簇滤失量小,导致各簇流量分配不平衡;随着簇间距逐渐减小,中间簇缝间应力干扰越强,压应力使得裂缝缝宽过窄,增大了缝内流体阻力,致使进液量变少,改造宽度和张性改造体积越小,而外侧裂缝受到的压应力越小,改造宽度和张性改造体积越大;随着簇数逐渐增加,簇间诱导应力成倍增加,中间簇裂缝增长抑制效应不断增涨,压力波响应源减小、孔隙压力减小使得中间簇周围薄弱点张开的法向开度、剪切膨胀开度减小,而外侧裂缝增长抑制效应不断减小,外侧裂缝周围薄弱点张开的法向开度、剪切膨胀开度增大,使得由长方形高渗带逐渐转变为凹陷型高渗透带。

(4)随着施工排量的增加,由于缝内净压力和孔隙压力不断增大,各簇裂缝周围薄弱点法向开度、剪切膨胀开度增大以及周围薄弱点基质块体积增加，使得高渗透带面积和缝网渗透率逐渐增加；随着压裂液黏度的增加，滤失量显著减小，压力波响应区域面积减小，使得各簇裂缝周围薄弱点张开的法向开度、剪切膨胀开度减小以及周围薄弱点基质块体积减小，使得高渗透带面积和缝网渗透率逐渐减小；施工排量和压裂液黏度越大，净压力越大使得簇间诱导应力越强，中间两簇受到两边射孔簇的应力干扰就越强烈，压应力使得中间簇缝宽更小分配流量少，缝长增长被抑制，而外侧裂缝增长被加强，裂缝扩展越不均衡。

（5）射孔簇渗透率非均质分布导致各簇起裂次序不同、孔眼摩阻不同、进液量分配不平衡、诱导应力不同以及滤失体积差异，都会导致各簇裂缝最终发育较为非均衡；大簇间距、少簇数、低压裂液黏度能够有利于多簇平面裂缝均衡扩展；簇间距 9~15 m，簇数 4~6 簇，压裂液黏度 5~10 mPa·s、大排量（16 m³/min）有利于提高改造体积。

参 考 文 献

[1] Raghavan Rajagopal, Scorer JDT, Miller Floyd G. An investigation by numerical methods of the effect of pressure – dependent rock and fluid properties on well flow tests[J]. Society of Petroleum Engineers Journal, 1972, 12(3): 267 – 275.

[2] Asgian Mi. A numerical model of fluid – flow in deformable naturally fractured rock masses[J]. International Journal of Rock Mechanics and Mining Science & Geomechanics Abstracts, 1989, 26(3 – 4): 317 – 328.

[3] Detournay Emmanuel, Cheng Alexander H D. Poroelastic response of a borehole in a non – hydrostatic stress field[J]. International Journal of Rock Mechanics & Mining Sciences & Geomechanics Abstracts, 1988, 25(3): 171 – 182.

[4] Zhang Xiangxiang, Wang Jianguo, Gao Feng, et al. Numerical study of fracture network evolution during nitrogen fracturing processes in shale reservoirs[J]. Energies, 2018, 11(10): 2503.

[5] Tao Qingfeng, Ghassemi Ahmad, Ehlig – Economides Christine A, A fully coupled method to model fracture permeability change in naturally fractured reservoirs[J]. International Journal of Rock Mechanics and Mining Sciences, 2011, 48(2): 259 – 268.

[6] Carvalho Jose Luis. Poroelastic effects and influence of material interfaces on hydraulic fracture behaviour[J], 1990.

[7] Sir Horace Lamb. Hydrodynamics[M]. Cambridge: University Press, 1924.

[8] Charlez Philippe A. Rock mechanics: petroleum applications(2nd ed.)[M]. Paris: Editions Technip, 1997.

[9] Olson Jon Edward. Fracture mechanics analysis of joints and veins[D]. California: Stanford University, 1991.

[10] Bunger Andrew P, Jeffrey Robert G, Zhang Xi. Constraints on simultaneous growth of hydraulic fractures from multiple perforation clusters in horizontal wells[J]. SPE Journal, 2014, 19(4): 608 – 620.

[11] Lecampion Brice, Bunger Andrew, Zhang Xi. Numerical methods for hydraulic fracture propagation: A review of recent trends[J]. Journal of natural gas science and engineering, 2018, 49: 66 – 83.

[12] Diwu Pengxiang, Liu Tongjing, You Zhenjiang, et al. Effect of low velocity non – Darcy flow on pressure response in shale and tight oil reservoirs[J]. Fuel, 2018, 216: 398 – 406.

[13] Hossain Md Mofazzal, Rahman Mohammad Mustafizur, Rahman Sheik S. A shear dilation stimulation model for production enhancement from naturally fractured reservoirs[J]. SPE Journal, 2002, 7(2): 183 – 195.

[14] Guo Jianchun, Liu Yuxuan. A comprehensive model for simulating fracturing fluid leakoff in natural fractures[J]. Journal of Natural Gas Science & Engineering, 2014, 21: 977 – 985.

[15] 赵金洲，陈曦宇，李勇明，等．水平井分段多簇压裂模拟分析及射孔优化[J]．石油勘探与开发，2017, 44(1): 117 – 124.

[16] Zeng Fanhui, Zhang Yu, Guo Jianchun, et al. Investigation and field application of ultra – high density fracturing technology in unconventional reservoirs[C]. SPE/AAPG/SEG Asia Pacific Unconventional Resources Technology Conference, Virtual, November, 2021: URTEC – 208347 – MS.

[17] Zeng Fanhui, Zhang Yu, Guo Jianchun, et al. Optimized completion design for triggering a fracture network to enhance horizontal shale well production[J]. Journal of Petroleum Science and Engineering, 2020, 190: 107043.

第5章　各向异性页岩非平面裂缝起裂-扩展耦合模型及应用

根据各向异性页岩非平面裂缝起裂-扩展物理模型及基本假设,在各向异性页岩平面裂缝起裂-扩展耦合模型基础上,考虑非平面裂缝网络流体流动,叠加多裂缝诱导应力、原地应力、各向异性诱导应力及激活天然裂缝诱导应力,耦合多簇裂缝流量动态分配、水力裂缝穿插天然裂缝形成分叉裂缝流量分配和压力平衡;采用位移不连续法(DDM)和流体流动函数模拟了岩石和流体力学耦合的裂缝扩展机制;根据多簇水力裂缝与天然裂缝重新张开、剪切滑移、穿过交互判断准则以及裂缝Ⅰ型、Ⅱ型复合断裂扩展准则,建立起各向异性页岩非平面裂缝起裂-扩展耦合模型;再根据离散裂缝网络中非平面多簇水力裂缝和激活天然裂缝响应源诱导致储层孔隙压力场变化,基于储层岩石剪切滑移和张性破坏力学条件和缝网渗透率模型,建立起非平面多簇裂缝改造体积模型。

5.1　物理模型及基本假设

各向异性页岩储层水平井多簇非平面裂缝起裂与扩展是一个非常复杂的物理过程,受多个影响因素相互干扰,主要耦合以下几个过程:(1)多簇裂缝起裂-扩展过程;(2)多裂缝流量动态分配和分叉天然裂缝流量分配;(3)先起裂射孔簇延伸形成裂缝产生的诱导应力和穿插激活天然裂缝诱导应力。图5.1.1为页岩储层多簇非平面裂缝起裂与扩展物理模型,有 M 个射

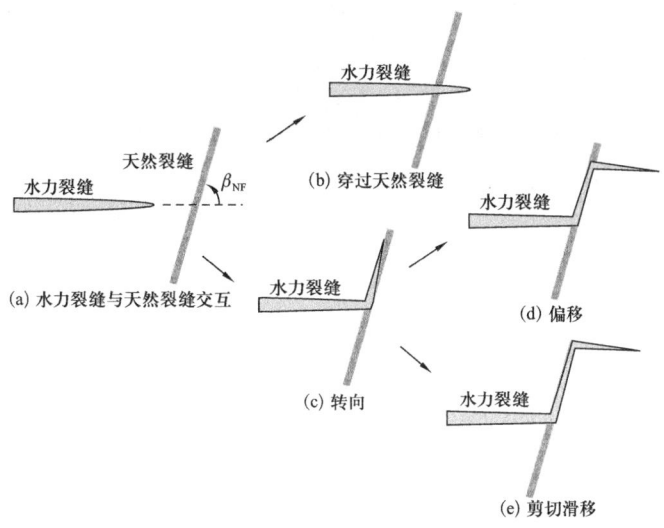

图5.1.1　各向异性页岩多簇非平面裂缝起裂与扩展物理模型

孔簇起裂形成 m 条裂缝,水力裂缝与天然裂缝交互可能形成穿过天然裂缝和沿着天然裂缝转向两种类型,沿着天然裂缝转向又分为偏移天然裂缝转向和沿着天然裂缝剪切滑移转向[1-2]。

在多簇裂缝起裂扩展基础上,每簇水力裂缝逼近天然裂缝交互扩展,以此类推,直到施工结束。因此,作出以下基本假设:(1)储层井眼周围应力为页岩各向异性横观各向同性;(2)二维裂缝断面椭圆形裂缝;(3)不考虑压裂液滞后现象,即裂缝前沿与流体前沿始终保持一致;(4)不考压裂液与储层岩石作用后的化学作用。

5.2 非平面裂缝起裂－扩展流固耦合模型

在各向异性页岩平面裂缝起裂－扩展耦合模型基础上,考虑非平面裂缝网络流体流动,叠加多裂缝诱导应力、原地应力、各向异性诱导应力及激活天然裂缝诱导应力,耦合多簇裂缝流量动态分配、水力裂缝穿插了天然裂缝形成分叉缝流量分配和压力平衡;采用位移不连续法(DDM)和流体流动函数模拟了岩石和流体力学耦合的裂缝扩展机制;根据多簇水力裂缝与天然裂缝重新张开、剪切滑移、穿过交互判断准则以及裂缝Ⅰ型、Ⅱ型复合断裂扩展准则,建立起各向异性页岩非平面裂缝起裂－扩展耦合模型;再根据非平面多簇裂缝诱导导致储层孔隙压力场变化,基于储层岩石剪切滑移和张性破坏力学条件和缝网渗透率模型,建立起非平面多簇裂缝改造体积模型。

5.2.1 水力裂缝与天然裂缝交互

页岩地层具有层理结构特征,通常含有天然裂缝,水力裂缝扩展与天然裂缝交互作用,从而形成复杂裂缝网络。裂缝网络的复杂性取决于水力裂缝在遇到天然裂缝时的力学行为。穿过天然裂缝的水力裂缝是造成裂缝复杂性的机制之一。如果水力裂缝在不改变方向的情况下穿过天然裂缝,水力裂缝本质上仍然是平面裂缝;如果水力裂缝没有穿过天然裂缝,而是沿着天然裂缝扩张和传播,可能会形成复杂的裂缝网络。在特定的原位应力、岩石和天然裂缝特性、压裂液特性和施工条件下,确定水力裂缝是否穿过天然裂缝十分重要[3]。水力裂缝在地层中延伸过程中会对地层产生诱导应力,因此天然裂缝的受力实际上是原地应力和水力裂缝产生的诱导应力叠加,图5.2.1描述了水力裂缝接近天然裂缝时,天然裂缝面上的应力分布,水力裂缝和天然裂缝的逼近角为 β_{NF}。

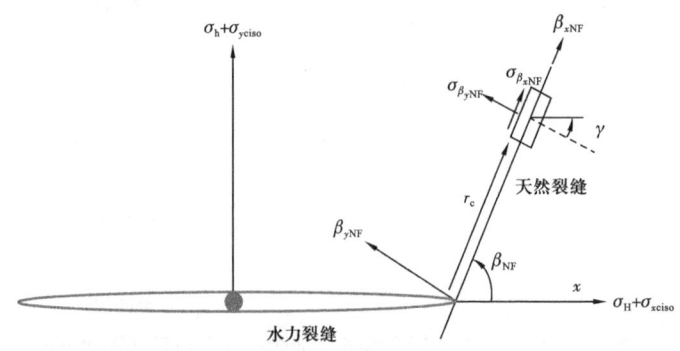

图 5.2.1　水力裂缝和天然裂缝交互物理模型

天然裂缝面上的正应力、剪应力为[2]

$$\begin{Bmatrix} \sigma_{xx\text{NF}} \\ \sigma_{yy\text{NF}} \\ \tau_{xy\text{NF}} \end{Bmatrix}(r,\theta) = \begin{Bmatrix} \sigma_H + \sigma_{x\text{ciso}} \\ \sigma_h + \sigma_{y\text{ciso}} \\ 0 \end{Bmatrix} + \frac{K_I}{\sqrt{2\pi r}} \begin{bmatrix} \cos\frac{\theta}{2}\left(1 - \sin\frac{\theta}{2}\sin\frac{3\theta}{2}\right) \\ \cos\frac{\theta}{2}\left(1 + \sin\frac{\theta}{2}\sin\frac{3\theta}{2}\right) \\ \sin\frac{\theta}{2}\cos\frac{\theta}{2}\cos\frac{3\theta}{2} \end{bmatrix} \tag{5.2.1}$$

式中:$\sigma_{xx\text{NF}}$、$\sigma_{yy\text{NF}}$、$\tau_{xy\text{NF}}$为天然裂缝面一点的正应力和剪应力分量,MPa;σ_H、σ_h为地层最大、最小水平主应力,MPa;$\sigma_{x\text{ciso}}$、$\sigma_{y\text{ciso}}$为采用第3章式(3.3.15)计算的x、y、xy方向各向异性井周应力,MPa;K_I为采用式(4.2.21)计算的Ⅰ型应力强度因子,MPa·m$^{1/2}$;r为水力裂缝尖端到天然裂面一点的距离,m;θ为最大水平主应力方向与水力裂缝尖端到天然裂缝天然裂缝面一点连线的夹角,(°)。

令$K = K_I \cos\theta/(2\sqrt{2\pi r})$,将式(5.2.1)中应力转化到坐标$\beta_{x\text{NF}}$和$\beta_{y\text{NF}}$下,则天然裂缝面应力为

$$\begin{Bmatrix} \sigma_{\beta x\text{NF}} \\ \sigma_{\beta y\text{NF}} \\ \tau_{\beta\text{NF}} \end{Bmatrix}(r,\theta,\beta_{\text{NF}}) = \begin{Bmatrix} K \\ K \\ 0 \end{Bmatrix} + K\begin{Bmatrix} -\sin\frac{\theta}{2}\sin\frac{3\theta}{2}\cos 2\beta_{\text{NF}} \\ \sin\frac{\theta}{2}\sin\frac{3\theta}{2}\cos 2\beta_{\text{NF}} \\ \sin\frac{\theta}{2}\sin\frac{3\theta}{2}\sin 2\beta_{\text{NF}} \end{Bmatrix} + K\begin{Bmatrix} \sin\frac{\theta}{2}\cos\frac{3\theta}{2}\sin 2\beta_{\text{NF}} \\ -\sin\frac{\theta}{2}\cos\frac{3\theta}{2}\sin 2\beta_{\text{NF}} \\ \sin\frac{\theta}{2}\cos\frac{3\theta}{2}\cos 2\beta_{\text{NF}} \end{Bmatrix}$$

(5.2.2)

当水力裂缝与天然裂缝交互时,天然裂缝可能会发生张开、剪切滑移以及穿过等,都会极大地影响水力裂缝延伸路径。因此,分别建立水力裂缝与天然裂缝交互时天然裂缝的张开、剪切和穿过破坏准则模型。

(1)天然裂缝重新张开。

当裂缝尖端位置正应力小于第m条水力裂缝内流体压力时,天然裂缝便会张开[2]:

$$p_f \geq \sigma_{n,m} \tag{5.2.3}$$

裂缝内的流体压力为裂缝尖端周向应力与缝内净压力之和:

$$p_f = \sigma_{n,m} + p_{\text{net},m} \tag{5.2.4}$$

当天然裂缝面满足式(5.2.3)条件发生张性破坏时,根据弹性力学理论,天然裂缝张开宽度为

$$w_m \frac{2(1-v)(p_f - \sigma_{\beta y\text{NF}})H_{\text{NF}}}{E} \tag{5.2.5}$$

式中:w_m为天然裂缝张开宽度,m;H_{NF}为天然裂缝高度,m。

(2)天然裂缝滑移。

发生天然裂缝剪切滑移临界条件为[2]

$$|\tau_{\beta NF,m}| > s_0 - \mu_f(\sigma_{n,m} - p_f) \tag{5.2.6}$$

当满足式(5.2.6)天然裂裂缝滑移条件时,剪切位移为

$$u_{s,k} = \frac{k_o + 1}{4G}\tau_{\beta,i}l\sqrt{1 - \left(\frac{x}{l}\right)^2} \tag{5.2.7}$$

式中:s_0 为天然裂缝面的黏聚力,MPa;$u_{s,k}$ 为剪切位移,m;k_o 为 Kolosov 常数,$k_o = 3 - 4v$;G 为剪切模量,$G = E/[2(1+v)]$,MPa;x 为裂缝面上任意点坐标,m;l 为天然裂缝半长,m。

(3)水力裂缝穿过天然裂缝。

水力裂缝穿过天然裂缝条件为[2]

$$\sigma_1 = \frac{\sigma_{xxNF} + \sigma_{yyNF}}{2} + \sqrt{\left(\frac{\sigma_{xxNF} - \sigma_{yyNF}}{2}\right)^2 + \tau_{xyNF}^2} \tag{5.2.8}$$

临界穿过时 σ_1 达到抗张强度 σ_T:

$$\sigma_1 = \sigma_T \tag{5.2.9}$$

除满足式(5.2.9)外,还必须满足 $|\tau_{\beta NF,m}| > s_0 - \mu_f(\sigma_{n,m} - p_f)$ 条件,当两个条件同时满足时,水力裂缝将穿过天然裂缝而继续延伸。考虑各向异性诱导应力和原地应力诱导应力共同影响,令 $T = \sigma_T - (\sigma_H + \sigma_{xciso} - \sigma_h - \sigma_{yciso})/2$,并将式(5.2.1)至式(5.2.8)代入式(5.2.9),整理得

$$\cos^2\frac{\theta}{2}K^2 + 2\left(\frac{\sigma_H + \sigma_{xciso} - \sigma_h - \sigma_{yciso}}{2}\sin\frac{\theta}{2}\sin\frac{3\theta}{2} - T\right)K$$
$$+ \left[T^2 - \left(\frac{\sigma_H + \sigma_{xciso} - \sigma_h - \sigma_{yciso}}{2}\right)^2\right] = 0 \tag{5.2.10}$$

式(5.2.10)的解对应的临界距离为

$$r_c = \left(\frac{K_I}{\sqrt{2\pi}K}\cos\frac{\theta}{2}\right)^2 \tag{5.2.11}$$

式(5.2.10)的解对应的转向角度为

$$\gamma = \frac{1}{2}\arctan\left(\frac{2\tau_{\beta NF}}{\sigma_{\beta xNF} - \sigma_{\beta yNF}}\right) \tag{5.2.12}$$

式中:γ 为裂缝转向角度,(°)。

5.2.2 非平面多簇裂缝流量动态分配

多簇非平面裂缝流量动态分配与多簇平面裂缝流量动态分配区别在于,增加水力裂缝穿过天然裂缝判断准则、水力裂缝穿过天然裂缝分叉缝的流量分配、节点压力平衡、激活天然裂缝诱导应力及滤失。因此,在多簇平面裂缝流量动态分配的基础上考虑上述因素。

(1)流量平衡。

基于 Kirchoff 第一定律,在进行水平井分段多簇压裂时,压裂泵的总排量为 Q_t,总流量

被分到各簇，水平井第 k 射孔簇水力裂缝扩展到第 j 段的排量为 $Q_{k,j}$，流体的总排量等于所有裂缝每簇排量之和，即

$$Q_\text{t} = \sum_{k=1}^{M} Q_{k,j} \tag{5.2.13}$$

对于水力裂缝穿插了天然裂缝形成分叉缝，此时流量为[4]

$$Q_{S(j-1)} = \sum_{i=1}^{n} q_{Si} = \sum_{i=1}^{n} T_{Si} \lambda (p_{S(j-1)i} - p_{Si}) \tag{5.2.14}$$

式中：q_{Si} 为水力裂缝穿过第 S 条天然裂缝形成的 n 个节点中第 i 节点流向上一个步长裂缝的流量，m^3/min；T_{ki} 为可传递性的几何因子；λ 为流体流动阻力系数；p_{fk}、p_{fi} 为上一个步长第 k 簇、目前 i 节点缝内流体压力，MPa。

对于一个有 n 个分叉的裂缝(图 5.5.2)，可传递性的几何因子为

$$T_{ki} = \frac{\alpha_k \alpha_i}{\sum\limits_{i=1}^{n} \alpha_i} \tag{5.2.15}$$

式中：α_k 为第 k 分叉裂缝的流动能力系数，m^3。

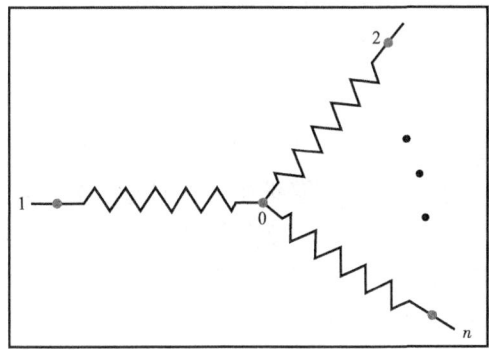

图 5.2.2　分叉裂缝流量分配

其中：

$$\alpha_i = \frac{A_i k_{fi}}{D_i} \tag{5.2.16}$$

式中：k_{fi} 为第 i 分叉裂缝渗透率，D；A_i 为第 i 分叉裂缝面积，m^2；D_i 为第 i 分叉裂缝距离中心节点的距离，m。

引入立方定律表征裂缝渗透率[5]：

$$k_i = \frac{w_{\text{NF}i}^3}{12 D_i} \tag{5.2.17}$$

将式(5.2.17)代入式(5.2.16)，得

$$\alpha_i = \frac{A_i w_{\mathrm{NF}i}^3}{12 D_i^2} \tag{5.2.18}$$

式中：w_{NF} 为天然裂缝缝宽，m。

(2) 压力平衡。

基于 Kirchoff 第二定律，将图 4.4.1 中水平井筒中（O 靶点）作为参考点，建立水平井筒中流体压力平衡准则。则 O 靶点的井筒压力等于各簇非平面裂缝入口处的流体压力、射孔孔眼处的摩阻之和：

$$p_w = p_{\mathrm{pf}k,j} + p_{\mathrm{f}k,j} (j = 1,2,\cdots,N) \tag{5.2.19}$$

式中：p_w 为水平井裂缝扩展到第 j 段时的井筒流体压力，MPa；$p_{\mathrm{pf}k,j}$ 为水平井裂缝 k 扩展到第 j 段时射孔孔眼的摩阻压力，MPa；$p_{\mathrm{f}k,j}$ 为水平井裂缝 k 扩展到第 j 段时缝口的流体压力，MPa。

水平井裂缝 k 扩展到第 j 段时缝口的流体压力为

$$p_{\mathrm{f}k,j} = p_{\mathrm{net}k,j} + \sigma_{nk,j} \tag{5.2.20}$$

其中，缝内净压力为

$$p_{\mathrm{net}k,j} = p_{\mathrm{f}k,j} - \sigma_{nk,j} \tag{5.2.21}$$

水平井射孔簇裂缝 k 扩展到第 j 段时，缝端周向应力为

$$\sigma_{nk,j} = \frac{\sigma_{\mathrm{mxNF}} + \sigma_{\mathrm{myNF}}}{2} - \frac{\sigma_{\mathrm{mxNF}} - \sigma_{\mathrm{myNF}}}{2} \cos 2\beta_{k,j} \tag{5.2.22}$$

式中：σ_{mxNF}、σ_{myNF}、τ_{mxyNF} 为在 x 和 y 坐标下非平面裂缝产生的正应力和剪应力分量，MPa；$\beta_{k,j}$ 为 k 射孔簇裂缝扩展到第 j 段时裂缝延伸方向与水平方向的夹角，(°)。

多簇非平面裂缝扩展应力是多裂缝诱导应力、原地应力、各向异性诱导应力及激活天然裂缝诱导应力的叠加，在多簇扩展应力场公式（4.3.1）基础上叠加天然裂缝诱导应力，得到在 x 和 y 坐标下正应力和剪应力分量为

$$\sigma_{\mathrm{mxNF}} = \sigma_H + \sigma_{xciso} + \sum_{m=1}^{M}\sum_{i}^{N} \Delta \overset{i,m}{\sigma}_s(x,y,t)\cos\omega_i + \sum_{m=1}^{M}\sum_{i}^{N} \Delta \overset{i,m}{\sigma}_n(x,y,t)\sin\omega_i$$

$$+ \sum_{s=1}^{S}\sum_{i}^{P} \Delta \overset{i,s}{\sigma}_{\mathrm{NFs}}(t)\cos\theta_{\mathrm{NF},s} + \sum_{s=1}^{S}\sum_{i}^{P} \Delta \overset{i,s}{\sigma}_{\mathrm{NFn}}(t)\sin\theta_{\mathrm{NF},s}$$

$$\sigma_{\mathrm{myNF}} = \sigma_h + \sigma_{yciso} + \sum_{m=1}^{M}\sum_{i}^{N} \Delta \overset{i,m}{\sigma}_n(x,y,t)\cos\omega_i + \sum_{m=1}^{M}\sum_{i}^{N} \Delta \overset{i,m}{\sigma}_s(x,y,t)\sin\omega_i$$

$$+ \sum_{s=1}^{S}\sum_{i}^{P} \Delta \overset{i,s}{\sigma}_{\mathrm{NFs}}(t)\sin\theta_{\mathrm{NF},s} + \sum_{s=1}^{S}\sum_{i}^{P} \Delta \overset{i,s}{\sigma}_{\mathrm{NFn}}(t)\cos\theta_{\mathrm{NF},s}$$

$$\tau_{\mathrm{mxyNF}} = \tau_{xyciso} + \sum_{m=1}^{M}\sum_{i}^{N} \Delta \overset{i,m}{\tau}_{sn}(t) + \sum_{s=1}^{S}\sum_{i}^{P} \Delta \overset{i,s}{\tau}_{\mathrm{NFsn}}(t) \tag{5.2.23}$$

式中：σ_H、σ_h、σ_v 为最大水平主应力、最小水平主应力和垂向应力，MPa；β、ψ 为井筒方位角和井斜角，(°)；σ_{xciso}、σ_{yciso}、τ_{xyciso} 为采用式（3.3.15）计算的 x、y、xy 方向各向异性井周应

力,MPa;$\Delta \overset{i,m}{\sigma}_{\mathrm{NFs}}(t)$、$\Delta \overset{i,m}{\sigma}_{\mathrm{NFn}}(t)$、$\Delta \overset{i,m}{\tau}_{\mathrm{NFsn}}(t)$为在 x 和 y 坐标下 t 时刻对应第 m 条射孔簇非平面裂缝扩展到第 i 段正向、切向诱导应力,MPa;$\theta_{\mathrm{NF},s}$ 为第 s 条天然裂缝方位角,(°)。

在多簇裂缝诱导应力计算的基础上,将每条激活天然裂缝视为单簇裂缝位移不连续产生的诱导应力;则多簇裂缝诱导应力场叠加激活天然裂缝诱导应力即可得到多簇非平面裂缝诱导应力场。设有 S 条天然裂缝被激活,则非平面裂缝中第 m 条 i 点诱导应力为

$$\begin{aligned}
\Delta \overset{i,s}{\sigma}_{\mathrm{NFs}}(t) &= \sum_{m=1}^{S-1}\sum_{j=1}^{P} A_{\mathrm{NFsn}}^{i,j,m}(t-\tau_\xi)\Delta \overset{jm\xi}{D}_{\mathrm{NFn}} + \sum_{m=1}^{S-1}\sum_{j=1}^{P} A_{\mathrm{NFss}}^{i,j,m}(t-\tau_\xi)\Delta \overset{jm\xi}{D}_{\mathrm{NFs}} \\
&+ \sum_{m=1}^{S-1}\sum_{j=1}^{P} B_{\mathrm{NF}}^{i,j,m}(t-\tau_\xi)\Delta \overset{jm\xi}{q}_{\mathrm{NFint}} + \sum_{m=1}^{S-1}\sum_{h=0}^{\xi-1}\sum_{j=1}^{P} A_{\mathrm{NFsn}}^{i,j,m}(t-\tau_h)\Delta \overset{jmh}{D}_{\mathrm{NFn}} \\
&+ \sum_{m=1}^{S-1}\sum_{h=0}^{\xi-1}\sum_{j=1}^{P} A_{\mathrm{NFss}}^{i,j,m}(t-\tau_h)\Delta \overset{jmh}{D}_{\mathrm{NFs}} + \sum_{m=1}^{S-1}\sum_{h=0}^{\xi-1}\sum_{j=1}^{P} B_{\mathrm{NF}}^{i,j,m}(t-\tau_h)\Delta \overset{jmh}{q}_{\mathrm{NFint}}
\end{aligned}$$

$$\begin{aligned}
\Delta \overset{i,s}{\sigma}_{\mathrm{NFn}}(t) &= \sum_{m=1}^{S-1}\sum_{j=1}^{P} A_{\mathrm{NFnn}}^{i,j,m}(t-\tau_\xi)\Delta \overset{jm\xi}{D}_{\mathrm{NFn}} + \sum_{m=1}^{S-1}\sum_{j=1}^{P} A_{\mathrm{ns}}^{i,j,m}(t-\tau_\xi)\Delta \overset{jm\xi}{D}_{\mathrm{NFs}} \\
&+ \sum_{m=1}^{S-1}\sum_{j=1}^{P} C_{\mathrm{NF}}^{i,j,m}(t-\tau_\xi)\Delta \overset{jm\xi}{q}_{\mathrm{NFint}} + \sum_{m=1}^{S-1}\sum_{h=0}^{\xi-1}\sum_{j=1}^{P} A_{\mathrm{NFnn}}^{i,j,m}(t-\tau_{\mathrm{NF}h})\Delta \overset{jmh}{D}_{\mathrm{NFn}} \\
&+ \sum_{m=1}^{S-1}\sum_{h=0}^{\xi-1}\sum_{j=1}^{P} A_{\mathrm{NFns}}^{i,j,m}(t-\tau_{\mathrm{NF}h})\Delta \overset{jmh}{D}_{\mathrm{NFs}} + \sum_{m=1}^{S-1}\sum_{h=0}^{\xi-1}\sum_{j=1}^{P} C_{\mathrm{NF}}^{i,j,m}(t-\tau_{\mathrm{NF}h})\Delta \overset{jmh}{q}_{\mathrm{NFint}}
\end{aligned}$$

$$\begin{aligned}
\Delta \overset{i,s}{\tau}_{\mathrm{NFsn}}(t) &= \sum_{m=1}^{S-1}\sum_{j=1}^{P} A_{\mathrm{NFsn}}^{i,j,m}(t-\tau_{\mathrm{NF}\xi})\Delta \overset{jx\xi}{D}_n + \sum_{m=1}^{S-1}\sum_{j=1}^{P} A_{\mathrm{NFns}}^{i,j,m}(t-\tau_\xi)\Delta \overset{jm\xi}{D}_{\mathrm{NFs}} \\
&+ \sum_{m=1}^{S-1}\sum_{j=1}^{P} C^{i,j,v}(t-\tau_{\mathrm{NF}\xi})\Delta \overset{jm\xi}{q}_{\mathrm{NFint}} + \sum_{m=1}^{S-1}\sum_{h=0}^{\xi-1}\sum_{j=1}^{P} A_{\mathrm{NFns}}^{i,j,m}(t-\tau_{\mathrm{NF}h})\Delta \overset{jmh}{D}_n \\
&+ \sum_{m=1}^{S-1}\sum_{h=0}^{\xi-1}\sum_{j=1}^{P} A_{\mathrm{NFsn}}^{i,j,m}(t-\tau_{\mathrm{NF}h})\Delta \overset{jmh}{D}_{\mathrm{NFs}} + \sum_{m=1}^{S-1}\sum_{h=0}^{\xi-1}\sum_{j=1}^{P} C_{\mathrm{NF}}^{i,j,m}(t-\tau_{\mathrm{NF}h})\Delta \overset{jmh}{q}_{\mathrm{NFint}}
\end{aligned}$$

(5.2.24)

式中:$\Delta \overset{j\xi}{D}_{\mathrm{NFn}}$、$\Delta \overset{j\xi}{D}_{\mathrm{NFs}}$ 和 $\Delta \overset{j\xi}{q}_{\mathrm{NFint}}$ 为当前时间步第 j 个断裂段的震源强度增量;$\Delta \overset{jh}{D}_{\mathrm{NFn}}$、$\Delta \overset{jh}{D}_{\mathrm{NFs}}$ 和 $\Delta \overset{jh}{q}_{\mathrm{NFint}}$ 为时间步长 h 处第 j 个断裂段的先前源强度增量,从 1 求和到 $\xi-1$;$\overset{ij}{A}_{\mathrm{NF}}(t-\tau_{\mathrm{NF}h})$、$\overset{ij}{B}_{\mathrm{NF}}(t-\tau_{\mathrm{NF}h})$、$\overset{ij}{C}_{\mathrm{NF}}(t-\tau_{\mathrm{NF}h})$ 为第 j 个断裂单元在时间步 h 对第 i 个断裂单元的影响系数;$\tau_{\mathrm{NF}\xi}$ 为穿过天然裂缝的当前时间,s;$\tau_{\mathrm{NF}h}$ 为穿过天然裂缝的 $\tau_{\mathrm{NF}h}$ 时间,s。

联立式(5.2.13)、式(5.2.14)和式(5.2.19)可以组建非线性方程组:

$$\boldsymbol{F}(Q_1,Q_2,\cdots,Q_M,p_w,q_{11},q_{12},\cdots,q_{Sn},Q_{1(j-1)},\cdots,Q_{S(j-1)},p_{f11},p_{f12},\cdots,p_{fSn}) = 0$$

(5.2.25)

上式为 $[(M+1)+(2n+1)S]$ 维非线性方程组,$\boldsymbol{F}$ 的分量形式为

$$\begin{cases}
f_1 = p_w - p_{pf1}(Q_1^2, Q_2^2, \cdots, Q_M^2, p_w) \\
\quad - p_{f1}(Q_1, Q_2, \cdots, Q_M, p_w, q_{11}, q_{12}, \cdots, q_{Sn}, Q_{1(j-1)}, \cdots, Q_{S(j-1)}, p_{f11}, p_{f12}, \cdots, p_{fSn}) \\
f_2 = p_w - p_{pf2}(Q_1^2, Q_2^2, \cdots, Q_M^2, p_w) \\
\quad - p_{f2}(Q_1, Q_2, \cdots, Q_M, p_w, q_{11}, q_{12}, \cdots, q_{Sn}, Q_{1(j-1)}, \cdots, Q_{S(j-1)}, p_{f11}, p_{f12}, \cdots, p_{fSn}) \\
\quad \vdots \\
f_M = p_w - p_{pfM}(Q_1^2, Q_2^2, \cdots, Q_M^2, p_w) \\
\quad - p_{f2}(Q_1, Q_2, \cdots, Q_M, p_w, q_{11}, q_{12}, \cdots, q_{Sn}, Q_{1(j-1)}, \cdots, Q_{S(j-1)}, p_{f11}, p_{f12}, \cdots, p_{fSn}) \\
f_{M+1} = Q_t - (Q_1 + Q_2 + \cdots + Q_M) \\
f_{M+1+1} = Q_{1(j-1)} - (q_{11} + q_{12} + \cdots + q_{1n}) \\
f_{M+1+2} = Q_{2(j-1)} - (q_{21} + q_{22} + \cdots + q_{2n}) \\
\quad \vdots \\
f_{M+1+S} = Q_{S(j-1)} - (q_{S1} + q_{S2} + \cdots + q_{Sn}) \\
f_{M+1+S+1} = q_{11} - T_{11}\lambda(p_{1(j-1)1} - p_{11}) = q_{12} - T_{12}\lambda(p_{1(j-1)2} - p_{12}) = \cdots \\
\quad = q_{1n} - T_{1n}\lambda(p_{1(j-1)n} - p_{1n}) \\
\quad \vdots \\
f_{M+1+S+S} = q_{S1} - T_{S1}\lambda(p_{S(j-1)1} - p_1) = q_{S2} - T_{S2}\lambda(p_{S(j-1)2} - p_2) = \cdots \\
\quad = q_{Sn} - T_{Sn}\lambda(p_{S(j-1)n} - p_{Sn}) \\
f_{M+1+S+S+1} = p_{f2,11}(Q_1, Q_2, \cdots, Q_M, p_w, q_{11}, q_{12}, \cdots, q_{Sn}, Q_{1(j-1)}, \cdots, Q_{S(j-1)}, p_{f11}, p_{f12}, \cdots, p_{fSn}) - p_{11} \\
\quad = \cdots = p_{f2,1n}(Q_1, Q_2, \cdots, Q_M, p_w, q_{11}, q_{12}, \cdots, q_{Sn}, p_{f11}, p_{f12}, \cdots, p_{fSn}) - p_{1n} \\
\quad \vdots \\
f_{M+1+S+S+S} = p_{f2,S1}(Q_1, Q_2, \cdots, Q_M, p_w, q_{11}, q_{12}, \cdots, q_{Sn}, Q_{1(j-1)}, \cdots, Q_{S(j-1)}, p_{f11}, p_{f12}, \cdots, p_{fSn}) - p_{S1} \\
\quad = \cdots = p_{f2,Sn}(Q_1, Q_2, \cdots, Q_M, p_w, q_{11}, q_{12}, \cdots, q_{Sn}, Q_{1(j-1)}, \cdots, Q_{S(j-1)}, p_{f11}, p_{f12}, \cdots, p_{fSn}) \\
\quad - p_{Sn}
\end{cases}$$

(5.2.26)

同样采用牛顿-拉弗森迭代法[6]求解非线性方程组(5.2.25),可以写成

$$F(x_1, x_2, \cdots, x_{M+1+Sn+Sn+S}) = 0 \tag{5.2.27}$$

令 $x^{(k)} = [x_1^{(k)}, x_2^{(k)}, \cdots, x_{M+1+2Sn+S}^{(k)}]^T$,将函数 $F(x)$ 的分量 $f_i(x)$ ($i = 1, \cdots, M+1+$

$2Sn+S$)在 $\boldsymbol{x}^{(k)}$ 用多元复合函数泰勒展开,并取其线性部分,则可表示为

$$F(\boldsymbol{x}) \approx F(\boldsymbol{x}^{(k)}) + F'(\boldsymbol{x}^{(k)})(\boldsymbol{x}-\boldsymbol{x}^{(k)}) \tag{5.2.28}$$

令上式为零,得到线性方程组:

$$F'(\boldsymbol{x}^{(k)})(\boldsymbol{x}-\boldsymbol{x}^{(k)}) = -F(\boldsymbol{x}^{(k)}) \tag{5.2.29}$$

式(5.2.29)中 $F'(\boldsymbol{x})$ 为雅克比矩阵:

$$F'(\boldsymbol{x}) = \begin{pmatrix} \dfrac{\partial f_1(\boldsymbol{x})}{\partial x_1} & \dfrac{\partial f_1(\boldsymbol{x})}{\partial x_2} & \cdots & \dfrac{\partial f_1(\boldsymbol{x})}{\partial x_{M+1+2Sn+S}} \\ \dfrac{\partial f_2(\boldsymbol{x})}{\partial x_1} & \dfrac{\partial f_2(\boldsymbol{x})}{\partial x_2} & \cdots & \dfrac{\partial f_2(\boldsymbol{x})}{\partial x_{M+1+2Sn+S}} \\ \vdots & \vdots & & \vdots \\ \dfrac{\partial f_{M+1}(\boldsymbol{x})}{\partial x_1} & \dfrac{\partial f_{M+1}(\boldsymbol{x})}{\partial x_{M+1}} & \cdots & \dfrac{\partial f_{M+1+2Sn+S}(\boldsymbol{x})}{\partial x_{M+1+2Sn+S}} \end{pmatrix} \tag{5.2.30}$$

解非线性方程组(5.2.29)的牛顿迭代格式为

$$\boldsymbol{x}^{(k+1)} = \boldsymbol{x}^{(k)} - F'(\boldsymbol{x}^{(k)})^{-1} F(\boldsymbol{x}^{(k)}) \quad (k=0,1,\cdots) \tag{5.2.31}$$

因此,根据式(5.2.31)相邻迭代根 $\|\boldsymbol{x}^{(k)}-\boldsymbol{x}^{(k-1)}\|$ 范数小于一定误差,就能求解出每个射孔簇的流量以及压力、分叉裂缝流量及压力。

(3)计算流程。

计算流程图如图5.2.3所示。

5.2.3　非平面裂缝改造体积预测

进行非平面裂缝改造体积预测,首先基于天然裂缝参数所服从的概率分布规律,通过蒙特卡洛随机建模、缝网分形维数重构、离散裂缝网络反演,建立起和储层实际裂缝参数分布在统计意义上等效的裂缝网络;再利用建立的非平面裂缝起裂扩展模型模拟的多簇水力裂缝与穿过裂缝网络中激活天然裂缝共同构建压力波响应源,获得非平面裂缝周围孔隙压力,利用上文建立的改造体积方法预测非平面裂缝改造体积。

5.2.3.1　离散裂缝网络建模

由于水力裂缝(HF)可激活天然裂缝(NF)形成复杂的裂缝网络(CFN),从而显著提高压裂产量,因此多簇射孔裂缝水平井被广泛应用于页岩储层开发。因此,准确地描述和优化设计裂缝网络结构是页岩储层开发的关键。由于人类无法直接测量地下页岩储层天然裂缝网络,一般是通过微地震蚂蚁体解释、成像测井、井下岩心等技术定量和定性间接获取天然裂缝参数(包括天然裂缝长度、天然裂缝倾角、天然裂缝密度、天然裂缝位置等)。进而基于天然裂缝参数所服从的概率分布规律,采用Monte-Carlo模拟方法[54]生成和储层实际裂缝参数分布在统计意义上等效的裂缝网络[55]。通常描述页岩储层中天然裂缝特征的参数主

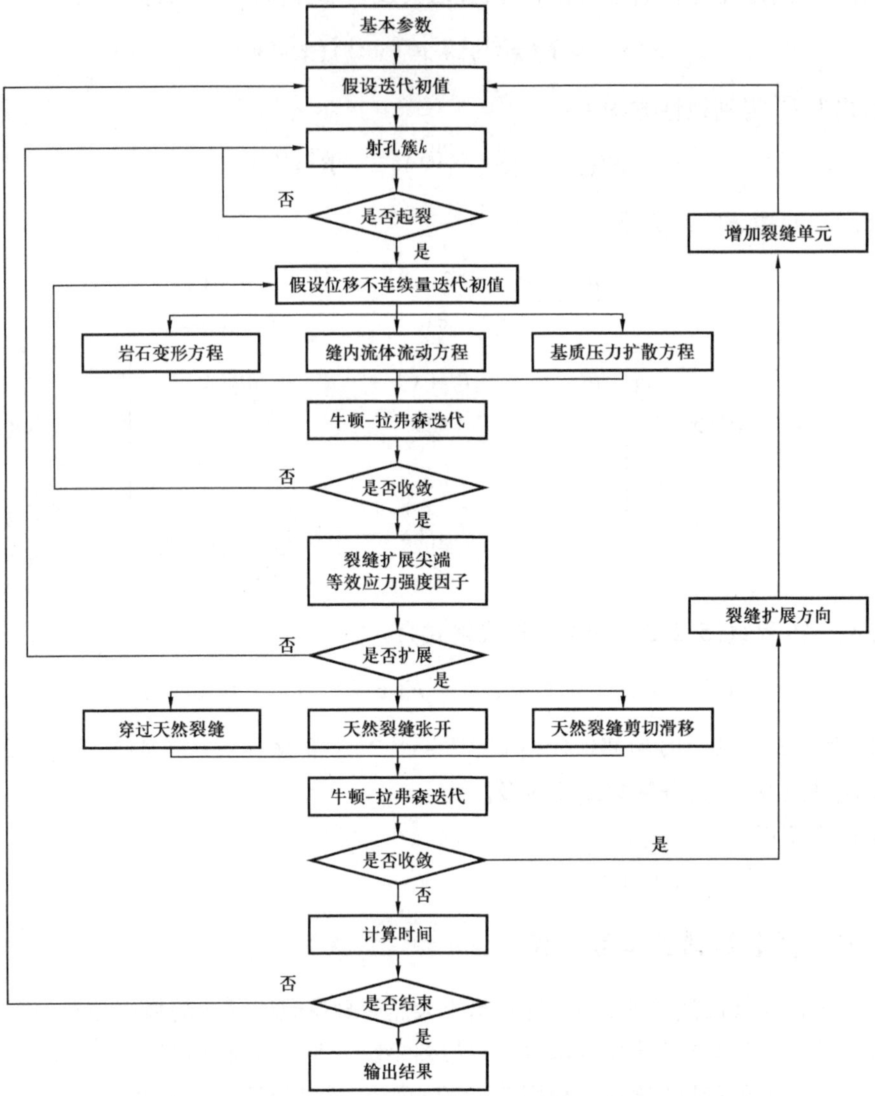

基本参数
假设迭代初值
射孔簇k
否
是否起裂
是
增加裂缝单元
假设位移不连续量迭代初值
岩石变形方程
缝内流体流动方程
基质压力扩散方程
牛顿-拉弗森迭代
否
是否收敛
是
裂缝扩展尖端
等效应力强度因子
裂缝扩展方向
否
是否扩展
是
穿过天然裂缝
天然裂缝张开
天然裂缝剪切滑移
牛顿-拉弗森迭代
是否收敛
是
否
计算时间
否
是否结束
是
输出结果

图 5.2.3　多簇非平面裂缝起裂－扩展流固耦合计算流程

B
天然裂缝长度L
天然裂缝方位角θ_{NF}
O
A
天然裂缝宽度W_{NF}

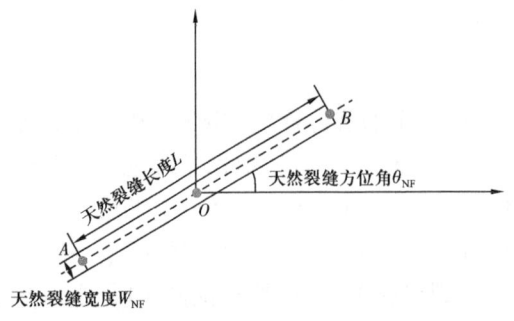

图 5.2.4　天然裂缝表征

要包括天然裂缝位置 O、天然裂缝长度 L、天然裂缝宽度 W_{NF}、天然裂缝方位角 θ_{NF}、天然裂缝密度 DEN 等(图 5.2.4)。通过天然裂缝参数所符合的概率统计特征,生成与实际页岩储层天然裂缝分布等效的离散裂缝网络。

(1)模拟区域生成。

首先在根据研究区域范围确定模拟区域大小,保证生成的所有天然裂缝中心点均在裂缝模拟区域内部,减小边界效应带来的影响;并且保证模拟区域范围大于水力裂缝与天然裂缝相交形成的复杂裂缝范围。

(2)缝网分形维数重构。

已有研究表明,裂缝长度、天然裂缝倾角分布与缝网分形维数密切相关[7],因此,需要根据研究区域的天然裂缝分布情况获取缝网分形维数。以地震蚂蚁体为例,通过扫描图像获取研究区域长度和高度方向的 RGB 像素点,进行灰度处理和二值化处理,可得到由黑白像素点组成的缝网二值图[8]。

再采用边长为 $l(l < L_{max})$ 的正方形盒子覆盖和分割缝网图像,得到不同 l_0 对应的图像分割像素。在此基础上,统计不同大小盒子覆盖区域中包含的裂缝条数 $N(l_0)$。由于裂缝系统具有自相似性,该系统中不同尺度和局部的裂缝子系统满足同一分形特征,具有相同的分形维数[9]。

$$N(l) = \frac{C}{l^D} \tag{5.2.32}$$

式中:$N(l)$ 为以边长为 l 正方形盒子覆盖和分割缝网图像中的盒子个数;C 为常数,取值为 4;l 为盒子边长,小于能覆盖和分割缝网图像的最大长度 L_{max},m;D 为研究区域天然裂缝长度分布分形维数。

对式(5.2.32)两边取对数,双对数坐标中 $\lg N(l)$ 与 $\lg(L_{max}/l)$ 的斜率即为分形维数 D。天然裂缝密度采用单位面积的天然裂缝数量进行计算:

$$DEN = \frac{N}{A} \tag{5.2.33}$$

式中:DEN 为天然裂缝密度,条/m^2;N 为天然裂缝数量,条;A 为研究区域面积,m^2。

根据微地震蚂蚁体图像扫描得到的天然裂缝密度来确定单位面积内的天然裂缝数量,采用盒子法重构模拟区域的天然裂缝分形维数。

(3)天然裂缝长度。

页岩储层中天然裂缝长度从微米级别微裂缝到千米级别的大断层,变化范围极大。通过大量的岩心实验和地质分析,学者们发现页岩储层的天然裂缝长度符合幂律概率分布[7,10]:

$$L = [l_{min}^{-D} - F(l_{min}^{-D} - l_{max}^{-D})]^{-\frac{1}{D}} \tag{5.2.34}$$

式中:L 为天然裂缝长度,m;l_{min}、l_{max} 为选取的天然裂缝长度中最小天然裂缝长度和最大天然裂缝长度,m;$F(l_{min}^{-D} - l_{max}^{-D})$ 为天然裂缝长度在 $[l_{min}, l_{max}]$ 范围内均匀分布的随机概率,$0 \leq F \leq 1$。

然后利用蒙特卡罗方法,根据式(5.2.34)生成天然裂缝长度。Monte-Carlo 法以概率和统计理论方法为基础,其目的是生成满足一定概率分布的随机数[54]。离散裂缝网络建模正是利用研究区对裂缝测量和统计分析所得的天然裂缝密度、天然裂缝长度、天然裂缝宽度等参数的分布规律,按照已知的概率分布类型进行抽样,从而获得与实际地层裂缝分布等效的随机裂缝网络。均匀分布的一般表达式为

$$f(x) = \frac{1}{b-a} \tag{5.2.35}$$

式中：x 的取值范围为 (a,b)，其均值与方差分别为 $\frac{a+b}{2}$ 和 $\frac{(b-a)^2}{12}$。

$[a,b]$ 上均匀分布随机变量的密度函数为

$$f(x) = \begin{cases} \frac{1}{b-a}, & a \leqslant x \leqslant b \\ 0, & \text{其他} \end{cases} \tag{5.2.36}$$

式中：a 为最小值，b 为最大值。

累积分布函数为

$$F(x) = \int_a^x \frac{1}{b-a} dt = \frac{x-a}{b-a} \tag{5.2.37}$$

则

$$r = F(x) = \frac{x-a}{b-a} \tag{5.2.38}$$

式中：r 为 $[0,1]$ 上的伪函数。

因此，均匀分布的抽样函数为

$$x = r(b-a) + a \tag{5.2.39}$$

(4) 天然裂缝方向角。

天然裂缝方向角是天然裂缝延伸方向与水平方向的夹角，受到原地应力、构造应力以及岩石力学性质等因素影响，一般沿着弱面优势方向呈现集群式分布。研究学者根据天然裂缝倾角统计，从概率和统计学角度发现裂缝的方向一般遵循 Fisher 分布。Priest 提出天然裂缝方向角 θ_{NF} 由以下 Fisher 常数 K 的累积概率密度函数生成[11]。

$$\theta_{NF} = \cos\left\{\frac{\ln[e^K - F(e^K - e^{-K})]}{K}\right\} \tag{5.2.40}$$

式中：θ_{NF} 为天然裂缝方向角，rad；K 为 Fisher 常数；$F(e^K - e^{-K})$ 为随机概率，$0 \leqslant F \leqslant 1$。

然后利用蒙特卡罗方法根据式(5.2.40)生成天然裂缝方向角。

(5) 天然裂缝位置。

根据统计分析表明，天然裂缝中心点位置符合泊松分布。确定泊松分布的天然裂缝中心点位置事件属于泊松过程，泊松过程是通过基于递归算法生成随机数来实现的，该算法采用计算十进制数字的小数部分，递归方程如下[7]：

$$R_{i+1} = 27 \times R_i - \text{INT}(27 \times R_i) \tag{5.2.41}$$

式中：R_i、R_{i+1} 为第 i、第 $i+1$ 次递归产生的随机数；INT 为取整函数。

然后根据天然裂缝密度，采用随机均匀分布函数生成天然裂缝位置中心点的 x 坐标

和 y 坐标;根据天然裂缝方位角和天然裂缝长度,确定每条天然裂缝裂缝在平面上的位置,即

$$\begin{cases} A_x = x - L\cos(\theta_{NF}) \\ A_y = y - L\sin(\theta_{NF}) \\ B_x = x + L\cos(\theta_{NF}) \\ B_y = y + L\sin(\theta_{NF}) \end{cases} \quad (5.2.42)$$

式中:A_x 为天然裂缝中心点左端点 x 坐标,m;A_y 为天然裂缝中心点左端点 y 坐标,m;B_x 为天然裂缝中心点右端点 x 坐标,m;B_y 为天然裂缝中心点右端点 y 坐标,m。

(6)裂缝网络反演。

在研究区域内,依据上述(2)~(5)步骤后,就可以确定离散裂缝网络中天然裂缝密度、天然裂缝宽度、天然裂缝长度和平面位置。

5.2.3.2 改造体积预测

将形成的第 i 条水力裂缝以间距为 a 进行离散为 $u(i)$ 段,再将天然裂缝网络以间距为 b 进行离散为 $v(k)$ 段;每一段看成为点源注入对平面产生的压力变化,基于压降叠加原理[52],则非平面裂缝流体对平面产生的压力为

$$p(x,y) = p_e + \sum_{i=1}^{M}\sum_{j=1}^{u(i)}\left[p_{fi,j}(x,y) - p_e\right] + \sum_{k=1}^{S}\sum_{j=1}^{v(k)}\left[p_{fi,j}(x,y) - p_e\right] \quad (5.2.43)$$

式中:$p(x,y)$ 为平面 (x,y) 处由形成的非平面裂缝压力响应后的孔隙压力;$p_{fi,j}(x,y)$ 为根据式(5.2.31)计算的第 i 天然裂缝第 j 段在平面 (x,y) 处缝内压力。

根据式(5.2.43)得到平面多簇非平面裂缝压力响应后的孔隙压力,再结合平面薄弱点张开剪切破坏准则,利用多簇裂缝改造体积计算流程叠加激活天然裂缝改造体积,就可以进行非平面裂缝改造体积模拟。

5.3 模型验证及应用

5.3.1 模型验证

为了验证本书建立的非平面裂缝起裂与扩展耦合模型的准确性,将其与 Kear[12] 水力裂缝与天然裂缝交互实验(试样12)结果进行对比,实验基本参数见表 5.3.1。该实验采用具有低渗透性、低断裂韧性和较薄层理平面的 Eidsvold 粉砂岩加工成 350 mm × 350 mm × 45 mm 实验样品,中心钻有直径 20 mm 的圆孔作为压裂液注入端,圆孔前端钻有初始缺口(10 mm 长、1 mm 高),缺口前端有裂纹;磨平加工的岩石切面(天然裂缝)中心与孔眼轴线距离为 59 mm,夹角为 65°,如图 5.3.1 所示。

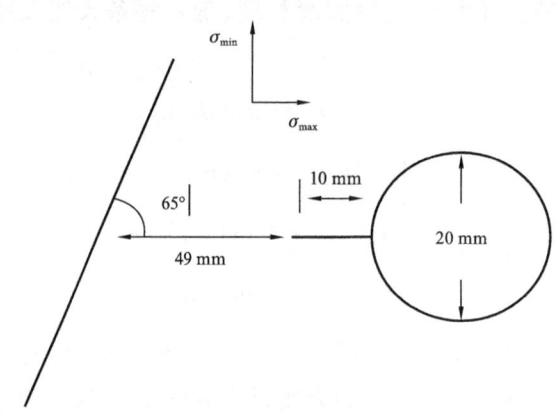

图 5.3.1　Kear 实验物理模型

表 5.3.1　与 Kear[12] 实验验证基本参数

参数	单位	数值	参数	单位	数值
最大水平主应力	MPa	28	施工排量	m^3/s	95×10^{-9}
最小水平主应力	MPa	5.8	压裂液黏度	Pa·s	20
垂向应力	MPa	15	簇数	—	1
原始地层孔隙压力	MPa	0.1	井眼半径	mm	10
储层渗透率	mD	0.013	射孔深度	mm	10
储层厚度	mm	45	孔眼半径	mm	0.5
综合压缩系数	$10^{-4} MPa^{-1}$	5	射孔长度	mm	1
储层孔隙度	%	12.8	射孔密度	孔/mm	1
平行层理杨氏模量	MPa	19000	井筒井斜角	(°)	0
垂直层理杨氏模量	MPa	19000	井筒方位角	(°)	0
平行层理泊松比	—	0.14	射孔相位角	(°)	90
垂直层理泊松比	—	0.14	扩展步长	mm	0.5
岩石抗张强度	MPa	7.7	临界应力强度因子	$MPa \cdot m^{1/2}$	1.08
天然裂缝长度	mm	13.1	天然裂缝宽度	mm	0.1
天然裂缝摩擦系数	—	0.69	天然裂缝黏聚力	MPa	0
地层倾向	(°)	0	地层倾角	(°)	0

从图 5.3.2 中三角形曲线可以看出,本书模型考虑裂缝起裂与扩展耦合,开始注液经过 3 s 后,裂缝起裂扩展,此时压力为破裂压力 18.0 MPa,延伸压力为 9.5 MPa;经过 385 s 后穿过天然裂缝界面并向前延伸,471 s 结束;从图 5.3.2 中圆形曲线可以看出,由于 Kear[12] 水力裂缝与天然裂缝交互实验存在初始裂纹,从 0 s 开始注液充满圆孔流体后直接跨过起裂直接裂缝扩展向前延伸,此时压力为 9.6 MPa,经过 380 s 后穿过天然裂缝界面并向前延伸,471 s

开始泄压;从 Kear 水力压裂实验和本书模型模拟的压力变化率曲线,分别在 23 s、26 s 达到峰值,在 270.9 s、269.4 s 达到谷值;本书模型与 Kear[12] 水力裂缝与天然裂缝交互实验压力曲线基本吻合,充分验证了本书模型的正确性。

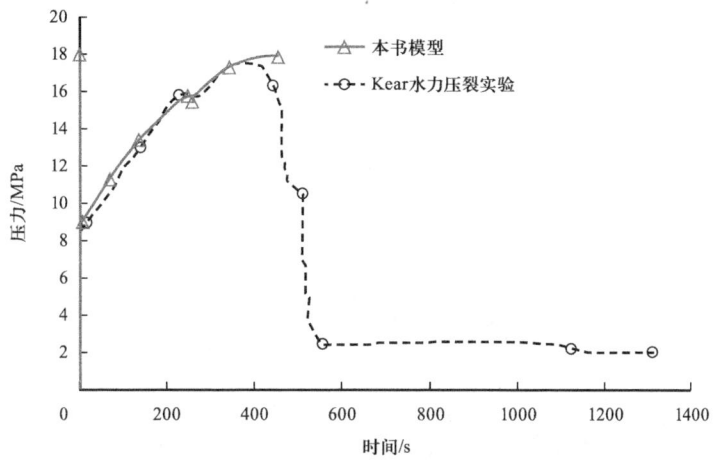

图 5.3.2　本书模型与 Kear[12] 水力压裂与天然裂缝交互实验施工压力对比

从图 5.3.3 中可以看出,本书模型水力裂缝与天然裂缝交互模拟结果中,水力裂缝沿着最大主应力方向延伸,再与天然裂缝交互作用,偏移中心轴线 6.57 mm 处穿过天然裂缝继续沿着最大主应力方向延伸。从图 5.3.4 中可以看出,而 Kear[12] 水力压裂实验中水力裂缝与天然裂缝偏移 7 mm 再往前延伸。本书模型和 Kear[12] 水力压裂实验水力裂缝扩展轨迹基本吻合,充分说明了本书模型的正确性和合理性。

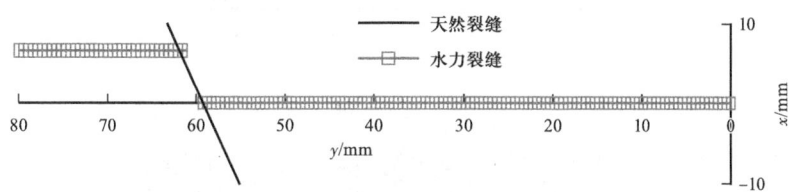

图 5.3.3　本书模型水力裂缝与天然裂缝交互模拟结果

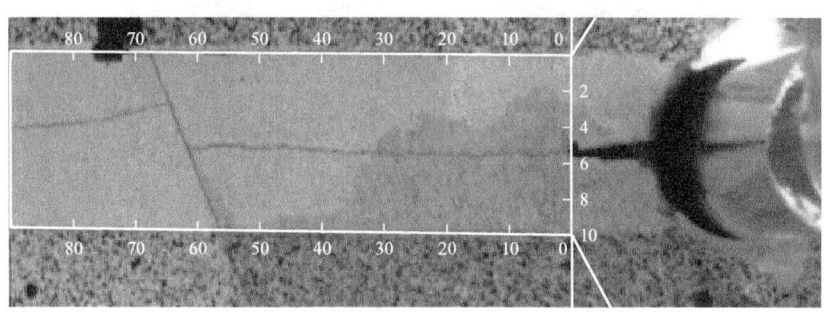

图 5.3.4　Kear[12] 水力裂缝与天然裂缝实验结果

5.3.2 影响因素分析

长宁 X 井压裂段长 1462.00 m,设计压裂 24 段,平均分段段长 60.9 m;该井储层页岩厚度大,有机碳、含气量高,裂缝发育,脆性矿物含量高,利于水力压裂。在微地震波数据和蚂蚁体追踪监测下得到了长宁 X 井所在区块具有不连续面的天然裂缝发育情况,长宁 X 井天然裂缝密度为 0.0025 条/m^2、天然裂缝宽度为 0.4 mm、天然裂缝长度为 0~20 m,如图 5.3.5 所示。通过扫描图像获取研究区域长度和高度方向(5500 m × 5500 m)的 RGB 像素点,进行灰度处理和二值化处理,可得到由黑白像素点组成的天然裂缝带二值图,如图 5.3.6 所示。

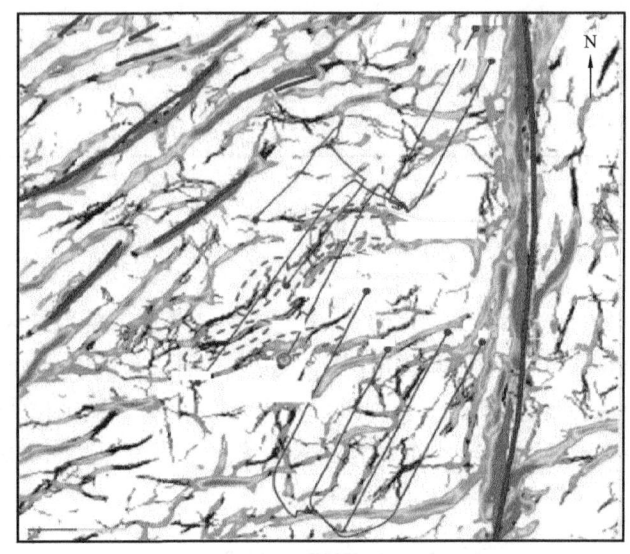

图 5.3.5　长宁 X 井多级裂缝蚂蚁体图

图 5.3.6　长宁 X 井多级裂缝二值化图

通过前面建立的盒子法获取缝网分形维数,在双对数坐标中 $\lg N$ 与 $\lg(L_{max}/l)$ 的斜率即为分形维数 D[式(5.2.33)],如图 5.3.7 所示。

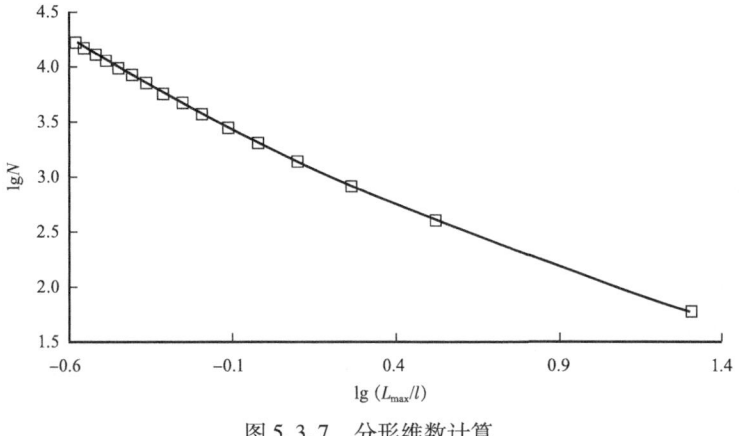

图 5.3.7　分形维数计算

选择(0.5229,2.56)、(-0.02,3.292)两点计算图中斜率,获得缝网分形维数为 1.35。再通过天然裂缝参数所符合的概率统计特征,以第 10 压裂段(3546~3616 m)中点测深 3581 m 为中心上下 100 m 井段长度、150 m 宽度范围,生成与长宁 X 区块页岩储层天然裂缝分布等效的离散裂缝网络。如图 5.3.8 所示,图中 x 方向为井筒方向,y 方向为裂缝延伸方向,$x=0$ 对应第 10 压裂段中点测深 3581 m。

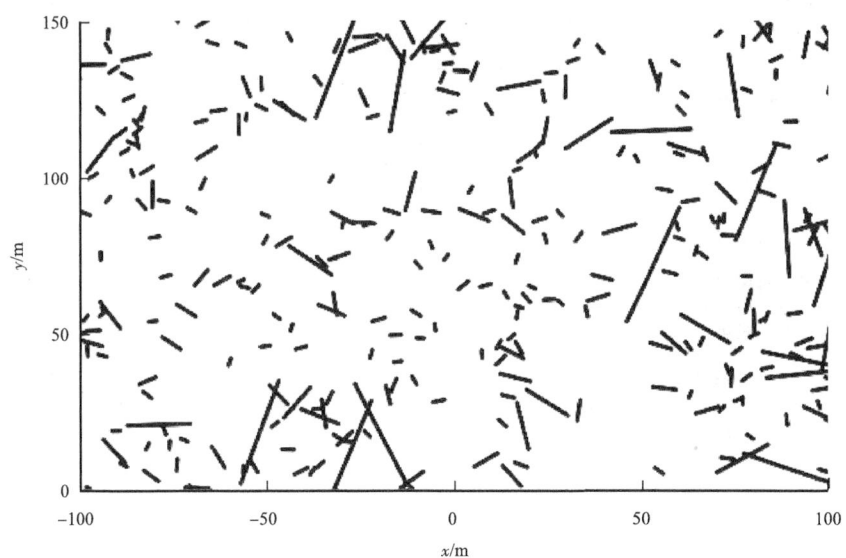

图 5.3.8　长宁 X 区块页岩储层天然裂缝分布等效的离散裂缝网络

基于建立的页岩非均质储层压裂裂缝扩展模型,选取四川盆地长宁区块页岩气井 X 井作为模拟的基础参数,以现场常用的每段射 6 簇为例,开展多簇裂缝竞争起裂与扩展规律分析。需要指出的是,以往多数学者建立的多簇裂缝扩展模型都假设各簇同时起裂,忽略了由于储层非均质、地应力差异以及射孔压降可能导致射孔簇并非同时起裂,即各簇有一定的起裂次序。为此,本书在 6 个射孔簇附近分别设置 6 个不同的渗透率区域来描述物性非均质,模拟时间 100 min,具体参数见表 5.3.2,在研究不同参数对缝长、改造体积的影响时,只改变所研究参数的数值,其余参数保持不变。

表 5.3.2　长宁 X 页岩气井多簇非平面裂缝起裂与扩展模型计算基础参数表

参数名	单位	数值
最大水平主应力	MPa	61.7
最小水平主应力	MPa	55.2
垂向应力	MPa	58.8
原始地层孔隙压力	MPa	33.43
储层渗透率	mD	0.014~0.021
储层厚度	m	70
综合压缩系数	10^{-4}MPa^{-1}	8
储层孔隙度	%	3.76
平行层理杨氏模量	MPa	31323
垂直层理杨氏模量	MPa	20882
平行层理泊松比	—	0.23
垂直层理泊松比	—	0.23
岩石抗张强度	MPa	5
弱面黏聚力	MPa	3
地层倾向	(°)	0
地层倾角	(°)	20
天然裂缝宽度	mm	10
天然裂缝密度	条/m^2	0.0025
天然裂缝长度	m	0~20
天然裂缝分布分形维数	—	1.35
套管杨氏模量	MPa	210000
套管泊松比	—	0.3
套管外径	mm	139.7
套管内径	mm	115.4
施工排量	m^3/min	16
压裂液黏度	mPa·s	10
簇间距	m	10.5

续表

参数名	单位	数值
簇数	—	6
井眼半径	m	0.5
射孔深度	cm	10
孔眼半径	m	0.005
射孔长度	m	0.5
射孔密度	孔/m	16
井筒井斜角	(°)	90
井筒方位角	(°)	0
射孔相位角	(°)	60
内摩擦角	(°)	30
扩展步长	m	0.5
施工时间	min	100
临界应力强度因子	MPa·m$^{1/2}$	3
裂缝带与正北方向夹角	(°)	60

注：最大水平主应力方位角为90°，井筒方位角为0°。

页岩层理天然裂缝发育，水力裂缝遇到天然裂缝后会发生穿过、张开、剪切交互作用，影响水力裂缝的继续扩展。由于水力裂缝可激活天然裂缝形成复杂的裂缝网络，可以显著提高压裂产量，因此多簇射孔裂缝水平井被广泛应用于页岩储层开发。其中天然裂缝密度、天然裂缝倾角、天然裂缝长度、天然裂缝分形维数等天然裂缝参数和施工排量、压裂液黏度等施工参数以及射孔孔径、孔密等射孔参数对水力裂缝扩展轨迹、改造区域大小具有重大影响。有必要进行非平面裂缝扩展影响因素分析。因此，天然裂缝分布提取自长宁 X 区块页岩储层天然裂缝分布等效的离散裂缝网络，射孔位置 3558.25 m、3568.75 m、3579.25 m、3589.25 m、3599.75 m、3610.25 m（6簇渗透率 0.018 mD、0.01 mD、0.015 mD、0.013 mD、0.008 mD、0.017 mD）施工排量 16 m³/min、压裂液黏度 10 mPa·s 为基础参数，其余参数采用表 5.3.2 参数。

5.3.2.1 储层参数

储层参数对水力裂缝穿插天然裂缝形成复杂裂缝网络有着重要影响，制约着压裂改造效果。因此，分析天然裂缝方位角、天然裂缝长度、天然裂缝分形维数、天然裂缝密度等储层参数对多簇非平面裂缝起裂扩展的影响。

（1）天然裂缝方位角。

天然裂缝方位角不同，水力裂缝穿过天然裂缝后形成的改造宽度不同，导致形成的裂缝网络复杂程度不一样。因此，设置天然裂缝方位角为 0°、30°、60°、90°，分析对非平面裂缝扩展的影响。

从图 5.3.9 中可以看出，由于水力裂缝延伸方向与天然裂缝优势方向夹角越小，导致应力集中效应在水力裂缝方向的分量越大，水力裂缝越不容易穿过天然裂缝，而沿着天然裂缝偏移和剪切滑移扩展[13]；天然裂缝方位角越小，穿过和激活的天然裂缝概率越大，各簇裂缝与天然裂缝分叉流量分配及扩展越明显，构建复杂交织的裂缝网络越复杂；进一步提取不同天然裂缝方位角下改造体积和最远端缝长，如图 5.3.10 所示。

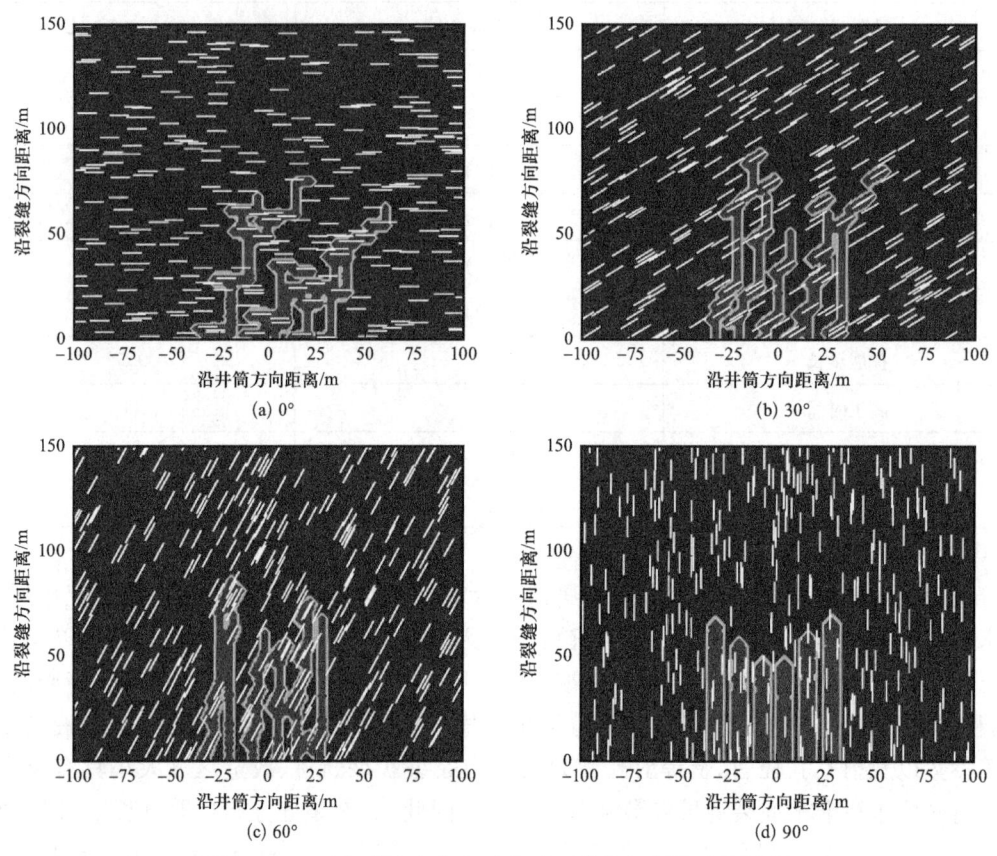

图 5.3.9 天然裂缝方位角对非平面裂缝起裂扩展的影响

从图 5.3.10(a)中可以看出，天然裂缝方位角从 0°增加到 90°，对应的改造体积从 134.8×10^{4}m^3 增加到 155.3×10^{4}m^3；进一步分析，随着天然裂缝方位角从 0°逐渐增加到 30°，穿过、激活天然裂缝的数量越多，改造体积越大；天然裂缝方位角从 30°逐渐增加到 60°，水力裂缝与天然裂缝交互后横向滤失增加与用于支撑裂缝扩展体积减小、缝长减小持平，导致改造体积增加不明显；而天然裂缝方位角从 60°逐渐增加到 90°时，水力裂缝与天然裂缝交互后向横向滤失增加，每簇裂缝改造宽度增加，改造体积进一步增大，但裂缝网络的复杂程度有所降低。从图 5.3.10(b)中可以看出，天然裂缝方位角从 90°减小到 0°，由于天然裂缝缝宽、方位角以及力学性质与水力裂缝的差异增大，导致扩展段周向应力及延伸摩阻增大，并且水力裂缝穿过天然裂缝，使得流量分配波动较大，施工压力曲线波动越来越剧烈，施工压力也越高。

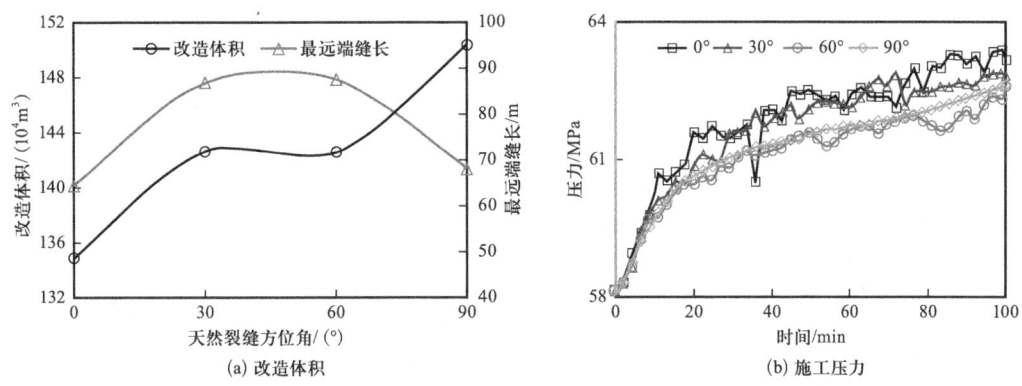

图5.3.10 天然裂缝方位角对非平面裂缝起裂扩展的影响

(2)天然裂缝长度。

天然裂缝长度不同,水力裂缝穿过天然裂缝后穿越半径不同,导致形成的裂缝网络改造体积不一样。因此,设置天然裂缝长度为0~5 m、0~10 m、0~20 m、0~40 m,分析对非平面裂缝扩展的影响。

从图5.3.11中可以看出,天然裂缝长度从0~5 m增加到0~40 m,改造体积分别为

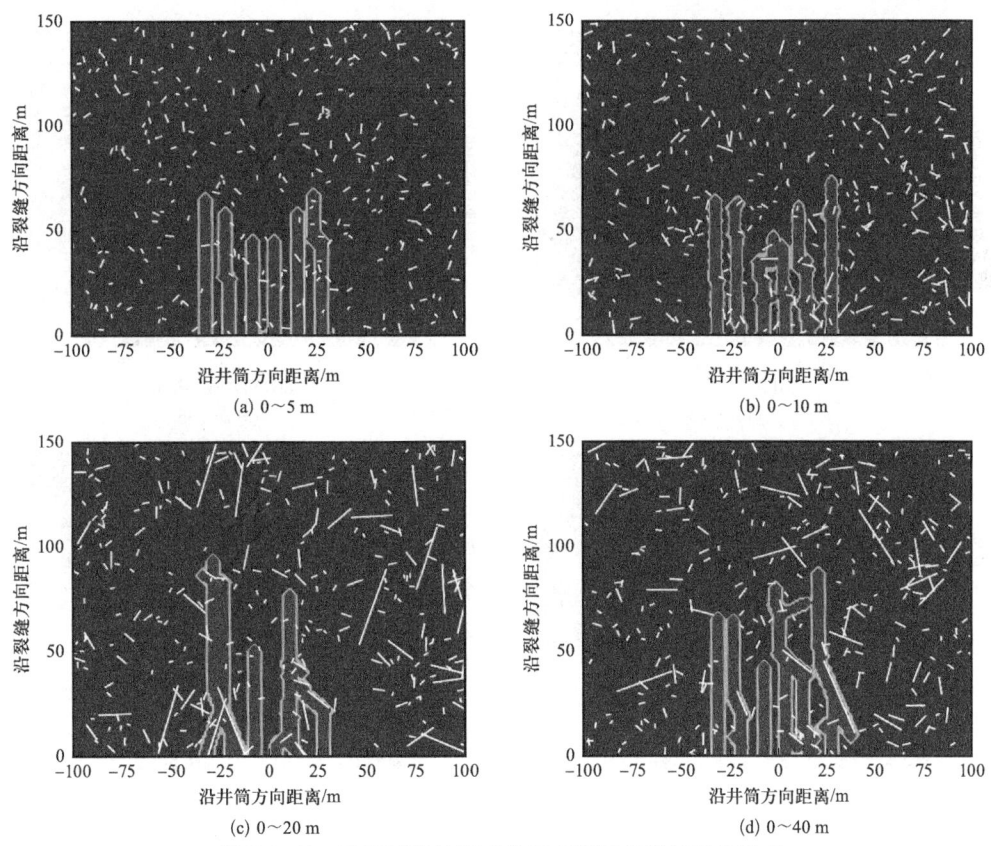

图5.3.11 天然裂缝长度对非平面裂缝起裂扩展的影响

$124.6×10^4 m^3$、$124.7×10^4 m^3$、$125.6×10^4 m^3$、$158.2×10^4 m^3$，裂缝扩展最远端长度68.2 m、75.6 m、96.1 m、89.6 m，施工压力为62.3 MPa、62.3 MPa、62.6 MPa、62.6 MPa；进一步分析，一方面随着天然裂缝长度范围增加，水力裂缝穿过、激活大尺度天然裂缝概率增加，裂缝诱导应力干扰越强导致更多的天然裂缝被激活，裂缝网络越复杂[13]，对应的改造体积逐渐增大；另一方面，天然裂缝长度越长，落在水平方向的概率就越大，水力裂缝与天然裂缝交互形成分叉裂缝数量越多，改造宽度越大，改造得越充分。

(3) 天然裂缝长度分形维数。

天然裂缝长度分形维数越小，天然裂缝分布越有序；天然裂缝展布分形维数越大，天然裂缝分布越混乱；水力裂缝穿过天然裂缝后形成的裂缝网络改造体积不一样。因此，设置天然裂缝展布分形维数为1.05、1.35、1.65、1.95，分析对非平面裂缝扩展的影响。

从图5.3.12中可以看出，天然裂缝长度分形维数D从1.05增加到1.95，改造体积分别为$123.3×10^4 m^3$、$125.6×10^4 m^3$、$89.7×10^4 m^3$、$130.4×10^4 m^3$，裂缝扩展最远端长度为83.3 m、96.1 m、72.1 m、74.5 m，施工压力为62.4 MPa、62.6 MPa、62.9 MPa、62.0 MPa。这是因为天然裂缝长度分形维数越大，天然裂缝分布越混乱无序，水力裂缝扩展遇到天然裂缝的概率随机性越强，导致非平面裂缝起裂扩展改造体积随着分形维数呈现不稳定增长。

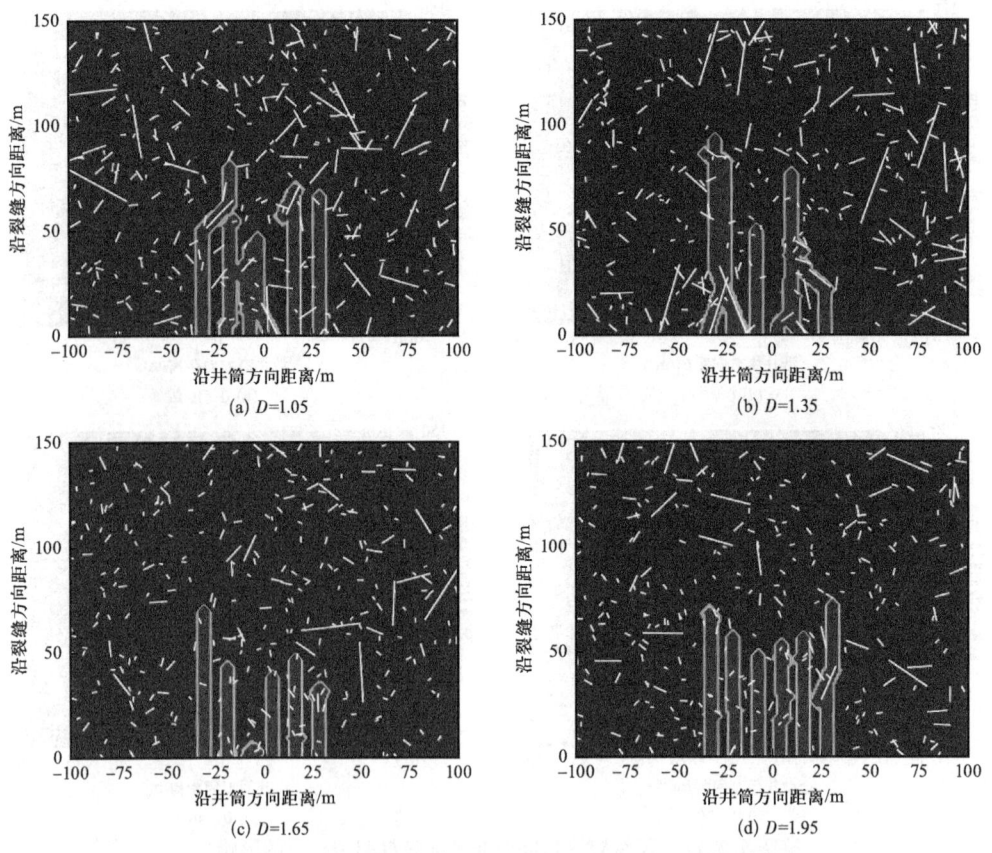

图5.3.12　天然裂缝长度分形维数对非平面裂缝起裂扩展的影响

(4) 天然裂缝密度。

天然裂缝密度越大,天然裂缝数量也就越多,水力裂缝穿过天然裂缝的概率就越大,越容易形成复杂裂缝网络。因此,设置天然裂缝密度为 0.0005 条/m²、0.0025 条/m²、0.005 条/m²、0.01 条/m²,分析对非平面裂缝扩展的影响。

从图 5.3.13 中可以看出,天然裂缝密度为 0.0005 条/m²、0.0025 条/m²、0.005 条/m²、0.01 条/m²,扩展最远端缝长为 75 m、96.1 m、71.35 m、123.1 m;对应的改造体积为 $121.5 \times 10^4 m^3$、$125.6 \times 10^4 m^3$、$134.5 \times 10^4 m^3$、$152.9 \times 10^4 m^3$;进一步分析,随着天然裂缝密度逐渐增加,单位面积的天然裂缝数量越多,导致水力裂缝穿过、激活天然裂缝的数量越多[13],水力裂缝与天然裂缝交互形成复杂裂缝网络越复杂,改造体积越大。

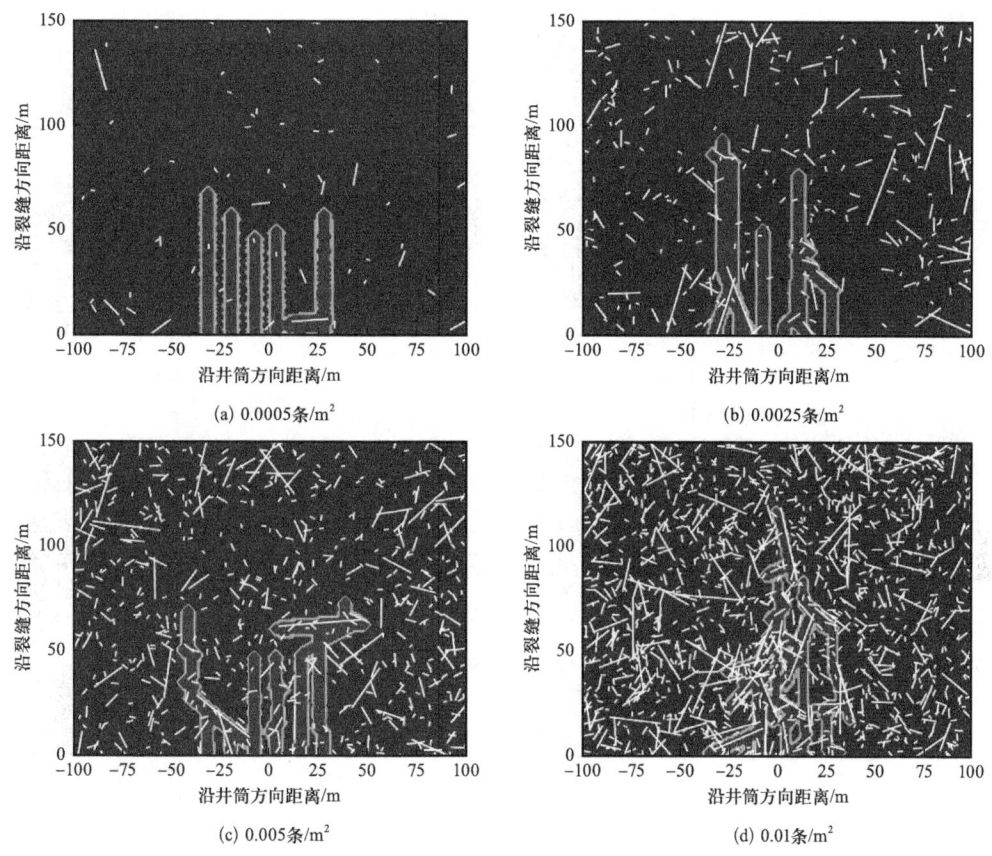

图 5.3.13 天然裂缝密度对非平面裂缝起裂扩展的影响

5.3.2.2 施工参数

施工参数对压裂改造体积、施工压力有着重要影响,制约着压裂改造效果。因此,分析施工排量、压裂液黏度等施工参数对多簇非平面裂缝起裂扩展的影响。

(1) 施工排量。

施工排量和压裂液黏度等施工参数是影响压裂形成高渗透人工改造储层的重要参数,直接影响着压裂改造效果。因此,以不同施工排量(4 m³/min、8 m³/min、12 m³/min、

$16\ m^3/min$),分析对非平面裂缝扩展的影响。

图 5.3.14 不同施工排量对非平面裂缝起裂扩展的影响,施工排量从 $4\ m^3/min$ 逐渐增加到 $16\ m^3/min$,改造体积分别为 $50.2×10^4\ m^3$、$62.8×10^4\ m^3$、$78.8×10^4\ m^3$、$125.6×10^4\ m^3$,施工压力分别为 60.1 MPa、61.2 MPa、62.3 MPa、62.6 MPa,缝长为 46.6 m、57.1 m、103.1 m、96.1 m;其中施工排量为 $4\ m^3/min$ 和 $12\ m^3/min$ 的第 2 射孔簇没有有效起裂扩展;进一步分析,随着施工排量逐渐增加,压裂液作用于裂缝表面和岩石的净压力逐渐增大,作用在水力裂缝和天然裂缝的能量越大,越容易穿过天然裂缝以及达到页岩发生剪性破坏和张性破坏的临界净压力状态,导致水力裂缝扩展的缝长越长、改造宽度越大、改造体积越大、压裂改造越充分,但施工压力越高,安全施工要求更高。

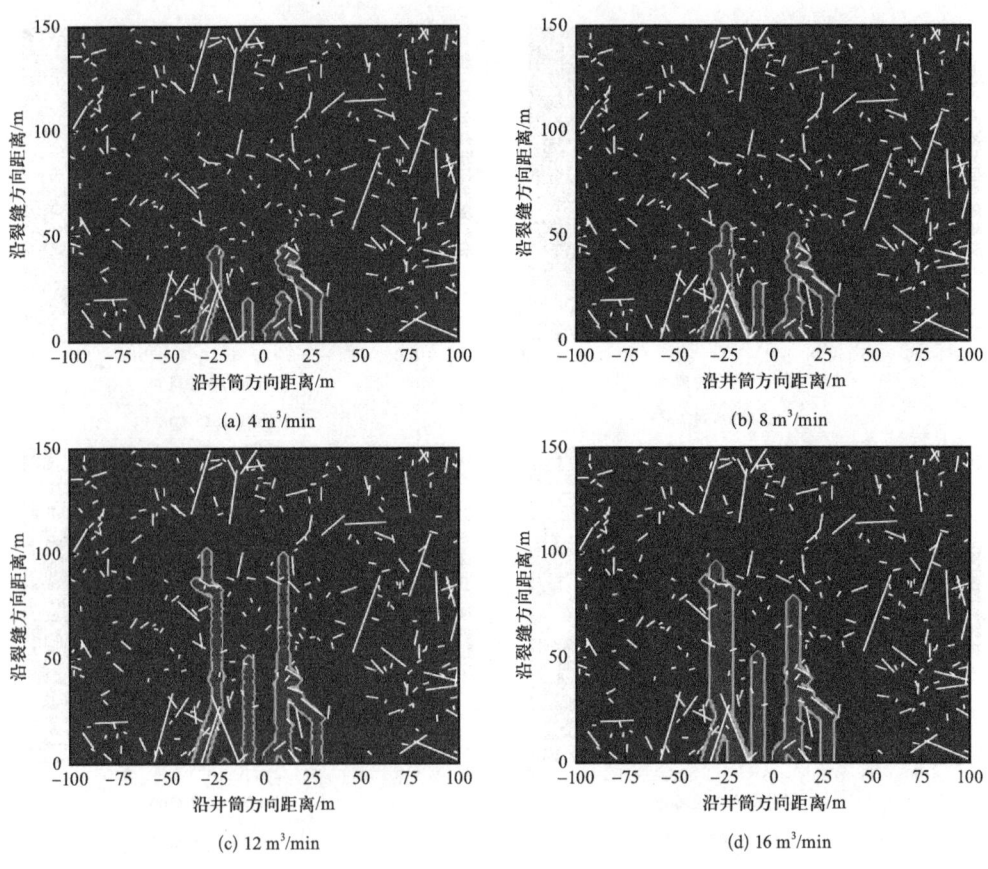

图 5.3.14 施工排量对非平面裂缝起裂扩展的影响

(2)压裂液黏度。

压裂液黏度是影响压裂非平面裂缝形成剪切和张性改造体积、施工压力、净压力的重要参数,直接影响着压裂改造效果。因此,设置压裂液黏度 $5\sim40\ mPa\cdot s$ 范围,分析不同压裂液黏度对裂缝扩展改造体积、施工压力、缝长的影响。

从图 5.3.15 中可以看出,黏度从 $5\ mPa\cdot s$ 增加到 $40\ mPa\cdot s$,改造体积为 $122.9×10^4\ m^3$、$125.6×10^4\ m^3$、$89.3×10^4\ m^3$、$82.5×10^4\ m^3$,施工压力为 62.4 MPa、62.6 MPa、62.8 MPa、

62.8 MPa，缝长为 87.1 m、96.1 m、107.6 m、118.5 m；进一步分析，随着压裂液黏度逐渐增加，缝内净压力增大，水力裂缝越容易穿过天然裂缝，并且滤失体积少，用于支撑裂缝扩展的压裂液体积越大和能量越足，使得非平面裂缝扩展缝长越长；但是各簇非平面裂缝滤失量显著减小，压力波响应区域面积减小，剪性和张性破坏区域面积减小，使得改造宽度显著减小，总改造体积逐渐减小。

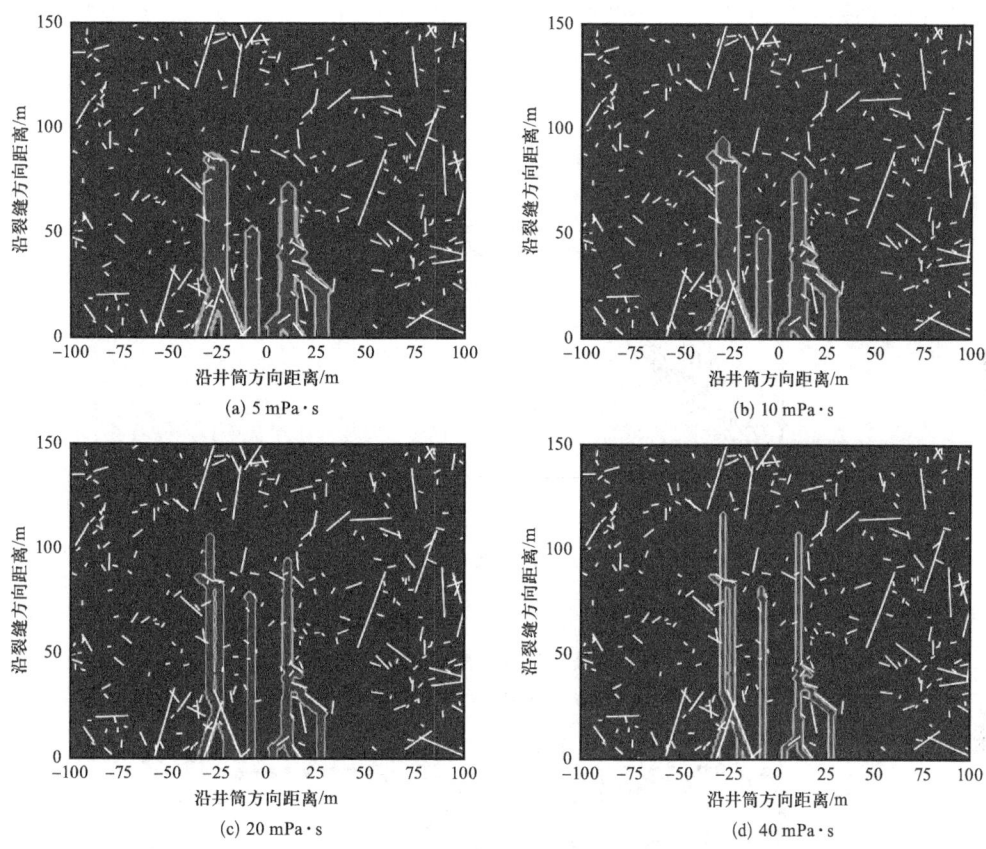

图 5.3.15 不同黏度下非平面裂缝扩展改造体积

5.3.2.3 射孔参数

射孔参数对各簇均衡扩展改造体积、施工压力等有着重要影响，制约着压裂改造效果。因此，分析簇间距、簇数、孔密、孔眼直径等射孔参数对多簇非平面裂缝起裂扩展的影响。

（1）簇间距。

簇间距是改造储层构建压裂缝网的重要因素，影响着各簇改造体积和形成复杂裂缝网络的复杂程度，制约着压裂改造效果。因此，设置簇间距为 6 m、9 m、15 m、25 m，分析对非平面裂缝扩展的影响。

模拟不同簇间距下非平面裂缝扩展的施工压力，从图 5.3.16(a) 可以看出，随着簇间距从 25 m 减小到 6 m，各簇诱导应力干扰逐渐增强，压应力使得中间簇裂缝缝宽越窄，分配流量越小,而外侧裂缝分配流量越大,孔眼摩阻越大,最终导致施工压力从 61.58 MPa 增加到 63.63 MPa。模拟 15 m 簇间距下非平面裂缝扩展各簇流量分配,从图 5.3.16(b)可以看出,随着时间的推移,起裂扩展阶段由于各射孔簇渗透率非均质分布,高渗射孔簇破裂压力小先起裂,低渗储层破裂压力大后起裂,起裂次序导致流量分配不均、波动剧烈;各簇裂缝扩展后水力裂缝与天然裂缝发生交互作用时,由于天然裂缝缝宽、方位角以及力学性质与水力裂缝存在差异,导致扩展段周向应力及延伸摩阻与其他簇差异较大,使得流量分配波动较大。

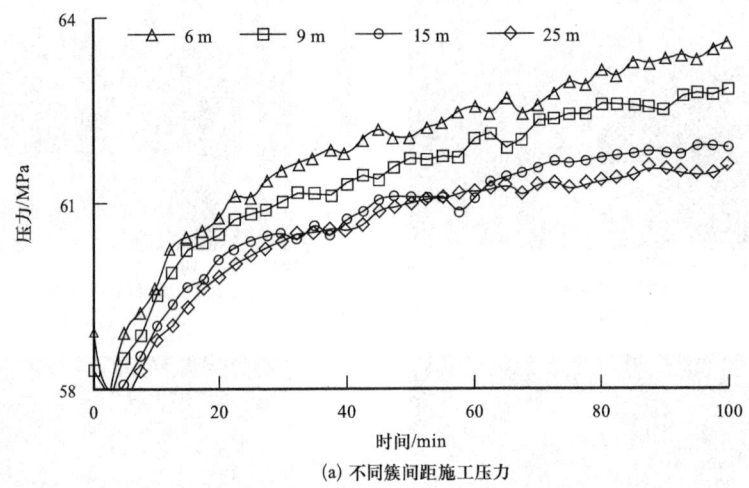

(a) 不同簇间距施工压力

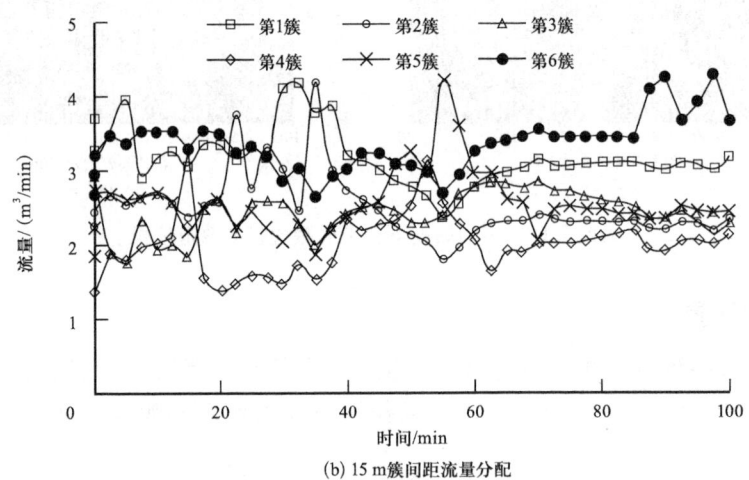

(b) 15 m 簇间距流量分配

图 5.3.16 非平面裂缝起裂扩展施工压力及流量分配影响

而中间第 3、第 4 簇受到裂缝诱导应力干扰较大,压应力使得第 3、第 4 簇裂缝缝宽过窄,增大了缝内流体阻力,致使压裂液进液量逐渐变少,改造缝长小、改造宽度小;而外侧第 1、第 6 簇裂缝诱导应力干扰最小以及穿越光滑天然裂缝使得进液量最多,用于支持裂缝扩展的缝内体积相对增大,导致改造缝长长而改造宽度较大。

不同簇间距对非平面裂缝起裂扩展的影响如图5.3.17所示,簇间距6 m、9 m、15 m、25 m改造体积为 $112.3 \times 10^4 \text{ m}^3$、$131.3 \times 10^4 \text{ m}^3$、$153.1 \times 10^4 \text{ m}^3$、$132.4 \times 10^4 \text{ m}^3$,缝长为98.0、95.0 m、69.7 m、67.0 m;可以看出,随着簇间距逐渐减小,缝间应力干扰越强,内侧射孔簇非平面裂缝受到的压应力越大,使得第3、第4簇非平面裂缝缝宽过窄,增大了缝内流体阻力,致使压裂液进液量逐渐变少[14],改造宽度和张性改造体积越小,外侧第1、第2、第5、第6簇受到的压应力越小,改造宽度和张性改造体积越大,改造体积逐渐增加并且加剧了各簇裂缝非均衡扩展程度;另一方面,构建缝网"人工改造油气藏"的高速通道网络随着簇间距的增加,高速通道网络逐渐下降,导致了大簇间距部分区域未改造充分,小簇间距部分区域改造体积重复改造。因此,在满足施工条件情况下,应尽可能选择合适的簇间距射孔施工。

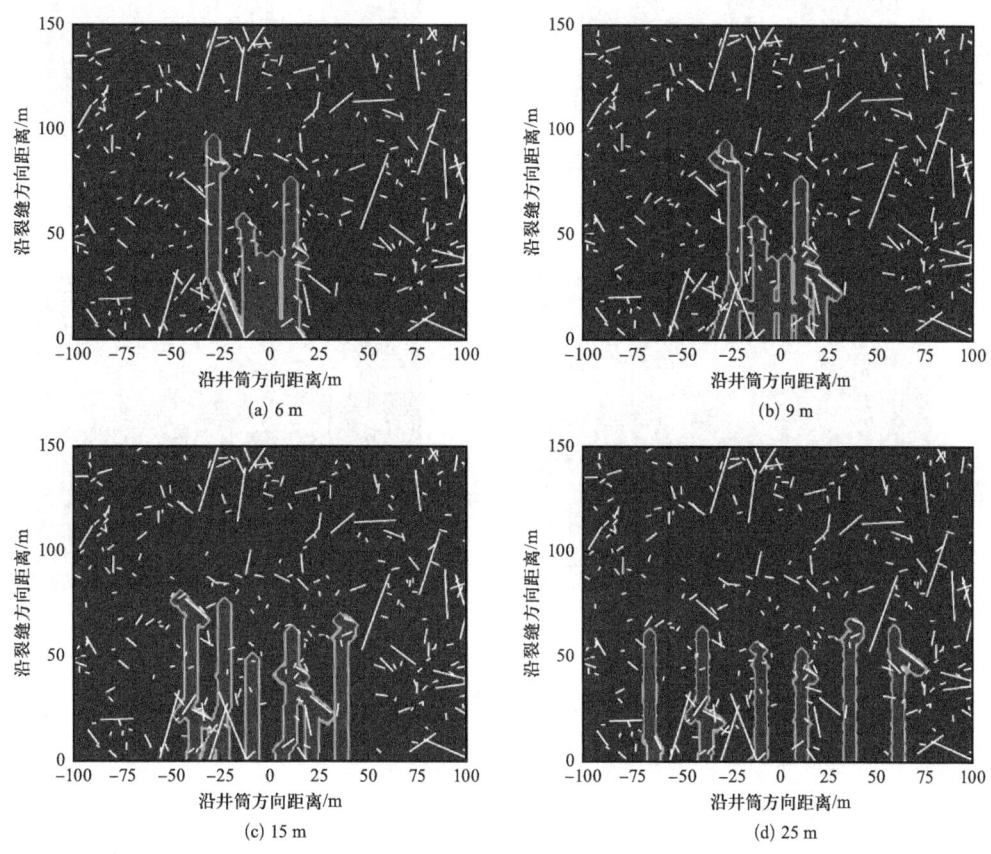

图5.3.17 不同簇间距对非平面裂缝起裂扩展的影响

(2)簇数。

设置4、6、8、10簇,1~10簇渗透率依次为0.018 mD、0.01 mD、0.015 mD、0.013 mD、0.008 mD、0.017 mD、0.014 mD、0.018 mD、0.01 mD、0.02 mD;模拟不同簇数对非平面裂缝扩展的改造体积、施工压力、缝长的影响。

模拟不同簇数下裂缝扩展改造体积,从图5.3.18可以看出,一方面随着簇数逐渐增加,中间簇裂缝受到诱导压应力越强,缝宽越窄,流动摩阻增加[14],分配流量不断下降,缝长减小,而外侧裂缝受到诱导压应力越弱,流动摩阻小流量大,缝宽缝长大;另一方面,随着簇数逐渐增加,横向注入流体压力波响应源增多,穿过天然裂缝的数量越多,近井区域横向裂缝改造宽度逐渐增大,但中间簇平均分配总流量减小,改造缝长逐渐减小,外侧裂缝分配总流量增加,改造缝长有所增加;意味着簇数越多,并且随着近井地带激活天然裂缝数量的增加,会加剧裂缝扩展越不均衡;簇数减少,各簇裂缝扩展不均衡程度有所改善。

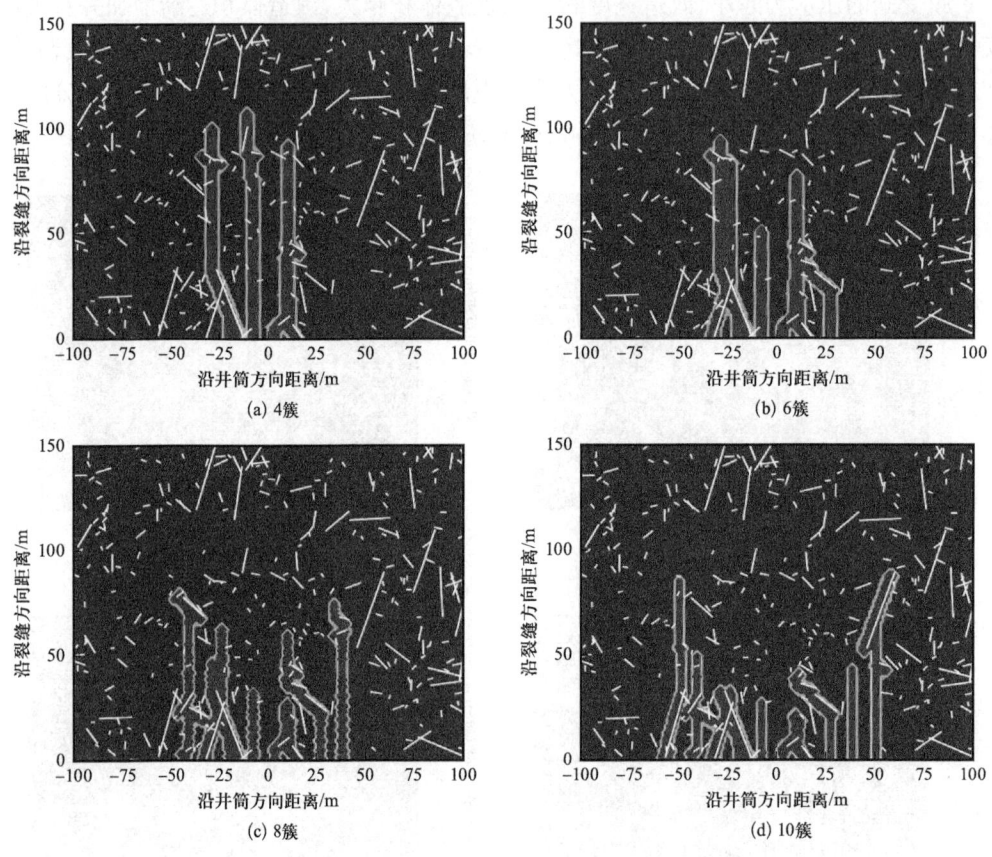

图 5.3.18　不同簇数下非平面裂缝扩展改造体积

(3)孔密对非平面裂缝扩展影响。

设置簇长 0.5 m;单增孔密 12 孔/m、12 孔/m、16 孔/m、16 孔/m、20 孔/m、20 孔/m;中间低两边高孔密 20 孔/m、16 孔/m、12 孔/m、12 孔/m、16 孔/m、20 孔/m;中间高两边低孔密 12 孔/m、16 孔/m、20 孔/m、20 孔/m、16 孔/m、12 孔/m;均匀孔密为 16 孔/m;模拟不同孔密分布对非平面裂缝扩展的改造体积、施工压力、缝长的影响。

从图 5.3.19 中可以看出,单增孔密、中间低两边高、中间高两边低、均匀孔密分布模式下,各簇裂缝均能起裂扩展延伸,改造体积分别为 124.9×10^4 m^3、120.2×10^4 m^3、124.7×10^4 m^3、122.7×10^4 m^3,施工压力分别为 62.5 MPa、62.5 MPa、62.6 MPa、62.6 MPa,缝长分别为 94.6 m、96.4 m、85.7 m、83.4 m。由于中间簇孔密越小,射孔簇射孔个数减小,孔眼摩阻增加,导致分配流量相对减小,并且受到缝间诱导压应力干扰影响,综合作用导致中间簇缝长增长受抑制,使得中间低两边高孔密分布的改造体积最小[15]。因此,低渗储层中间簇应该高孔密分配更大流量,高渗储层外侧射孔簇低孔密分配小流量,均衡调节各簇缝长,使得改造体积达到最大。

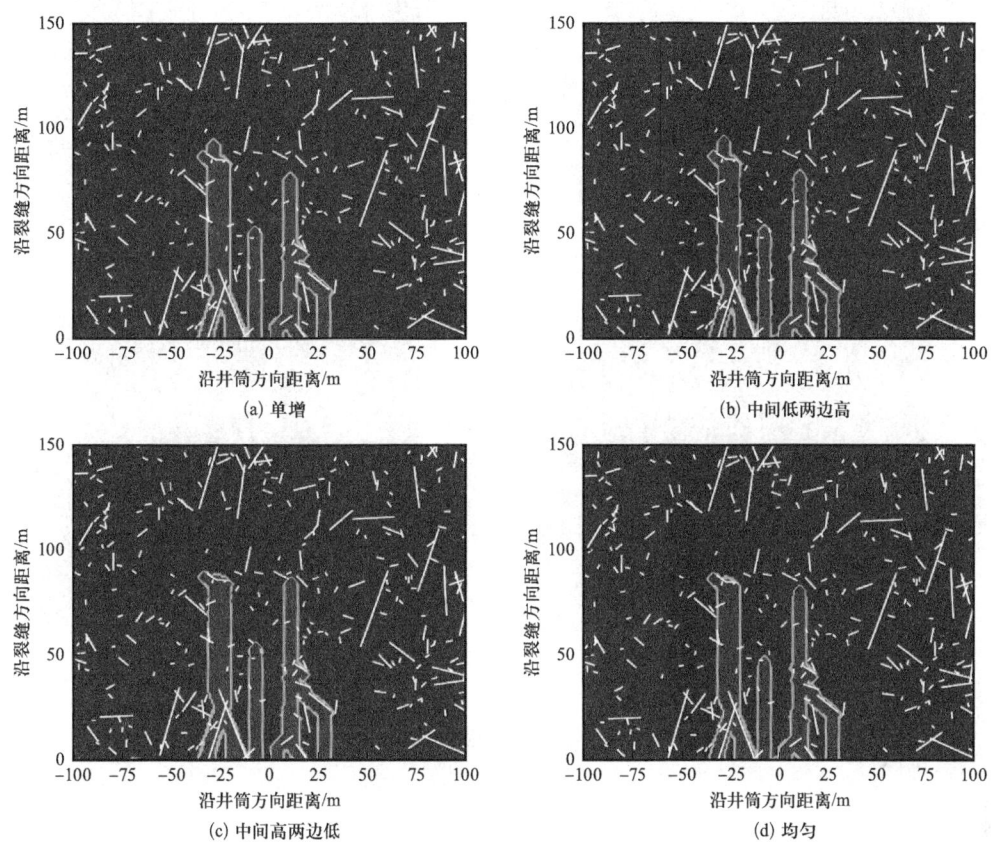

图 5.3.19　不同孔密分布下非平面裂缝扩展改造体积

(4) 孔眼直径对非平面裂缝扩展影响。

设置单增孔径 8 mm、8 mm、10 mm、10 mm、16 mm、16 mm;中间低两边高孔径 16 mm、10 mm、8 mm、8 mm、10 mm、16 mm;中间高两边低孔径 8 mm、10 mm、16 mm、16 mm、10 mm、8 mm;均匀孔密 10 mm;模拟不同孔径分布对非平面裂缝扩展的改造体积、施工压力、缝长的影响。

从图 5.3.20 中可以看出,单增、中间低两边高、中间高两边低、均匀孔径分布模式下,各簇裂缝均能起裂扩展延伸,改造体积分别为 125.2×10^4 m³、119.3×10^4 m³、123.0×10^4 m³、122.7×10^4 m³,施工压力分别为 62.7 MPa、62.6 MPa、63.0 MPa、62.9 MPa,缝长分别为 93.0 m、96.4 m、85.7 m、90.1 m;由于中间簇孔径越小,孔眼摩阻增加,导致分配流量相对减小,并且受到缝间诱导压应力干扰影响,综合作用导致中间簇缝长增长受抑制,使得中间低两边高孔径分布的改造体积最小[15];因此,低渗储层中间簇应该大孔径分配更大流量,高渗储层外侧射孔簇低孔径分配小流量,均衡调节各簇缝长,使得改造体积达到最大。

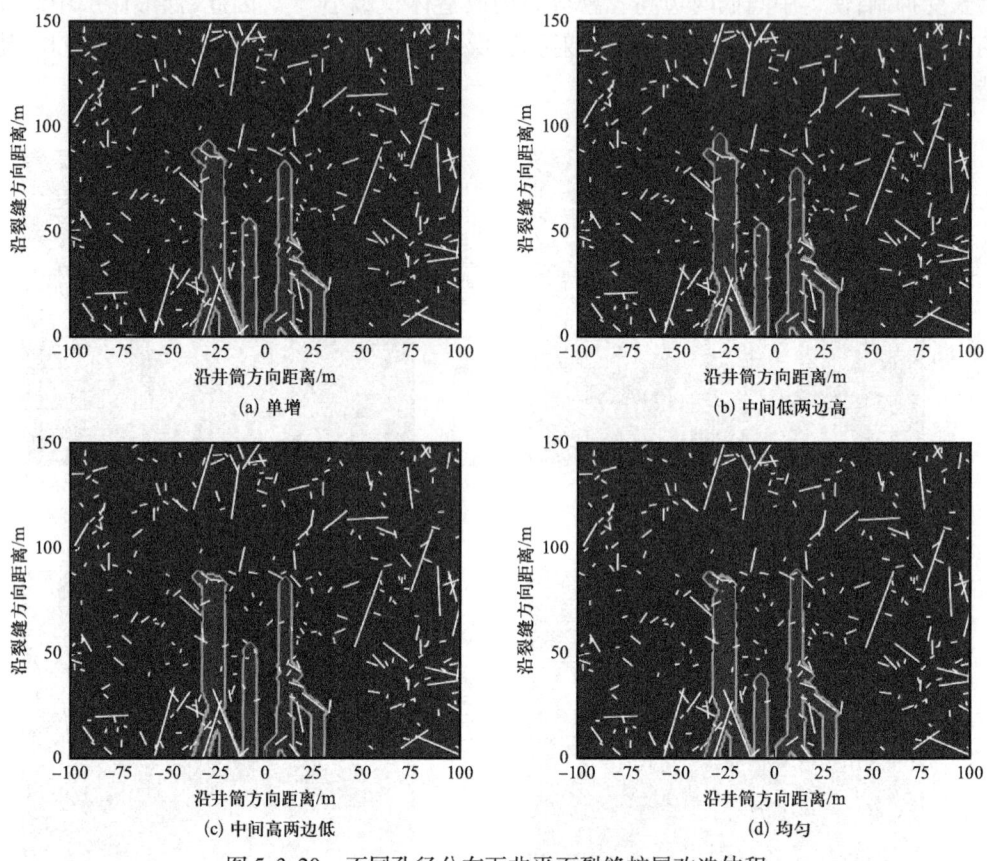

图 5.3.20 不同孔径分布下非平面裂缝扩展改造体积

5.4 本章小结

(1)在各向异性页岩平面裂缝起裂-扩展耦合模型基础上,考虑非平面裂缝网络流体流动,叠加多裂缝诱导应力、原地应力、各向异性诱导应力及激活天然裂缝诱导应力,耦合多簇裂缝流量动态分配、水力裂缝穿插了天然裂缝形成分叉缝流量分配和压力平衡;根据多簇水力裂缝与天然裂缝交互判断准则以及裂缝Ⅰ型、Ⅱ型复合断裂扩展准则,建立起各向异性页岩非平面裂缝起裂-扩展耦合模型;再根据多簇水力裂缝与穿过裂缝网络中激活天然裂缝共同构建压力波响应源,获得非平面裂缝周围孔隙压力,基于储层岩石剪切滑移和张性破坏力学条件和缝网渗透率模型,建立起非平面多簇裂缝改造体积模型。

(2)天然裂缝方位角越大,增加了应力集中效应在水力裂缝方向的分量,水力裂缝越不容易穿过天然裂缝,而沿着天然裂缝偏移和剪切滑移扩展;并且横向滤失增加,促使改造宽度增加,导致改造体积越大;天然裂缝方位角、天然裂缝缝宽、力学性质与水力裂缝差异较大,使得流量分配波动较大,施工压力曲线波动越剧烈,并且导致扩展段周向应力及延伸摩阻增大,施工压力也越高;随着天然裂缝长度范围增加,增加了水力裂缝穿过、激活大尺度天然裂缝概率和更强的诱导应力干扰,使得更多的天然裂缝被激活,导致改造体积增大;天然裂缝长度分形维数越大,天然裂缝分布越混乱无序,水力裂缝扩展遇到天然裂缝的概率随机性越强,导致改造体积不稳定增长;随着天然裂缝密度逐渐增加,单位面积的天然裂缝数数量越多,穿过、激活天然裂缝的数量越多,导致改造体积增大。

(3)随着施工排量逐渐增加,净压力越大,越容易穿过天然裂缝以及达到页岩发生剪性破坏和张性破坏的临界净压力状态,改造体积越大,但施工压力越高;随着压裂液黏度逐渐增加,缝内净压力增大,水力裂缝越容易穿过天然裂缝,并且滤失体积少,用于支撑裂缝扩展的压裂液体积越大和能量越足,使得非平面裂缝扩展缝长越长;但是各簇非平面裂缝滤失量显著减小,压力波响应区域面积减小,剪性和张性破坏区域面积减小,使得改造宽度显著减小,总改造体积逐渐减小。

(4)随着簇数逐渐增加,横向注入流体压力波响应源增多,穿过天然裂缝的数量越多,近井区域横向裂缝改造宽度逐渐增大,但中间簇平均分配总流量减小改造缝长逐渐减小,外侧裂缝分配总流量增加改造缝长有所增加;意味着簇数越多,并且随着近井地带激活天然裂缝数量的增加,会加剧裂缝扩展越不均衡;由于中间簇孔密越小,射孔个数减小,以及孔径越小都会增加孔眼摩阻,导致分配流量相对减小,并且受到缝间诱导压应力干扰影响,综合作用导致中间簇缝长增长受抑制,使得中间低两边高孔密分布的改造体积最小。

(5)天然裂缝密度大、天然裂缝方位角大、天然裂缝长度大、大排量、高黏有利于水力裂缝穿过天然裂缝;大排量、低黏、少簇、大簇间距、低渗储层中间簇高孔密大孔径、高渗储层外侧射孔簇低孔密小孔径有利于调节多簇非平面裂缝均衡扩展;天然裂缝方位角大、排量小、黏度小施工压力较小有利于压裂安全施工;但基于机理模型(各向异性页岩非平面裂缝起裂－扩展耦合模型)开展施工参数和射孔参数等进行对改造体积、施工压力、缝长缝宽的单因素敏感分析,不能较好满足各参数之间的组合参数优化,存在要求缝长、缝宽最大化,射孔簇数、施工排量、液量最小化相互矛盾而不能满足全局最优。

参 考 文 献

[1] Chen Zuorong, Jeffrey Robert G, Zhang Xi, et al. Finite‐element simulation of a hydraulic fracture interacting with a natural fracture[J]. SPE Journal, 2018, 22(1): 219–234.

[2] Zeng Fanhui, Zhang Yu, Guo Jianchun, et al. Optimized completion design for triggering a fracture network to enhance horizontal shale well production[J]. Journal of Petroleum Science and Engineering, 2020, 190: 107043.

[3] Gu H, Weng X. Criterion for fractures crossing frictional interfaces at non‐orthogonal angles[C]. The 44th U. S. Rock Mechanics Symposium and 5th U. S.‐Canada Rock Mechanics Symposium, Salt Lake City, Utah, June, 2010: ARMA‐10‐198.

[4] Karimi‐Fard Mohammad, Durlofsky Louis J, Aziz Khalid. An efficient discrete‐fracture model applicable for general‐purpose reservoir simulators[J]. SPE journal, 2004, 9(2): 227–236.

[5] Robertson Eric P, Christiansen Richard L. A permeability model for coal and other fractured, sorptive‐elastic media[J]. SPE Journal, 2008, 13(3): 314–324.

[6] Lecampion Brice, Bunger Andrew, Zhang Xi. Numerical methods for hydraulic fracture propagation: A review of recent trends[J]. Journal of natural gas science and engineering, 2018, 49: 66–83.

[7] Min Ki‐Bok, Jing Lanru, Stephansson Ove. Determining the equivalent permeability tensor for fractured rock

masses using a stochastic REV approach: Method and application to the field data from Sellafield, UK[J]. Hydrogeology Journal, 2004, 12(5): 497-510.

[8] 杨洋. 基于分形维数的路面裂缝图像分割方法研究[D]. 西安：长安大学, 2014.

[9] Rahman Mohammad Mustafizur, Hossain Md Mofazzal, Rahman Sheik S. A shear – dilation – based model for evaluation of hydraulically stimulated naturally fractured reservoirs[J]. International Journal for Numerical and Analytical Methods in Geomechanics, 2002, 26(5): 469-497.

[10] Paul Segall, David D Pollard. Joint formation in granitic rock of the Sierra Nevada[J]. Geological Society of America Bulletin, 1983, 94(5): 563-575.

[11] Priest Stephen D. Discontinuity analysis for rock engineering[M]. New York: Springer – Science + Business Media, B. V., 1993.

[12] Kear J, Kasperczyk D, Zhang X, et al. 2D experimental and numerical results for hydraulic fractures interacting with orthogonal and inclined discontinuities[C] The 51st U. S. Rock Mechanics/Geomechanics Symposium, San Francisco, California, USA, June 2017: ARMA – 2017 – 0404.

[13] Zhang Hao, Sheng James J. Numerical simulation and optimization study of the complex fracture network in naturally fractured reservoirs[J]. Journal of Petroleum Science and Engineering, 2020, 195(5): 107726.

[14] 赵金洲, 陈曦宇, 李勇明, 等. 水平井分段多簇压裂模拟分析及射孔优化[J]. 石油勘探与开发, 2017, 44(1): 117-124.

[15] Zeng Fanhui, Zhang Yu, Guo Jianchun, et al. Investigation and field application of ultra – high density fracturing technology in unconventional reservoirs[C]. SPE/AAPG/SEG Asia Pacific Unconventional Resources Technology Conference, Virtual, November, 2021: 1481-1502.

第6章 页岩多尺度暂堵压裂提高裂缝复杂程度优化研究

页岩气藏储层致密，孔渗性能差，采用大型水力压裂可将储层"打碎"，建立页岩气向井筒流动的高速渗流通道，而暂堵转向技术在压裂过程中向已压开主裂缝中注入暂堵剂形成人工封堵层，提升缝内净压力使裂缝转向开启并延伸，可有效提升裂缝复杂程度。然而，目前的暂堵剂粒度设计都是基于固定的裂缝宽度，且只考虑了暂堵剂堆积后封堵层的强度，而未考虑封堵层渗透率；暂堵剂封堵效果评价多是通过实验方法，对于不同颗粒配比的暂堵剂实验方法需要重新测量，适用性差；暂堵转向以有效封堵层已经形成为起点，未考虑暂堵时机和施工参数对暂堵位置的影响，没有将暂堵剂参数、施工参数与暂堵转向裂缝起裂相结合进行优化研究。因此，针对页岩暂堵压裂中存在的以上问题，本书将在动态缝宽下暂堵剂粒度参数优化设计、暂堵剂封堵效果理论与实验评价和暂堵裂缝扩展与施工参数优化方面开展研究。具体包括建立暂堵剂封堵层强度和渗透率理论模型，形成考虑封堵层渗透率和强度的暂堵剂有效堆积参数优化设计方法，并开展实验评价封堵效果和模型验证，建立暂堵剂参数、施工参数与暂堵裂缝扩展的一体化模型。最终形成针对不同性质的页岩储层，推荐不同暂堵时机动态缝宽下的最优暂堵剂粒度和配比，并得出在不同施工参数条件下的暂堵位置以及暂堵转向水力裂缝扩展形态，实现页岩暂堵压裂多尺度暂堵剂粒度参数优化与调控，为页岩暂堵压裂设计提供有力支撑。

6.1 多尺度暂堵剂粒度参数优化设计研究

6.1.1 暂堵剂主要参数描述

暂堵剂封堵的关键是可以在短时间内在裂缝中形成低渗透率和高强度的封堵层，以满足转向压裂施工要求，如何设计暂堵剂的粒度分布和最大和最小粒径才能实现有效的封堵，是暂堵剂参数设计的关键。在形成封堵层时，需要与裂缝宽度相匹配的架桥颗粒首先在裂缝中架桥建立封堵层的"基础"，随后小颗粒在此"基础"上进行逐级充填，补充大颗粒之间的孔隙，从而有效降低封堵层的渗透率。除此之外，还需要在暂堵剂配方中加入一定量的弹性颗粒和软化颗粒，以增加封堵层的强度。

6.1.1.1 粒度分布

暂堵剂颗粒的粒度分布对封堵层的形成及封堵效率影响显著，为准确描述不同类型暂堵剂的粒度，采用激光粒度测试仪对9种暂堵剂进行了粒度分析。其粒度分布如图6.1.1所示。其中2号暂堵剂粒度分布d_{90}为790 μm，粒径集中分布在208~1096 μm，整体粒径最大；V-320F暂堵剂粒度分布d_{90}为29.5 μm，粒径集中分布在0.45~80 μm，整体粒径最小。

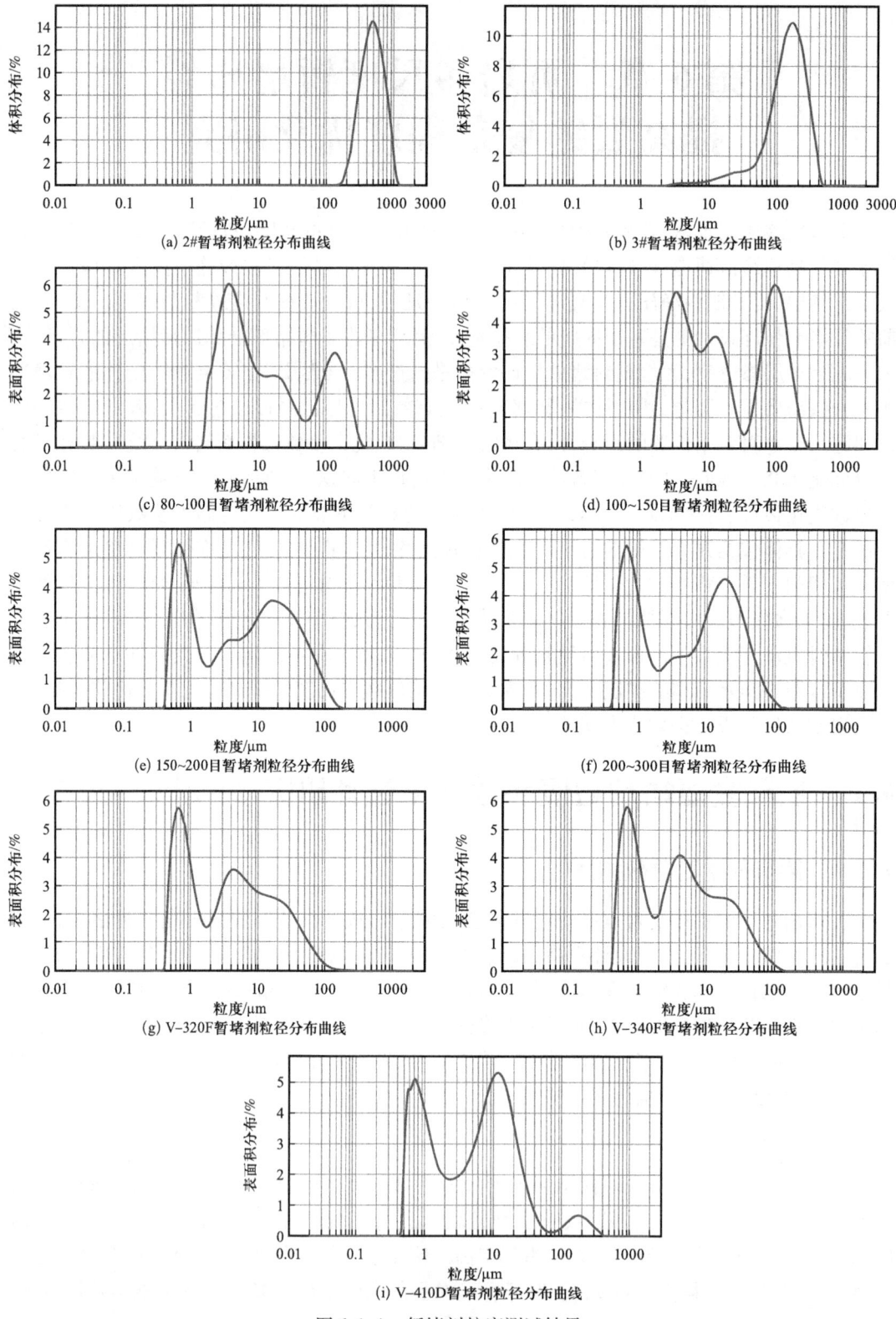

图 6.1.1 暂堵剂粒度测试结果

6.1.1.2 暂堵剂粒径

在暂堵转向压裂施工过程中,暂堵剂颗粒随工作液向裂缝深处移动,架桥颗粒将在裂缝狭窄处形成卡堵,随后填充颗粒在此处充填形成封堵层。按照形成卡堵时颗粒数量的不同,暂堵剂架桥封堵可分为单颗粒架桥与双颗粒(多颗粒)架桥封堵[1]。

单颗粒架桥时暂堵剂颗粒的最大粒径约为裂缝平均宽度,但当大颗粒先到达裂缝缝口时,将直接在裂缝的缝口处形成架桥,填充颗粒充填后封堵层将形成于裂缝缝口处,如图6.1.2所示。此结构的封堵层极不稳定,无法承受井筒中流体的剪切作用,在后续施工过程中极易发生破坏。所以,架桥颗粒粒径应小于裂缝宽度,由两个或多个架桥颗粒在裂缝中狭窄处互相挤压形成架桥,使暂堵剂封堵层在裂缝内部产生,此时封堵层横截面上应有多个架桥颗粒。

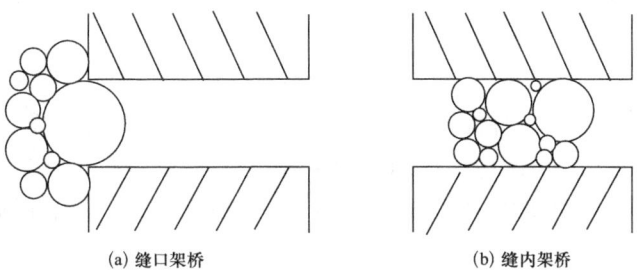

(a) 缝口架桥　　　　　　　　(b) 缝内架桥

图6.1.2　暂堵剂架桥示意图

多级架桥属于双颗粒(多颗粒)架桥形式,对于架桥颗粒粒径的设计目前已经提出了"三分之一"架桥原则、"三分之二"架桥原则、d_{90}规则等,但以上理论中架桥颗粒粒径均为离散分布,需要粒径相差很大的两颗粒匹配才能实现架桥,而大颗粒与小颗粒在流体中的流速相差很大,此时架桥效率较低。基于以上缺陷,本书提出以粒径连续分布的暂堵剂进行架桥,将极大增加桥堵形成的概率,同时满足缝内多级架桥的要求。根据以上理论,取:

$$\frac{2}{3}W_f \leq d_1 \leq W_f \tag{6.1.1}$$

式中:W_f为裂缝宽度,mm;d_1为第一级架桥颗粒粒径,mm。当第一级暂堵剂颗粒可以形成架桥时,将占据的空间为$(2/3 \sim 1)W_f$,考虑当一级架桥颗粒无法形成架桥时,第二级架桥颗粒也可单独形成架桥,则可取:

$$\frac{1}{2}W_f \leq d_2 \leq \frac{2}{3}W_f \tag{6.1.2}$$

式中:d_2为第二级架桥颗粒粒径,mm。同理,第三级、第四级架桥颗粒粒径可取[44]:

$$\frac{1}{3}W_f \leq d_3 \leq \frac{1}{2}W_f \tag{6.1.3}$$

$$\frac{1}{4}W_f \leq d_4 \leq \frac{1}{3}W_f \tag{6.1.4}$$

式中:d_3为第一级架桥颗粒粒径,mm;d_4为第一级架桥颗粒粒径,mm。

架桥颗粒为刚性颗粒,在裂缝中起承压作用,形成的力链网络结构为封堵层构建骨架。在不同的施工阶段裂缝中闭合压力会有一定的变化,所以需要加入一定量的弹性颗粒和软化颗粒,以使闭合压力发生变化时封堵层不至于损坏。其次,还需要加入小粒径的填充颗粒充填架桥颗粒之间的孔隙,以降低封堵层渗透率。填充颗粒粒径为裂缝宽度的1/4及以下,可变形颗粒与填充颗粒粒径相近。

6.1.2 暂堵剂粒度参数优化设计

与常规的粒径服从正态分布的颗粒不同,暂堵剂的粒度分布应尽可能地广泛,填充颗粒可以将架桥颗粒之间的孔隙充填上,以实现封堵层的低渗透率要求。Kaeuffer通过实验和计算机模拟得出,当暂堵剂颗粒累积体积分数与粒径的平方根成正比时,可以得到最优的充填效果,即$d^{1/2}$理论。在封堵裂缝时,加入与裂缝尺寸相对应的粒度连续分布的暂堵剂颗粒,才能形成致密的封堵层,有效封堵裂缝。

因此,一旦确定适用于裂缝宽度的某一粒径,便可在累积粒度分布-粒径平方根直角坐标系中做出一条基线,当所设计配方的曲线与基线相接近时,表明充填效果较好。5/6匹配原则考虑了闭合压力及工作液剪切作用下粒度降级的影响,考虑因素较全面,所以,可使暂堵剂累积粒度分布d_{90}等于5/6缝宽,在上述粒度优化图中做出基线,以此为基准设计暂堵剂粒度分布。

从图6.1.3中可以看出,针对不同宽度的裂缝,单一类型的暂堵剂粒度分布距离基线较远,无法达到致密的堆积效果,而将不同粒径的暂堵剂配方进行复配之后,可以得到累积粒度分布与基线相近的暂堵剂配方,即通过将不同粒度分布的暂堵剂按照一定的比例进行组合优化之后,可以得到理想的充填效果。

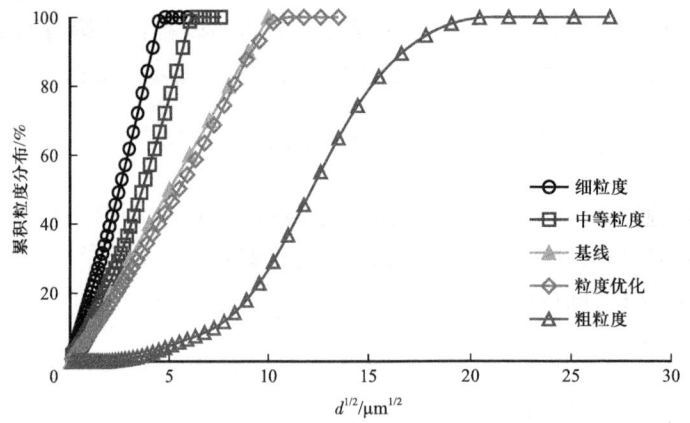

图6.1.3 100 μm 缝宽粒度优化

由于在施工过程中混合了暂堵剂的工作液需要经过井筒进入地层,流体在流动过程中对暂堵剂颗粒有剪切作用,暂堵剂颗粒在到达封堵位置之前会产生一定的损耗。所以,在设计暂堵剂颗粒的粒度分布时,应使所设计的粒度分布曲线处于基线的右侧,留出一定的剪切余量[26],避免暂堵剂颗粒在到达裂缝处时由于粒径的减小而无法形成架桥封堵。

6.2 多尺度暂堵剂封堵研究

6.2.1 多尺度暂堵剂封堵层强度研究

本章在对水力压裂过程中暂堵剂颗粒受力和封堵层失稳机理调研的基础上,通过对暂堵剂颗粒所受拖曳力、毛管力、闭合应力的综合作用,与封堵层剪切强度和摩擦强度中对封堵层失稳的控制强度相结合,建立了封堵层强度力学模型,由此得到封堵层失稳时的临界压降梯度。通过计算机模拟分析了模型中各参数对封堵层强度的影响,进而优化暂堵剂粒度组合和施工参数。

6.2.1.1 封堵层失稳物理模型

在施工过程中,封堵层为暂堵剂颗粒在裂缝中架桥形成,封堵强度受多种因素的影响,如图6.2.1所示。一方面,暂堵剂颗粒将会受到工作流体的拖曳力、颗粒间的毛管力与裂缝闭合应力的作用,其中拖曳力与毛管力为颗粒运移动力,闭合应力为颗粒运移阻力;另一方面,封堵层强度由摩擦强度和剪切强度共同控制,二者中较小的为封堵层的主控强度。

当暂堵剂颗粒所受运移动力与运移阻力之差大于封堵层的主控强度时,封堵层颗粒将发生运移,如图6.2.2所示。由暂堵剂颗粒即将发生运移时的受力与封堵层强度之间的平衡关系可以建立封堵层失稳的临界平衡方程,进而得到封堵层失稳时的临界压降梯度。

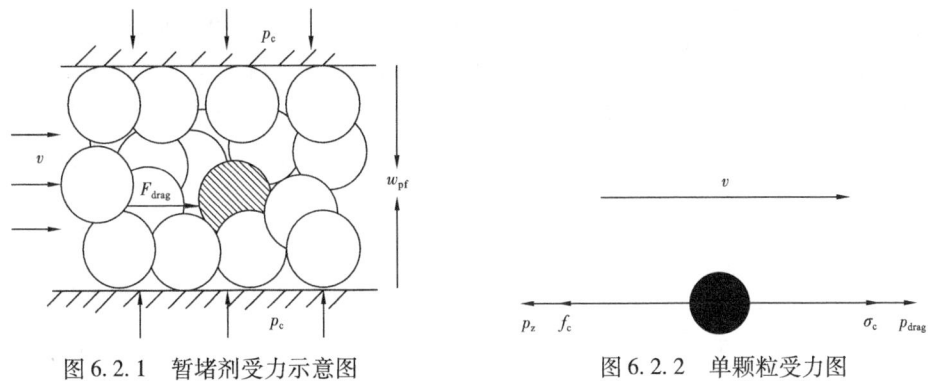

图6.2.1 暂堵剂受力示意图　　图6.2.2 单颗粒受力图

所以,暂堵剂发生运移时的临界平衡方程为

$$p_{\text{drag}} + \sigma_c - f_c = p_z \tag{6.2.1}$$

式(6.2.1)表明暂堵剂所受的拖曳力强度p_{drag}和流体流动方向的毛管力σ_c减去岩流体流动方向的闭合应力f_c大于等于封堵层临界失稳强度p_z时,封堵层将发生破坏,封堵失效。

6.2.1.2 暂堵剂受力分析

裂缝中的封堵层是由多个单独的暂堵剂颗粒相互作用而形成的架桥体系,颗粒间相互支撑构成了力链网络,如果由于外力变化过大而导致某个颗粒发生了运移或破坏,那么力链网络结构将不复存在,进而引发封堵层的垮塌。由于封堵层内外压差相差很大,缺口处的工作液漏失速度也会很大,进而加快了封堵层的破坏速度,最终造成转向压裂施工失败,无法达到预期效果,严重时可能影响后期产量。因此,封堵层的破坏往往由某个颗粒的运移而引发,需要建立单颗粒暂堵剂力学稳定模型,再扩大到整个封堵层上。可将暂堵剂颗粒的受力划分为运移动力和运移阻力。

(1) 运移动力。

暂堵剂颗粒所受的运移动力包括拖曳力和毛管力。拖曳力是由工作液由于压差作用的流动而产生,其方向与工作液流动方向一致,是造成封堵层颗粒运移的主要原因。随着拖曳力的升高,封堵层架桥颗粒可能会克服颗粒间的相互作用而随工作液向裂缝深处运移,造成封堵层的失稳。颗粒间的残余液体会在暂堵剂颗粒表面形成束缚水膜,从而在封堵层孔隙间形成多条毛管束,产生毛管力,其方向与多相流体流动方向一致。

① 拖曳力。

在压裂施工过程中,工作液在流经封堵层时会产生一个压降,此压降即为作用于暂堵剂颗粒的拖曳力。虽然流体在裂缝中的流动是非 Darcy 流动,但在一个极小的微元段内,可将单颗粒暂堵剂的压降视为均匀的,即压力沿程线性变化。当缝内压力梯度恒定时,对于单个暂堵剂颗粒有

$$p(x) = p_{\text{wf}} + \frac{\mathrm{d}p}{\mathrm{d}x}x \tag{6.2.2}$$

式中:x 为裂缝中任意点与井筒的距离,m;$\mathrm{d}p/\mathrm{d}x$ 为流体压降梯度,MPa/m;$p(x)$ 为距井筒 x 处的压力,MPa;p_{wf} 为井底压力,MPa。假设流体在封堵层中的压降梯度 $\mathrm{d}p/\mathrm{d}x$ 恒定不变,将暂堵剂颗粒分为无数个微元长度 $\mathrm{d}x$,如图 6.2.3 所示,暂堵剂颗粒所受总拖曳力可由微元段受力沿粒径积分获得。

微元长度 $\mathrm{d}x$ 所受拖曳力为

$$\mathrm{d}F_{\text{drag}}(x) = p(x)\mathrm{d}A_{\mathrm{d}x} \tag{6.2.3}$$

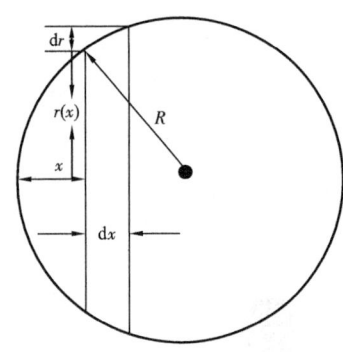

图 6.2.3 暂堵剂微元示意图

式中:$F_{\text{drag}}(x)$ 为距边缘 x 处颗粒所受拖曳力,N;$A_{\mathrm{d}x}$ 为距边缘 x 处压强对颗粒的作用面积,mm²;$p(x)$ 为颗粒在任意位置受到的压力,MPa。

微元段受力面积为

$$\mathrm{d}A_{\mathrm{d}x} = \pi[r(x) + \mathrm{d}r]^2 - \pi r(x)^2 = \pi \mathrm{d}^2 r + 2\pi r(x)\mathrm{d}r \tag{6.2.4}$$

式中:$r(x)$ 为距边缘 x 处截面半径,mm。由于 $\pi \mathrm{d}^2 r$ 很小可忽略,所以式(6.2.4)可写为

$$\mathrm{d}A_{\mathrm{d}r} = 2\pi r(x)\mathrm{d}r \tag{6.2.5}$$

将式(6.2.5)和式(6.2.2)代入式(6.2.3)得

$$dF_{\text{drag}}(x) = \left(p_0 + \frac{dp}{dx}x\right)2\pi r(x)dr \qquad (6.2.6)$$

式中:p_0 为颗粒边缘所受压力,MPa。

式(6.2.5)为微元段所受拖曳力,对于整个颗粒:

$$F_{\text{drag}} = \int_0^{2R} dF_{\text{drag}}(x) \qquad (6.2.7)$$

式中:R 为暂堵剂半径,mm。

将式(6.2.6)代入式(6.2.7)得

$$F_{\text{drag}} = 2\pi p_0 \int_0^{2R} r(x)dr + 2\pi \frac{dp}{dx}\int_0^{2R} xr(x)dr \qquad (6.2.8)$$

$r(x)$ 可由暂堵剂半径 R 和与边缘距离 x 表示:

$$r^2(x) + (R-x)^2 = R^2 \qquad (6.2.9)$$

对式(6.2.9)微分得

$$dr = (2Rx - x^2)^{-1/2}(R-x)dx \qquad (6.2.10)$$

将式(6.2.9)和式(6.2.10)代入式(6.2.8)可得

$$F_{\text{drag}} = -\frac{4}{3}\pi R^3 \frac{dp}{dx} \qquad (6.2.11)$$

沿流动方向 $dp/dx < 0$,流体压降为负值,所以沿着工作液流动方向拖曳力为正,如图6.2.4所示。

由于流体单向流动,所以暂堵剂颗粒受力面积为总表面积的一半,为 $2\pi R^2$,所以作用在此颗粒上的拖曳力强度为

$$p_{\text{drag}} = \frac{F_{\text{drag}}}{2\pi R^2} = -\frac{2R}{3}\frac{dp}{dx} \qquad (6.2.12)$$

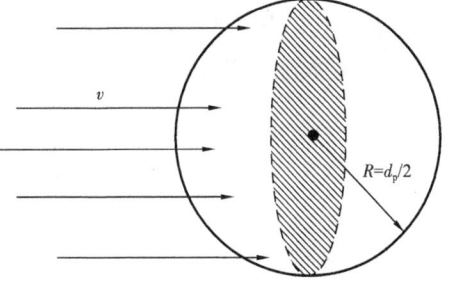

图 6.2.4 拖曳力作用示意图

设暂堵剂颗粒直径为 d_p,可得

$$p_{\text{drag}} = -\frac{d_p}{3}\frac{dp}{dx} \qquad (6.2.13)$$

式中:d_p 为暂堵剂直径,mm。

② 毛管力。

暂堵剂颗粒在裂缝内架桥形成封堵层后,颗粒间的残余水会在封堵层孔隙中形成多条毛管束,考虑缝内流体为气液两相流,毛管力将对工作液流动产生阻力作用,对于暂堵剂颗粒来说,此等效毛管力与多相流体流动方向相同,为颗粒运移的动力[2]。

(a) 非均匀颗粒间毛管力。

由于暂堵剂颗粒的粒度分布广泛,所以多数为不同粒径之间的颗粒接触。当两个粒径不同的颗粒正切接触时,如图 6.2.5 所示,假设弯液面曲率半径为 r,则颗粒间毛管力为

$$p_{\text{cap}} = \sigma \left(\frac{1}{r_1} - \frac{1}{r} \right) \tag{6.2.14}$$

式中:p_{cap} 为颗粒接触方向毛管压力,MPa;σ 为界面张力,N/m;r_1 为中值半径,m;R 为液面曲率半径,m。

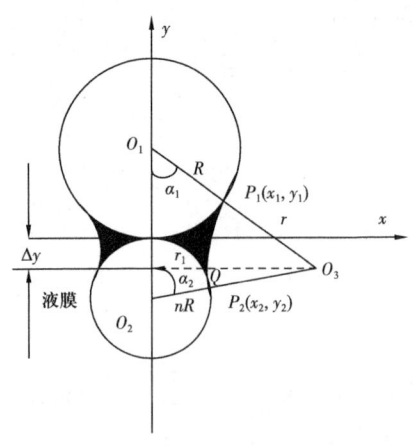

图 6.2.5 不均匀颗粒切向接触

毛管力产生的黏滞力为[3]

$$F_{ci} = \pi x_i^2 p_c \tag{6.2.15}$$

式中:F_{ci} 为颗粒 1 或 2 所受黏滞力,N;x_i 为液面切点与颗粒圆心水平距离,m。

由于毛细结合总是在最薄弱的部位断裂,而两颗粒黏滞力较小值为 F_{c2},则暂堵剂颗粒所受毛管力为[4]

$$\sigma_c = \lambda \frac{1-\phi}{\phi} \frac{F_{c2}}{4\overline{R}^2} \tag{6.2.16}$$

式中:σ_c 为流体流动方向毛管力,MPa;ϕ 为封堵层孔隙度;λ 为颗粒不均匀系数;$\overline{R}$ 为平均半径,m。

要求解毛管力需要先得到 r 和 r_1,假设接触角 $\theta_c = 0$,颗粒 1 半径为 R,颗粒 2 半径为 nR,颗粒 1 的接触点为 $P_1(x_1, y_1)$,则:

$$\begin{cases} x_1 = R\sin\alpha_1 \\ y_1 = R(1-\cos\alpha_1) \end{cases} \tag{6.2.17}$$

颗粒 2 接触点为 $P_2(x_1, y_1)$,则:

$$\begin{cases} x_2 = nR\sin\alpha_2 \\ y_2 = nR(1-\cos\alpha_2) \end{cases} \tag{6.2.18}$$

式中:R 为颗粒 1 的半径,m;n 为粒径比;α_1、α_2 为颗粒 1、2 上过两相接触点的半径与 y 轴的夹角,(°)。

在 $\triangle O_1 O_3 C$ 中,O_3 与 x 轴间距为

$$\Delta y = (r+R)\cos\alpha_1 - R \tag{6.2.19}$$

在 $\triangle O_2 O_3 C$ 中,O_3 与 x 轴间距为

$$\Delta y = -(r+nR)\cos\alpha_2 + nR \tag{6.2.20}$$

联立式(6.2.19)和式(6.2.20)可得

$$(n+1)R = (R+r)\cos\alpha_1 + (nR+r)\cos\alpha_2 \tag{6.2.21}$$

在 $\triangle O_1O_2O_3$ 中,根据余弦定理,曲率半径 r 可表示为

$$(nR+r)^2 = (R+r)^2 + (R+nR)^2 - 2(R+r)(R+nR)\cos\alpha_1 \tag{6.2.22}$$

简化式(6.2.22),可得

$$r = \frac{(n+1)(\cos\alpha_1 - 1)R}{1-n-(1+n)\cos\alpha_1} = \frac{1-\cos\alpha_1}{\cos\alpha_1 - \frac{1-n}{1+n}}R \tag{6.2.23}$$

把式(6.2.23)代入式(6.2.21)中,得

$$\cos\alpha_2 = \frac{(n^2+1)\cos\alpha_1 + (n^2-1)}{(n^2-1)\cos\alpha_1 + (n^2+1)} \tag{6.2.24}$$

在 $\triangle O_1CO_3$ 中,r_1 可以表示为

$$r_1 = (r+R)\sin\alpha_1 - r \tag{6.2.25}$$

单位体积孔隙中水的体积等于水的饱和体积,即为 $V\phi S_w$,其中 $V\phi$ 表示孔隙体积:

$$V\phi = 2\left[(R^2+n^2R^2) - \frac{\pi}{4}(R^2+n^2R^2)\right] = 2\left(1-\frac{\pi}{4}\right)(1+n^2)R^2 \tag{6.2.26}$$

所以:

$$V\phi S_w = (nR+R)(r+R)\sin\alpha_1 - (\alpha_1+\alpha_2 n^2)R^2 - (\pi-\alpha_1-\alpha_2)r^2 \tag{6.2.27}$$

通过式(6.2.23)和式(6.2.24)可将 r 和 α_2 表示为 α_1,在确定含水饱和度后,可由式(6.2.25)和式(6.2.27)得到对应的(r, r_1),进而可以得到等效毛管力。

(b)均匀颗粒间毛管力。

当暂堵剂颗粒尺寸均匀时,粒径比 $n=1$,接触角 θ_c 不为零,且 $\alpha_1 = \alpha_2 = \alpha_c$,如图6.2.6所示,可得弯液面半径:

$$r = \frac{1-\cos\alpha_c}{\cos(\alpha_c+\theta_c)}R \tag{6.2.28}$$

式中:α_c 为圆心 O_1 与接触点连线与竖直方向夹角,(°)。

令

$$f(\alpha_c) = \frac{1-\cos\alpha_c}{\cos\alpha_c} \tag{6.2.29}$$

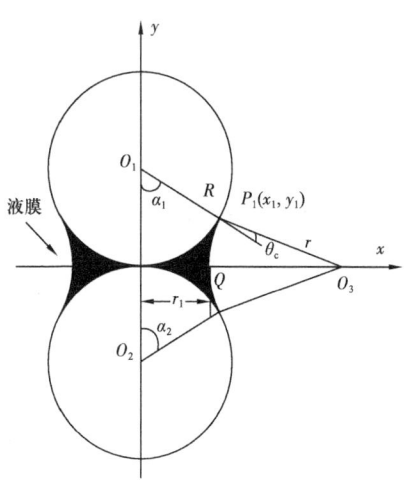

图 6.2.6 均匀颗粒切向接触

则:

$$r = f(\alpha_c)R \tag{6.2.30}$$

设 $Q(r_1,0)$ 为弯液面中点,则:

$$r_1 = x_1 - [r - r\sin(\theta_c + \alpha_c)] \tag{6.2.31}$$

又:

$$x_1 = R\sin\alpha_c \tag{6.2.32}$$

所以:

$$r_1 = R\sin\alpha_c + r\sin(\theta_c + \alpha_c) - r \tag{6.2.33}$$

把式(6.2.28)代入式(6.2.33),可得

$$r_1 = R\frac{1}{\cos(\alpha_c + \theta_c)}\{\sin\alpha_c\cos(\alpha_c + \theta_c) + (1 - \cos\alpha_c)[\sin(\alpha_c + \theta_c) - 1]\} \tag{6.2.34}$$

令

$$f_1(\alpha_c) = \frac{1}{\cos(\alpha_c + \theta_c)}\{\sin\alpha_c\cos(\alpha_c + \theta_c) + (1 - \cos\alpha_c)[\sin(\alpha_c + \theta_c) - 1]\} \tag{6.2.35}$$

则:

$$r_1 = f_1(\alpha_c)R \tag{6.2.36}$$

孔隙中水的体积为

$$V\mathrm{d}x_w = 4R^2\sin\alpha_c(1 - \cos\alpha_c) - 2R^2(\alpha_c - \sin\alpha_c\cos\alpha_c) \\ - r^2[\pi - 2(\alpha_c + \theta_c) - 2\sin(\alpha_c + \theta_c)\cos(\alpha_c + \theta_c)] \tag{6.2.37}$$

其中:

$$V\phi = 4R^2 - \pi R^2 \tag{6.2.38}$$

将式(6.2.30)和式(6.2.36)代入式(6.2.14)得颗粒接触方向毛管压力为

$$p_{\text{cap}} = \frac{\sigma}{R}\left(\frac{1}{f_1(\alpha_c)} - \frac{1}{f(\alpha_c)}\right) \tag{6.2.39}$$

将式(6.2.38)和式(6.2.31)代入式(6.2.15)得

$$F_c = \pi\sigma R\sin^2\alpha_c\left(\frac{1}{f_1(\alpha_c)} - \frac{1}{f(\alpha_c)}\right) \tag{6.2.40}$$

当颗粒均匀时,$\lambda = 1$,将式(6.2.40)代入式(6.2.16)可得流体流动方向毛管力:

$$\sigma_c = \frac{1-\phi}{2\phi}\frac{\pi\sigma\sin^2\alpha_c}{d_p}\left(\frac{1}{f_1(\alpha_c)} - \frac{1}{f(\alpha_c)}\right) \tag{6.2.41}$$

由于暂堵剂颗粒粒度分布广泛,考虑 λ 不为 1,将式(6.2.41)单位由 Pa 变为 MPa,可得

$$\sigma_c = 5\pi \times 10^{-7} \lambda \frac{1-\phi}{\phi} \frac{\sigma \sin^2 \alpha_c}{d_p} \left(\frac{1}{f_1(\alpha_c)} - \frac{1}{f(\alpha_c)} \right) \tag{6.2.42}$$

在封堵层含水饱和度 S_w 和润湿接触角 θ_c 确定之后,计算得出 α_c,代入式(6.2.42)得到 σ_c。

(2)运移阻力。

在封堵层形成之后,缝内憋压导致新裂缝的扩展和延伸,工作液向新裂缝中运移致使原有裂缝中的压力降低,将使得封堵层受到的闭合应力升高。闭合应力升高会导致暂堵剂颗粒之间的空隙减小,压实作用增加,使颗粒排列更紧密,增加封堵层的强度。而当闭合应力过大时,又会造成暂堵剂颗粒的压碎,使颗粒更易发生运移,降低封堵层强度。暂堵剂在缝内形成拱形架桥后,颗粒间作用力如图 6.2.7 所示。

将闭合应力正交分解,分别为平行于工作液流动方向的 p_{cx} 和垂直于流动方向的 p_{cy},则:

$$p_{cx} = p_c \sin\alpha \tag{6.2.43}$$

$$p_{cy} = p_c \cos\alpha \tag{6.2.44}$$

式中:p_c 为闭合应力,MPa;α 为过接触点直径与垂向夹角,(°)。

① 闭合应力水平分力。

由分析可知,水平分力沿水平方向指向封堵层内部,与工作液流动方向相反,有使暂堵剂颗粒堆积更加紧密的趋势,所以为颗粒运移阻力。将拱桥结构视为一段圆弧 $\widehat{AB}$,如图 6.2.8 所示,曲率半径为 R_{pf},则其所对应弦为裂缝宽度 W_f,对应圆周角为 2γ。

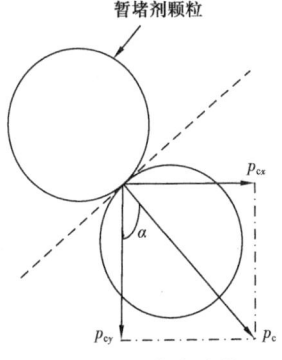

图 6.2.7 闭合应力作用

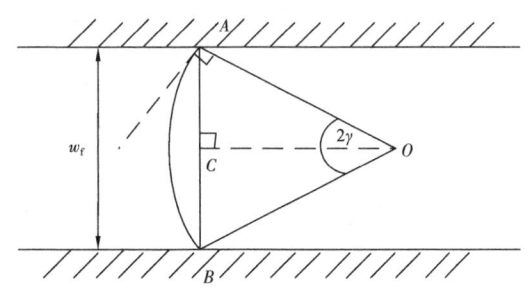

图 6.2.8 暂堵剂架桥模型

由图可知,AC 为裂缝半径,则:

$$\sin\gamma = \frac{W_{pf}}{2R_{pf}} \tag{6.2.45}$$

式中:W_f 为裂缝宽度,mm;R_{pf} 为封堵层曲率半径,mm。

由弧长与裂缝宽度关系可得

$$\widehat{AB} = nd_p = 2\gamma R_{pf} \tag{6.2.46}$$

式中：N 为暂堵剂层数。

由于 $\gamma \approx 1$，所以有

$$\sin\gamma = \frac{W_{\mathrm{f}}}{nd_{\mathrm{p}}} \tag{6.2.47}$$

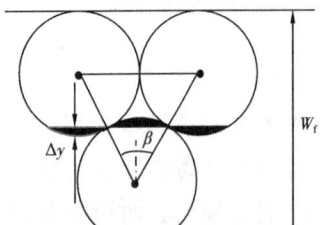

图 6.2.9　颗粒堆积示意图

暂堵剂在架桥过程中的排列方式是随机的，且存在一定的压实作用，所以暂堵剂架桥颗粒之间的会有部分重叠，封堵层高度不为简单的 nd_{p}，存在一定的减少量，如图 6.2.9 所示。

假设颗粒之间为紧密的菱面排列，则此减少量可表示为

$$\Delta y = R - R\cos\frac{\beta}{2} \tag{6.2.48}$$

式中：β 为暂堵剂颗粒堆积角，$(°)$。当暂堵剂堆积层数 n 为 2 时，减少量为

$$2\Delta y = d_{\mathrm{p}} - d_{\mathrm{p}}\cos\frac{\beta}{2} \tag{6.2.49}$$

实际缝宽为

$$W_{\mathrm{pf}}(i=2) = 2d_{\mathrm{p}} - (2-1)\cdot 2\Delta y = d_{\mathrm{p}} + d_{\mathrm{p}}\cos\frac{\beta}{2} \tag{6.2.50}$$

同理：

$$W_{\mathrm{pf}}(i=n) = nd_{\mathrm{p}} - (n-1)\cdot 2\Delta y = nd_{\mathrm{p}}\cos\frac{\beta}{2} + d_{\mathrm{p}}\left(1 - \cos\frac{\beta}{2}\right) \tag{6.2.51}$$

式中：$W_{\mathrm{pf}}(i=n)$ 为暂堵剂层数为 n 时的裂缝宽度，mm。

把式(6.2.51)代入式(6.2.48)，可得

$$\sin\gamma = \frac{1 + (n-1)\cos\dfrac{\beta}{2}}{n} \tag{6.2.52}$$

由式(6.2.51)可得暂堵剂层数：

$$n = \frac{W_{\mathrm{pf}}(n) + d_{\mathrm{p}}\cos\dfrac{\beta}{2} - d_{\mathrm{p}}}{d_{\mathrm{p}}\cos\dfrac{\beta}{2}} \tag{6.2.53}$$

若已知裂缝宽度 $W_{\mathrm{pf}}(i=n)$，则可根据式(6.2.53)计算出 n，代入式(6.2.52)可得 $\sin\gamma$。

② 闭合应力垂向分力。

垂向分力与裂缝壁面垂直，使暂堵剂颗粒堆积更加紧密，当颗粒有运动趋势时，此力表现为裂缝壁面与颗粒以及颗粒与颗粒之间的摩擦力，将阻碍此运动的发生，表现为运移阻力，其大小为

$$f_{cy} = \mu_f p_{cy} \tag{6.2.54}$$

式中:f_{cy}为等效摩擦强度,MPa;μ_f为颗粒间摩擦系数。

摩擦系数μ_f与暂堵剂颗粒物性和地层岩石的物性有关,当已知暂堵剂参数和地层岩石参数后,可通过实验测定。

③ 闭合应力等效阻力。

综上所述,水平分力和垂向分力均表现为暂堵剂颗粒运移的阻力,所以闭合应力产生的等效阻力f_c为

$$f_c = p_c(\sin\gamma + \mu_f \cos\gamma) \tag{6.2.55}$$

式中:f_c为闭合应力产生的阻力强度,MPa。

6.2.1.3 封堵层强度

裂缝中的封堵层有两种失稳形式,一种为封堵层前后的压差大于封堵层与裂缝壁面的摩擦强度,造成封堵层整体向裂缝深处滑移,颗粒逐渐分散为松散状态;另一种为暂堵剂颗粒之间的受力不均匀,造成封堵层中抗剪强度较弱的部分发生破坏,造成封堵层出现缺口,工作液在此处流速增大,进而引发封堵层的整体失稳。

(1) 摩擦强度。

摩擦失稳发生在封堵层与裂缝壁面之间,当封堵层前后压差与裂缝壁面的最大静摩擦力相等时,封堵层处于临界平衡状态,即封堵层保持稳定的条件为

$$F_{\Delta p} \leq f_z \tag{6.2.56}$$

式中:$F_{\Delta p}$为压差产生的作用力,N;f_z为缝面与封堵层间摩擦力,N。

压差在封堵层上的作用力可表示为

$$F_{\Delta p} = \Delta p A = \Delta p h w = \Delta p H W_f \tag{6.2.57}$$

式中:Δp为封堵层前后压差,MPa;h为封堵层高度,mm;w为封堵层宽度,mm;H为裂缝高度,mm;W_f为裂缝宽度,mm。

封堵层与裂缝两侧均存在摩擦,所以摩擦力可表示为

$$f_z = 2p_c H a(1-\phi)\tan\delta_3 \tag{6.2.58}$$

式中:a为封堵层长度,mm;δ_3为裂缝壁面与封堵层间摩擦角,(°)。

将式(6.2.57)和式(6.2.58)代入式(6.2.56)可得

$$\Delta p H W \leq 2p_c H a(1-\phi)\tan\delta_3 \tag{6.2.59}$$

为保持封堵层稳定,压差应满足:

$$\Delta p \leq \frac{2p_c a(1-\phi)\tan\delta_3}{W_f} \tag{6.2.60}$$

当封堵层处于临界稳定状态时,其摩擦强度应与封堵层前后压差相等,所以有

$$p_{zf} = \frac{2p_c a(1-\phi)\tan\delta_3}{W_f} \tag{6.2.61}$$

式中：p_{zf} 为封堵层摩擦强度，MPa。

由式（6.2.61）可得，封堵层摩擦强度与闭合压力、封堵层长度、孔隙度、缝宽和颗粒与裂缝壁面摩擦角有关。

（2）剪切强度。

封堵层的剪切破坏发生在暂堵剂颗粒与颗粒之间，剪切强度包括颗粒之间的胶结作用与摩擦力的共同作用。暂堵剂封堵层在裂缝中受到闭合压力作用，架桥颗粒间相互挤压形成力链，颗粒间力的传递方向与闭合压力的方向一致，多条力链相互结合构成的力链网络是封堵层抵抗流体剪切作用的主要形式。流体的流动作用会使封堵层发生剪切破坏，如图 6.2.10 所示，剪切破坏会造成暂堵剂颗粒运移，封堵层中的力链网络遭到破坏，最终造成封堵层的垮塌。

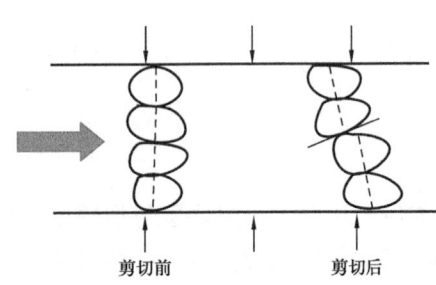

图 6.2.10 封堵层剪切失稳模型

设在闭合压力作用下，单条力链的变形量为 Δ，暂堵剂颗粒为弹性形变，则两颗粒间的变形量为

$$\varepsilon = \frac{\Delta}{N} = \frac{d_p \Delta}{L_f} \tag{6.2.62}$$

式中：ε 为暂堵剂弹性形变，mm；Δ 为力链总变形量，mm；N 为力链中颗粒数量。

根据弹性定律，颗粒间接触力为

$$F_c = k_G \varepsilon = \frac{k_G d_p \Delta}{L_f} \tag{6.2.63}$$

接触应力为

$$\sigma_c = \frac{F_c}{\pi d_p^2} = \frac{k_G \Delta}{\pi d_p L_f} = \frac{k_G \varepsilon}{\pi d_p^2} \tag{6.2.64}$$

式中：F_c 为颗粒间接触力，N；k_G 为暂堵剂颗粒刚度，N/mm；σ_c 为颗粒间接触应力，MPa。

单条力链可提供的抗剪切强度为

$$\tau_c = \sigma_c \tan\delta_1 = \frac{k_G \varepsilon \tan\delta_1}{\pi d_p^2} \tag{6.2.65}$$

由于封堵层颗粒之间存在孔隙，而力链结构只形成于紧密堆积颗粒之间[5]，且沿流体流动方向封堵层中力链数量为 a/d_p，所以封堵层剪切强度为

$$p_{zs} = \frac{a(1-\phi)\tau_c}{d_p} \tag{6.2.66}$$

力链方向与闭合压力方向相同,颗粒间接触应力 σ_c 约等于闭合压力 p_c,则封堵层抗剪强度可表示为

$$p_{zs} = \frac{\alpha(1-\phi)p_c \tan\delta_1}{d_p} = \frac{\alpha(1-\phi)k_G \varepsilon \tan\delta_1}{\pi d_p^3} \tag{6.2.67}$$

式中:τ_c 为单力链抗剪强度,MPa;δ_1 为颗粒间摩擦角,(°);p_{zs} 为封堵层抗剪强度,MPa。

由式(6.2.67)可以看出,封堵层抗剪强度受两方面控制,一方面包括封堵层体积、孔隙度和力链长度,另一方面为暂堵剂颗粒的刚度、弹性形变和颗粒间接触角。

(3)纤维剪切增量。

在封堵裂缝性储层时,为提高架桥效率和封堵层强度,常将纤维与颗粒型暂堵剂搭配使用。纤维的存在将改变暂堵剂颗粒的胶结状态,增加了颗粒间的内摩擦力,使封堵层的整体强度更高,不易发生剪切破坏。对于封堵层剪切强度,纤维引起的增量为[6]

$$\Delta\tau_R = \frac{A_R}{A}\sigma_R(\cos\theta + \sin\theta\tan\delta_1) \tag{6.2.68}$$

式中:$\Delta\tau_R$ 为纤维剪切增量,MPa;A 为封堵层横截面积,mm^2;A_R 为纤维所占面积,mm^2;δ_1 为颗粒间摩擦角,(°);θ 为剪切位移角,(°)。

在封堵层受到剪切作用时,纤维的存在会产生拉力,以平衡摩擦力:

$$\sigma_R \frac{\pi}{4}d_R^2 = \frac{l_R}{2}\pi d_R \sigma_n \tan\delta_2 \sin\alpha \tag{6.2.69}$$

式中:σ_R 为纤维拉应力,MPa;d_R 为纤维直径,mm;l_R 为纤维长度,mm;δ_2 为纤维颗粒摩擦角,(°);α 为初始倾斜角,(°)。

其中,σ_n 为法向应力,由颗粒作用而产生,其大小为

$$\sigma_n = \frac{1 - \sin\delta_1 \sin(\delta_1 - 2\alpha)}{3\pi\cos^2\delta_1} p_c \tag{6.2.70}$$

将式(6.2.70)代入式(6.2.69),可得纤维所受拉力为

$$\sigma_R = 2p_c \frac{1 - \sin\delta_1 \sin(\delta_1 - 2\alpha)}{3\pi\cos^2\delta_1} \frac{l_R}{d_R}\tan\delta_2 \sin\alpha \tag{6.2.71}$$

此时考虑纤维所受拉力小于其抗拉强度,当拉力大于抗拉强度时,此力应为纤维抗拉强度。将式(6.2.71)代入式(6.2.68),可得封堵层强度增量为

$$\Delta\tau_R = 2p_c \frac{A_R}{A} \frac{1 - \sin\delta_1 \sin(\delta_1 - 2\alpha)}{3\pi\cos^2\delta_1} \frac{l_R}{d_R}$$
$$\cdot \tan\delta_2 \sin\alpha (\cos\theta + \sin\theta\tan\delta_1) \tag{6.2.72}$$

假设封堵层中纤维在未发生剪切时倾斜量为 x,剪切发生后倾斜的增加量为 x',如图 6.2.11 所示。

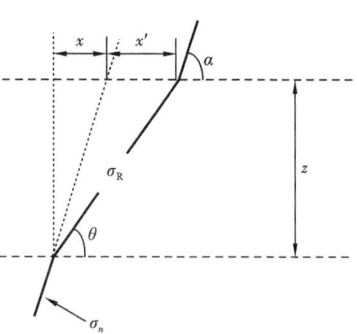

图 6.2.11 纤维剪切位移

则剪切位移角 θ 可表示为

$$\tan\theta = \frac{z}{x+x'} = \frac{1}{\dfrac{x'}{z}+\cot\alpha} \tag{6.2.73}$$

纤维拉应力与变形量之间的关系为

$$\begin{aligned}\sigma_R &= E_R \frac{\sqrt{(x+x')^2+z^2}-\sqrt{x^2+z^2}}{\sqrt{x^2+z^2}} \\ &= E_R\left(\frac{\sqrt{z^2+z^2\cot^2\theta}}{\sqrt{z^2+z^2\cot^2\alpha}}-1\right) \\ &= E_R\left(\frac{\sin\alpha}{\sin\theta}-1\right)\end{aligned} \tag{6.2.74}$$

式中:E_R 为纤维弹性模量,MPa。

将式(6.2.71)与式(6.2.74)联立得

$$\theta = \arcsin\frac{\sin\alpha}{1+2\dfrac{p_c}{E_R}\dfrac{1-\sin\delta_1\sin(\delta_1-2\alpha)}{\cos^2\delta_1}\dfrac{l_R}{d_R}\tan\delta_2\sin\alpha} \tag{6.2.75}$$

加入纤维后,封堵层的总抗剪强度为暂堵剂颗粒的抗剪强度与纤维引起的剪切增量之和。由于纤维的加入会使封堵层中颗粒所占体积减小,所以此时封堵层抗剪强度为

$$\begin{aligned}p_m =& \frac{\left(1-\phi-\dfrac{A_R}{A}\right)k_G\varepsilon\tan\delta_1}{\pi d_p^2} \\ &+2p_c\frac{A_R}{A}\frac{1-\sin\delta_1\sin(\delta_1-2\alpha)}{3\pi\cos^2\delta_1}\frac{l_R}{d_R}\tan\delta_2\sin\alpha(\cos\theta+\sin\theta\tan\delta_1)\end{aligned} \tag{6.2.76}$$

6.2.2 多尺度暂堵剂封堵层渗透率研究

暂堵转向压裂的关键是暂堵剂能快速在天然裂缝中临时形成致密的封堵层,阻断工作液向高渗透带运移,使裂缝发生转向形成分支裂缝,增大低渗储层的改造体积。本章将以 Kozeny – Carman 模型为基础,结合封堵层孔隙度分形原理和粒度比面,建立封堵层渗透率计算模型,并对各参数进行主控分析,明确各参数对渗透率的影响程度。描述不同类型暂堵剂粒度分布,基于 5/6 匹配原则和 $d^{1/2}$ 理论建立暂堵剂颗粒与堆积参数设计方法,并形成暂堵剂浓度与止动流速预测方法。

是否具有较低渗的透率是暂堵剂封堵效果的关键评价因素,常用的渗透率计算模型以达西公式为基础,不适用于封堵层的渗透率预测。Kozeny – Carman 公式中孔隙度和比面均可由暂堵剂粒度分布得出,适用于本书粒度分布广泛的特点。

6.2.2.1 孔隙度表征

孔隙度与封堵层渗透率之间有着密切联系,渗透率理论计算中孔隙度是一个重要参数。以往通过饱和流体法测得孔隙体积,进而得到孔隙度经验公式,不具有广泛的适用性;或采用模态分析法计算不同粒径颗粒组合下的孔隙度,但颗粒填充存在不确定性,且暂堵剂粒度分布广泛,采用此方法误差较大。

(1)孔隙度数学模型。

在暂堵剂充填堆积过程中,封堵层的岩石的孔隙空间具有自相似性,孔隙度是一个分形,颗粒堆积孔隙度可由式(6.2.77)计算:

$$\phi = A\left(\frac{l_1}{l_2}\right)^{3-D} \tag{6.2.77}$$

式中:ϕ 为孔隙度;l_1 为自相似区域下限,mm;l_2 为自相似区域上限,mm;A 为常数;D 为分形维数。

分形理论为孔隙度计算提供了一种新方法,可通过暂堵剂粒度分形维数确定孔隙分形维数,进而得出孔隙度,适用于本书暂堵剂颗粒粒度分布广泛的特点。

(2)粒度分布分形。

孔隙分形维数常通过岩样的扫描电镜统计孔隙数量或测量岩样的孔隙体积来确定,过程烦琐且误差较大。而彭振彬[7]通过对 Menger 海绵体的研究发现,当统计足够精细时,封堵层孔隙分形维数与粒度分布分形维数相等。根据分形理论,大于某一粒径 d_i 的颗粒组成的集合体的体积为

$$V(\delta > d_i) = A\left[1 - \left(\frac{d_i}{d_M}\right)^{3-D}\right] \tag{6.2.78}$$

式中:δ 为度量标度,mm;d_i 为任意粒径,mm;A 为尺度常数;d_M 为颗粒尺度标度,mm。

粒度分布的统计结果一般是由具有一定粒径间隔的颗粒质量表示,由于暂堵剂颗粒组分相同,可忽略其密度差异,则有

$$W(\delta > d_i) = V(\delta > d_i)\rho = \rho A\left[1 - \left(\frac{d_i}{d_M}\right)^{3-D}\right] \tag{6.2.79}$$

式中:$W(\delta > d_i)$ 为粒径大于 d_i 的颗粒累积质量,kg;ρ 为颗粒密度,kg/m³。

设 W_0 为暂堵剂颗粒质量总和,由于暂堵剂最大粒径受裂缝宽度限制,所以当 $i \to \infty$ 时有 $\lim d_i = 0$,根据式(6.2.79)可得

$$W_0 = \lim_{i \to \infty}(\delta > d_i) = \rho A \tag{6.2.80}$$

联立式(6.2.79)和式(6.2.80)可得

$$\frac{W(\delta > d_i)}{W_0} = 1 - \left(\frac{d_i}{d_M}\right)^{3-D} \tag{6.2.81}$$

设 d_{max} 为颗粒最大直径,则有

$$W(\delta > d_{\max}) = 0 \tag{6.2.82}$$

式中:$d_{\max}$为颗粒最大粒径,mm。代入式(6.2.81)可得

$$d_M = d_{\max} \tag{6.2.83}$$

则暂堵剂质量分布与粒径之间的关系可表示为

$$\frac{W(\delta < d_i)}{W_0} = \left(\frac{d_i}{d_{\max}}\right)^{3-D} \tag{6.2.84}$$

对式(6.2.84)两边取对数,有

$$\lg\left[\frac{W(\delta < d_i)}{W_0}\right] = (3 - D)\lg\left(\frac{d_i}{d_{\max}}\right) \tag{6.2.85}$$

式(6.2.85)可以看作形式为 $Y = AX + B$ 的一条直线方程,在确定暂堵剂的粒度分布以后,便可得到暂堵剂的累积质量与粒径的一一对应的关系,在直角坐标系中拟合出 $\lg[W(\delta < d_i)/W_0]$ 与 $\lg(d_i/d_{\max})$ 的对应关系直线,通过直线的斜率可以得到分形维数 D。

6.2.2.2 暂堵剂比面

比面为单位体积岩石内骨架的总表面积。由于表面现象与流动阻力等因素,比面大小对流体流动有很大的影响,暂堵剂颗粒越细,比面越大。当固体颗粒胶结性差,且磨圆度较高时,可将暂堵剂颗粒视为球体。假设粒径为 d 的颗粒数量为 N,则每个颗粒的表面积和体积为

$$S_i = \pi d^2 \tag{6.2.86}$$

$$V_i = \frac{1}{6}\pi d^3 \tag{6.2.87}$$

设封堵层孔隙度为 ϕ,则单位体积颗粒所占介质总体积为 $V = 1 - \phi$,单位体积封堵层所含颗粒数量为

$$N = \frac{1 - \phi}{V_i} = \frac{6(1 - \phi)}{\pi d^3} \tag{6.2.88}$$

则单位体积颗粒的总表面积(即比面)为

$$S = NS_i = N\pi d^2 = \frac{6(1 - \phi)}{d} \tag{6.2.89}$$

由于封堵层是由不同粒径暂堵剂颗粒组成,当已获得暂堵剂粒度分布时,可得颗粒平均直径为 d_n 的含量为 G_n。

则单位体积封堵层中颗粒总表面积为

$$S_1 = \frac{6(1 - \phi)}{d_1}G_1 \tag{6.2.90}$$

$$S_2 = \frac{6(1-\phi)}{d_2} G_2 \tag{6.2.91}$$

$$\cdots$$

$$S_n = \frac{6(1-\phi)}{d_n} G_n \tag{6.2.92}$$

故单位体积封堵层颗粒总表面积(即比面)为

$$S = \sum_{i=1} S_i = 6(1-\phi) \sum_{i=1}^{n} \frac{G_i}{d_i} \tag{6.2.93}$$

由于暂堵剂颗粒为不完全球形,所以引入颗粒形状校正系数 C,则式可改写为

$$S = 6C(1-\phi) \sum_{i=1}^{n} \frac{G_i}{d_i} \tag{6.2.94}$$

式中:S 为以岩石外表面积为基础的比面;cm^2/cm^3;C 为颗粒形状校正系数;G_i 为颗粒平均直径为 d_i 的含量;d_i 为任意颗粒的平均直径,cm。

6.2.2.3 封堵层迂曲度

迂曲度是描述多孔介质孔道几何形状和传输特性的重要参数之一,其定义为流体在多孔介质中流动时所经过的实际距离与多孔介质表观距离之比,即可认为流体流过的真实路径存在一定的伸长量,孔隙结构越复杂,迂曲度越大。在暂堵剂封堵层中,由于小颗粒在架桥颗粒中的填充作用,使得封堵层中孔隙结构复杂,难以确定流体实际流动距离。所以,可建立迂曲度与其他可通过暂堵剂参数确定的未知量来提高其准确性。

由于迂曲度与孔隙结构密切相关,大量学者对迂曲度与孔隙度之间的关系进行了研究,建立了两者相关性的经验公式。其中,Matyka[8]建立了流体速度场模型,如图 6.2.12 所示,模型中的流线非常复杂且曲折,与暂堵剂堆积后迂曲度契合度较高。此模型上下边界为无滑移边界条件,进口和出口处采用周期性边界条件,流动由蠕变流外力场驱动。

图 6.2.12 多孔介质流场模型

保留剩余空间为空,以最大程度地减少入口和出口边界条件的影响。在进行了 40000 步仿真使模型达到稳定状态后,拟合出迂曲度与孔隙度的关系为

$$\tau = 1 - P\ln\phi \tag{6.2.95}$$

式中:τ 为封堵层迂曲度;P 为拟合参数,取 0.67;ϕ 为封堵层孔隙度。

式(6.2.95)提供了通过封堵层孔隙度计算迂曲度的方法,由上文可知,孔隙度可通过暂堵剂颗粒参数计算得到,从而建立了迂曲度与暂堵剂参数之间的关系,极大提高了迂曲度计算的准确性。

6.2.2.4 封堵层渗透率

Kozeny – Carman 公式给出了岩石渗透率与组成岩石颗粒粒径、孔隙度、颗粒排列方式和孔隙类型之间的关系,这里可以用来计算暂堵剂颗粒堆积形成的封堵层渗透率:

$$K = \frac{\phi^3}{2\tau^2 S^2} \times 10^8 \tag{6.2.96}$$

式中: K 为岩石渗透率,D; ϕ 为孔隙度; τ 为孔道迂曲度; S 为以岩石外表面积为基础的比面,cm^2/cm^3。

在确定暂堵剂的粒径和浓度等参数后,可根据式(6.2.85)和式(6.2.94)确定暂堵剂的分形维数和比面,将分形维数代入式(6.2.77)便可确定封堵层孔隙度,结合式(6.2.95)可得封堵层迂曲度,将各参数代入式(6.2.96)便可得到封堵层渗透率。由此建立了封堵层渗透率分形计算模型,可根据暂堵剂粒度参数计算对应的封堵层渗透率。

6.2.3 暂堵剂封堵强度评价实验

以上章节中已经建立了暂堵剂颗粒与堆积参数优选方法及封堵层渗透率和强度计算模型,影响暂堵剂封堵效果的主要因素有裂缝宽度、封堵层长度、暂堵剂粒度分布等。为验证优选后暂堵剂的封堵效果以及所建模型的可靠性,本章将选用降解型暂堵剂开展室内实验研究。采用预制 20 μm 和 176 μm 宽度裂缝的两组岩心,根据岩心参数设计暂堵剂颗粒组合,通过高温高压暂堵剂评价实验仪评价封堵效果。

6.2.3.1 实验目的

前人的暂堵剂封堵效果评价实验大多只重视封堵强度,而忽略了对封堵层渗透率的研究,不仅封堵层前后压差过大会导致封堵失败,当封堵层渗透率过大时,由于工作液在压差作用下的高速滤失将对暂堵剂颗粒产生极大的拖曳作用,同样会导致封堵层破坏。

承压能力不足或渗透率过大均会导致封堵层失稳,暂堵转向施工失败使裂缝无法转向,进而无法获得理想的储层改造体积。为评价暂堵剂封堵效果,分别将对 20 μm 和 176 μm 宽度裂缝优化设计的暂堵剂铺置在岩心上方,测试流体在不同闭合压力下通过暂堵剂的流动能力。基于 Darcy 定律,通过测量流体的漏失速度与岩心前后压差计算渗透率,将漏失速度剧增时刻的压差视为封堵层失稳强度,分别与模型计算结果相比较,以验证模型的可靠性。

6.2.3.2 实验装置与原理

(1)实验装置。

本实验将采用高温高压暂堵剂性能评价仪(图 6.2.13)测试暂堵剂的封堵效果,其组成包括流体循环系统、岩心夹持系统、温度与压力控制系统、数据采集系统等。

流体循环系统由储液罐和搅拌装置组成,储液罐中工作液在流经岩心后进入尾端烧杯,搅拌装置可使暂堵剂在工作液中处于悬浮状态以模拟施工工况。岩心夹持系统由岩心室、围压液室、胶套组成,岩心室可夹持 300 × 105 mm 全直径岩心,围压液室可通过液压驱动胶套来改变岩心所受围压。

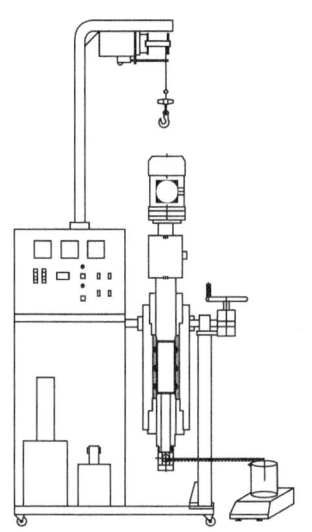
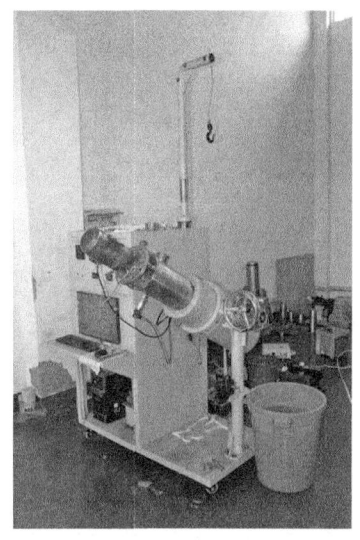

图 6.2.13　高温高压暂堵剂性能评价仪

温度与压力控制系统包括温控装置、氮气瓶、围压泵、回压泵。温控装置可岩心室温度升至最高 150 ℃并维持稳定,实验结束后冷却装置可使岩心快速降温;氮气瓶可为流体提供 0~20 MPa 流压,电动围压泵可对岩心施加 0~90 MPa 围压以模拟周向应力,回压泵可在岩心末端施加 0~10 MPa 回压以模拟孔隙压力。

数据采集系统包括电子天平、温度/压力调节器、计算机。电子天平与计算机相连,可实时测量流体累积漏失量与漏失速度;温度/压力调节器可以调节并监控岩心温度、压力与裂缝内压力,并上传至计算机记录。

(2)实验原理。

本实验基于 Darcy 定律测量封堵层的实验渗透率,将工作液漏失速度剧增时刻的压力视为封堵层所能承受的最大压力。实验流程如图 6.2.14 所示。

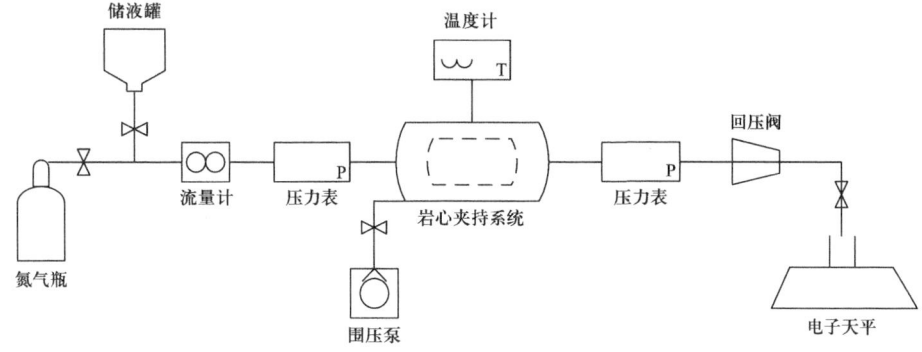

图 6.2.14　实验流程图

实验时,将岩心放置到岩心室中,调节温度调节器使岩心升高到设定温度并维持稳定。调节围压泵为裂缝施加预定的闭合压力,调节回压泵模拟预定的孔隙压力,调节氮气瓶为储液罐中工作液施加预定流压,工作液由岩心夹持系统入口流经岩心后进入烧杯。调节工作液流压改变封堵层受力,测量岩心前后的压差和工作液漏失速度,根据式(6.2.97)计算暂堵剂封堵层的实测渗透率。

$$K = \frac{Q\mu L_f}{600 W_f H \Delta p} \tag{6.2.97}$$

式中:K 为封堵层渗透率,D;Q 为工作液漏失速度,cm^3/min;μ 为工作液黏度,$mPa \cdot s$;L_f 为封堵长度,cm;W_f 为裂缝宽度,cm;H 为裂缝高度,cm;Δp 为岩心室压差,MPa。

当工作液漏失速度急剧升高时,可认为暂堵剂封堵层被破坏,封堵失效,记录此时的岩心室压差作为封堵层实测强度。重复上述步骤,便可得到不同闭合压力下的封堵层渗透率和强度。

6.2.3.3 实验方案与步骤

(1)实验方案。

为检验颗粒型暂堵剂的封堵能力及获得封堵后渗透率和强度,结合实验条件与可操作性,采用预制 20 μm 和 176 μm 宽度裂缝的两组岩心进行封堵效果评价实验。基于5/6匹配原则和 $d^{1/2}$ 理论,设计了不同裂缝宽度下暂堵剂配方,见表6.2.1,暂堵剂类型为降解型,密度为 1200 kg/m³,粒度分布如图6.2.15和图6.2.16所示,复配暂堵剂累积粒度分布曲线与基线较近,表明暂堵剂颗粒堆积紧密,充填效率较高。

表6.2.1 暂堵剂裂缝导流能力测试方案及实验条件

岩心号	测试流体	裂缝宽度	暂堵剂配方
1#	2% KCl	20 μm	V–410D
2#	2% KCl	176 μm	45% 3# + 55% 150~200 目

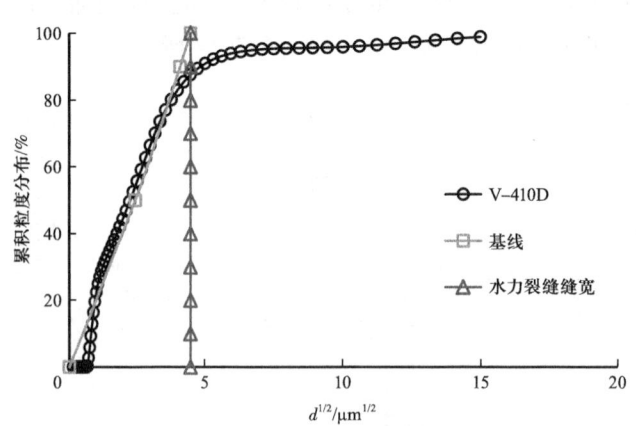

图6.2.15 20 μm 缝宽优化暂堵剂配方

本次实验温度设置为 90 ℃,将暂堵剂称量后用水润湿,铺置在岩心前端钢圈中,钢圈直径与岩心直径相同,厚度为 1 cm。将装有暂堵剂的岩心放入岩心室,调整围压使闭合压力在

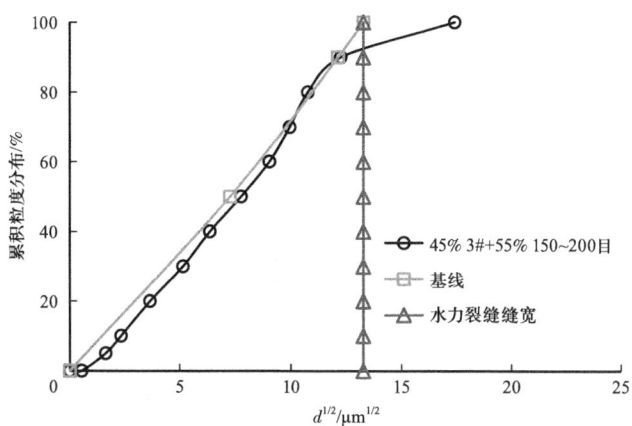

图 6.2.16　176 μm 缝宽优化暂堵剂配方

0~40 MPa 范围内梯度上升,调整氮气瓶为测试流体施加流压。逐渐增大流压,观察岩心前后压力上升情况,当出口有流体流出时,记录漏失速度与累积漏失量,当漏失速度剧增时说明封堵层失稳,记录此时所加流压。

(2)实验步骤。

① 将所设计暂堵剂润湿后均匀铺置在 1 号岩心前钢圈内。

② 将 1 号岩心放入岩心室。

③ 通过围压泵调整围压,将裂缝闭合压力调整到设定值。

④ 将岩心室温度升高到 90 ℃。

⑤ 将闭合压力升高到设定值后,调整氮气瓶为测试流体施加 1 MPa 流压,打开岩心夹持器前阀门使测试流体接触岩心,30 s 后打开出口端阀门。当岩心室前后压力稳定后,记录岩心前后压力及测试流体的漏失速度,通过式(6.2.97)计算暂堵剂封堵层的渗透率。

⑥ 漏失速度稳定后,流压增加 0.5~1 MPa,重复步骤⑤,计算对应流压下的渗透率。

⑦ 逐渐增大流压直至出现漏失速度剧增时刻,视为封堵层失稳,记录此时岩心前后压差为封堵层强度。

⑧ 改变闭合压力,使其增加 2~5 MPa,重复步骤④~⑦,得出 1 号岩心在不同闭合压力下封堵层渗透率和强度。

⑨ 关闭氮气瓶阀门,卸掉围压和流压,冷却 1 号岩心并将其取出,对 2 号岩心重复步骤①~⑧,得出 2 号岩心在不同闭合压力下封堵层渗透率和强度。

⑩ 实验结束,关闭氮气瓶阀门,卸掉围压和流压,冷却 2 号岩心并将其取出,循环清水清洗仪器。

6.2.3.4　实验结果与模型验证

(1)实验结果。

根据实验步骤分别对 1 号和 2 号岩心进行封堵效果评价实验,实验结果见表 6.2.2。

表 6.2.2　封堵效果评价实验结果

编号	缝宽/μm	暂堵剂配方	闭合压力/MPa	封堵压力/MPa	流量/mL/min	渗透率/10^{-3} mD
1#	20	V-410D	5	1	0	0
			5	3	0.1	13.33
			7	5	0.1	9.52
			9	7	0.1	7.41
			15	10	0.1	4.44
			20	15	0.1	3.33
			25	20	0.1	2.67
			30	25	0.1	2.22
			35	30	0.06	1.14
			40	35	—	—
2#	176	45%3# + 55% 150~200目	1	5	0	0
			3	5	0.05	11.11
			5	7	0.05	6.67
			7	9	0.1	9.52
			9	11	0.1	7.41
			11	13	0.1	6.06
			13	15	0.1	5.13
			17	19	0.08	3.14
			22	25	0.05	1.52
			25	30	0.1	2.67
			30	35	0.1	2.22
			35	40	0.1	1.90
			40	45	0.05	0.83

由实验结果可以看出,封堵层承压能力随闭合压力的升高而上升,渗透率随闭合压力升高而降低。对于 20 μm 宽度裂缝采用 V-410D 型暂堵剂进行封堵后承压能力最高可达 30 MPa,渗透率最低为 1.14×10^{-3} mD;对于 176 μm 宽度裂缝采用 45%3# + 55% 150~200 目暂堵剂进行封堵后承压能力最高可达 45 MPa,渗透率最低为 0.83×10^{-3} mD。两组实验封堵强度较高,渗透率较低,均可满足封堵要求。

(2)模型验证。

为验证所建模型的可靠性,将暂堵剂颗粒参数与裂缝宽度参数代入所建模型,计算出在实验设定闭合压力条件下封堵层的渗透率和强度,并与实验结果进行对比分析,如图 6.2.17 至图 6.2.20 所示。

第6章 页岩多尺度暂堵压裂提高裂缝复杂程度优化研究

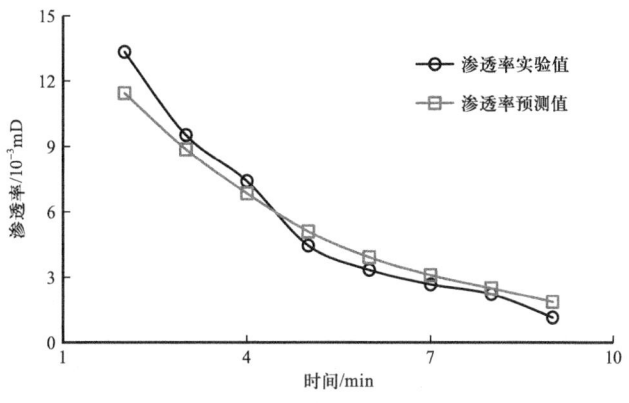

图6.2.17　20 μm 缝宽模型与实验结果对比

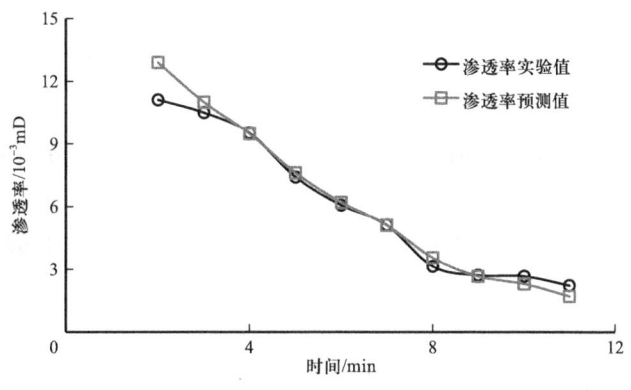

图6.2.18　176 μm 缝宽模型与实验结果对比

① 渗透率模型计算与实验结果对比。

图6.2.17表明,采用 V-410D 型暂堵剂封堵20 μm 宽度裂缝时,模型预测渗透率与实验值平均误差为12.68%；图6.2.18表明,采用45%3#+55%150~200目暂堵剂封堵176 μm 宽度裂缝时,模型预测渗透率与实验值平均误差为8.38%。两组实验模型预测结果与实验值平均相对误差为10.53%,相对误差较小,说明渗透率预测模型精确度较高。

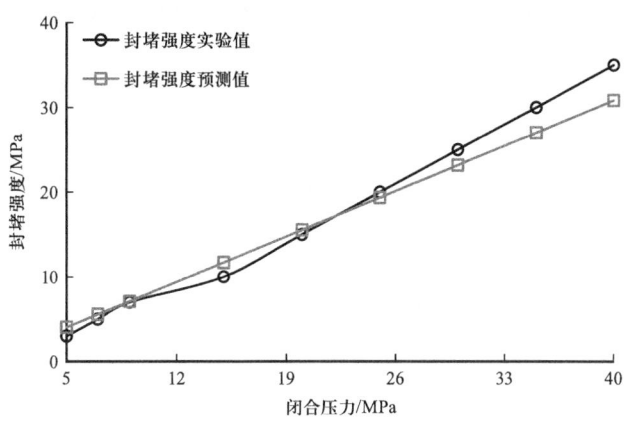

图6.2.19　20 μm 缝宽模型与实验结果对比

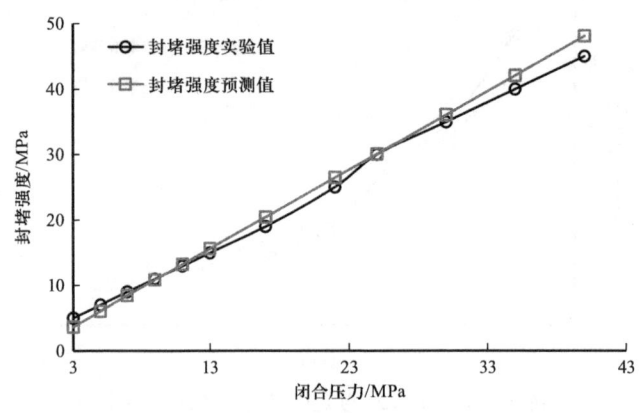

图 6.2.20　176 μm 缝宽模型与实验结果对比

② 强度模型计算与实验结果对比。

图 6.2.19 表明,采用 V-410D 型暂堵剂封堵 20 μm 宽度裂缝时,模型预测封堵强度与实验值平均误差为 11.16%;图 6.2.20 表明,采用 45%3# + 55%150~200 目暂堵剂封堵 176 μm 宽度裂缝时,模型预测封堵强度与实验值平均误差为 6.96%。两组实验模型预测结果与实验值平均相对误差为 9.06%,相对误差较小,说明封堵强度预测模型精确度较高。

6.2.4　暂堵剂封堵参数组合优选

6.2.4.1　封堵强度敏感性分析

暂堵剂颗粒在工作液中将受到拖曳力、毛管力与闭合应力,而封堵层在闭合应力作用下存在摩擦强度和剪切强度,将受力与强度相结合,便可以建立封堵层的临界失稳平衡方程,进而得到流体压降梯度的数学模型表达式,由此可以对封堵强度的影响因素进行分析,形成封堵强度优化方法。

(1)封堵强度数学模型。

实际工况下,暂堵剂封堵层既有可能发生剪切破坏,也有可能发生剪切破坏,任何一种失稳形式都会造成工作液的漏失,封堵层强度由二者较小的一方控制。所以,封堵层强度可以表示为

$$p_z = \min\{p_{zf}, p_{zs}\} \quad (6.2.98)$$

为确定封堵层强度的主控强度及各因素对暂堵剂封堵强度的影响程度,设置基础参数见表 6.2.3。

表 6.2.3　封堵基础参数表

参数名称	参数符号	参数数值	参数单位
裂缝宽度	W_f	3	mm
封堵层长度	a	15	mm
封堵层孔隙度	φ	0.1	1

续表

参数名称	参数符号	参数数值	参数单位
裂缝闭合压力	p_c	10	MPa
颗粒平均粒径	d_p	1.5	mm
表面张力	σ	0.06	N/m
颗粒间摩擦角	δ_1	30	(°)
颗粒-纤维摩擦角	δ_2	25	(°)
封堵层-裂缝壁面摩擦角	δ_3	45	(°)
纤维长径比	l_R/d_R	50	1
纤维初始角	α	60	(°)
纤维浓度	A_R/A	0.08	1
纤维弹性模量	E_R	20	MPa
裂缝高度	H	4000	mm

封堵层摩擦强度和剪切强度主要受裂缝闭合压力的影响,闭合压力一方面会增加裂缝壁面与封堵层之间的摩擦力,使封堵层摩擦强度增大,另一方面会使颗粒挤压堆积更加紧密,增大颗粒间的摩擦,进而使封堵层剪切强度增大。在表6.2.3中参数不变的情况下,将裂缝闭合应力设置为1~10 MPa,封堵层强度变化如图6.2.21所示。

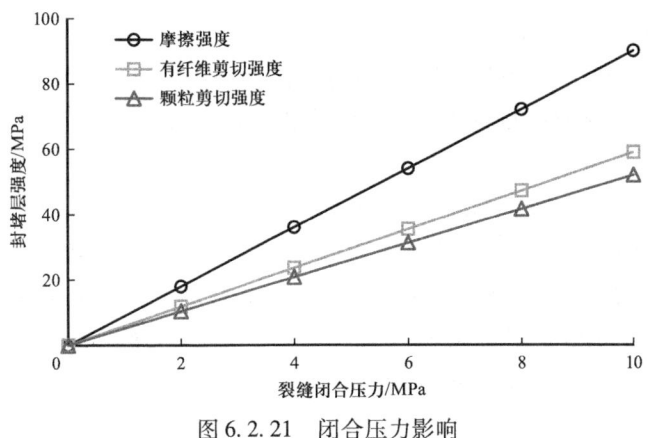

图6.2.21 闭合压力影响

根据以上分析可以看出,剪切强度为封堵层的主控强度。所以当运移动力 F 与运移阻力 f 之差大于封堵层剪切强度时,暂堵剂颗粒将发生运移,在压差作用下,大量暂堵剂将向裂缝深处运移,造成封堵层垮塌失效。根据暂堵剂受力分析和封堵层剪切强度分析,当封堵层处于临界失稳状态时,存在力学平衡方程:

$$p_{\text{drag}} + \sigma_c - f_c = p_{zs} \tag{6.2.99}$$

将式(6.2.13)、式(6.2.42)、式(6.2.55)和式(6.2.67)代入式(6.2.99),可得

$$-\frac{d_p}{3}\frac{dp}{dx}+5\pi\cdot10^{-7}\lambda\frac{1-\phi}{\phi}\frac{\sigma\sin^2\alpha_c}{d_p}\left(\frac{1}{f_1(\alpha_c)}-\frac{1}{f(\alpha_c)}\right)-p_c(\sin\gamma+\mu_f\cos\gamma)$$
$$=\frac{\alpha(1-\phi)k_G\varepsilon\tan\delta_1}{\pi d_p^3} \tag{6.2.100}$$

整理后得

$$\frac{d_p}{3}\left(-\frac{dp}{dx}\right)=\frac{\alpha(1-\phi)k_G\varepsilon\tan\delta_1}{\pi d_p^3}+p_c(\sin\gamma+\mu_f\cos\gamma)$$
$$-5\pi\cdot10^{-7}\lambda\frac{1-\phi}{\phi}\frac{\sigma\sin^2\alpha_t}{d_p}\left(\frac{1}{f_1(\alpha_c)}-\frac{1}{f(\alpha_c)}\right) \tag{6.2.101}$$

加入纤维后,式(6.2.101)变为

$$\frac{d_p}{3}\left(-\frac{dp}{dx}\right)=2p_c\frac{A_k}{A}\frac{1-\sin\delta_i\sin(\delta_i-2\alpha)}{3\pi\cos^2\delta_i}\frac{l_k}{d_k}\tan\delta_2\sin\alpha(\cos\theta+\sin\theta\tan\delta_i)$$
$$+p_c(\sin\gamma+\mu_f\cos\gamma)+\frac{a(1-\phi)k_G\varepsilon\tan\delta_1}{\pi d_p^3} \tag{6.2.102}$$
$$-5\pi\cdot10^{-7}\lambda\frac{1-\phi}{\phi}\frac{\sigma\sin^2\alpha_e}{d_p}\left(\frac{1}{f_1(\alpha_c)}-\frac{1}{f(\alpha_c)}\right)$$

(2)封堵强度敏感性分析。

封堵层临界失稳压降梯度的影响因素有暂堵剂粒径、封堵层孔隙度、颗粒间摩擦角、封堵层长度,加入纤维后还将受到纤维浓度与纤维长径比的影响。

① 暂堵剂平均粒径。

暂堵剂平均粒径主要影响封堵层中颗粒堆积的紧密程度,进而影响封堵层中力链的数量和力链网络的复杂程度。图 6.2.22 表明,随着暂堵剂颗粒平均粒径的增加,封堵层临界失稳压降梯度逐渐增大,在闭合压力为 15 MPa 下,当暂堵剂粒径从 1.5 mm 变为 1.75 mm 时,压降梯度从 33.2 MPa/m 升高到 34.6 MPa/m。之所以出现此变化趋势是因为暂堵剂平均粒径越大,一条力链中颗粒数量越少,颗粒之间的接触面积越大,其抗剪强度越大。

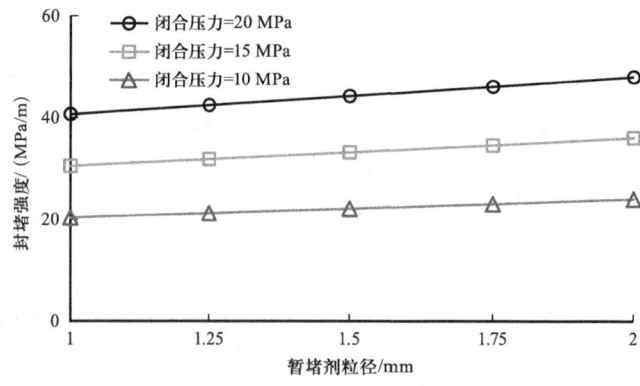

图 6.2.22 颗粒平均粒径的影响

虽然增大暂堵剂平均粒径可以增加封堵层承压能力,但架桥颗粒粒径仍需与裂缝宽度相匹配,粒径过大时暂堵剂颗粒无法进入缝内形成架桥,也会造成封堵层孔隙度增加,进而无法形成有效的封堵层。

② 封堵层孔隙度。

孔隙度可以体现封堵层的致密程度,封堵层越致密其力链网络结构越复杂,抗剪切能力也越强。图 6.2.23 表明,随着孔隙度的增加,封堵承压能力出现明显下降。首先,封堵层孔隙度越大表明其结构越疏松,力链数量少,封堵层整体抗剪强度不足,易发生失稳破坏;其次,孔隙度越大封堵层的渗透率也越大,工作液对暂堵剂颗粒的冲刷作用也越明显,更易造成暂堵剂颗粒的运移。所以,在设计暂堵剂配方时不仅要考虑刚性架桥颗粒的配比,还要加入一定量的小粒径填充颗粒,以降低封堵层孔隙度。

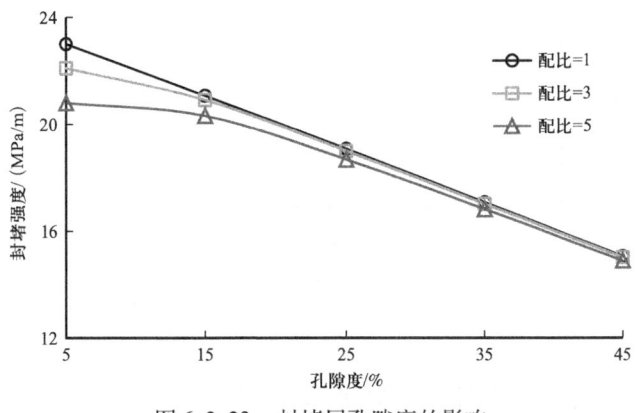

图 6.2.23　封堵层孔隙度的影响

③ 颗粒间摩擦角。

颗粒间摩擦角为颗粒间摩擦系数的反正切值,由暂堵剂颗粒的圆球度和类型控制。图 6.2.24 表明,封堵层临界失稳压降梯度随颗粒间摩擦角的增大而显著增加,在闭合压力 10 MPa 下,当颗粒间摩擦角从 20°增加到 40°时,压降梯度从 15.1 MPa/m 上升到了 30.7 MPa/m。颗粒间摩擦角越大,颗粒之间的摩擦力越大,颗粒之间越不易发生剪切失稳,封堵层剪切强度越大。采用圆球度低、表面粗糙度高的暂堵剂可增大颗粒间摩擦力,但相应的封堵层孔隙度和渗透率也会上升,因此,应合理选择暂堵剂参数以优化封堵承压能力。

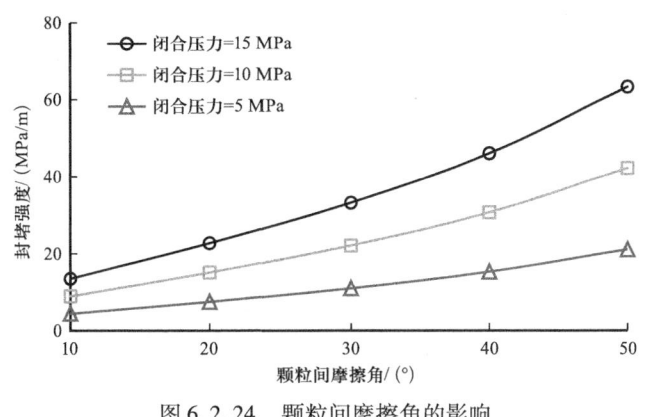

图 6.2.24　颗粒间摩擦角的影响

④ 封堵层长度。

当裂缝宽度和裂缝高度不变时,封堵层长度表征了封堵层的体积。图 6.2.25 表明,封堵层临界失稳压降梯度随封堵层长度增加而明显增加,在闭合压力 10 MPa 下,当封堵层长度由 15 mm 变为 20 mm 时,压降梯度由 22.1 MPa/m 上升至 28.2 MPa/m。其原因为在孔隙度恒定时,力链的数量随封堵层长度的增加而增多,封堵层的抗剪切性能也越强,越不易发生剪切破坏。虽然封堵层长度的增加可以增强其稳定性,但同样也会增加暂堵剂用量、解堵难度和成本,所以应根据裂缝转向所需压力和施工需要合理设计封堵层的长度。

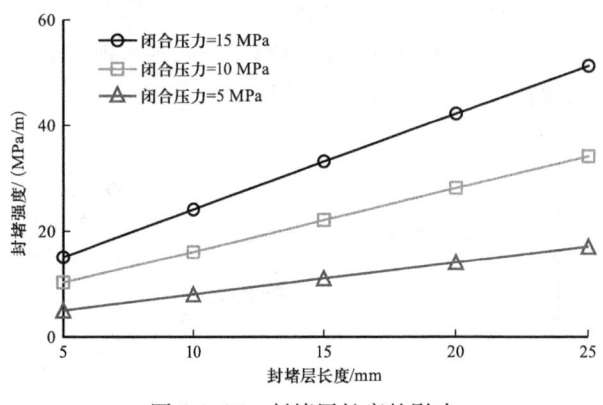

图 6.2.25　封堵层长度的影响

⑤ 纤维浓度。

纤维浓度表征了封堵层中纤维的数量,纤维浓度越高,封堵层中纤维的数量越多。图 6.2.26 表明,临界失稳压降梯度随纤维浓度的增加而增加,闭合压力 10 MPa 下,当纤维浓度由 0.08 增加到 0.16 时,压降梯度从 24.5 MPa/m 上升到了 27 MPa/m。纤维主要影响封堵层的抗剪强度,纤维将在暂堵剂颗粒之间产生拉筋作用,使颗粒团结更加紧密形成整体,封堵层中颗粒更不易发生运移。但纤维浓度过高会影响工作液的流动性,所以,应根据所设计封堵层体积合理选择纤维用量。

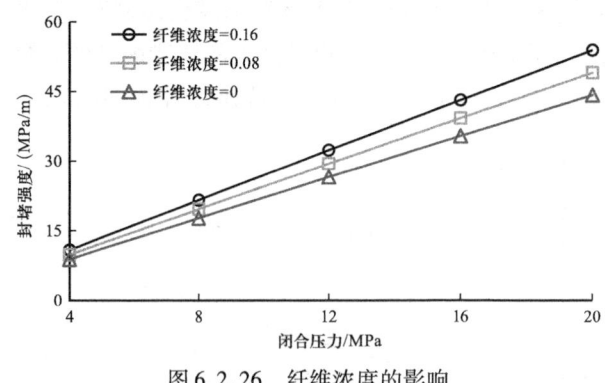

图 6.2.26　纤维浓度的影响

⑥ 纤维长径比。

纤维长径比表征了纤维的细长程度,其值越大纤维越细长。图 6.2.27 表明,临界失稳压降梯度随纤维长径比的增加而增大,在纤维初始角60°下,当纤维长径比由40增加到60时,压降梯度从24.1 MPa/m上升到了25 MPa/m,但纤维所受拉力不能超过其抗拉强度,否则纤维将失效。纤维造成的封堵层剪切强度的增加为纤维剪切增量,长径比越大,纤维在封堵层中形成的网络结构越复杂,在抗拉强度范围内产生的剪切增量也就越大,但长径比越大其强度越低。所以,在选用纤维材料增加封堵层的抗剪强度时,抗拉强度和长径比之间的合理匹配尤为重要。

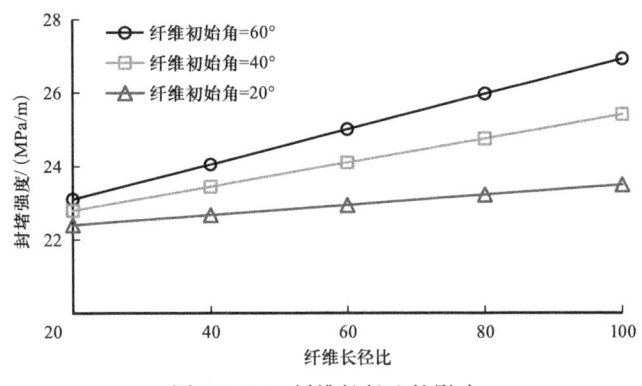

图6.2.27 纤维长径比的影响

6.2.4.2 渗透率敏感性分析

选取2号暂堵剂为架桥颗粒、3号暂堵剂为填充颗粒、150~200目暂堵剂为可变形颗粒进行复配,含量分别为60%、20%、20%,暂堵剂颗粒形状校正系数为1.2。所选暂堵剂样品粒径分布参数见表6.2.4,复配后暂堵剂粒径分布曲线如图6.2.28所示。

表6.2.4 暂堵剂粒度分布表

粒径 $d/\mu m$	d_{10}	d_{20}	d_{30}	d_{40}	d_{50}	d_{60}	d_{70}	d_{80}	d_{90}	d_{100}
2号暂堵剂	292.4	349.7	389.3	416.2	480.0	524.4	605.2	691.7	806.6	995.6
3号暂堵剂	54.0	86.5	110.3	125.4	148.8	167.7	198.8	225.0	278.9	418.2
150~200目	0.6	0.8	1.2	2.8	5.0	8.4	13.7	22.4	39.8	113.0
复配暂堵剂	180.6	215.7	262.4	295.0	317.1	366.9	469.0	537.3	631.6	887.1

根据数学模型编写计算程序,利用所选复配暂堵剂粒度参数进行计算,分别分析孔隙度、暂堵剂比面、填充颗粒含量、软化颗粒含量对封堵层渗透率的影响。

(1)孔隙度。

孔隙度表征了封堵层的致密程度,图6.2.29表明,封堵层孔隙度越小,封堵层渗透率越低,封堵效果越好。在孔隙度小于15%时,渗透率随孔隙度的增大缓慢增长,孔隙度大于15%以后,渗透率随孔隙度的增加急剧上升。因此必须加入粒径较小的填充颗粒充填架桥颗粒之间的孔隙,以降低封堵层孔隙度。由于架桥颗粒具有刚性,不易发生变形,当裂缝闭合压力发生变化时封堵层易失效,所以可加入一定量体积可随闭合压力发生变化的弹性颗粒以提高封堵效果。

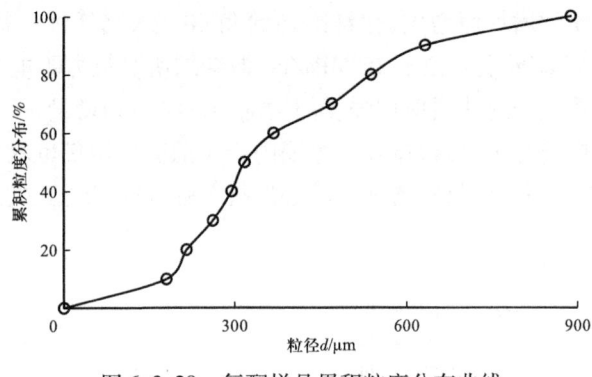

图 6.2.28　复配样品累积粒度分布曲线

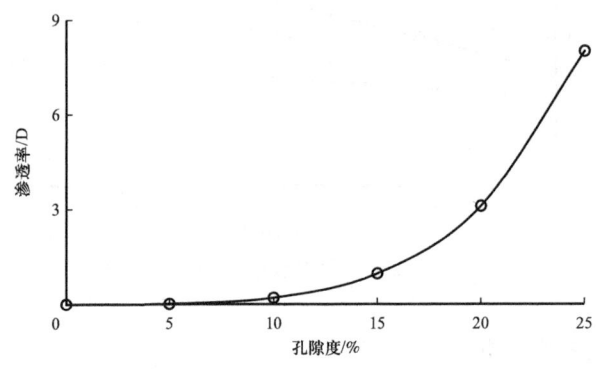

图 6.2.29　孔隙度的影响

(2) 暂堵剂比面。

暂堵剂比面表征了暂堵剂颗粒整体粒径,小颗粒含量占比越大比面越大。图 6.2.30 表明,随着比面的增加封堵层渗透率降低,但降低程度逐渐减缓,说明暂堵剂颗粒整体粒径越小,封堵效果越好。其原因为比面越大,颗粒堆积越紧密,颗粒间孔隙越小。但只有在大颗粒成功架桥后小颗粒才能发挥作用,合理设计各粒径浓度才能形成有效封堵层。

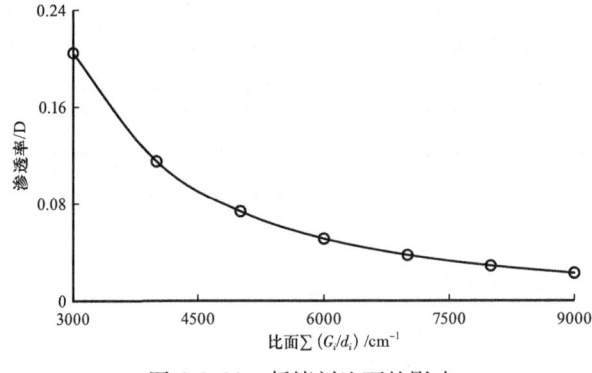

图 6.2.30　暂堵剂比面的影响

(3) 填充颗粒含量。

填充颗粒的用量决定着对架桥颗粒孔隙的填充程度。图 6.2.31 表明,随填充颗粒含量的增加,封堵层渗透率出现先陡减后平缓的趋势,说明填充颗粒含量达到一定程度才能形成致密有效的封堵层。但填充颗粒含量越高暂堵剂的整体粒径也越小,影响架桥形成效率,填充颗粒含量大于20%后其影响程度微弱。

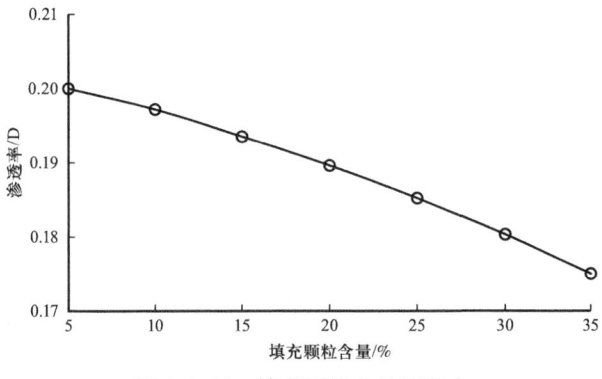

图 6.2.31　填充颗粒含量的影响

(4)软化颗粒含量。

软化颗粒含量表征了在闭合压力作用下封堵层的变形程度,表现为封堵层孔隙度的减小。图 6.2.32 表明,随软化颗粒用量的增加,封堵层渗透率降低。因此,除了架桥颗粒外,还可以适当添加一些具有弹性的软化颗粒,弥补单纯使用架桥颗粒的局限,降低封堵层孔隙度。

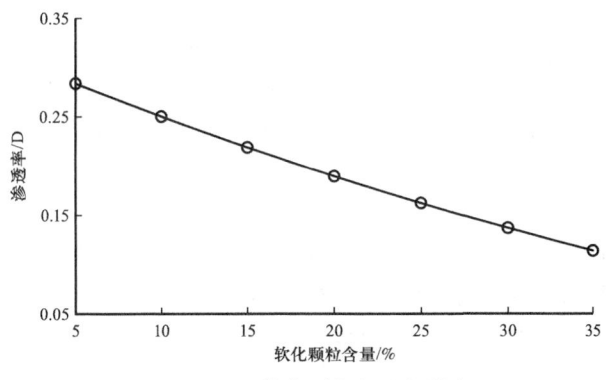

图 6.2.32　软化颗粒含量的影响

6.2.4.3　暂堵剂参数优化

以 3 mm、5 mm、7 mm 进行封堵层渗透率、封堵强度计算,进行暂堵剂参数组合优选。

(1)封堵强度。

从图 6.2.33 不同缝宽下暂堵剂颗粒直径对封堵强度的影响,可以看出,随着粒径的增大,封堵强度逐渐增高;随着水力裂缝宽度的增加,封堵强度逐渐降低。

(2)d_{50}。

从图 6.2.34 不同缝宽下 d_{50} 对封堵渗透率的影响,可以看出 d_{50} 越大,封堵层比面越小,封堵层渗透率越大。根据 3/10 理论,d_{50} 应该为裂缝宽度的 3/10,即 3 mm 裂缝宽度,d_{50} 为 0.9 mm;5 mm 裂缝宽度,d_{50} 为 1.5 mm;7 mm 裂缝宽度,d_{50} 为 2.1 mm。

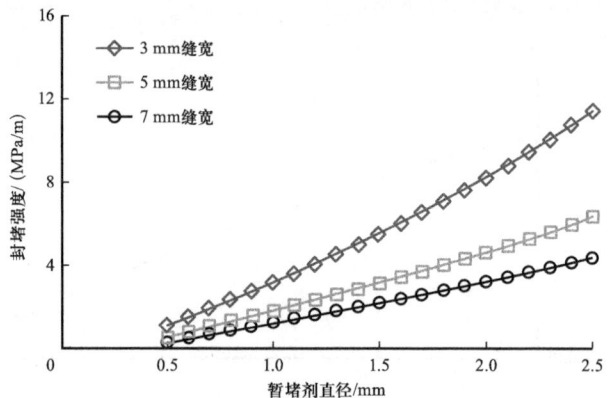

图 6.2.33　不同缝宽下暂堵剂颗粒直径对封堵强度的影响

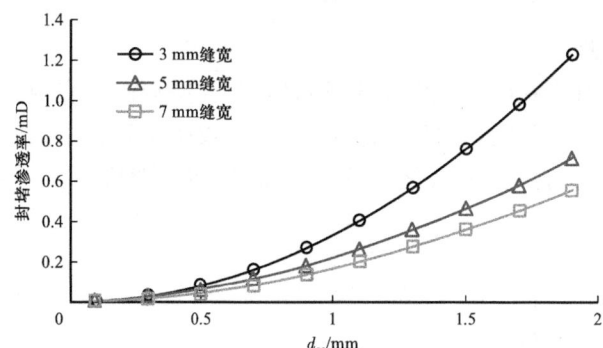

图 6.2.34　不同缝宽下 d_{50} 对封堵渗透率的影响

(3)d_{90}。

从图 6.2.35 不同缝宽下 d_{90} 对封堵渗透率的影响,可以看出 d_{90} 越大,封堵层比面越小,封堵层渗透率越大。根据 5/6 理论,d_{90} 应该为裂缝宽度的 5/6,即 3 mm 裂缝宽度,d_{90} 为 2.5 mm;5 mm 裂缝宽度,d_{90} 为 4.167 mm;7 mm 裂缝宽度,d_{90} 为 5.83 mm。

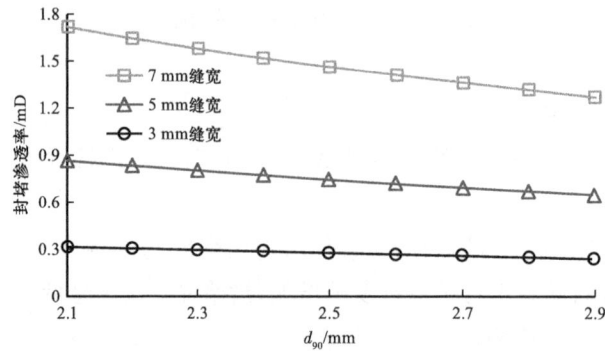

图 6.2.35　不同缝宽下 d_{90} 对封堵渗透率的影响

6.3 暂堵压裂施工参数调控优化

由于目前的暂堵转向机理并不明确,降低了暂堵压裂的成功率。所以需要通过应用合适的数学理论或方法模拟暂堵转向压裂过程,进行预测转向压裂轨迹并沟通天然裂缝带,形成复杂缝网以沟通储层深部。因此,考虑页岩原地应力、水力裂缝诱导应力叠加,通过流量守恒、压力平衡原则并考虑压裂液滤失系数、动态缝宽建立缝内暂堵压裂裂缝动态流量分配模型、动态压力模型,再考虑暂堵球封堵、水力裂缝与天然裂缝交互模型、暂堵裂缝与天然裂缝交互模型等情况进行耦合,建立了综合考虑加入暂堵剂形成暂堵裂缝和沟通天然裂缝等影响下的页岩储层暂堵裂缝延伸模型。进一步开展暂堵控制裂缝过度延伸模拟优化及影响套变的主控因素分析。

6.3.1 暂堵裂缝扩展模型研究

6.3.1.1 暂堵起裂模型

(1) 暂堵起裂物理模型。

现场暂堵压裂造新缝的有效方式是向裂缝中泵入暂堵球和暂堵剂,使原裂缝暂堵转向,从而造出一定角度的新裂缝,以沟通更多的泄油区。裂缝壁面的受力实际上是由水力裂缝延伸产生的诱导应力和地层流体压力变化产生的诱导应力与原地应力的叠加,其暂堵起裂物理模型示意图如图6.3.1所示。

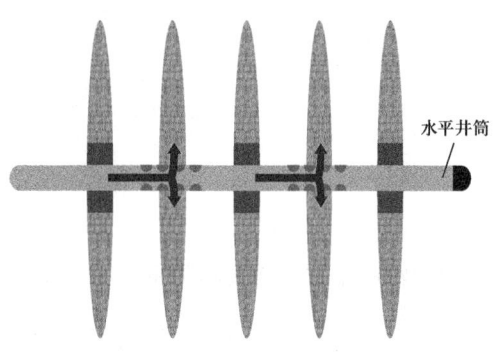

图6.3.1 裂缝暂堵示意图

(2) 地层流体压力变化产生的诱导应力。

$$\sigma_{xx2} = \frac{1-2\nu}{1-\nu}\alpha(p_p - p_e) \tag{6.3.1}$$

$$\sigma_{yy2} = \frac{1-2\nu}{1-\nu}\alpha(p_p - p_e) \tag{6.3.2}$$

式中:σ_{xx2},σ_{yy2}分别为地层流体压力变化在x和y方向产生的诱导应力分量,MPa;ν为储层岩石泊松比;α为Biot多孔弹性系数;p_p为当前地层压力,MPa;p_e为原始地层压力,MPa。

(3) 诱导应力与原地应力的叠加。

$$\sigma_x = \sigma_H + \sum_{i=1}^{N}\sigma_{x\text{GF}} + \sigma_{xx2}$$

$$\sigma_y = \sigma_h + \sum_{i=1}^{N}\sigma_{y\text{诱导}} + \sigma_{yy2} \tag{6.3.3}$$

$$\tau_{xy} = \sum_{i=1}^{N}\tau_{xy\text{诱导}}^{i}$$

将式(6.3.3)展开得到裂缝壁面任意一点的应力分布：

$$\sigma_x = \sigma_H + \sum_{j=1}^{N}(A_{xx}^{i,j}D_x + A_{xy}^{i,j}D_y) + \frac{1-2\nu}{1-\nu}\alpha(p_p - p_e)$$

$$\sigma_y = \sigma_h + \sum_{j=1}^{N}(A_{yx}^{i,j}D_x + A_{yy}^{i,j}D_y) + \frac{1-2\nu}{1-\nu}\alpha(p_p - p_e) \quad (6.3.4)$$

$$\tau_{xy} = \sum_{j=1}^{N}(A_{yx}^{i,j}D_x^j + A_{xy}^{i,j}D_y^j)$$

式中：$\sigma_x, \sigma_y, \tau_{xy}$ 为在 x 和 y 坐标下正应力和剪应力分量，MPa。

(4)转向角度方向正应力和剪应力分量。

在 x 和 y 坐标下正应力和剪应力分量 σ_x、σ_y 和 τ_{xy} 转化到裂缝 β 角方向的应力，可以得到在 β 角方向坐标下的正应力和剪应力分量 $\sigma_{\beta x}$、$\sigma_{\beta y}$ 和 τ_β。

$$\sigma_{\beta x} = \frac{\sigma_x + \sigma_y}{2} + \frac{\sigma_x - \sigma_y}{2}\cos2\beta$$

$$\sigma_{\beta y} = \frac{\sigma_x + \sigma_y}{2} - \frac{\sigma_x - \sigma_y}{2}\cos2\beta \quad (6.3.5)$$

$$\tau_\beta = -\frac{\sigma_x - \sigma_y}{2}\sin2\beta$$

得到转向角度方向暂堵裂缝面上任意一点的应力分布：

$$\sigma_{\beta x} = \frac{\sigma_H + \sigma_h}{2} + \frac{\sigma_H - \sigma_h}{2}\cos2\beta + \alpha\frac{1-2\nu}{2(1-\nu)}(p_p - p_e)$$

$$+ \frac{1}{2}\sum_{j=1}^{N}[A_{xx}^{i,j}D_x^j(1+\cos2\beta) + A_{yx}^{i,j}D_x^j(1+\cos2\beta)$$

$$+ A_{xy}^{i,j}D_y^j(1-\cos2\beta) + A_{yy}^{i,j}D_y^j(1-\cos2\beta)]$$

$$\sigma_{\beta y} = \frac{\sigma_H + \sigma_h}{2} - \frac{\sigma_H - \sigma_h}{2}\cos2\beta + \alpha\frac{1-2\nu}{2(1-\nu)}(p_p - p_e) \quad (6.3.6)$$

$$+ \frac{1}{2}\sum_{j=1}^{N}[A_{xx}^{i,j}D_x^j(1-\cos2\beta) + A_{yx}^{i,j}D_x^j(1-\cos2\beta)$$

$$+ A_{xy}^{i,j}D_y^j(1+\cos2\beta) + A_{yy}^{i,j}D_y^j(1+\cos2\beta)]$$

$$\tau_\beta = -\frac{\sigma_H - \sigma_h}{2}\sin2\beta - \frac{1}{2}\sum_{j=1}^{N}(A_{xx}^{i,j}D_x^j + A_{xy}^{i,j}D_y^j - A_{yx}^{i,j}D_x^j - A_{yy}^{i,j}D_y^j)\sin2\beta$$

6.3.1.2 暂堵裂缝流量动态分配

暂堵裂缝和直缝在延伸过程中会导致裂缝缝口端压力的增加，暂堵裂缝和直缝流量会发生动态变化；在多裂缝的情况下，可以认为进入暂堵裂缝和直缝的流量总和等于裂缝缝口端的注入流量，此时，进入某个单一特定裂缝的流量可能各不相同，而且就针对某个特定的裂缝来说，其流量也是不断变化的。多裂缝同时存在遵循两个原则，压力平衡原则与体积平衡原则，也就是 Kirchoff 第一定律和 Kirchoff 第二定律。由于应用条件的特殊性，在裂缝刚刚起裂的初始阶段，两个定律基于以下假设：各裂缝之间没有发生压裂液窜流，即裂缝仍处于独立延伸阶段；各阶段压裂液密度不变。

(1) 流量守恒准则。

根据物理模型和基本假设，将暂堵裂缝离散 j_1 个单元；由于暂堵裂缝和直缝同时扩展，因此直缝也要离散为 j_1。基于 Kirchoff 第一定律，在进行暂堵压裂时，暂堵裂缝扩展到第 i 段时，水力裂缝总流量为 $Q_1(i)$，总流量被分到暂堵裂缝和直缝，暂堵裂缝流量为 $Q_{12}(i)$，则直缝流量 $Q_{14}(i)$ 为 $[Q_1(i)-Q_{12}(i)]$，即

$$Q_1(i) = Q_{12}(i) + Q_{14}(i) \quad (i<j_1) \tag{6.3.7}$$

式中：$Q_1(i)$ 为压裂液注入到暂堵裂缝的第 i 段时主裂缝的流量，m³/min。

(2) 压力平衡准则。

根据物理模型和基本假设，将暂堵裂缝离散 j_1 个单元；由于暂堵裂缝、天然裂缝扩展裂缝和直缝同时扩展，因此直缝也要离散为 j_1。基于 Kirchoff 第二定律，将暂堵裂缝根端作为参考点，建立主裂缝中流体压力平衡准则。暂堵裂缝根端的压力等于暂堵裂缝缝内的压力损失、暂堵裂缝根部周向应力之和，也等于暂堵段（TB_{12}）暂堵压差、主裂缝 HF_{13} 段压力损失、直缝 HF_{14} 段摩阻损失以及直缝 HF_{14} 端部周向应力之和。则扩展到第 i 段暂堵裂缝时压力平衡方程为

$$\begin{aligned} p_{O_2} &= \Delta p_{\mathrm{fT},1i} + \Delta p_{\mathrm{fT},2i} + \cdots + \Delta p_{\mathrm{fT},ji} + \cdots + \Delta p_{\mathrm{fT},ii} + \sigma_{\beta y,\mathrm{fT},i} \\ &= \Delta p_{\mathrm{T},i} + \Delta p_{\mathrm{HF}_{13},i} + \Delta p_{\mathrm{fz},1i} + \Delta p_{\mathrm{fz},2i} + \cdots + \Delta p_{\mathrm{fz},ji} + \cdots + \Delta p_{\mathrm{fz},ii} + \sigma_{\beta y,\mathrm{fz},i} \end{aligned} \tag{6.3.8}$$

式中：p_{O_2} 为主裂缝 O_2 端流体压力，MPa；$\Delta p_{\mathrm{fT},ji}$ 为暂堵裂缝扩展到第 i 段时第 j 段摩阻压力，MPa；$\sigma_{\beta y,\mathrm{fT},i}$ 为暂堵裂缝扩展到第 i 段的周向应力，MPa；$\Delta p_{\mathrm{T},i}$ 为直缝裂缝扩展到第 i 段时的暂堵压差，MPa；$\Delta p_{\mathrm{HF}_{13},i}$ 为直缝裂缝扩展到第 i 段时的主裂缝 HF_{13} 部分的流体摩阻，MPa；$\Delta p_{\mathrm{fz},ji}$ 为直缝扩展到第 i 段时的直缝 HF_{14} 部分的第 j 段流体摩阻，MPa；$\sigma_{\beta y,\mathrm{fz},i}$ 为直缝扩展到第 i 段时的周向应力，MPa；$\sigma_{\beta y,\mathrm{fz},i}$ 为直缝扩展到第 i 段时的周向应力，MPa。

(3) 压力流量耦合。

当压裂液进入暂堵裂缝以及直缝，各裂缝入口处的流体压力 p_{O_1} 将会在渗透的岩石中诱导一个外径向流动，其渗流规律遵循一维达西径向渗流，压力流量耦合：

$$\begin{cases} Q_1(i) - Q_{12}(i) - Q_{14}(i) = 0 \\ p_{O_2} = \Delta p_{\mathrm{fT},1i} + \Delta p_{\mathrm{fT},2i} + \cdots + \Delta p_{\mathrm{fT},ji} + \cdots + \Delta p_{\mathrm{fT},ii} + \sigma_{\beta y,\mathrm{fT},i} \\ \quad\;\; = \Delta p_{\mathrm{T},i} + \Delta p_{\mathrm{HF}_{13},i} + \Delta p_{\mathrm{fz},1i} + \Delta p_{\mathrm{fz},2i} + \cdots + \Delta p_{\mathrm{fz},ji} + \cdots + \Delta p_{\mathrm{fz},ii} + \sigma_{\beta y,\mathrm{fz},i} \end{cases} \tag{6.3.9}$$

上式构成的方程组中未知量为暂堵裂缝入口流量 $Q_{12}(i)$、直缝入口流量 $Q_{14}(i)$，一共有 2 个方程和 2 个未知量。

6.3.1.3 暂堵压裂模型验证

利用宁 216H4-2 井第 16 段（3103~3163 m）、垂深 2498.65 m 的地层参数、现场施工参数进行模型验证。所用基础参数见表 6.3.1。

表 6.3.1 暂堵压裂模拟基础参数

参数名	单位	数值	参数名	单位	数值
最大水平主应力	MPa	68	注入液排量	m³/min	10
最小水平主应力	MPa	52.8	注入液黏度	mPa·s	3
储层孔隙度	%	4.3	注入液密度	kg/m³	1000
岩石杨氏模量	MPa	51300	颗粒形状校正系数	—	1.2
岩石泊松比	—	0.26	孔道迂曲度	—	1.58
岩石抗张强度	MPa	3	流型指数	—	0.5
裂缝高度	m	40	压裂液稠度系数	$Pa·s^{1/2}$	0.7
临界强度因子	$MPa·m^{1/2}$	3	滤失系数	$m/min^{1/2}$	0.0004
扩展步长	m	0.5	水力裂缝缝宽	mm	3
模拟时间	min	60	暂堵剂颗粒密度	kg/m³	1125
暂堵开始时间	min	20	暂堵段长度	m	0.74

利用表 6.3.1 暂堵压裂模拟基础参数进行暂堵模拟，和宁 216H4-2 井第 16 段（3103~3163 m）现场施工数据进行验证。

从图 6.3.2 模拟与现场施工数据验证，可以看出从第 30 min 开始提高砂浓度，裂缝开始扩展，套压逐渐上升；经过 16 min 台阶注入支撑剂，开始泵入暂堵剂进行暂堵压裂；之后暂堵过程，暂堵压力进一步提升。从图中所提出的暂堵压裂模型与现场施工数据吻合度较高、匹配性较好。

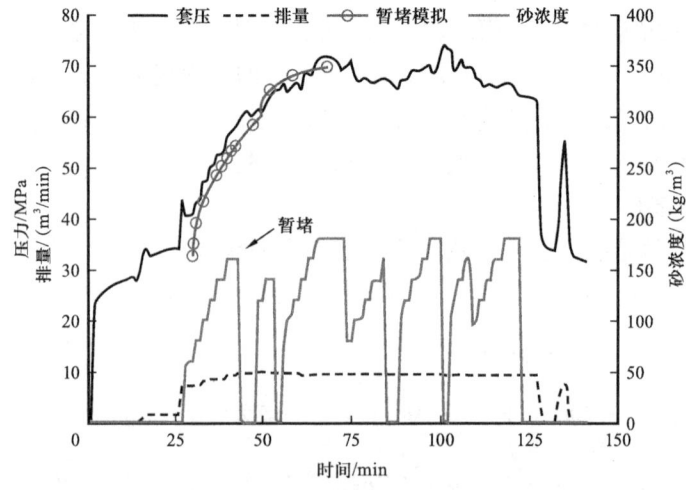

图 6.3.2 暂堵模拟与现场施工数据验证

6.3.2 暂堵压裂多裂缝扩展规律分析

根据收集的 YS 区块井的簇数、排量、黏度、段长、用液强度确定出压裂参数,井间距 320~400 m,簇数 5~11 簇,排量 12~16 m³/min,黏度 3 mPa·s,段长 70 m,用液强度 24~30 m³/m。由于 YS 区块井的储层压裂井段分为天然裂缝发育和天然裂缝不发育段,分别开展一次暂堵、二次暂堵、三次暂堵裂缝扩展规律分析,将进一步开展不同簇数下暂堵模式、簇数优化。

以 YS137H17-6 井目标层位龙一₁纵向各层位厚度、地应力、物性参数情况和天然裂缝密度 0.001 条/m²、天然裂缝长度 2.5~10 m 等天然裂缝参数,YS137H17-6 井纵向地应力、物性、力学参数见表 6.3.2,开展各簇裂缝扩展模拟,优选簇数排量、黏度、段长、用液强度等参数。

表 6.3.2 YS137H17-6 井纵向穿层力学、物性参数表

深度/m	厚度/m	泊松比	杨氏模量/MPa	最大水平主应力/MPa	最小水平主应力/MPa	垂向应力/MPa	渗透率/mD	孔隙度/%	层位
1048.7~1152.8	104.1	0.296	46100.0	42.8	29.9	26.0	0.1	1.8	龙一₂
1152.8~1169	16.2	0.296	46100.0	42.8	29.9	26.0	0.1	1.8	龙一₂
1169~1182.4	13.4	0.265	34200.0	37.2	28.6	26.6	0.1	3.4	龙一₁⁴
1182.4~1193.9	11.5	0.213	30300.0	33.5	26.0	26.8	0.3	4.1	龙一₁³
1193.9~1197.2	3.3	0.271	42660.2	33.3	24.4	27.0	0.0	3.8	龙一₁²
1197.2~1199.1	1.9	0.196	28800.0	31.5	24.3	27.1	0.1	4.6	龙一₁¹
1199.1~1202.1	3.0	0.235	27600.0	33.3	27.0	27.1	0.3	4.6	五峰组
1202.1~1203.9	1.8	0.208	27828.5	33.3	26.4	27.2	0.0	1.4	宝塔组
1203.9~1233.9	30.0	0.208	27825.9	34.3	27.2	27.9	0.0	1.4	宝塔组

6.3.2.1 天然裂缝不发育段

(1)一次暂堵裂缝扩展规律分析。

基于 YS 区块井的簇数、排量、黏度、段长、用液强度基础参数,以 9 簇为例,结合储层天然裂缝发育段和天然裂缝不发育段分别开展一次暂堵扩展规律分析。

从图 6.3.3 中可以看出,施工压力随着注液量的增加,裂缝扩展增长导致延伸摩阻增加,压力逐渐增加;到施工时间 60 min 时开始一次暂堵,暂堵后,由于原有优势裂缝簇(第 1、第 6、第 8 簇)被堵住,流量逐渐减小,被迫增加压力达到其他未开启簇(第 2、第 3、第 4、第 5、第 7、第 9 簇)的破裂压力而起裂扩展,流量增加,各簇流量根据各簇应力非均质决定的缝内压力平衡而重新达到流量平衡状态;其次,可以看出一次暂堵后压力上升 4.63 MPa 才能实现有效暂堵,形成暂堵裂缝,控制优势裂缝的过度进液。

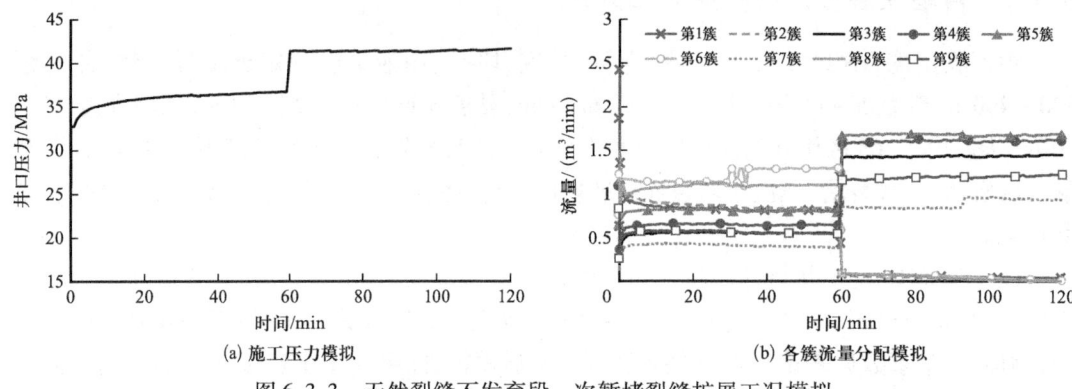

图 6.3.3 天然裂缝不发育段一次暂堵裂缝扩展工况模拟

(2)二次暂堵裂缝扩展规律分析。

基于 YS 区块井的簇数、排量、黏度、段长、用液强度基础参数,以 9 簇为例,结合储层天然裂缝发育段和天然裂缝不发育段分别开展二次暂堵扩展规律分析。

从图 6.3.4 中可以看出,施工压力随着注液量的增加,裂缝扩展增长导致延伸摩阻增加,压力逐渐增加;到施工时间 45 min 时开始一次暂堵,暂堵后,由于原有优势裂缝簇(第 1、第 6、第 8 簇)被堵住,流量逐渐减小,被迫增加压力达到其他未开启簇(第 2、第 3、第 4、第 5、第 7、第 9 簇)的破裂压力而起裂扩展,流量增加,各簇流量根据各簇应力非均质决定的缝内压力平衡而重新达到流量平衡状态;其次,可以看出一次暂堵后压力上升 4.74 MPa 才能实现有效暂堵,形成一次暂堵裂缝,控制优势裂缝的过度进液;新开启簇进液到 90 min 时,进行第 2 次暂堵,暂堵压力上升 4.25 MPa,才能有效形成暂堵裂缝,堵住第 2 次进液的优势通道裂缝。

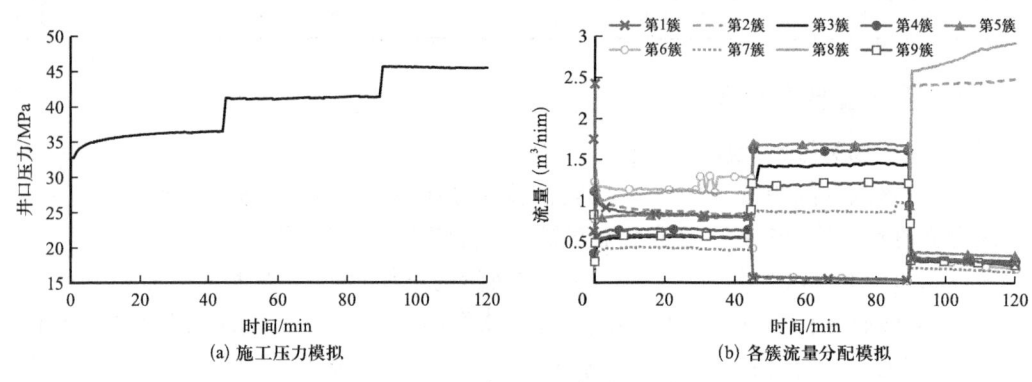

图 6.3.4 天然裂缝不发育段二次暂堵裂缝扩展工况模拟

(3)三次暂堵裂缝扩展规律分析。

基于 YS 区块井的簇数、排量、黏度、段长、用液强度基础参数,以 9 簇为例,结合储层天然裂缝发育段和天然裂缝不发育段分别开展三次暂堵扩展规律分析。

从图 6.3.5 中可以看出,施工压力随着注液量的增加,裂缝扩展增长导致延伸摩阻增加,压力逐渐增加;到施工时间 30 min 时开始一次暂堵,暂堵后,由于原有优势裂缝簇(第1、第6、第8簇)被堵住,流量逐渐减小,被迫增加压力达到其他未开启簇(第2、第3、第4、第5、第7、第9簇)的破裂压力而起裂扩展,流量增加,各簇流量根据各簇应力非均质决定的缝内压力平衡而重新达到流量平衡状态;其次,可以看出一次暂堵后压力上升 3.1 MPa 才能实现有效暂堵,形成一次暂堵裂缝,控制优势裂缝的过度进液;新开启簇进液到 60 min 时,进行第 2 次暂堵,暂堵压力上升 2.83 MPa,才能有效形成暂堵裂缝,堵住第 2 次进液的优势通道裂缝;新开启簇进液到 90 min 时,进行第 3 次暂堵,暂堵压力上升 2.86 MPa,才能有效形成暂堵裂缝,堵住第 3 次进液的优势通道裂缝。

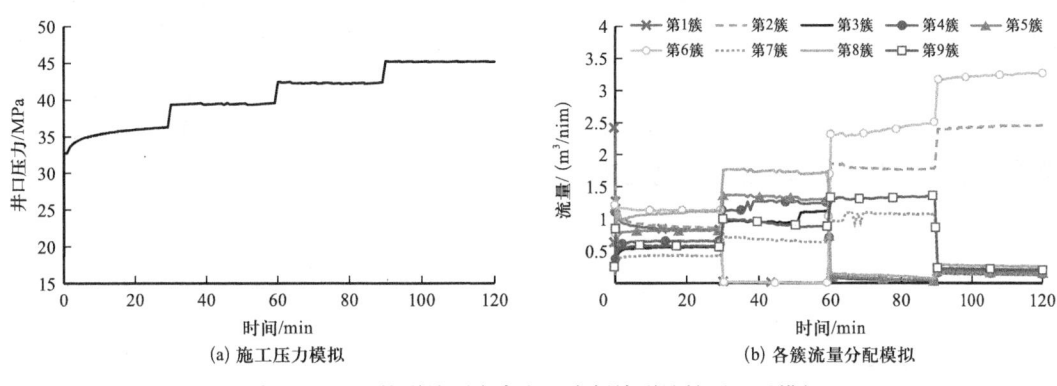

图 6.3.5　天然裂缝不发育段三次暂堵裂缝扩展工况模拟

6.3.2.2　天然裂缝发育段

(1)一次暂堵裂缝扩展规律分析。

从图 6.3.6 中可以看出,施工压力随着注液量的增加,裂缝扩展增长导致延伸摩阻增加,压力逐渐增加;到施工时间 60 min 时开始一次暂堵,暂堵后,由于原有优势裂缝簇(第1、第6、第8簇)被堵住,流量逐渐减小,被迫增加压力达到其他未开启簇(第2、第3、第4、第5、第7、第9簇)的破裂压力而起裂扩展,流量增加,各簇流量根据各簇应力非均质决定的缝内

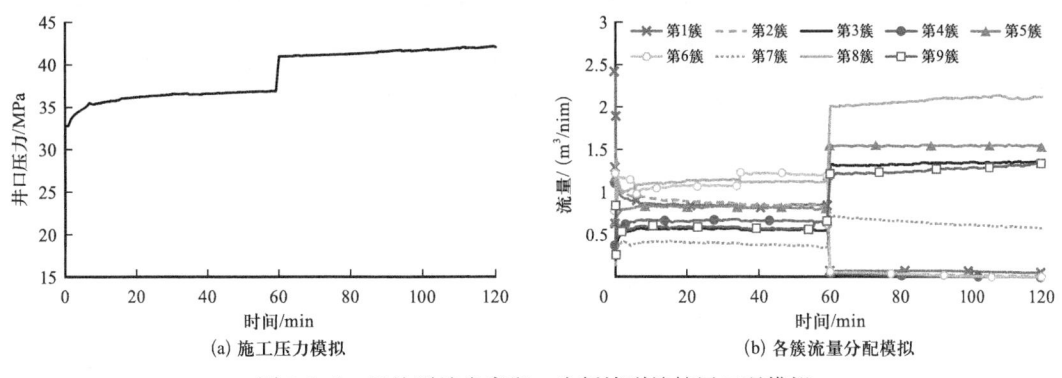

图 6.3.6　天然裂缝发育段一次暂堵裂缝扩展工况模拟

压力平衡而重新达到流量平衡状态;并且天然裂缝发育段施工压力存在局部突变尖端,表示此时进行水力裂缝与天然裂缝交互扩展,穿过天然裂缝时各簇流量波动不稳;其次,可以看出一次暂堵后压力上升 4.08 MPa 才能实现有效暂堵,形成暂堵裂缝,控制优势裂缝的过度进液。

(2)二次暂堵裂缝扩展规律分析。

从图 6.3.7 中可以看出,施工压力随着注液量的增加,裂缝扩展增长导致延伸摩阻的增加,压力逐渐增加;到施工时间 45 min 时开始一次暂堵,暂堵后,由于原有优势裂缝簇(第1、第6、第8簇)被堵住,流量逐渐减小,被迫增加压力达到其他未开启簇(第2、第3、第4、第5、第7、第9簇)的破裂压力而起裂扩展,流量增加,各簇流量根据各簇应力非均质决定的缝内压力平衡而重新达到流量平衡状态;并且天然裂缝发育段施工压力存在局部突变尖端,表示此时进行水力裂缝与天然裂缝交互扩展,穿过天然裂缝时各簇流量波动不稳;其次,可以看出一次暂堵后压力上升 4.25 MPa 才能实现有效暂堵,形成一次暂堵裂缝,控制优势裂缝的过度进液;新开启簇进液到 90 min 时,进行第 2 次暂堵,暂堵压力上升 5.2 MPa,才能有效形成暂堵裂缝,堵住第 2 次进液的优势通道裂缝。

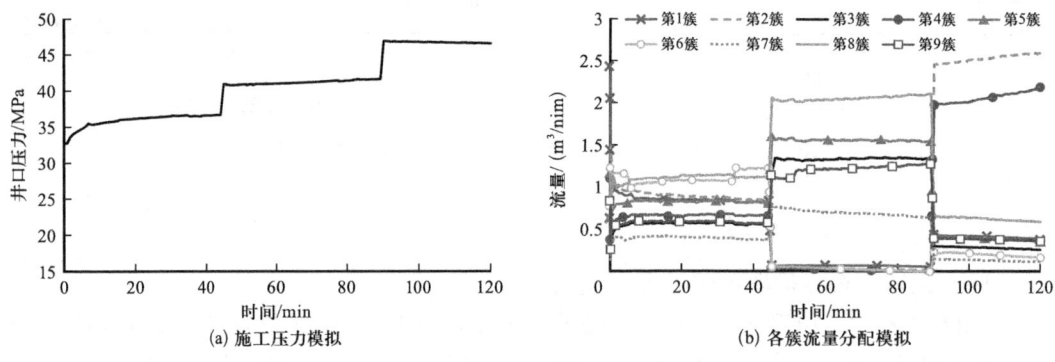

(a) 施工压力模拟　　(b) 各簇流量分配模拟

图 6.3.7　天然裂缝发育段二次暂堵裂缝扩展工况模拟

(3)三次暂堵裂缝扩展规律分析。

从图 6.3.8 中可以看出,施工压力随着注液量的增加,裂缝扩展增长导致延伸摩阻增加,压力逐渐增加;到施工时间 30 min 时开始一次暂堵,暂堵后,由于原有优势裂缝簇(第1、第6、第8簇)被堵住,流量逐渐减小,被迫增加压力达到其他未开启簇(第2、第3、第4、第5、第7、第9簇)的破裂压力而起裂扩展,流量增加,各簇流量根据各簇应力非均质决定的缝内压力平衡而重新达到流量平衡状态;并且天然裂缝发育段施工压力存在局部突变尖端,表示此时进行水力裂缝与天然裂缝交互扩展,穿过天然裂缝时各簇流量波动不稳;其次,可以看出一次暂堵后压力上升 2.53 MPa 才能实现有效暂堵,形成一次暂堵裂缝,控制优势裂缝的过度进液;新开启簇进液到 60 min 时,进行第 2 次暂堵,暂堵压力上升 3.54 MPa,才能有效形成暂堵裂缝,堵住第 2 次进液的优势通道裂缝;新开启簇进液到 90 min 时,进行第 3 次暂堵,暂堵压力上升 2.82 MPa,才能有效形成暂堵裂缝,堵住第 3 次进液的优势通道裂缝。

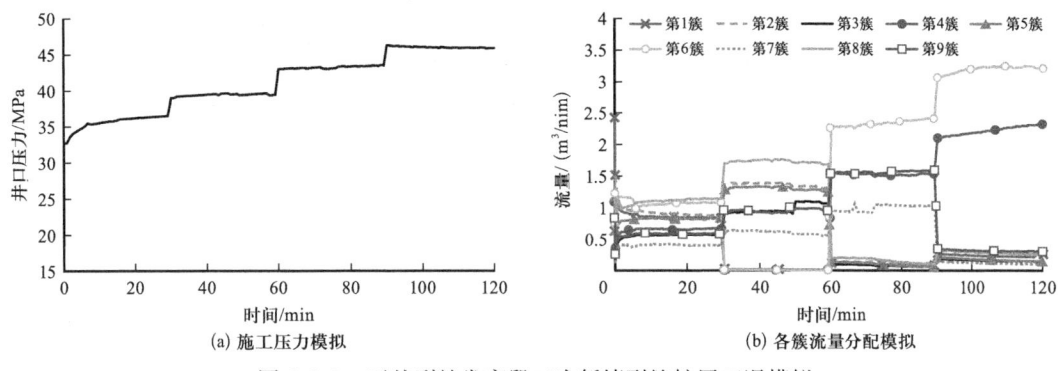

图 6.3.8 天然裂缝发育段三次暂堵裂缝扩展工况模拟

6.4 本章小结

基于 Kozeny-Carman 公式,通过暂堵剂粒度分布分形表征了封堵层孔隙度,结合暂堵剂颗粒比面和封堵层迂曲度,建立了封堵层渗透率分形计算模型;模型敏感性分析得出,封堵层渗透率随孔隙度增大而增大,随暂堵剂颗粒比面、填充颗粒及可变形颗粒含量的增大而降低,其中孔隙度影响最为敏感。

通过分析暂堵剂颗粒所受运移动力与运移阻力以及封堵层的受力,明确了暂堵剂在施工过程中将受到拖曳力、毛管力与闭合应力作用,封堵层在裂缝闭合压力的作用下存在摩擦强度和剪切强度;在对比分析了封堵层摩擦强度和剪切强度后,确定了封堵层摩擦强度始终大于剪切强度,剪切强度为封堵层的主控强度,加入纤维后可有效增加剪切强度。封堵层临界失稳压降梯度随孔隙度的增加而降低,随暂堵剂平均粒径、颗粒间摩擦角、封堵层长度的增加而增加,在抗拉强度范围内纤维浓度和长径比增加可增大封堵层承压能力。

参 考 文 献

[1] 李向碧,王睿,郑有成,等. 多级架桥暂堵储层保护技术及其应用效果评价——以四川盆地磨溪-高石梯构造龙王庙组储层为例[J]. 天然气工业, 2015, 35(6):76-81.

[2] 汪伟英,张公社,何海峰,等. 毛管力与含水饱和度对岩石出砂的影响[J]. 中国海上油气(工程), 2003, 15(3):47-49.

[3] Ely J W, Arnold Ⅲ W T, Holditch S A. New techniques and quality control find success in enhancing productivity and minimizing proppant flowback[C]. SPE Annual Technical Conference and Exhibition, New Orleans, Louisiana, September, 1990:SPE-20708-MS.

[4] Sun Zhenmeng, Lu Xiancai, Jia Xinchi, et al. Optimization of mercury intrusion capillary pressure measurement for characterizing the pore structure of tight rocks[J]. Journal of Nanoscience and Nanotechnology, 2017, 17(9):6242-6251.

[5] 钟颖. 页岩气储层压裂改造暂堵支撑协同增效机理[D]. 成都:成都理工大学,2020.
[6] 许成元. 裂缝性储层强化封堵承压能力模型与方法[D]. 成都:西南石油大学,2015.
[7] 彭振斌,杨坪,李奋强,等. 砂卵砾石孔隙计算模型研究[J]. 勘察科学技术,2005,(2):3-5.
[8] Matyka Maciej, Koza Zbigniew. How to calculate tortuosity easily? [C]. International Conference on Porous Media and Its Applications in Science, Engineering, and Industry, Potsdam, Germany, 2012.

第7章 各向异性页岩多簇射孔裂缝均衡扩展智能调控研究

基于非平面裂缝起裂扩展机理模型,结合现场压裂参数确定页岩裂缝起裂与扩展中关键参数及其典型取值区间,进行DOE实验方案设计生成样本大数据库;在此基础上,采用克里金机器学习模型进行训练,建立起机理模型仿真的多输入多输出智能代理模型;以匹配储层地质特征的各簇裂缝改造体积大、施工压力低为多目标函数,缝长扩展均衡、地质工程甜点等约束,应用改进的遗传算法综合求取全体目标函数的Pareto最优解,建立起各向异性页岩多簇射孔裂缝非均衡扩展调控的高维多目标并行进化优化模型。应用于现场长宁X井,采用优化的射孔位置、施工排量、压裂液黏度、射孔孔径、孔密组合参数下现场压裂施工,取得较好的压裂效果。

7.1 多裂缝非均衡扩展调控优化模型及算法

开展多簇射孔裂缝参数多目标优化,首先需要基于综合工程可压裂性、地质甜点评价,采用多源参数降维逼近理想解表征压裂井段的可压性,建立地质工程一体化贴近度模型,初选压裂位置;再基于多输入参数和多输出参数实验方案设计,利用Kriging算法建立起与机理模型(各向异性页岩非平面裂缝起裂–扩展模型)近似的多输入多输出智能代理模型;以目标函数及约束条件下,采用高维多目标并行进化优化算法,优化施工参数和射孔参数等组合参数使得施工压力小、改造体积最大、裂缝扩展均衡。

7.1.1 地质工程可压裂性综合评价模型

目前国内外的研究现状调研表明,工程甜点是有利于压裂后形成复杂缝网的区域,强调储层具有后天改造的潜能,地质甜点是含油气资源丰富、物性较好的区域,强调储层具有开发潜能的先天条件。地质工程可压裂性评价包含地质和工程两层含义:只有在储层储量可观、地质条件好的前提下压裂施工形成的复杂裂缝网络才能产生经济油气流。针对评价方法而言,目前甜点评价主要基于含气量、可压裂性指数、脆性指数、应力差等单因素评价,没有考虑工程地质甜点两个角度进行评价,并且无法进行多因素综合评价。而实际储层甜点评价取决于地质甜点和工程甜点两个角度进行综合评价。

7.1.1.1 地质甜点评价指标优选

地质甜点评价指标主要包括储层的生烃能力:全烃含量、干酪根含量、热成熟度等;储层含油/气量:含油/气饱和度、游离气含量、吸附气含量等;储层物性孔隙度、渗透率及地层压力系数等[1]。其中全烃含量、含气量、渗透率、孔隙度对地质甜点评价尤为重要。除此之外,也可以选择其他评价指标参与地质甜点评价。

(1) 全烃含量。

全烃含量表征着储层中烃类的丰富程度,全烃含量越高,表示储层中烃类含量越高,地质上的含气性越好,压后产气概率越高,为储层可压性评价的重要指标。全烃含量可由测井结果得出,在全烃含量对储层测深的关系曲线中,曲线位置越高表明所对应的储层深度位置烃含量越高,为油气的富集区,此处应作为压裂改造的重点部位;曲线位置越低,表明此处烃含量较少,当低于一定值时,可认为此段储层没有经济改造价值。

(2) 含气量。

页岩的含气量受页岩的生气能力和强度控制,损失气、解吸气及残余气分别与吸附气和游离气存在内在联系。页岩吸附含气量和总含气量是页岩含气量地质评价中的重要参数,页岩气中游离气的占比不仅能反映页岩中天然气的赋存状态,而且更指示了页岩气的可采性。含气量越高,反映了产气量越高的一定概率趋势。

(3) 渗透率。

储层渗透率对产量有着直接的影响。研究发现,改造区域的渗透率越大,储层的累计产量越大。储层渗透率越大表明流体通过岩石介质的流动性能越好,在压裂形成裂缝后,裂缝周围储层中的油气越容易进入裂缝,进而流入井筒,井产量越高,压裂后增产效果越显著。

(4) 孔隙度。

孔隙度是评价储层优劣的重要参数,同时也是在制定压裂施工设计过程中压裂工艺、裂缝系统及施工参数优化及压后效果评价的主要依据。储层纵向上的孔隙度可通过岩心分析和测井资料得到,进而可以得到孔隙度与储层测深的关系曲线。曲线中孔隙度越高,对应测深的储层位置处孔隙度越大,为储层物性较好的位置,在此处进行压裂获得的增产倍比越大;曲线中孔隙度越低,对应测深的储层位置孔隙度越小,表明此处对应的储层物性较差,压裂后获得的增产倍比越小。

7.1.1.2 工程甜点评价模型研究

考虑工程甜点的可压裂性指数模型能够表征储层压裂的难易程度,是评价页岩储层压裂形成复杂裂缝网络的关键性指标。而可压裂性指数受到脆性指数、断裂韧性、地应力、施工参数等参数的影响。脆性指数由弹性模量和泊松比表征,弹性模量高表明岩石性质硬脆,被压裂后保持裂缝的能力强,泊松比低反映岩石在压力下更容易破裂。断裂韧性关系到裂缝延伸难易程度,断裂韧性越小,裂缝越容易扩张,越有利于水力压裂;净压力由压裂液黏度、施工排量等施工参数来控制,净压力越大,整体打碎储层能力就越强,有利于对水力裂缝形态控制。应力差越大,地应力对压裂裂缝的控制作用逐渐增强,裂缝形态相对单一越难以产生复杂裂缝;应力差越小,压裂裂缝容易沿多个方向扩展,水力裂缝易于沟通天然裂缝,形成不规则的复杂裂缝网络。因此,本章采用上文建立工程甜点评价模型式(2.2.2)对工程甜点进行评价。

7.1.1.3 地质工程可压裂性综合评价研究

页岩储层开发效果的直接影响主要体现在储层压裂改造的难易程度以及有效体积压裂规模、水平井压裂位置的选择。而页岩储层地质工程甜点选择受制于储层广泛存在的岩石力学参数、渗透率、孔隙度、含气性、脆性、可压裂性等非均质性,会导致不同井段的地质甜点评价和工程参数甜点评价具有差异性,另外评价参数众多,而如何进行甜点选择直接决定了压裂效果的好坏。因此,本节基于多源参数降维逼近理想解和欧式距离理论方法,综合众多参数影响,建立地质工程可压裂性综合选点模型。

(1)地质工程综合选点基本原则。

考虑储层综合甜点区应受地质和工程因素双重影响,可重新定义可压裂性为储层地质条件和压裂施工效果的综合评价指标,即表征非常储层通过压裂改造获取油气产量的能力。因此,基于甜点综合分析的可压裂性评价方法,利用地质、工程参数构建储层的可压裂性指数,将其作为量化储层综合甜度的关键指标,定量化表征储层可压裂性品质。评价方法主要分为3步:① 地质/工程评价参数和产量评价参数选取,构建评价矩阵;② 对原始数据进行标准化处理;③ 构建压裂段内逼近理想解参数;④ 应用多源参数降维逼近理想解方法,计算各点参数与理想解参数之间的欧式贴近度,根据结果进行分类,初步选择压裂点。

(2)地质-工程甜点选点。

① 构建评价矩阵。

首先选取评价区域的评价指标:地质甜点评价指标、工程甜点评价指标。地质甜点评价指标主要包括:储层的生烃能力,如有机质含量、干酪根含量、热成熟度等;储层含油/气量,如含油/气饱和度、游离气含量、吸附气含量等;储层物性,如孔隙度、渗透率及地层压力系数等[1];工程甜点指标主要包括:脆性矿物含量、脆性指数、断层、破裂压力、杨氏模量、泊松比、水平地应力差异系数等。

由此,可以获得某一个压裂段内 n 个评价指标构成的矩阵 $\boldsymbol{X}$:

$$\boldsymbol{X} = (x_{ij})_{mn}(i = 1,2,\cdots,m; j = 1,2,\cdots,n) \tag{7.1.1}$$

式中:$\boldsymbol{X}$ 为选取评价区域的 n 个评价指标、m 个数据点构成的评价矩阵;x_{ij} 为第 j 个评价指标的第 i 个数据点对应的数值。

② 原始数据标准化处理。

不同地质/工程指标的量纲、有效范围和数量级有很大差异。为了使数据之间更具有可比性,采用极差变换对原始数据进行标准化处理。评价指标分为正向指标和逆向指标。正向指标表明指标值越大越好,逆向指标则代表指标值越大越差。

对于正理想指标(可压裂性指数、全烃含量、孔隙度、渗透率等),采用越大越好的极差变换进行标准化处理[2]:

$$x_{ij}^{*} = \frac{x_{ij} - \min\limits_{k=1,2,\cdots,m}(x_{kj})}{\max\limits_{k=1,2,\cdots,m}(x_{kj}) - \min\limits_{k=1,2,\cdots,m}(x_{kj})} \quad (1 \leqslant i \leqslant m, j \text{ 为对应的正理想指标参数列})$$

(7.1.2)

对于负理想指标(破裂压力、水平地应力差异系数等),采用越大越差的极差变换进行标准化处理[2]:

$$x_{ij}^* = \frac{\max\limits_{k=1,2,\cdots,m}(x_{kj}) - x_{ij}}{\max\limits_{k=1,2,\cdots,m}(x_{kj}) - \min\limits_{k=1,2,\cdots,m}(x_{kj})} \quad (1 \leqslant i \leqslant m, j\text{ 为对应的负理想指标参数列})$$

(7.1.3)

式中:$x_{ij}*$ 为标准化后第 j 个评价参数的第 i 个数据点对应的数值; $\max\limits_{k=1,2,\cdots,m} x_{kj}$ 为评价矩阵 X 中第 j 个评价指标对应的压裂段所有数据点取最大值; $\min\limits_{k=1,2,\cdots,m} x_{kj}$ 为评价矩阵 X 中第 j 个评价指标对应的压裂段所有数据点取最小值。

可以得到标准化后的评价矩阵 X^*:

$$X^* = (x_{ij}^*)_{mn}(i = 1,2,\cdots,m; j = 1,2,\cdots,n) \tag{7.1.4}$$

式中:x_{ij}^* 为标准化处理后第 j 个评价指标的第 i 个数据点对应的数值。

③ 计算加权归一化评价矩阵。

因评价指标过程中,评价指标属性值的权重对被评价对象的最后得分影响很大,因此,根据评价矩阵的数值信息建立目标规划优化评标模型,通过数学方法来计算价指标属性值权重。设 n 个评价指标对应的权重分别为 $w_1, w_2, \cdots, w_n$,则压裂段数据点与正理想指标和负理想指标的加权距离平方和为[3]

$$f_i(w) = f_i(w_1, w_2, \cdots, w_n) = \sum_{j=1}^{n} w_j^2 (1 - x_{ij}^*)^2 + \sum_{j=1}^{n} w_j^2 (x_{ij}^*)^2 \tag{7.1.5}$$

在距离意义下,$f_i(w)$ 越小越好,由此建立如下的多目标规划模型。

$$\min f(w) = [f_1(w), f_2(w), \cdots, f_m(w)] \tag{7.1.6}$$

式中: $\sum\limits_{j=1}^{n} w_j = 1, w_j \geqslant 0, j = 1,2,\cdots,n$。

采用构造拉格朗日函数求解权重为

$$w_j = \frac{\mu_j}{\sum\limits_{j=1}^{n} \mu_j} \tag{7.1.7}$$

式中: $\mu_j = \dfrac{1}{\sum\limits_{i=1}^{m} \left[(1 - x_{ij}^*)^2 + (x_{ij}^*)^2 \right]}$。

考虑正、负理想评价指标对距离贡献,则正、负理想指标属性权重 C_j^+、C_j^- 为[2]

$$C_j^+ = \frac{\sum\limits_{i=1}^{m} w_j^2 (x_{ij}^* - r_j^+)^2}{\sum\limits_{j=1}^{n} \left[\sum\limits_{i=1}^{m} w_j^2 (x_{ij}^* - r_j^+)^2 \right]} \tag{7.1.8}$$

$$C_j^- = \frac{\sum\limits_{i=1}^{m} w_j^2 (x_{ij}^* - r_j^-)^2}{\sum\limits_{j=1}^{n} \left[\sum\limits_{i=1}^{m} w_j^2 (x_{ij}^* - r_j^-)^2 \right]} \tag{7.1.9}$$

式中：$r_j^+ = \max\limits_{k=1,2,\cdots,m}(x_{kj}^*)$，$j$ 为正理想指标参数列；$r_j^- = \min\limits_{k=1,2,\cdots,m}(x_{kj}^*)$，$j$ 为负理想指标参数列。

结合正理想和负理想评价指标属性对距离的贡献，进行加权平均[2]：

$$C_j = \frac{C_j^+ + C_j^-}{2} \tag{7.1.10}$$

利用得到的权重系数，可以获得加权归一化评价矩阵 $\boldsymbol{X}^{\#}$：

$$\boldsymbol{X}^{\#} = (x_{ij}^{\#})_{m \times n} = (x_{ij}^*)_{m \times n} \times \mathrm{diag}(C_1, C_2, \cdots, C_n)_{n \times n} \tag{7.1.11}$$

式中：$x_{ij}^{\#}$ 为加权归一化处理后第 j 个评价指标的第 i 个数据点对应的数值。

④ 地质工程一体化参数评价方法。

影响选点的因素众多、关系复杂，各因素可能在不同层次上对压裂选点起着不同的作用，因此，为了综合考虑各因素对压裂选点的影响，采用多源参数降维逼近理想解的方法对水平井射孔位置进行快速选择。对于加权归一化处理后的评价矩阵，选取理想值数列计算欧式距离，即计算压裂段第 i 点的所有评价指标值与评价指标列理想值数列的距离。

正理想欧式距离，表示与正理想指标最好值/最差值的贴近程度[2]：

$$d_i^+(x_{oi}) = \sqrt{\sum_{j=1}^{n}(x_{ij}^{\#} - r_j^{+\#})^2} \tag{7.1.12}$$

$$d_i^-(x_{oi}) = \sqrt{\sum_{j=1}^{n}(x_{ij}^{\#} - r_j^{-\#})^2} \tag{7.1.13}$$

式中：$r_j^{+\#} = \max\limits_{k=1,2,\cdots,m}(x_{kj}^{\#})$，$r_j^{-\#} = \min\limits_{k=1,2,\cdots,m}(x_{kj}^{\#})$，$j$ 为正负理想指标参数列。

结合正理想欧式距离和负理想欧式距离，可得每个数据点对理想值的贴近度，其计算公式为[2-3]

$$d_i(x_{oi}) = \frac{d_i^-(x_{oi})}{d_i^+(x_{oi}) + d_i^-(x_{oi})} \tag{7.1.14}$$

式中：$d_i^+(x_{oi})$ 为表示压裂段测深位置 x_{oi} 处与正理想值的欧式距离；$d_i^-(x_{oi})$ 为表示压裂段测深位置 x_{oi} 处与负理想值的欧式距离；$d_i(x_{oi})$ 为压裂段测深位置 x_{oi} 处与理想值的欧氏距离；x_{oi} 为压裂段第 i 个数据点对应的测深，m。

7.1.2 多裂缝非均衡扩展调控优化算法

多裂缝非均衡扩展调控优化目的是在参数整体取值区间内选择一套最佳匹配的施工参数，尽可能使得各簇改造体积、各簇缝长、施工压力等多目标满足全局最优的方法，但面临两方面难题。一方面，在储层非均质物性、地应力等条件下每簇分配流量不同，改造体积不同，施工排量一定情况下如何调节射孔参数使得各簇流量发挥该簇的最大作用，即各簇改造体积达到最大、施工压力小等多输出目标，属于多目标优化问题的范畴；另一方面，水力压裂可控施工参数较多，包括射孔簇数、簇间距、射孔密度、簇长、射孔孔径、射孔位置、施工排量、压裂液黏度等。在进行裂缝非均衡扩展及缝网调控时也需要考虑复杂的储层特征参数，水力压裂施工参数与储层特征参数总数高达50种,基于高维多输入参数采用机理模型(各向异性页岩多簇射孔裂缝起裂扩展模型)难以优化及达到全局最优。因此,需要结合智能代理模型建立起高维多输入和多输出参数之间的关系,结合多目标优化算法,进行页岩压裂裂缝均衡改造研究。

因此,本节将基于非平面裂缝起裂扩展机理模型,采用 DOE 设计建立样本数据库,利用 Gauss – Kriging 机器学习模型进行训练,建立起机理模型仿真的多输入多输出智能代理模型;在此基础上,以匹配储层地质特征的各簇裂缝改造体积大、施工压力低为多目标函数,缝长扩展均衡、地质工程甜点等约束;应用改进的遗传算法综合求取全体目标函数的最优解,建立起高维多目标并行进化优化模型。

7.1.2.1 多输入多输出智能代理模型

针对高维多输入的地质工程参数,采用机理模型得到多输出的各簇改造体积、施工压力等多目标值具有计算量大、难以优化问题,需要采用机器学习算法进行模型训练,构建起非线性关系的智能代理模型。智能代理模型是对耗时计算的机理模型建立一个近似模型,大幅度降低计算成本,节省时间,代理模型的计算结果与原模型非常接近,但是求解计算量较小。目前智能代理模型是在实验方案设计的基础上多采用支持向量机代理模型[4]、人工神经网络(ANN)[5]、BP 神经网络代理模型[6]、径向基代理模型[7]、Kriging 代理模型[8]、Gauss – Kriging 代理模型[9],而 Gauss – Kriging 智能代理模型具有速度快、精度高的优势,作为目标函数被广泛应用于多目标优化问题。

(1)实验方案设计。

开展智能代理模型研究,首先需要进行实验方案设计,构建样本大数据库。根据压裂井水平段垂向地应力、最小水平主应力、最大水平主应力、杨氏模量、泊松比、渗透率、孔隙度、排量、压裂液黏度、孔眼直径、孔眼密度、射孔簇长、射孔位置等参数范围,开展实验设计及数据库建立;针对垂向应力 x_1、最小水平主应力 x_2、最大水平主应力 x_3、杨氏模量 x_4、泊松比 x_5、渗透率 x_6、孔隙度 x_7、排量 x_8、压裂液黏度 x_9、孔眼直径 x_{10}、孔眼密度 x_{11}、射孔簇长 x_{12}、射孔簇位置 x_{13} 等自变量作为输入参数,采用 DOE 实验设计(Design of Experiment),输出参数根据前面建立的非平面裂缝扩展机理模型计算 DOE 实验设计参数下每个设计点的裂缝长度 y_1、改造体积 y_2、压力 y_3 等。根据设计点 $S(s_1, s_2, \cdots, s_m)$,构建训练样本大数据库 $\boldsymbol{X}$,充分保证了采用样本集训练模型的精度。

则输入参数训练样本大数据库 $\boldsymbol{X}$ 为

$$\boldsymbol{X} = \begin{bmatrix} x_1(1) & x_2(1) & \cdots & x_j(1) & \cdots & x_n(1) \\ x_1(2) & x_2(2) & \cdots & x_j(2) & \cdots & x_n(2) \\ \vdots & \vdots & & \vdots & & \vdots \\ x_1(i) & x_2(i) & \cdots & x_j(i) & \cdots & x_n(i) \\ \vdots & \vdots & & \vdots & & \vdots \\ x_1(m) & x_2(m) & \cdots & x_j(m) & \cdots & x_n(m) \end{bmatrix} \quad (7.1.15)$$

式中:$\boldsymbol{X}$ 为输入参数训练样本大数据库矩阵;$x_j(i)$ 为表示 x 的第 j 个分量第 i 个设计点,$1\leq j\leq n,1\leq i\leq m$。

则输出参数训练样本大数据库 $\boldsymbol{Y}$ 为

$$\boldsymbol{Y} = \begin{bmatrix} y_1(1) & \cdots & y_q(1) \\ y_1(2) & \cdots & y_q(2) \\ \vdots & & \vdots \\ y_1(i) & \cdots & y_q(i) \\ \vdots & & \vdots \\ y_1(m) & \cdots & y_q(m) \end{bmatrix} \qquad (7.1.16)$$

式中:$\boldsymbol{Y}$ 为输出参数训练样本大数据库矩阵;$y_q(i)$ 为表示 $\boldsymbol{Y}$ 的第 q 个分量第 i 个设计点的目标值,$1\leq q,1\leq i\leq m$。

(2)多输入多输出智能代理模型。

针对多簇射孔裂缝非均衡扩展调控研究,是基于地质、施工参数等多输入参数,以匹配储层地质特征的各簇裂缝改造体积大、施工压力低等多输出参数为多目标函数,并且缝长扩展均衡、地质工程甜点为约束的多输入多输出问题。对于多输入多输出问题(Multiinput - Multioutput Problem)的近似处理,属于多输入多输出智能代理的范畴;本节将基于多输入多输出的实验方案,采用 0 阶、1 阶、2 阶回归模型和 Gauss 相关模型进行 Kriging 机器学习训练和 MSE(最小均方误差)约束,建立起多输入多输出智能代理模型。

① Kriging 代理模型。

采用 Kriging 智能算法建立起与各向异性页岩非平面裂缝起裂扩展的近似代理模型。Kriging 智能算法如下[10]。

给定 m 个设计点 $\boldsymbol{S} = [s_1,\cdots,s_m]^{\mathrm{T}}(s_m\in\mathbf{R}^n)$ 及其响应 $\boldsymbol{Y} = [y_1,\cdots,y_m]^{\mathrm{T}}(y_m\in\mathbf{R}^q)$ 的组合。假设这些数据服从标准化条件:

$$\mu[S_{:,j}] = 0, V[S_{:,j},S_{:,j}] = 1 \ (j = 1,\cdots,n) \qquad (7.1.17)$$

$$\mu[Y_{:,j}] = 0, V[Y_{:,j},Y_{:,j}] = 1 \ (j = 1,\cdots,q) \qquad (7.1.18)$$

式(7.1.15)和式(7.1.16)中,$X_{:,j}$ 表示给定矩阵 $\boldsymbol{X}$ 中的第 j 个列向量;$\mu[\cdot]$ 和 $V[\cdot,\cdot]$ 分别表示均值和协方差。

将 n 维输入 $x\in\boldsymbol{D}\subseteq\mathbf{R}^n$ 的确定型输出 $y(x)\in\mathbf{R}^q$ 表达为由一个回归模型 F 和一个随机函数 z(随机过程)的近似组合:

$$\hat{y}_l(x) = F(\beta_{:,l},x) + z_l(x) \qquad (7.1.19)$$

其中 F 是采用 p 个优选函数 $f_j:\mathbf{R}^n\mapsto\mathbf{R}$ 的线性组合的回归模型:

$$F(\beta_{:,l}, x) = \beta_{1,l} f_1(x) + \cdots + \beta_{p,l} f_p(x)$$
$$= [f_1(x), \cdots, f_p(x)] \beta_{:,l} \tag{7.1.20}$$
$$\triangleq f(x)^T \beta_{:,l}$$

式中:系数 $\beta_{k,l}$ 是回归参数。

假设随机过程 z 的均值为 0，$z(w)$ 和 $z(x)$ 间的协方差为

$$E[z_l(w) z_l(x)] = \sigma_l^2 \tilde{R}(\theta, w, x) \quad (l = 1, \cdots, q) \tag{7.1.21}$$

式中:σ_l^2 是系统响应第 l 组分的过程方差，$\tilde{R}(\theta, w, x)$ 表示带有参数 θ 的相关模型。

模型(7.1.19)可解释为，对目标函数近似等价为回归模型加上一个经过优选的随机过程 z 偏差。

而 y 的真值可记为

$$y_l(x) = F(\beta_{:,l}, x) + \alpha(\beta_{:,l}, x) \tag{7.1.22}$$

式中:α 表示近似误差。

因此，智能代理过程是在目标区域(如果 $x \in \mathbf{D}$)，通过合理地选择 β 使得近似模型 $\hat{y}_l(x)$ 与真值 $y_l(x)$ 的误差达到最小。

② Kriging 代理模型训练及预测。

对于实验设计点集 S，可以得到一个扩展的 $m \times p$ 维设计矩阵 $\mathbf{F}$，使得 $F_{ij} = f_j(s_i)$：

$$F = [f(s_1), f(s_2), \cdots, f(s_m)]^T \tag{7.1.23}$$

定义 R 为不同设计点的 z 之间的随机过程相关系数：

$$R_{ij} = \tilde{R}(\theta, s_i, s_j) (i, j = 1, 2, \cdots, m) \tag{7.1.24}$$

在未测试点 x，令

$$r(x) = [\tilde{R}(\theta, s_1, x), \tilde{R}(\theta, s_2, x), \cdots, \tilde{R}(\theta, s_m, x)]^T \tag{7.1.25}$$

式中:$r(x)$ 为表示各设计点与 x 的 z 之间的相关系数。

以线性相关预测为例进行介绍，线性预测器为

$$\hat{y}(x) = c^T Y \tag{7.1.26}$$

式中:$c = c(x) \in \mathbf{R}^m$。其误差为

$$\begin{aligned}\hat{y}(x) - y(x) &= c^T Y - y(x) \\ &= c^T (F\beta + Z) - [f(x)^T \beta + z] \\ &= c^T Z - z + [F^T c - f(x)]^T \beta\end{aligned} \tag{7.1.27}$$

式中:$Z = [z_1, z_2, \cdots, z_m]^T$ 表示各设计点的误差。为保证该预测器无偏，需要使 $F^T c - f(x) = 0$，或 $F^T c(x) = f(x)$。

在该条件下，预测器(7.1.26)的均方误差(MSE)为

$$\begin{aligned}\varphi(x) &= E\{[\hat{y}(x) - y(x)]^2\} \\ &= E[(c^{\mathrm{T}}Z - z)^2] \\ &= E(z^2 + c^{\mathrm{T}}ZZ^{\mathrm{T}}c - 2c^{\mathrm{T}}Zz) \\ &= \sigma^2(1 + c^{\mathrm{T}}Rc - 2c^{\mathrm{T}}r)\end{aligned} \quad (7.1.28)$$

在 $F^{\mathrm{T}}c - f(x) = 0$ 或 $F^{\mathrm{T}}c(x) = f(x)$ 约束下,以 c 为自变量使得误差 φ 最小化,需要构造拉格朗日函数为

$$L(c, \lambda) = \sigma^2(1 + c^{\mathrm{T}}Rc - 2c^{\mathrm{T}}r) - \lambda^{\mathrm{T}}(F^{\mathrm{T}}c - f) \quad (7.1.29)$$

式(7.1.29)相对 c 的导数为

$$L'_c(c, \lambda) = 2\sigma^2(Rc - r) - F\lambda \quad (7.1.30)$$

根据最优性的一阶必要条件[11],可得到以下方程组:

$$\begin{bmatrix} R & F \\ F^{\mathrm{T}} & 0 \end{bmatrix} \begin{bmatrix} c \\ \tilde{\lambda} \end{bmatrix} = \begin{bmatrix} r \\ f \end{bmatrix} \quad (7.1.31)$$

定义:

$$\tilde{\lambda} = -\frac{\lambda}{2\sigma^2} \quad (7.1.32)$$

式(7.1.31)的解为

$$\begin{aligned}\tilde{\lambda} &= (F^{\mathrm{T}}R^{-1}F)^{-1}(F^{\mathrm{T}}R^{-1}r - f) \\ c &= R^{-1}(r - F\tilde{\lambda})\end{aligned} \quad (7.1.33)$$

因此,矩阵 R 与 R^{-1} 是对称的。同时,利用式(7.1.26),我们得

$$\begin{aligned}\hat{y}(x) &= (r - F\tilde{\lambda})^{\mathrm{T}}R^{-1}T \\ &= r^{\mathrm{T}}R^{-1}Y - (F^{\mathrm{T}}R^{-1}r - f)^{\mathrm{T}}(F^{\mathrm{T}}R^{-1}F)^{-1}F^{\mathrm{T}}R^{-1}Y\end{aligned} \quad (7.1.34)$$

其广义最小平方解(相对于 R)为

$$\beta^* = (F^{\mathrm{T}}R^{-1}F)^{-1}F^{\mathrm{T}}R^{-1}Y \quad (7.1.35)$$

将式(7.1.35)代入式(7.1.34),可得预测器的表达式为

$$\begin{aligned}\hat{y}(x) &= r^{\mathrm{T}}R^{-1}Y - (F^{\mathrm{T}}R^{-1}r - f)^{\mathrm{T}}\beta^* \\ &= f^{\mathrm{T}}\beta^* + r^{\mathrm{T}}R^{-1}(Y - F\beta^*) \\ &= f(x)^{\mathrm{T}}\beta^* + r(x)^{\mathrm{T}}\gamma^*\end{aligned} \quad (7.1.36)$$

对多响应情况(即 $q > 1$),式(7.1.36)对 Y 中的每一列都成立。因此,式(7.1.36)可通过由式(7.1.35)计算 $\beta^* \in \mathbf{R}^{p \times q}$ 和由残差 $R\gamma^* = Y - F\beta^*$ 计算 $\gamma^* \in \mathbf{R}^{m \times q}$。

而对一组固定的设计点,矩阵 β^* 和 γ^* 也是固定的。对每一个新的 x,仅需计算向量 $f(x) \in \mathbf{R}^p$ 和 $r(x) \in \mathbf{R}^m$,并增加两次简单的乘积。

克里金预测器的 MSE 的以下表达式:

$$\begin{aligned}\varphi(x) &= \sigma^2[1 + c^\mathrm{T}(Rc - 2r)] \\ &= \sigma^2[1 + (F\tilde{\lambda} - r)^\mathrm{T}R^{-1}(F\tilde{\lambda} + r)] \\ &= \sigma^2(1 + \tilde{\lambda}^\mathrm{T}F^\mathrm{T}R^{-1}F\tilde{\lambda} - r^\mathrm{T}R^{-1}r) \\ &= \sigma^2[1 + u^\mathrm{T}(F^\mathrm{T}R^{-1}F)^{-1}u - r^\mathrm{T}R^{-1}r]\end{aligned} \tag{7.1.37}$$

式中: $u = F^\mathrm{T}R^{-1}r - f$ 和 σ^2 通过广义最小平方拟合获得。式(7.1.37)可直接推广到多响应情况:对第 l 个响应,可将 σ 替换为 σ_l(第 l 个响应函数的过程方差)。

③ 高阶回归模型。

当 $n=1$ 时为一阶回归模型。令 x_j 表示 x 的第 j 个分量,常数项 $p=1$:

$$f_1(x) = 1 \tag{7.1.38}$$

一次项 $p = n+1$:

$$f_1(x) = 1, f_2(x) = x_1, \cdots, f_{n+1}(x) = x_n \tag{7.1.39}$$

二次项 $p = \frac{1}{2}(n+1)(n+2)$:

$$f_1(x) = 1 \tag{7.1.40}$$

$$f_2(x) = x_1, \cdots, f_{n+1}(x) = x_n \tag{7.1.41}$$

$$f_{n+2}(x) = x_1^2, \cdots, f_{2n+1}(x) = x_1 x_n \tag{7.1.42}$$

$$f_{2n+2}(x) = x_2^2, \cdots, f_{3n}(x) = x_2 x_n \tag{7.1.43}$$

$$f_p(x) = x_n^2 \tag{7.1.44}$$

对应的雅克比行列式为(下标 $n \times q$ 表示矩阵的尺寸,O 表示全 0 矩阵)

常数项 $J_f = [O_{n \times 1}]$,一次项 $J_f = [O_{n \times 1} \quad I_{n \times n}]$,二次项 $J_f = [O_{n \times 1} \quad I_{n \times n} \quad H]$。

当 $n>1$ 时为 n 阶回归模型。对于 $H \in \mathbf{R}^{n \times (p-n-1)}$,$n=2$、3 的 H 矩阵为:$n=2$ 时,$H = \begin{bmatrix} 2x_1 & x_2 & 0 \\ 0 & x_1 & 2x_2 \end{bmatrix}$;$n=3$ 时,$H = \begin{bmatrix} 2x_1 & x_2 & x_3 & 0 & 0 & 0 \\ 0 & x_1 & 0 & 2x_2 & x_3 & 0 \\ 0 & 0 & x_1 & 0 & x_2 & 2x_3 \end{bmatrix}$。

④ Gauss 相关模型。

相关模型采用静态的一阶相关模型的乘积,考虑如下形式的相关模型[10]:

$$\tilde{R}(\theta, w, x) = \prod_{j=1}^n \tilde{R}_j(\theta, w_j - x_j) \tag{7.1.45}$$

其中,7 种常见相关函数见表 7.1.1。

表 7.1.1 相关函数 ($d_j = w_j - x_j$)

名称	$\tilde{R}_j(\theta, d_j)$	名称	$\tilde{R}_j(\theta, d_j)$
Gauss	$\exp(-\theta_j d_j^2)$	Spherical	$1 - 1.5\vartheta_j + 0.5\vartheta_j^3, \vartheta_j = \min\{1, \theta_j|d_j|\}$
Exp	$\exp(-\theta_j|d_j|)$	Cubic	$1 - 3\vartheta_j^2 + 2\vartheta_j^3, \vartheta_j = \min\{1, \theta_j|d_j|\}$
Expg	$\exp(-\theta_j|d_j|^{\theta_{n+1}}), 0 < \theta_{n+1} \leq 2$	Spline	$\zeta(\vartheta_j), \vartheta_j = \theta_j|d_j|$
Lin	$\max\{0, 1 - \theta_j|d_j|\}$		

表 7.1.1 中的相关函数可被分为两类:一类为近似于抛物线关系,如 Gauss、Cubic 和 Spline,另一类近似线性关系,如 Exp、Lin 和 Spherical。选择相关函数需要以研究对象的表现形式为依据。其中,Gauss 相关函数的最优系数 θ^* 可通过求解下式得到:

$$\min\{\psi(\theta) \equiv |R|^{\frac{1}{m}}\sigma^2\} \tag{7.1.46}$$

式中:$|R|$ 是 R 的行列式;θ^* 为最优系数。

7.1.2.2 高维多目标函数及约束条件

针对多簇射孔裂缝非均衡扩展调控研究,以匹配储层地质特征的各簇裂缝改造体积大、施工压力低为多目标函数,缝长扩展均衡、地质工程甜点等约束的多目标优化问题。因此,本书建立的页岩多簇射孔裂缝参数多目标优化函数为

$$\min\{H_1[x(\xi)], H_2[x(\xi)], H_3[x(\xi)], H_4[x(\xi)]\} \tag{7.1.47}$$

式中:多目标优化函数表示满足多目标优化和约束条件下优选排量、压裂液黏度、孔眼直径、孔眼密度、射孔簇长,具有高维多输入参数和多输出参数、高度非线性和不可微特点;第一项表示所选射孔位置的地质工程甜点贴近度小;第二项表示各簇裂缝缝长均衡扩展;第三项表示各簇改造体积大;第四项表示施工压力小。

其中:

$$H_1[x(\xi)] = d[x(\xi)]$$

$$H_2[x(\xi)] = \text{std}\{\hat{y}_1[x(\xi)]\} = \text{std}\{-f[x(\xi)]^T \beta_1^* - r[x(\xi)]^T \gamma_1^*\}$$

$$H_3[x(\xi)] = -\hat{y}_2[x(\xi)] = -f[x(\xi)]^T \beta_2^* - r[x(\xi)]^T \gamma_2^*$$

$$H_4[x(\xi)] = \hat{y}_3[x(\xi)] = f[x(\xi)]^T \beta_3^* + r[x(\xi)]^T \gamma_3^* + \sigma_n[x(\xi)]$$

$$\xi = (\xi_1, \xi_2, \cdots, \xi_n)$$

$$\xi_1 = [x_1(\xi_1), x_2(\xi_1), \cdots, x_8(\xi_1), x_9(\xi_1), x_{10}(\xi_1), x_{11}(\xi_1), x_{12}(\xi_1), x_{13}(\xi_1)]$$

$$\xi_2 = [x_1(\xi_2), x_2(\xi_2), \cdots, x_8(\xi_2), x_9(\xi_2), x_{10}(\xi_2), x_{11}(\xi_2), x_{12}(\xi_2), x_{13}(\xi_2)]$$

$$\vdots$$

$$\xi_n = [x_1(\xi_n), x_2(\xi_n), \cdots, x_8(\xi_n), x_9(\xi_n), x_{10}(\xi_n), x_{11}(\xi_n), x_{12}(\xi_n), x_{13}(\xi_n)]$$

(7.1.48)

式中:ξ 表示优化每簇射孔位置对应的地层参数(最小水平主应力范围、最大水平主应力、杨氏模量、泊松比、渗透率、孔隙度等),在优化的排量、压裂液黏度、孔眼直径、孔眼密度、射孔簇长组建的自变量;$d[x(\xi)]$ 为采用式(7.1.14)计算射孔位置处的地质工程可压裂性贴近度;std{} 表示所有簇缝长的方差函数,方差越小,缝长扩展越均衡;β_1^*、β_2^*、β_3^* 表示对于数据库 x 自变量与缝长 y_1、改造体积 y_2、施工压力 y_3 因变量采用 Gauss–Kriging 代理模型建立的回归权系数;γ_1^*、γ_2^*、γ_3^* 表示对于数据库 x 自变量与缝长 y_1、改造体积 y_2、施工压力 y_3 因变量采用 Gauss–Kriging 代理模型建立的相关权系数;$\sigma_n[x(\xi)]$ 为采用式(5.2.22)计算每簇诱导应力产生的周向应力增量。

约束条件:

$$s.t. \sum_{i=1}^{n} x_8(\xi_i) - Q_t = 0 \quad (i = 1,2,\cdots,n)$$
$$\hat{y}_3[x(\xi_j)] - \hat{y}_3[x(\xi_{j+1})] = 0 \quad (j = 1,2,\cdots,n-1)$$
$$x_{13}(\xi_j) - x_{13}(\xi_{j+1}) \geqslant \text{const} \quad (j = 1,2,\cdots,n-1)$$
$$x_d \leqslant x \leqslant x_u, x = (x_1, x_2, \cdots, x_m)$$

(7.1.49)

式中:第一项表示各簇裂缝流量之和等于总施工排量 Q_t 的约束条件;第二项表示各簇井底压力相等的约束条件;第三项表示簇间距大于簇间距最小值的约束条件;第四项表示各簇对应的地层参数、施工参数和射孔参数位于压裂井最小值和最大值之间的约束条件。

7.1.2.3 高维多目标并行进化优化方法

页岩多簇射孔水力压裂工艺和前面模拟结果表明,要形成对页岩储层全覆盖的人工改造储层,存在要求每簇改造体积最大化与射孔簇数、施工排量、功率最小化相互矛盾,并且缝长扩展均衡,还要求施工压力小约束的多目标优化问题。而多目标优化问题通常是在自变量范围内目标函数的最大化或最小化的数学意义上进行优化。关于多目标优化方法在线性和非线性问题上的应用,已有大量的文献。为了解决非线性的多目标函数和约束函数,基于最优化数学原理,发展了顺序线性规划、顺序二次规划、序列无约束极小化方法、遗传算法、改进的遗传算法。其中遗传算法,通常收敛速度较慢,但能够成功地找到高可变噪声问题的可靠最优解[12]。但多个目标在本质上相互冲突,对于多目标很少存在单一的最优解,而是存在一组称为 Pareto 最优集的解。高维多目标并行进化优化方法可以进化出一组解决方案,来在一次运行内接近整个 Pareto 最优集,很自然地适用于这类问题。

因此,将页岩多簇射孔裂缝参数多目标优化问题分解为若干子优化问题,每一子优化问题除了包含原优化问题的少数目标函数之外,还具有由其他目标函数聚合成的一个目标函数,以降低问题求解的难度;其次,改进的多目标遗传优化算法,在适应度、个体密集度计算、环境选择进行改进,避免了遗传算法中边界解从种群中移出、收敛速度慢的问题,并且针对高维多目标函数开展并行进化优化算法步骤如下[13]。

假设 N 为种群大小,$\bar{N}$ 为非支配解集,$t_{\max}$ 为最大迭代次数。

步骤一：针对多目标问题进行并行进化算法编码，设置初始种群 P_0 大小，非支配解集 $\overline{P}_0$，时间 $t=0$。

步骤二：结合强度值、原始适应度、邻法密度参数计算适应度，得到支配解集和非支配解集。

步骤三：将 P_t 和 $\overline{P}_t$ 中的所有非支配解集复制到 $\overline{P}_{t+1}$ 进行环境选择。

步骤四：迭代次数 $t > t_{\max}$ 达到终止条件，将非支配解代表的决策变量集合输出到 P_{t+1} 中，反之，算法继续。

步骤五：对 $\overline{P}_{t+1}$ 进行竞争选择放入优选集合。

步骤六：优选集合中个体进行交叉和突变，将结果存入 $\overline{P}_{t+1}$，迭代次数加1，回到步骤二，直到最大迭代次数 $t_{\max}$。

其中，具体进化算法编码、适应度计算、环境变量选择方法如下。

(1) 并行进化算法编码方式。

采用十进制编码，使用随机序列 $b_1, b_2, b_3, \cdots, b_{24}$ 作为 NP(i) 染色体（所有的 NP(i) 染色体组成 Pareto 可行解），其中 b_1 为压裂液黏度对应 $x_9(\xi)$；b_2 射孔簇数对应 ξ；$b_3 \sim b_{12}$ 为第 1~10 射孔簇排量对应 $x_8(\xi)$；$b_{13} \sim b_{22}$ 为具体压裂井第 1~10 射孔簇位置 $x_{13}(\xi)$，每个射孔簇位置对应地层参数，簇数小于10簇时的非射孔簇不参与多目标优化；$b_{23} \sim b_{32}$ 为每个射孔簇位置对应孔眼直径，簇数小于10簇时的非射孔簇孔眼直径不参与多目标优化；$b_{33} \sim b_{42}$ 为每个射孔簇位置对应孔密，簇数小于10簇时的非射孔簇孔密不参与多目标优化；$b_{43} \sim b_{52}$ 为每个射孔簇位置对应射孔簇长，簇数小于10簇时的非射孔簇长不参与多目标优化；每个随机序列都和种群中的一个个体相对应。例如：[5,4,0.39,5.30,6.06,4.24,0,0,0,0,0,0,12.3,−15.2,−22.33,−28.33,6,6,6.90,6,6,6,8,11.54,12.45,14.56,11.79,11.89,8,8,17.8,12,12,12,12,12,12,12,12,20.64,0.2,0.2,0.2,0.34,0.2,0.2,0.2,0.2,0.35,0.2,6.53] 代表压裂液黏度为 5 mPa·s；射孔簇4簇；第1、2、3、4簇流量为 0.39 m³/min、5.30 m³/min、6.06 m³/min、4.24 m³/min；1~4 射孔簇位置为 12.3 m、−15.2 m、−22.33 m、−28.33 m；1~4 射孔簇孔眼直径为 11.54 mm、12.45 mm、14.56 mm、11.79 mm；1~4 射孔簇孔密为 17.8 孔/m、12 孔/m、12 孔/m、12 孔/m；1~4 射孔簇长为 0.2 m、0.2 m、0.2 m、0.34 m；第 5~10 射孔簇流量、位置、孔密、孔径、簇长不参与多目标优化。

(2) 适应度计算。

适应度分配采用改进的适应度函数进行赋值。首先以"门当户对"原则，对父代个体进行配对，即对父代以适应度函数（目标函数）值进行排序，目标函数值小的与小的配对，目标函数值大的与大的配对。然后利用混沌序列确定交叉点的位置，最后对确定的交叉项进行交叉。为了避免由种群中非支配解集的个体和支配的个体具有相同的适应度值的情况，考虑对非支配解集的个体和种群中的个体分别进适应度赋值。具体如下[13]。

对于每个解 NP(i) ∈ NP，赋予强度值 $S(i)$，代表所支配解集的个数：

$$S(i) = |\{j | j \in P_t + \overline{P}_t \wedge i > j\}| \tag{7.1.50}$$

式中：$|\cdot|$ 为表示一个集合的基数；+ 为代表求并集；> 为对应于 Pareto 支配关系。

在 S 值的基础上,计算个体 i 的原始适应度 $R(i)$:

$$R(i) = \sum_{j \in P_t + \overline{P}_t, i < j} S(j) \tag{7.1.51}$$

式(7.1.51)表示了高维多目标并行进化优化算法的原始适应度是由其在非劣解集的个体和种群中的个体决定的,而遗传算法只考虑种群中的个体。寻优进化过程中,适应度需要最小化,即 $R(i) = 0$ 对应一个非支配个体,而 $R(i)$ 高值意味着 i 由许多种群个体支配(反过来又支配许多种群个体)。

原始的适应度赋值反映了个体的支配与被支配的信息,引入 k 阶近邻法密度参数来评估具有相同适应度值的个体。

$$D(i) = \frac{1}{\sigma_i^k + 2} \tag{7.1.52}$$

式中: σ_i^k 为按递增顺序排序后,个体 i 和第 k 个体的欧式距离。

式(7.1.52)在分母中加上 2,以确保其值大于 0 和 $D(i) < 1$。然后,将 $D(i)$ 添加到个体 i 的原始适应度值 $R(i)$ 中,得到其适应度 $F(i)$:

$$F(i) = R(i) + D(i) \tag{7.1.53}$$

如图 7.1.1 所示,以两个目标函数的适应度求解为例,解释如下:A 点支配 2 个解,它的强度值为 2;B 点支配 0 个解,它的强度值为 0;C 点支配 0 个解,它的强度值为 0;D 点支配 1 个解,它的强度值为 1;E 点支配 2 个解,它的强度值为 2;F 点支配 1 个解,它的强度值为 1;G 点支配 4 个解,它的强度值为 4;H 点支配 3 个解,它的强度值为 0。A 点原始适应度为 0,是非支配解;B 点被 A、G 点所支配,它的原始适应度为 $2 + 4$;C 点被 A、D、E、F、G、H 点所支配,它的原始适应度为 $2 + 2 + 4 + 1 + 1 + 3$;依次类推。

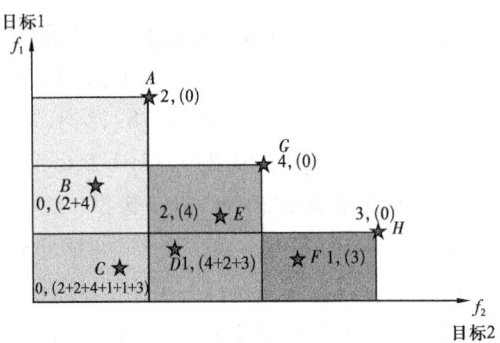

图 7.1.1　适应度赋值计算

(3)环境变量选择。

环境变量选择也是实现群体多样性的一种手段,是跳出局部最优,全局寻优的重要保证。高维多目标并行进化优化算法的环境变量选择过程与遗传算法存在两点差异:环境变量选择大小始终是一个常数;环境变量选择避免了边界解从种群中移出。环境变量选择步骤如下。

① 将种群 P_t 和外部环境 A_t 集合复制所有的非支配解集个体进化到 $\overline{P}_{t+1}$,即那些适应度低于 1 的个体,复制到下一代的环境变量,如果 $\overline{P}_{t+1}$ 的大小与种群 N 大小相等,则跳出循环。

② 如果 $|\overline{P}_{t+1}| < N$,则将 P_t 和 A_t 最好的 $N - |\overline{P}_{t+1}|$ 个受支配解加入到 $\overline{P}_{t+1}$ 中。

③ 如果 $|\overline{P}_{t+1}| > N$,则根据如下原则从环境中移出,如果个体 i 满足如式(7.1.54)条件[13]则从 $\overline{P}_{t+1}$ 中剔除,直到 $|\overline{P}_{t+1}| = N$。

$$i \leqslant j : \Leftrightarrow \forall 0 < k < |\overline{P}_{t+1}| : \sigma_i^k = \sigma_j^k, \vee$$
$$\exists 0 < k < |\overline{P}_{t+1}| : [\forall 0 < l < k : \sigma_i^l = \sigma_j^l] \wedge \sigma_i^k < \sigma_j^k] \tag{7.1.54}$$

式中：$\Leftrightarrow$ 为等价符号；$\forall$ 为任意符号；$\vee$ 为且运算符号；$\exists$ 为存在符号；$\wedge$ 为或运算符号。

式(7.1.54)表示了对于个体 i 满足对于大于 0 而小于 $|\overline{P}_{t+1}|$ 任意的个体 k，个体 k 与个体 i 的欧式距离和个体 k 与个体 j 的欧式距离都相等；或者存在大于 0 而小于 $|\overline{P}_{t+1}|$ 的个体 k，个体 k 与个体 i 的欧式距离小于个体 k 与个体 j 的欧式距离，并且对于大于 0 而小于 l 任意的个体 k，个体 l 与个体 i 的欧式距离小于个体 l 与个体 j 的欧式距离相等，则将个体 i 从 $\overline{P}_{t+1}$ 中剔除。

7.1.3 暂堵控制提高裂缝复杂程度优化研究

7.1.3.1 天然裂缝不发育段

(1) 9 簇暂堵参数优化。

从图 7.1.2 中可以看出，暂堵措施有利于控制裂缝过度延伸，防止压窜；从裂缝形态和改造体积来优化角度可以看出，二次暂堵裂缝扩展模拟优于一次暂堵裂缝扩展模拟，一次暂堵裂缝扩展模拟优于三次暂堵裂缝扩展模拟。

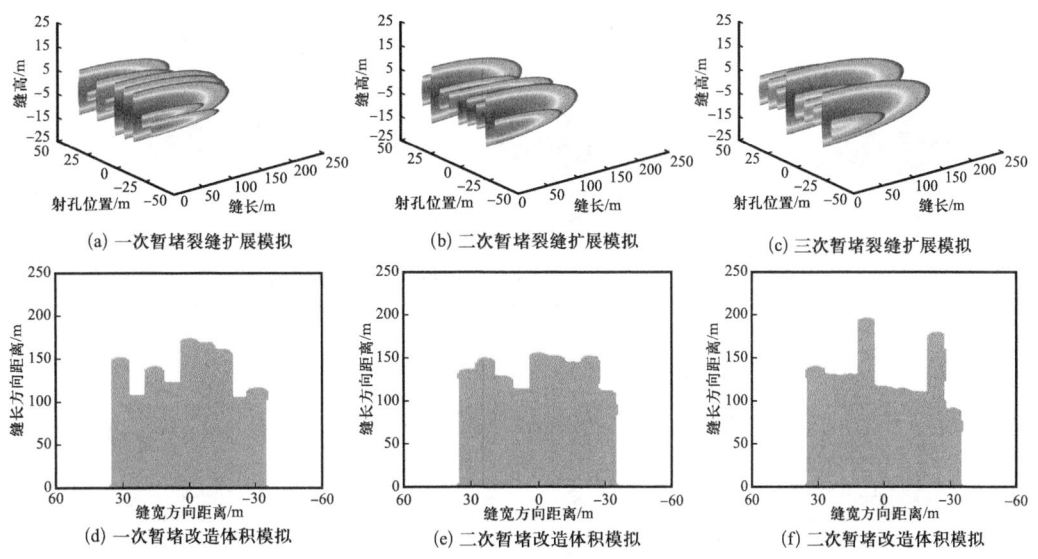

图 7.1.2　9 簇条件下不同暂堵模式下裂缝扩展和改造体积模拟

(2) 10 簇暂堵参数优化。

从图 7.1.3 中可以看出，暂堵措施有利于控制裂缝过度延伸，防止压窜；从裂缝形态和改造体积来优化角度可以看出，一次暂堵裂缝扩展模拟优于三次暂堵裂缝扩展模拟，三次暂堵裂缝扩展模拟优于二次暂堵裂缝扩展模拟。

(3) 11 簇暂堵参数优化。

从图 7.1.4 中可以看出，暂堵措施有利于控制裂缝过度延伸，防止压窜；从裂缝形态和改造体积来优化角度可以看出,二次暂堵裂缝扩展模拟优于一次暂堵裂缝扩展模拟,一次暂堵裂缝扩展模拟优于三次暂堵裂缝扩展模拟。

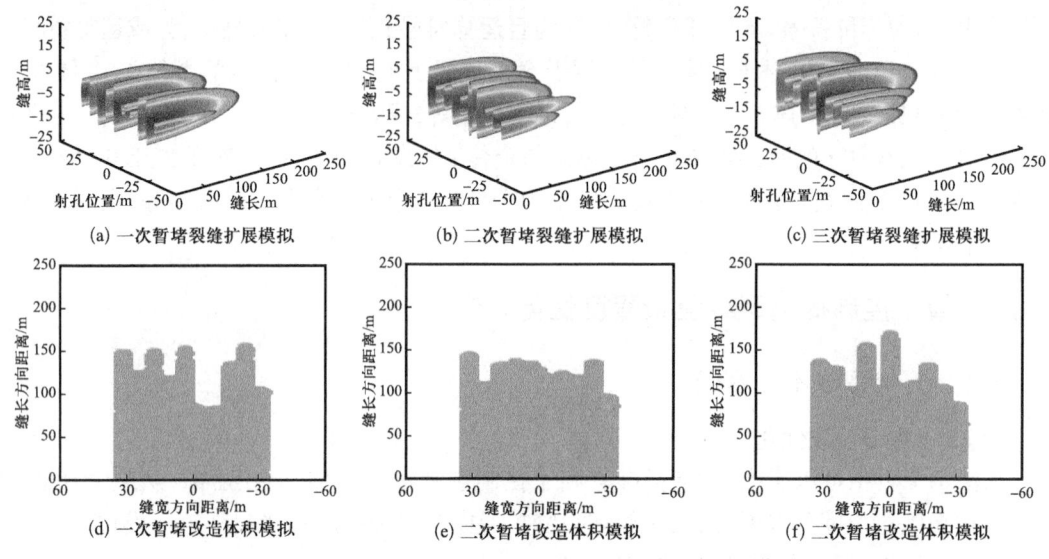

图 7.1.3　10 簇条件下不同暂堵模式下裂缝扩展和改造体积模拟

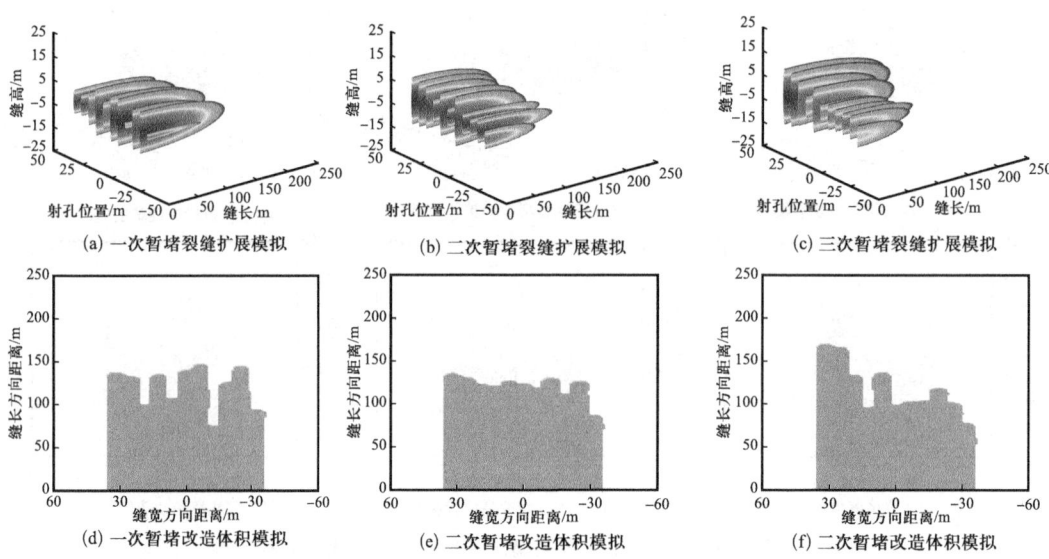

图 7.1.4　11 簇条件下不同暂堵模式下裂缝扩展和改造体积模拟

7.1.3.2　天然裂缝发育段

(1)9 簇暂堵参数优化。

从图 7.1.5 中可以看出,暂堵措施有利于控制裂缝过度延伸,防止压窜;从裂缝形态和改造体积来优化角度可以看出,一次暂堵裂缝扩展模拟优于二次暂堵裂缝扩展模拟,二次暂堵裂缝扩展模拟优于三次暂堵裂缝扩展模拟。

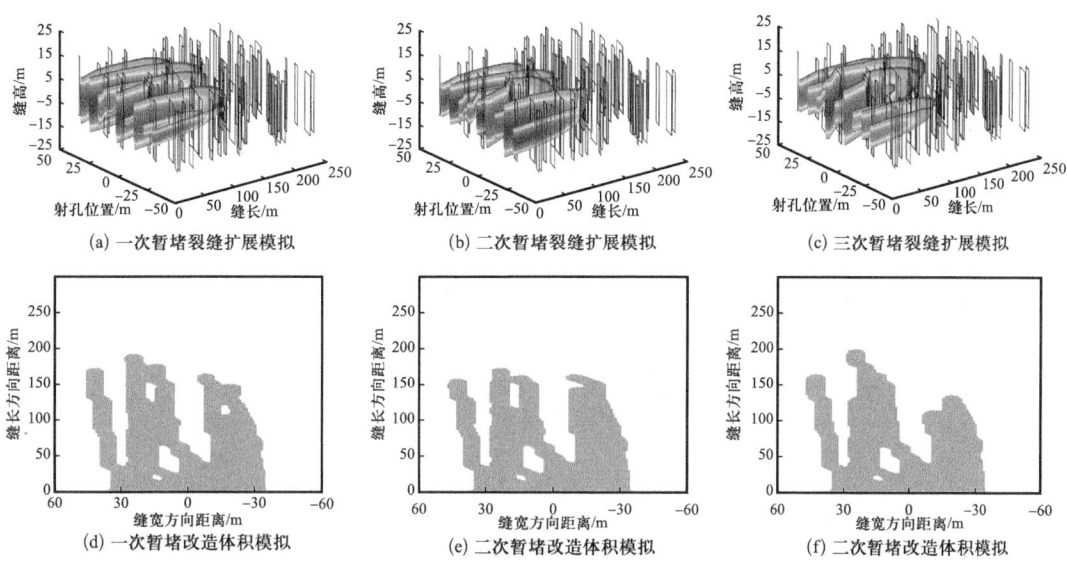

图 7.1.5　9 簇条件下不同暂堵模式下裂缝扩展和改造体积模拟

(2) 10 簇暂堵参数优化。

从图 7.1.6 中可以看出,暂堵措施有利于控制裂缝过度延伸,防止压窜;从裂缝形态和改造体积来优化角度可以看出,一次暂堵裂缝扩展模拟优于二次暂堵裂缝扩展模拟,二次暂堵裂缝扩展模拟优于三次暂堵裂缝扩展模拟。

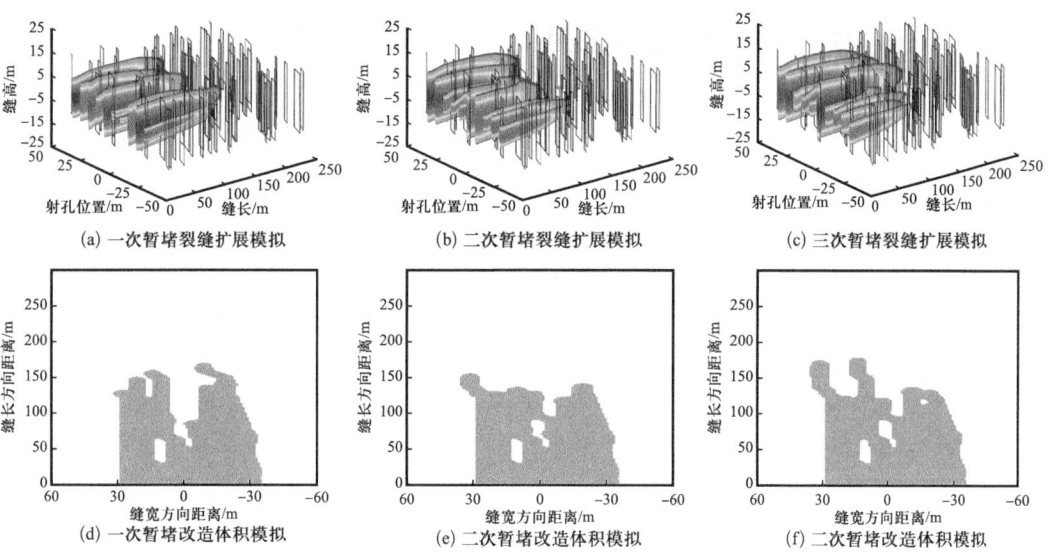

图 7.1.6　10 簇条件下不同暂堵模式下裂缝扩展和改造体积模拟

(3) 11 簇暂堵参数优化。

从图 7.1.7 中可以看出,暂堵措施有利于控制裂缝过度延伸,防止压窜;从裂缝形态和改造体积来优化角度可以看出,一次暂堵裂缝扩展模拟优于三次暂堵裂缝扩展模拟,三次暂堵裂缝扩展模拟优于二次暂堵裂缝扩展模拟。

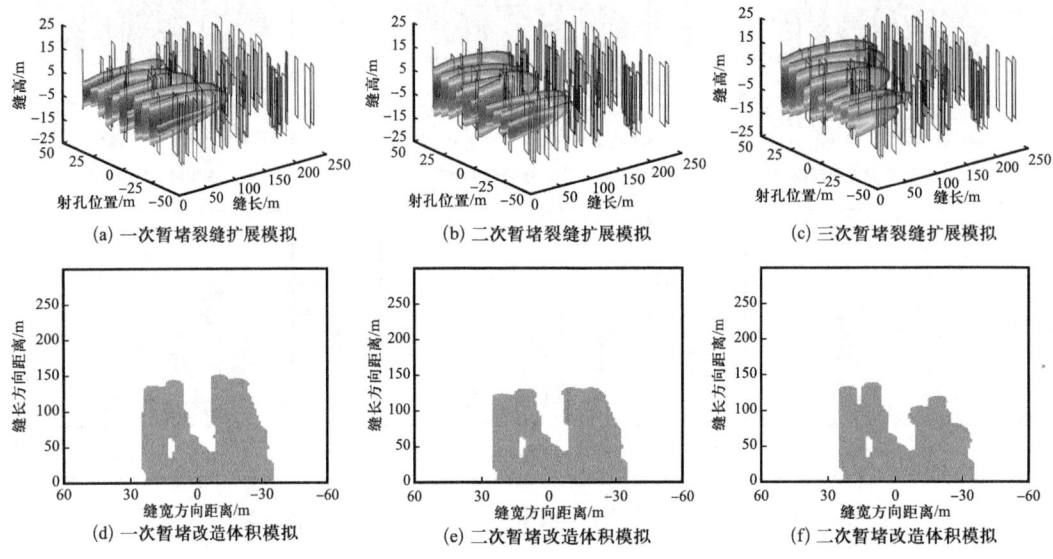

图 7.1.7　11 簇条件下不同暂堵模式下裂缝扩展和改造体积模拟

7.2　模型验证及应用

7.2.1　可压裂性评价模型验证及应用

(1)可压裂性指数评价模型对比验证。

基于长宁 X 井水平段 11755 个数据点的测录井资料,选取可压裂性指数、脆性指数、含气量、TOC、孔隙度、渗透率为正理想评价指标和应力差为负理想评价指标,利用建立的地质工程可压裂性综合选点方法,进行地质工程甜点评价。基于上文建立的可压裂性指数模型,与 Rickman[14]、Jin[15]、Yuan[16]等理论模型表(2.2.3)进行模型对比验证。以长宁 X 井第 10 压裂段(3546~3616 m)为例,应用本书建立的可压裂性评价模型与现有模型、光纤测井实测产气量进行对比验证,如图 7.2.1 所示。

图 7.2.1 从左到右可压裂性指数曲线分别为 Rickman 模型[14]、Jin 模型[15]、Yuan 模型和本书模型,并且与该井光纤测井实测产气量剖面进行对比。从图 7.2.1 中可以看出本书模型与现有模型总体吻合度高,并且所得可压裂性指数高值对应了高产气量,验证了本书模型的正确性;其次,本书模型与现有模型又存在典型区别,如图 7.2.1 第 1 射孔簇(3558~3558.5 m)的 Rickman 模型[14]、Jin 模型[15]为低值,而本书模型考虑了净压力和应力差的影响为可压裂性指数高值,与产气量高值评价一致。由于长宁 X 井筒方位角垂直于最大主应力方向,形成了横切裂缝未发生转向,与 Yuan 模型[16]考虑了最小水平主应力梯度与本书模型评价考虑应力差结果一致,充分论证了本书模型的正确性。综上所述,考虑了工程甜点和

地质甜点因素的可压裂性评价与实测产气量符合度较高,更能兼顾对含油气、物性等地质方面和可压性等工程方面进行地质工程一体化甜点评价。

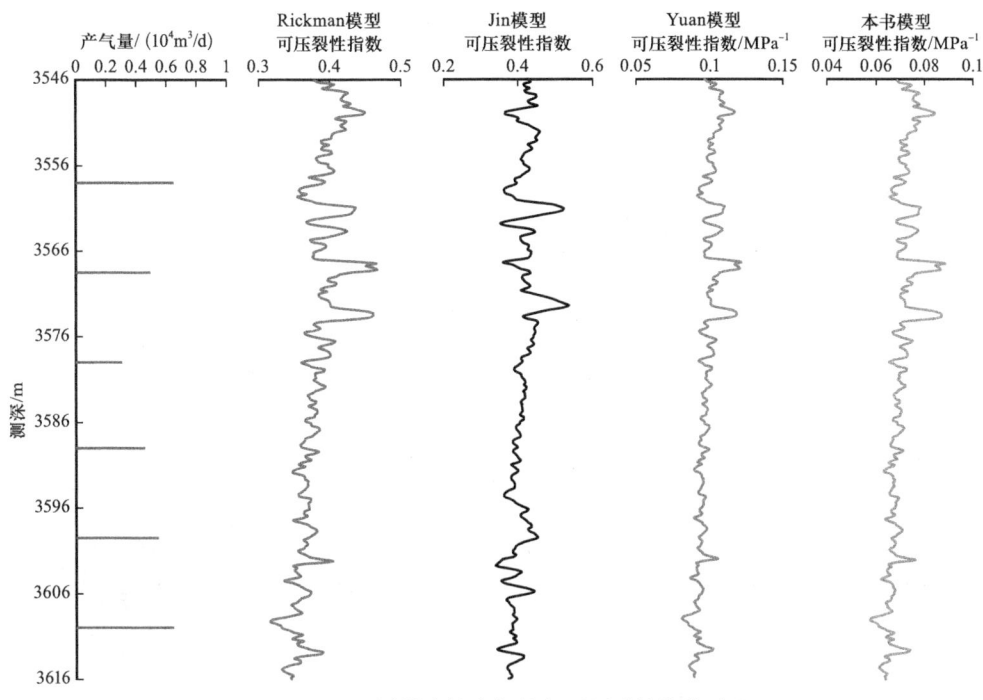

图 7.2.1　不同射孔簇产气量与可压裂性指数对比

(2)地质工程可压裂性综合评价模型对比验证。

选取含气量、TOC、渗透率、孔隙度作为地质甜点评价参数与实际产气量进行对比,从地质角度选择甜点。

从图 7.2.2 中可以看出,只根据地质甜点选择射孔可能导致地质上面评价为差,而实际产量好的矛盾,如在测深标注为第 4 射孔簇 3579~3579.5 m,含气量为低值、TOC 为高值、渗透率高值、孔隙度高值;第 2 射孔簇 3599.5~3600 m,含气量为高值、TOC 为低值、渗透率低值、孔隙度低值。因此,只基于地质甜点选择射孔,只能满足含油气资源丰富、物性较好的区域具有开发潜能的先天条件,而不能保证压裂施工时形成复杂缝网。

选取可压裂性指数、脆性指数、应力差作为工程甜点评价参数与实际产气量进行对比,从工程角度选择甜点。

从图 7.2.3 中可以看出,只根据工程甜点选择射孔可能导致工程上面评价为差,而实际产量好的矛盾,如在第 3 射孔簇测深 3579~3579.5 m,可压裂性指数低值、脆性指数高值、应力差为低值。因此,只基于工程甜点选择射孔,只能满足压裂施工时形成复杂缝网,而不能保证含油气资源丰富、物性较好。

选取含气量、TOC、渗透率、孔隙度作为地质甜点评价参数,选取可压裂性指数、脆性指数、应力差作为工程甜点评价参数与实际产气量进行对比,从地质工程一体化角度选择甜点。采用建立的地质工程可压裂性综合评价模型进行对比验证。

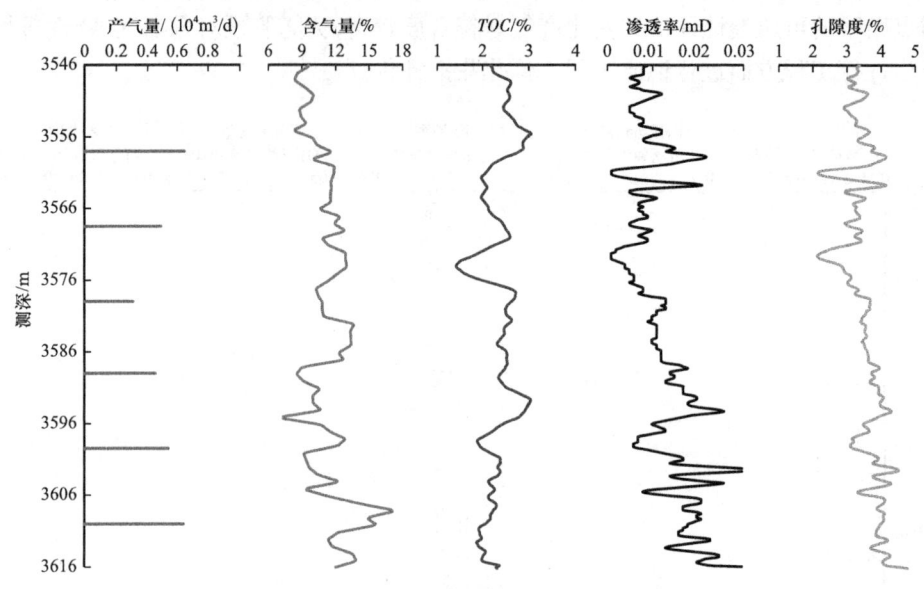

图 7.2.2 从地质角度进行甜点评价

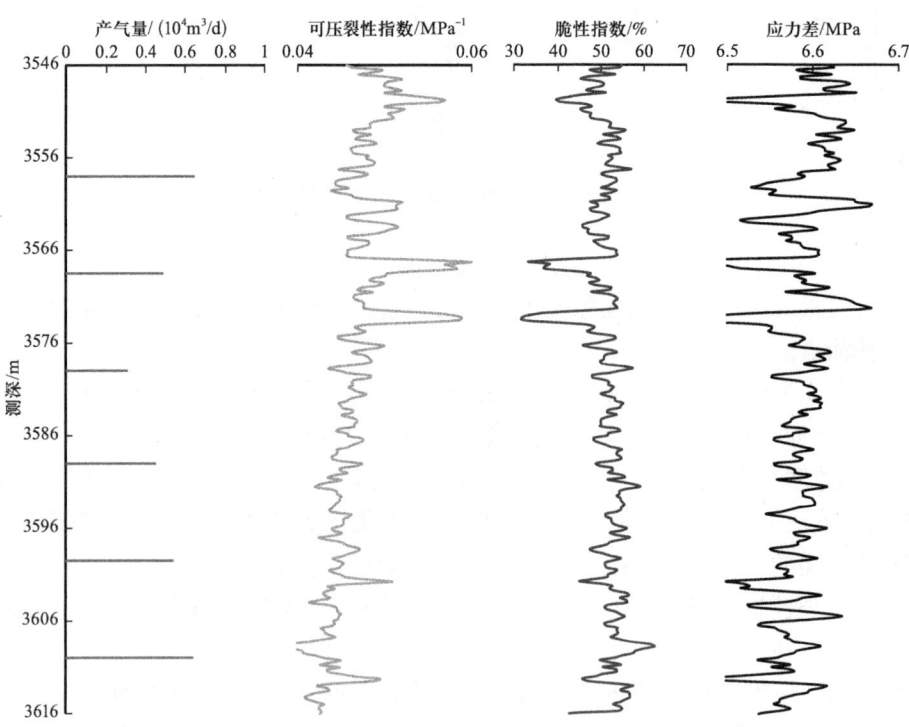

图 7.2.3 从工程角度进行甜点评价

从图 7.2.4 中可以看出,只根据工程甜点选择射孔可能导致工程上面评价为差,而实际产量好的矛盾;也可能导致地质上面评价为好,而实际产量差的矛盾。而从地质工程可压裂性综合评价选点的曲线和产量曲线基本一致。因此,只有进行地质工程可压裂性综合评价,才能达到预期压裂效果。

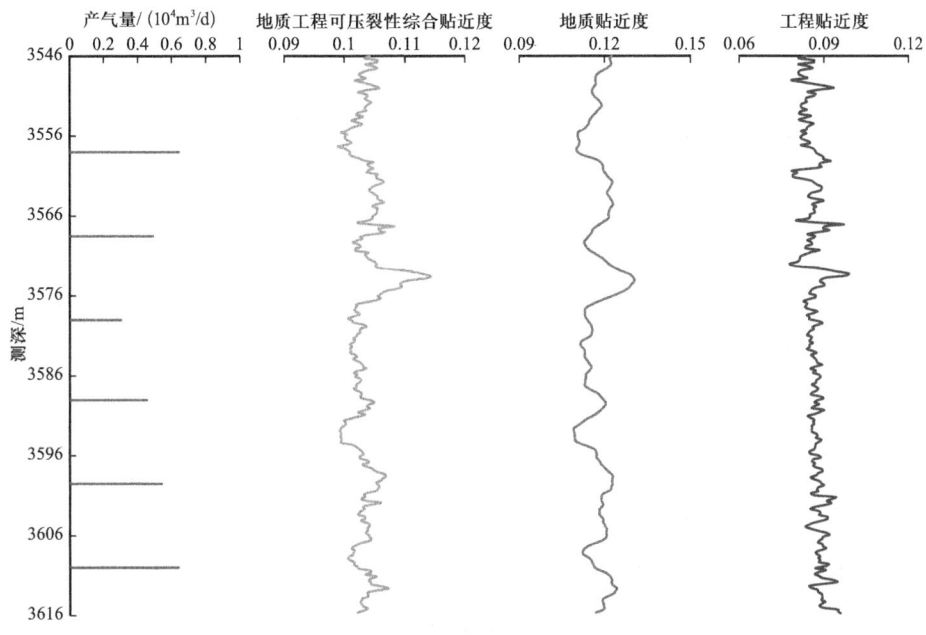

图 7.2.4 从地质工程角度进行甜点评价

7.2.2 多裂缝非均衡扩展调控模型验证及应用

选取四川盆地长宁区块页岩气井长宁 X 井作为模拟的参数范围,基于机理模型和实验方案设计,利用建立的多输入多输出代理模型预测缝长、改造体积、施工压力,构建起基于页岩多簇射孔裂缝机理模型的输入输出智能决策结构体,生成"Struct"直接调用文件,具有简洁、计算速度快、准确、可支持移动的特点,减少了采用机理模型运行和现场压裂施工时间成本;然后,基于输入输出智能决策结构体,以各簇裂缝改造体积大、施工压力小为多目标函数,缝长扩展均衡、地质工程甜点等约束;应用改进的遗传算法综合求取全体目标函数的 Pareto 最优解,建立起高维多目标并行进化优化模型,开展裂缝扩展非均衡多目标优化模型验证及应用。

7.2.2.1 构建多输入多输出智能代理模型

(1)基础参数及样本数据库。

根据长宁 X 井 1462 m 压裂水平段垂向地应力范围(57～72 MPa),最小水平主应力范围(50～70 MPa)、最大水平主应力(55～75 MPa)、杨氏模量(30000～38000 MPa)、泊松比(0.2～0.28)、渗透率(0.01～0.5 mD)、孔隙度(3%～7%)、排量(最大 16 m³/min)、压裂液黏度(最大 40 mPa·s)、孔眼直径(8～16 mm)、孔眼密度(12～24 孔/m)、射孔簇长(0.2～0.65 m),以第 10 压裂段(3616～3546 m)为例开展实验方案设计;增加射孔位置(3616～3546 m 对应的 -35～35 m,3362～3422 m 对应的 -30～30 m)范围。针对垂向应力 x_1、最小水平主应力 x_2、最大水平主应力 x_3、杨氏模量 x_4、泊松比 x_5、渗透率 x_6、孔隙度 x_7、排量 x_8、压裂液黏度 x_9、孔眼直径 x_{10}、孔眼密度 x_{11}、射孔簇长 x_{12}、射孔簇位置 x_{13} 等 13 个自变量作为输入参数,采用 DOE 实验设计(Design of Experiment),输出参数根据前面建立的非平面裂缝扩展机理模型计算 DOE 实验设计参数下每个设计点的裂缝长度 y_1、改造体积 y_2、压力 y_3。总共设计了 10812 组设计点 $S(s_1,s_2,\cdots,s_{10812})$,能够反映 17×4^{12} 组实验,构建训练样本大数据库 X,充分保证了采用样本集训练模型的精度。如表 7.2.1 所示,展示了部分 DOE 实验设计点输入参数和对应的输出参数(其中 $m=10812,q=3$),由此建立起覆盖全井段范围的多输入多输出样本数据库。然后基于建立的页岩多簇射孔裂缝参数多目标优化算法,选取四川盆地长宁区块页岩气井 X 井作为模拟的参数范围,以第 10 压裂段(3616~3546 m,图 7.2.5)、13 压裂段(3362~3422 m,图 7.2.6)基础参数为例开展页岩多簇射孔裂缝参数多目标优化。

表 7.2.1 训练样本集

设计点 S	输入参数													输出参数		
	x_1/MPa	x_2/MPa	x_3/MPa	x_4/MPa	x_5	x_6/mD	x_7/%	x_8/m³/min	x_9/mPa·s	x_{10}/mm	x_{11}/孔/m	x_{12}/m	x_{13}/m	y_1/m	y_2/10⁴m³	y_3/MPa
1	62	50	55	30000	0.23	0.1	3	1	20	16	16	0.65	0	18.0	5.3	53.3
2	57	65	60	32000	0.28	0.1	7	1	20	16	12	0.65	0	18.0	5.3	68.8
3	67	65	60	30000	0.2	0.1	3	1	5	10	24	0.5	0	11.6	3.8	68.3
4	67	70	55	32000	0.23	0.01	3	16	20	16	24	0.65	0	471.7	109.4	85.1
5	62	70	65	38000	0.28	0.5	7	16	40	12	24	0.65	0	218.5	54.8	91.2
6	67	70	70	35000	0.2	0.5	3	16	5	8	12	0.65	0	101.1	43.0	94.1
7	62	55	75	38000	0.28	0.1	3	1	40	12	12	0.2	0	21.6	28.0	60.8
8	67	50	60	32000	0.23	0.1	4.25	12	40	10	16	0.65	0	250.3	56.8	63.5
9	62	55	60	30000	0.23	0.1	3	6	20	12	20	0.65	0	108.3	42.2	63.2
10	62	65	60	35000	0.23	0.05	3	6	10	8	20	0.65	0	111.1	42.5	76.3
11	62	65	60	32000	0.25	0.5	7	12	40	16	24	0.35	0	161.5	44.9	79.1
12	72	65	55	38000	0.23	0.1	7	12	20	10	24	0.5	0	218.3	51.1	83.6
…	…	…	…	…	…	…	…	…	…	…	…	…	…	…	…	…
5000	67	50	60	35000	0.28	0.5	5.5	12	10	16	24	0.35	17.5	97.6	32.0	65.9
5001	57	50	60	38000	0.2	0.1	5.5	16	10	8	12	0.5	17.5	231.9	53.6	90.7
5002	62	50	60	35000	0.28	0.1	3	1	10	16	24	0.35	17.5	20.3	22.6	54.8
5003	57	70	70	32000	0.25	0.1	5.5	16	20	16	24	0.2	17.5	280.6	58.3	86.9
5004	67	55	75	38000	0.28	0.5	7	16	10	8	12	0.5	17.5	133.6	37.9	75.6
…	…	…	…	…	…	…	…	…	…	…	…	…	…	…	…	…
10803	62	65	60	32000	0.23	0.5	5.5	12	40	8	12	0.65	−35	182.1	4.3	81.8
10804	67	70	70	32000	0.23	0.1	3	1	40	16	12	0.2	−35	29.3	18.5	73.6
10805	67	50	65	30000	0.28	0.05	3	12	40	8	24	0.65	−35	301.6	4.3	61.8
10806	62	70	70	30000	0.2	0.01	3	16	10	10	24	0.2	−35	459.3	3.9	100.4

续表

设计点 S	输入参数													输出参数		
	x_1/MPa	x_2/MPa	x_3/MPa	x_4/MPa	x_5	x_6/mD	x_7/%	x_8/m³/min	x_9/mPa·s	x_{10}/mm	x_{11}/孔/m	x_{12}/m	x_{13}/m	y_1/m	y_2/10^4m³	y_3/MPa
10807	57	55	70	38000	0.28	0.05	3	1	20	8	20	0.5	−35	29.3	3.9	59.9
10808	67	50	55	32000	0.28	0.01	3	16	10	10	16	0.2	−35	459.3	3.9	150.6
10809	72	70	75	35000	0.23	0.5	4.25	1	5	10	12	0.35	−35	6.2	3.5	74.6
10810	62	50	60	30000	0.2	0.05	3	6	40	16	12	0.35	−35	169.5	4.6	59.0
10811	67	65	70	32000	0.2	0.01	4.25	16	10	16	16	0.2	−35	448.6	4.7	93.3
10812	67	70	75	38000	0.28	0.01	4.25	16	5	16	16	0.2	−35	345.3	4.6	106.8

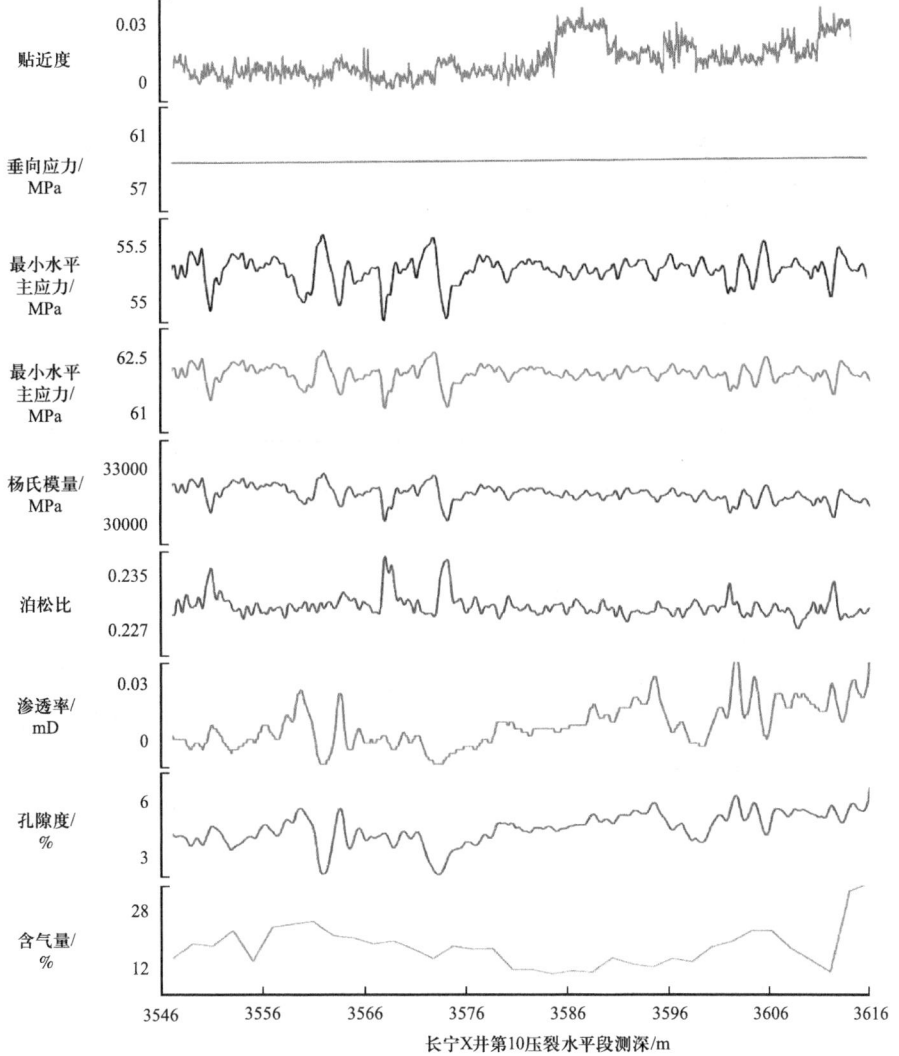

图 7.2.5　长宁 X 井第 10 压裂段(3546～3616 m)基本参数

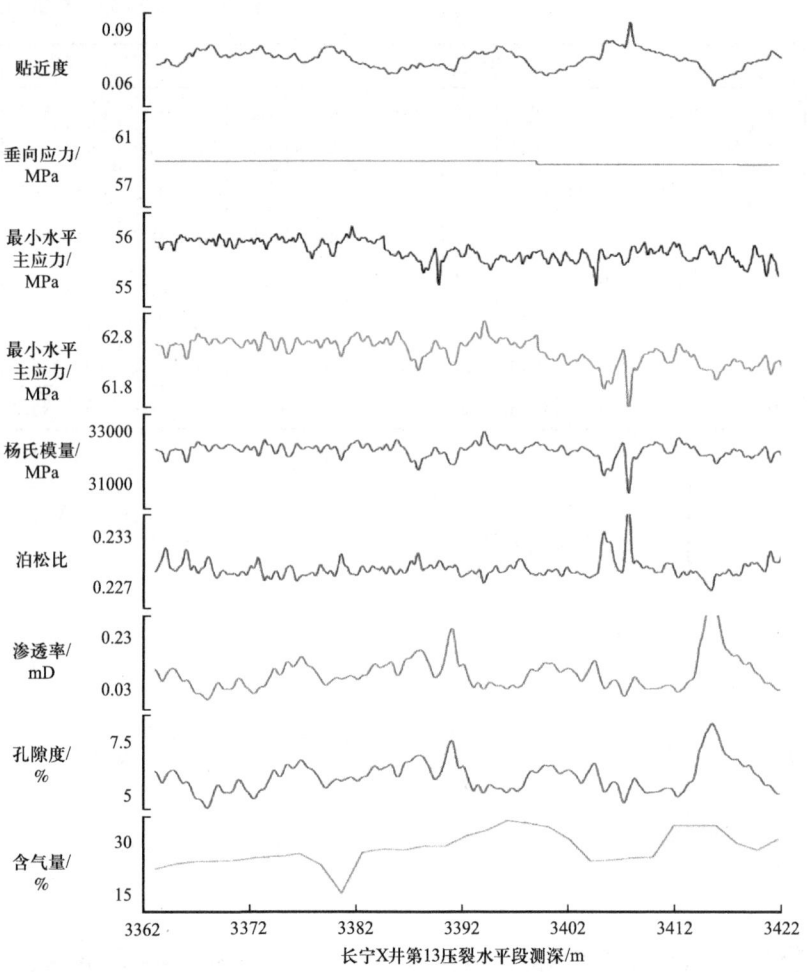

图 7.2.6　长宁 X 井第 13 压裂段(3362~3422 m)基本参数

(2)Gauss – Kriging 代理模型训练及预测。

基于样本大数据库,利用建立的 Gauss – Kriging 代理模型进行训练及预测缝长、改造体积、施工压力。模拟基本参数为垂向地应力 67 MPa、最小水平主应力 50 MPa、最大水平主应力 60 MPa、杨氏模量 35000 MPa、泊松比 0.25、渗透率 0.1 mD、孔隙度 3%、施工排量 12.0 m^3/min、压裂液黏度 5 mPa·s、射孔孔径 12.0 mm、孔眼密度 20.0 孔/m、射孔簇长 0.35 m、射孔位置 0 m,在研究不同参数对缝长、改造体积、施工压力的影响时,只改变所研究参数的数值,其余参数保持不变。

① 不同储层渗透率和孔隙度参数组合对缝长、改造体积、施工压力的影响。

储层渗透率和孔隙度等物性参数,时刻影响着地层传导率和压裂液滤失量,进而影响着裂缝缝长、改造体积和施工压力。因此,以不同储层渗透率(0.01~0.5 mD)、孔隙度(3%~7%)参数组合,采用 Gauss – Kriging 代理模型分析储层物性参数对裂缝缝长、改造体积、施工压力的影响。

从图 7.2.7 中可以看出,随着渗透率从 0.01 mD 增加到 0.5 mD 和孔隙度从 3% 增加到

7%,地层孔隙连通性和渗透性逐渐增加,以压裂液滤失增加而逐渐占据主导作用,使得支撑水力裂缝流体体积减小以及缝长减小、改造体积越减小;而储层渗透率从 0.01 mD 增加到 0.3 mD,压裂液注入速度小于与地层传导率匹配程度,施工压力逐渐减小;当储层渗透率从 0.3 mD 增加到 0.5 mD,压裂液注入速度大于与地层传导率匹配程度,施工压力又逐渐增加。

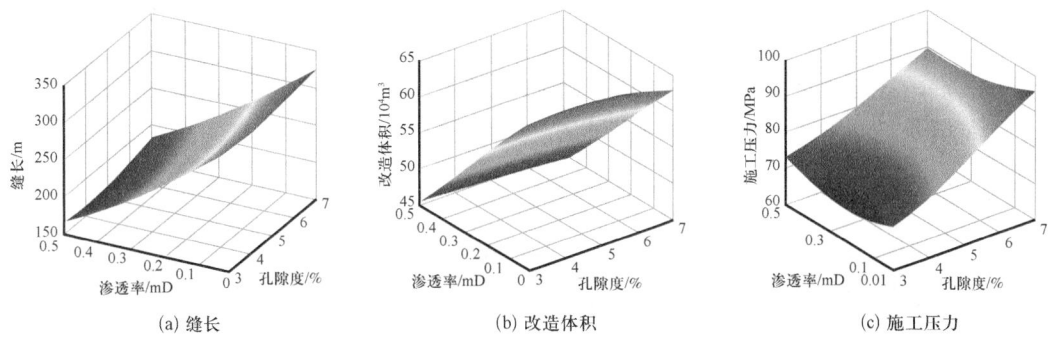

图 7.2.7　不同储层渗透率和孔隙度参数组合对缝长、改造体积、施工压力的影响

② 不同施工排量和压裂液黏度参数组合对缝长、改造体积、施工压力的影响。

施工排量和压裂液黏度等施工参数是影响压裂形成高渗透人工改造储层的重要参数,直接影响着压裂改造效果。因此,以不同施工排量(1~16 m³/min)、压裂液黏度(5~20 mPa·s)参数组合,采用 Gauss – Kriging 代理模型分析施工参数对裂缝缝长、改造体积、施工压力的影响。

从图 7.2.8 中可以看出,在施工排量为 16 m³/min、压裂液黏度 20 mPa·s 组合参数和施工排量为 4 m³/min、压裂液黏度 5 mPa·s 下,Gauss – Kriging 代理模型预测的裂缝长度为 280.4 m 和 24.6 m、改造体积为 65.8×10⁴m³ 和 22.7×10⁴m³、施工压力 72.1 MPa 和 53.4 MPa;进一步分析,随着施工排量和压裂液黏度逐渐增加,压裂液作用于裂缝表面和岩石的净压力逐渐增大,使得岩石发生剪切和张性破坏滤失诱导应力增加,导致水力裂缝扩展的缝长越长、改造体积越大、压裂改造越充分,但施工压力越高、安全施工要求更高。

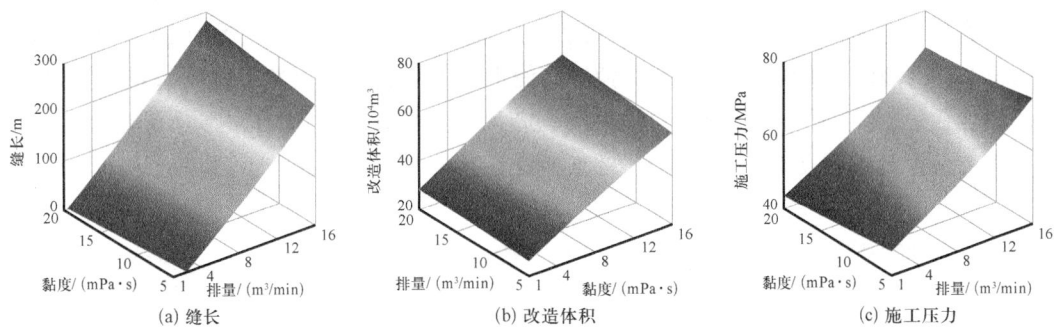

图 7.2.8　不同施工排量和压裂液黏度参数组合对缝长、改造体积、施工压力的影响

③ 不同射孔孔眼直径和孔密参数组合对缝长、改造体积、施工压力的影响。

射孔孔眼直径和孔密等射孔参数,影响着多簇射孔的孔眼摩阻、起裂压力和起裂次序,进而影响着裂缝缝长、改造体积和施工压力。因此,以不同射孔孔径(8~16 mm)、孔密

(12~24孔/m)参数组合,采用 Gauss-Kriging 代理模型分析射孔参数对裂缝缝长、改造体积、施工压力的影响。

从图7.2.9中可以看出,随着孔眼直径从8 mm增加到13 mm和孔密从12孔/m增加到17孔/m,孔眼摩阻减小,使得作用于裂缝扩展的净压力增加和滤失量相对增加(流体滤失到地层占据主导作用),水力裂缝缝长逐渐减小而改造体积逐渐增大、施工压力减小;孔眼直径从13 mm增加到15 mm和孔密从17孔/m增加到24孔/m,孔眼摩阻进一步减小,使得作用于裂缝扩展的净压力增加(占据主导作用,支撑裂缝扩展体积相对增大)和滤失量相对减小,水力裂缝缝长逐渐增加而改造体积逐渐减小、施工压力减小。

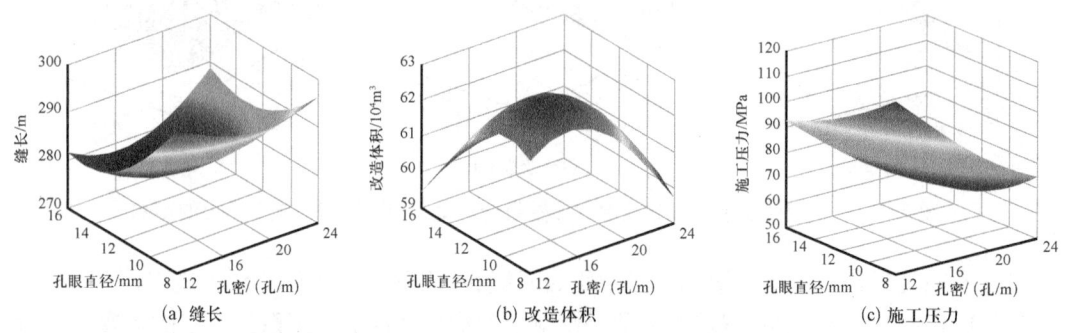

图7.2.9 不同射孔孔眼直径和孔密参数组合对缝长、改造体积、施工压力的影响

④ 不同施工排量和射孔位置参数组合对缝长、改造体积、施工压力的影响。

不同射孔位置处地层物性参数、地应力参数、天然裂缝发育程度不同,导致不同排量影响射孔位置处裂缝穿过和激活天然裂缝的数量不同,进而影响着裂缝缝长、改造体积和施工压力。因此,以不同射孔孔径(8~16 mm)、孔密(12~24孔/m)参数组合,采用 Gauss-Kriging 代理模型分析射孔参数对裂缝缝长、改造体积、施工压力的影响。

从图7.2.10中可以看出,随着施工排量逐渐增加,各个射孔位置处的水力裂缝缝长、改造体积、施工压力逐渐增加;射孔位置从 -35 m逐渐增加到35 m,水力裂缝缝长、改造体积、施工压力先逐渐增加后减小,再增加后减小。这是因为射孔位置从 -35 m 到 -15 m 以及15 m到25 m,该位置处的天然裂缝更为发育,使得水力裂缝穿过天然裂缝的数量增加、压力波动增加,缝长越长改造越长、改造体积越大、施工压力增加。因此,在多簇压裂选择射孔位置时需要考虑改造程度较好的簇位置,才能到达预期压裂改造效果。

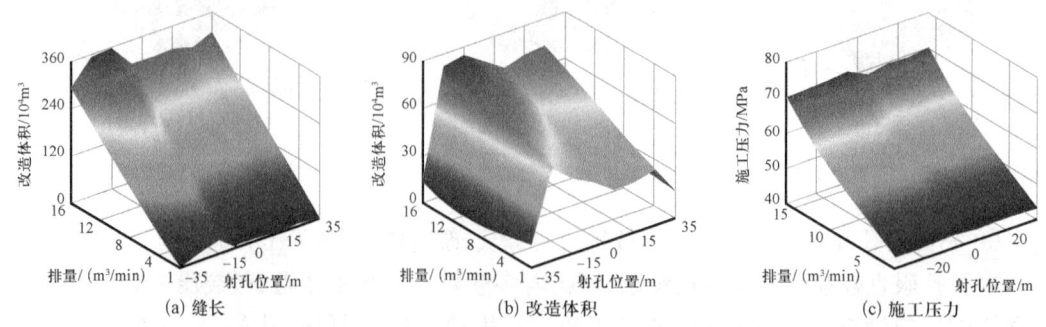

图7.2.10 不同施工排量和射孔位置参数组合对缝长、改造体积、施工压力的影响

由此就构建起基于页岩多簇射孔裂缝机理模型的多输入多输出智能决策结构体,生成"Struct"直接调用文件,具有简洁、计算速度快、准确、可支持移动的特点,减少了采用机理模型运行和现场压裂施工时间成本。因此,利用"Struct"对不同施工排量和压裂液黏度、储层渗透率和孔隙度、射孔孔密和孔径、施工排量和射孔位置等组合参数下,对缝长、改造体积、施工压力进行多目标优化分析。

7.2.2.2 高维多目标并行进化模型验证及应用

基于长宁 X 井第 10 压裂段(3546~3616 m)和第 13 压裂段(3362~3422 m)的地层基本参数,结合建立的 Gauss-Kriging 智能代理模型的"Struct"结构体,以建立的高维多目标函数及约束条件,以各簇裂缝改造体积大、施工压力小为多目标函数,缝长扩展均衡、地质工程甜点等约束,针对 2 簇、4 簇、6 簇、8 簇、10 簇利用高维多目标并行进化优化方法,开展射孔位置、施工排量、压裂液黏度、孔眼直径、孔眼密度、射孔簇长等组合参数优化;模型设置遗传迭代次数 15 次,每次遗传迭代 500 个,遗传交叉概率为 1,突变概率为下界的倒数,种群大小 30。

(1)第 10 压裂段高维多目标并行进化优化分析。

① 2 簇优化结果。

从图 7.2.11 中可以看出,随着不同遗传迭代次数增加,2 簇优化的施工参数和射孔下改造体积、施工压力、各簇裂缝长度方差逐渐达到多目标最优。最终优化结果为:压裂液黏度 19.7 mPa·s;第 1~2 簇排量 8 m³/min、8 m³/min;第 1~2 簇射孔位置 -17.3 m、-27.8 m;第 1~2 簇射孔孔径 10.9 mm、12.4 mm;第 1 簇孔密 18 孔/m、第 2 簇孔密 17.0 孔/m;第 1 簇射孔簇长 0.6 m、第 1 簇射孔簇长 0.45 m;组合参数下第 1 簇缝长可达 227.6 m、第 2 簇缝长可达 233.4 m;改造体积可达 65.8×10⁴ m³;施工压力 58.9 MPa。

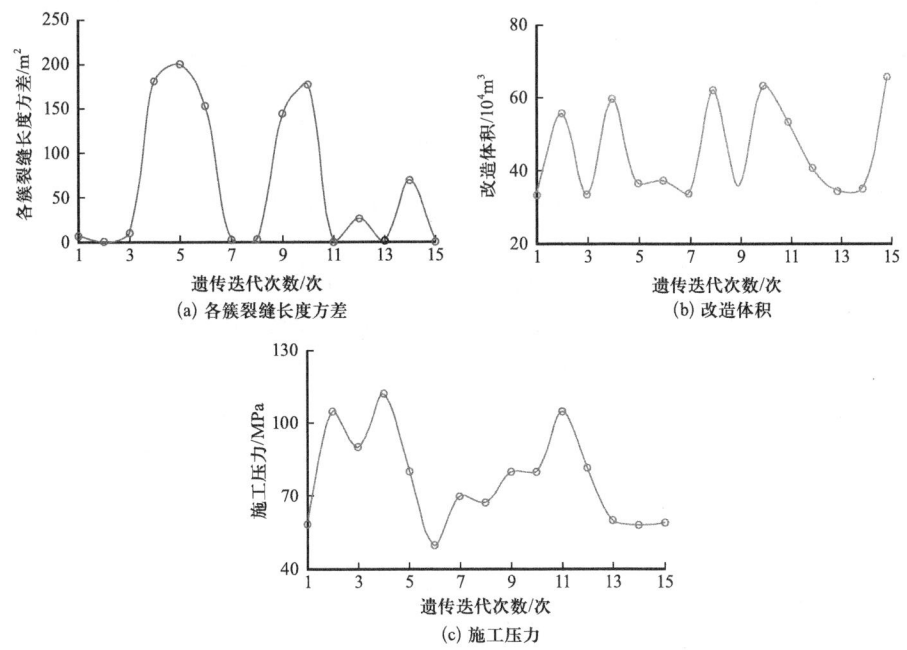

图 7.2.11 2 簇不同遗传迭代次数优化的施工参数和射孔下优化过程

② 6 簇优化结果。

从图 7.2.12 中可以看出,随着不同遗传迭代次数增加,6 簇优化的施工参数和射孔下改造体积、施工压力、各簇裂缝长度方差逐渐达到多目标最优。最终优化结果为:压裂液黏度 5 mPa·s;第 1 至第 6 簇排量依次为 3 m³/min、3 m³/min、3 m³/min、2 m³/min、2 m³/min、3 m³/min;第 1 至第 6 簇射孔位置依次为 -22.75 m、-12.25 m、-1.75 m、8.25 m、18.75 m、29.25 m;第 1 至第 6 簇射孔孔径依次为 10 mm、8 mm、10 mm、10 mm、8 mm、10 mm;第 1 至第 6 簇射孔孔密依次为 16 孔/m、20 孔/m、16 孔/m、16 孔/m、20 孔/m、16 孔/m;第 1 至第 6 簇射孔簇长依次为 0.5 m、0.5 m、0.5 m、0.5 m、0.5 m、0.5 m;组合参数下第 1 至第 6 簇缝长依次为 92.8 m、83.8 m、60.4 m、70 m、85 m、76.5 m;改造体积可达 128.6×10⁴ m³;施工压力为 64.99 MPa。

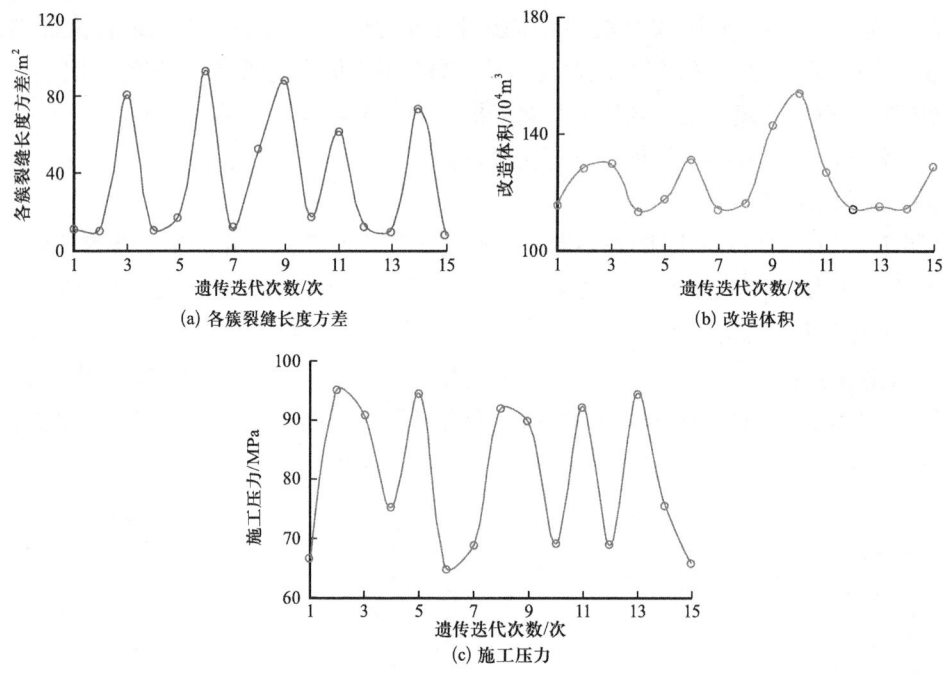

图 7.2.12　6 簇不同遗传迭代次数优化的施工参数和射孔下优化过程

③ 第 10 压裂段不同簇数高维多目标并行进化优化结果。

根据采用高维多目标并行进化优化结果(表 7.2.2),以总改造体积大和施工压力小综合优选 6 簇,施工参数及射孔参数为压裂液黏度 5 mPa·s;第 1 至第 6 簇排量依次为 3 m³/min、3 m³/min、3 m³/min、2 m³/min、2 m³/min、3 m³/min;第 1 至第 6 簇射孔位置依次为 -22.75 m、-12.25 m、-1.75 m、8.25 m、18.75 m、29.25 m(3558.25 m、3568.75 m、3579.25 m、3589.25 m、3599.75 m、3610.25 m);第 1 至第 6 簇射孔孔径依次为 10 mm、8 mm、10 mm、10 mm、8 mm、10 mm;第 1 至第 6 簇射孔孔密依次为 16 孔/m、20 孔/m、16 孔/m、16 孔/m、20 孔/m、16 孔/m;第 1 至第 6 簇射孔簇长依次为 0.5 m、0.5 m、0.5 m、0.5 m、0.5 m、0.5 m;进一步分析多目标优化所选择的射孔位置对应的射孔簇渗透率为 0.018 mD、0.01 mD、0.015 mD、0.013 mD、0.008 mD、0.017 mD,从而说明了高渗透率储层采用小孔径低孔密(16 孔/m、8 mm)、低渗透

储层采用大孔径高孔密(20 孔/m、10 mm)、低黏(5~10 mPa·s)、大排量(16 m³/min)、簇数(6~8 簇)、簇间距(9~12 m)的匹配措施,可以实现目标区块多簇射孔非平面裂缝均衡扩展,获得较大改造体积并且施工压力低。

表 7.2.2　第 10 压裂段不同簇数高维多目标并行进化优化结果

簇数	簇数-编号	压裂液黏度/mPa·s	排量/m³/min	射孔位置/m	射孔孔径/mm	孔密/孔/m	簇长/m	缝长/m	改造体积/10⁴ m³	施工压力/MPa
2	2-1	19.7	8	-17.3	10.9	18	0.6	227.6	65.8	58.9
	2-2		8	-27.8	12.4	17	0.45	233.4		
4	4-1	5	5.3	-7.4	14.2	20	0.63	104.4	88.6	60.2
	4-2		3.4	-15.3	8	12	0.2	104.2		
	4-3		3.9	-21.3	8	12	0.2	105.6		
	4-4		3.3	-27.3	12.4	14	0.2	105.0		
6	6-1	5	3	-22.5	10	16	0.5	92.8	128.6	64.99
	6-2		3	-12.2	8	20	0.5	83.8		
	6-3		3	-1.75	16	16	0.5	60.4		
	6-4		2	8.25	10	16	0.5	70		
	6-5		2	18.75	8	20	0.5	85		
	6-6		3	29.25	10	16	0.5	76.5		
8	8-1	5	2.27	32.55	14.8	18	0.64	40.1	116.4	71.1
	8-2		2.26	26	8	12	0.2	49.4		
	8-3		2.2	20	15.5	16	0.2	48.5		
	8-4		1.26	14	8	12	0.2	37.7		
	8-5		1.26	8	8	17	0.2	40.2		
	8-6		2.2	2	8	22	0.2	54.7		
	8-7		2.26	-4	14.6	20	0.38	46.4		
	8-8		2.27	-10	12.9	12	0.53	56.9		
10	10-1	5	1.77	32.8	14.9	12	0.2	39.4	102.2	74.8
	10-2		1.76	26	8	12	0.2	40.5		
	10-3		1.75	20	8	12	0.2	43.8		
	10-4		1.71	14	8	18	0.2	46.3		
	10-5		0.98	7.7	8	12	0.2	34.5		
	10-6		0.98	1.4	8	12	0.2	32.8		
	10-7		1.71	-4.5	14.2	12	0.2	46.5		
	10-8		1.75	-10.5	14	12	0.2	53.1		
	10-9		1.76	-16.5	13	17	0.32	71.4		
	10-10		1.77	-22.5	8	12	0.29	55.7		

(2) 第 13 压裂段高维多目标并行进化优化分析。

采用同样的方法,基于长宁 X 井第 13 压裂段(3362~3422 m)的地层基本参数和已建立覆盖全井段范围的样本大数据库,利用高维多目标并行进化优化算法开展的第 13 压裂段高维多目标并行进化优化分析。

① 2 簇优化结果。

从图 7.2.13 中可以看出,随着不同遗传迭代次数增加,2 簇优化的施工参数和射孔下改造体积、施工压力、各簇裂缝长度方差逐渐达到多目标最优。最终优化结果为:压裂液黏度 18.6 mPa·s;第 1 至第 2 簇排量 8 m³/min、8 m³/min;第 1 至第 2 簇 -4.5 m、8.9 m;第 1 至第 2 簇射孔孔径 15.5 mm、8 mm;第 1 至第 2 簇孔密 20 孔/m、12 孔/m;第 1 至第 2 簇射孔簇长 0.2 m、0.2 m;组合参数下第 1 至第 2 簇缝长可达 136.5 m、143.7 m;改造体积可达 39.0×10⁴m³;施工压力 64.9 MPa。

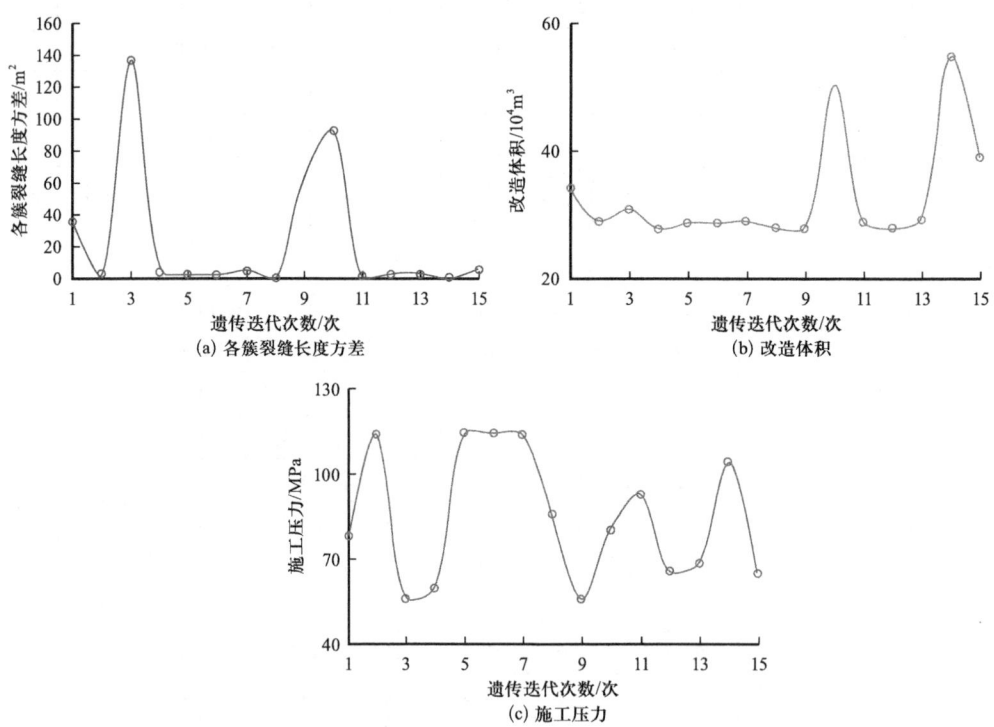

图 7.2.13 2 簇不同遗传迭代次数优化的施工参数和射孔下优化过程

② 6 簇优化结果。

从图 7.2.14 中可以看出,随着不同遗传迭代次数增加,6 簇优化的施工参数和射孔下改造体积、施工压力、各簇裂缝长度方差逐渐达到多目标最优。最终优化结果为:压裂液黏度 10 mPa·s;第 1 至第 6 簇排量依次为 3.17 m³/min、3.08 m³/min、1.74 m³/min、1.74 m³/min、3.08 m³/min、3.16 m³/min;第 1 至第 6 簇射孔位置依次为 25 m、16 m、10 m、4 m、-2 m、-12 m;第 1 至第 6 簇射孔孔径依次为 13.9 mm、8 mm、8 mm、8 mm、8 mm、8 mm;第 1 至第 6 簇射孔孔密依次为 12 孔/m、20 孔/m、12 孔/m、12 孔/m、12 孔/m、12 孔/m;第 1 至第 6 簇射孔簇长依次为 0.5 m、0.2 m、0.2 m、0.2 m、0.2 m、0.2 m；组合参数下第 1 至第 6 簇缝长依次可达 35.6 m、49.7 m、17.4 m、12.3 m、64.6 m、59.6 m；改造体积可达 $65.7 \times 10^4 \text{ m}^3$；施工压力 64.6 MPa。

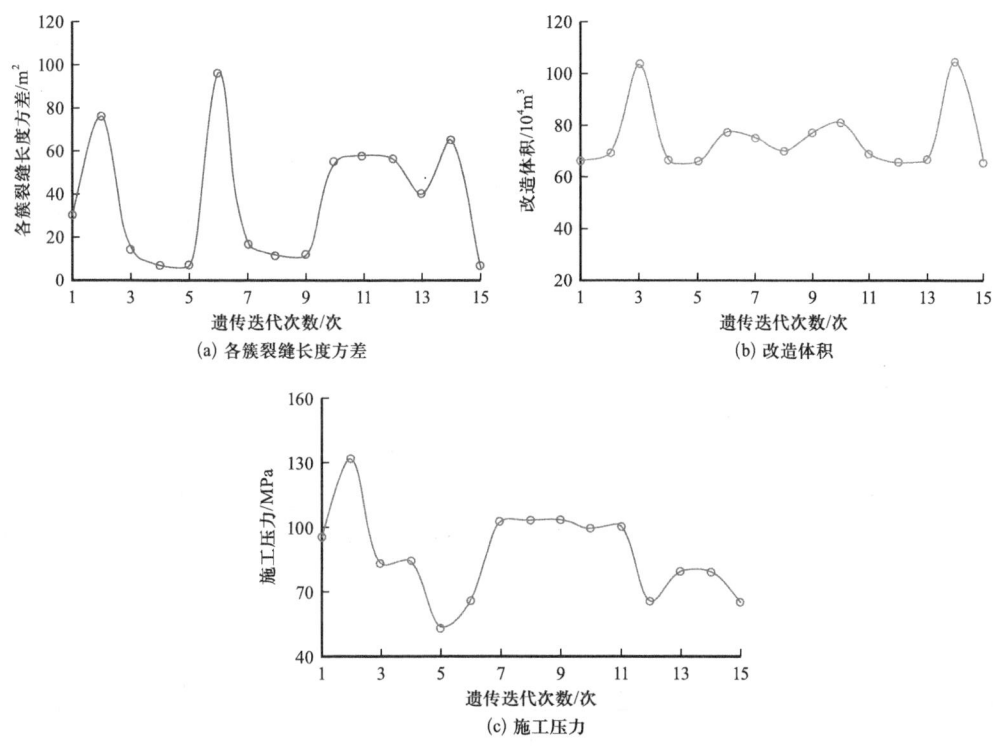

图 7.2.14　6 簇不同遗传迭代次数优化的施工参数和射孔下优化过程

③ 第 13 压裂段不同簇数高维多目标并行进化优化结果。

根据第 13 压裂段多目标优化结果(表 7.2.3)，采用高维多目标并行进化优化方法以改造体积大和施工压力小综合优选 4 簇，施工参数及射孔参数为压裂液黏度 10 mPa·s；第 1 至第 4 簇排量 5.18 m³/min、2.83 m³/min、2.83 m³/min、5.14 m³/min；第 1 至第 4 簇射孔位置 −7.96 m、−15.8 m、−21.8 m、−27.8 m；第 1 簇射孔孔径 8 mm、8 mm、8 mm、13.4 mm；第 1 至第 4 簇孔密 12 孔/m、12 孔/m、12 孔/m、12 孔/m；第 1 至第 4 簇射孔簇长 0.6 m、0.2 m、0.2 m、0.44 m；组合参数下 4 簇缝长依次可达 111.9 m、91.9 m、81.1 m、139.9 m；改造体积可达 $90.1 \times 10^4 \text{ m}^3$；施工压力为 63.9 MPa。结合第 10 压裂段优化结果进一步分析表明，一方面 2 簇压裂施工须用高黏压裂液造长缝弥补滤失量减小下改造宽度减小的不足，当簇数大于 2 簇时须用低黏压裂液增大改造宽度，才能满足施工压力小、裂缝扩展均衡前提下增大改造体积；另一方面，第 13 压裂段最优改造体积比第 10 压裂段小，这是由于第 13 压裂段的渗透率(最大 0.23 mD)远高于第 10 压裂段渗透率(最大 0.03 mD)，滤失量很大，改造宽度较大，但用于支撑裂缝长度扩展的压裂液体积相对减小，使得缝长方向扩展受限，应该加大施工排量和压裂液黏度造长缝。

表 7.2.3 第 13 压裂段不同簇数高维多目标并行进化优化结果

簇数	簇数-编号	压裂液黏度/mPa·s	排量/m³/min	射孔位置/m	射孔孔径/mm	孔密/孔/m	簇长/m	缝长/m	改造体积/10⁴ m³	施工压力/MPa
2	2-1	18.6	8	-4.5	15.5	20	0.2	136.5	39	64.9
	2-2		8	8.9	8	12	0.2	143.7		
4	4-1	10	5.18	-7.9	8	12	0.62	111.9	90.1	63.9
	4-2		2.83	-15.8	8	12	0.2	91.9		
	4-3		2.83	-21.8	8	12	0.2	81.1		
	4-4		5.14	-27.8	13.46	12	0.44	139.9		
6	6-1	10	3.17	25	13.9	12	0.5	35.6	65.7	64.6
	6-2		3.08	16	8	20	0.2	49.7		
	6-3		1.74	10	8	12	0.2	17.4		
	6-4		1.74	4	8	12	0.2	12.3		
	6-5		3.08	-2	8	12	0.2	64.6		
	6-6		3.16	-12	8	12	0.2	59.6		
8	8-1	10	2.27	25	14.3	12	0.43	10.7	58.2	66.4
	8-2		2.25	16	8	12	0.2	5.1		
	8-3		2.2	10	8	12	0.2	7.4		
	8-4		1.26	4	8	12	0.2	38.9		
	8-5		1.26	-2	8	12	0.2	35.5		
	8-6		2.2	8	8	12	0.2	9.0		
	8-7		2.25	-14	8	12	0.2	22		
	8-8		2.27	-20	13.3	12	0.2	27.8		
10	10-1	10	1.77	30	8	20	0.59	18	68.1	68.3
	10-2		1.76	24	15.2	12	0.2	11.2		
	10-3		1.76	18	8	12	0.5	10.3		
	10-4		1.74	12	8	12	0.2	4.2		
	10-5		0.97	3.7	8	12	0.2	19		
	10-6		0.97	-6.4	8	12	0.2	16.3		
	10-7		1.71	12.6	8	12	0.2	10		
	10-8		1.75	-18.7	8.4	12	0.2	12.5		
	10-9		1.76	-25.3	8	12	0.2	11.7		
	10-10		1.77	-30	8	12	0.53	16.3		

(3) Gauss-Kriging 智能代理模型验证。

长宁 X 井现场压裂实施时第 10 压裂段采用了本书的多目标优化参数，而第 13 压裂段未采用本书模型多目标优化参数,采用均匀射孔孔径、孔密、布孔。并且第 10 压裂段进行了微地震监测解释缝长和有效 SRV,而 13 压裂段没有进行微地震监测。因此,将第 10 压裂段 Gauss - Kriging 代理模型预测裂缝缝长、改造体积、施工压力与机理模型(各向异性页岩非平面裂缝起裂 - 扩展耦合模型)结果和现场施工压力、长宁 X 井第 10 压裂段微地震监测解释缝长、改造体积进行对比验证本书模型的正确性。

从图 7.2.15 Gauss - Kriging、机理模型与微地震缝长对比表明 Gauss - Kriging 代理模型预测缝长与机理模型模拟的缝长交汇点越接近平衡线,Gauss - Kriging 代理模型预测缝长与机理模型模拟的缝长吻合度越高;另外,射孔位置布在 - 22.75 m、- 12.25 m、- 1.75 m、8.25 m、18.75 m、29.25 m(3558.25 m、3568.75 m、3579.25 m、3589.25 m、3599.75 m、3610.25 m)下,Gauss - Kriging 代理模型预测的第 1 至第 6 簇缝长依次可达 92.8 m、83.8 m、60.4 m、70 m、85 m、76.5 m;与长宁 X 井第 10 压裂段微地震监测缝长(第 1 至第 6 簇缝长依次为 98 m、79.4 m、57 m、65 m、82 m、79 m)对比中,吻合较好,充分验证了本书模型的正确性。

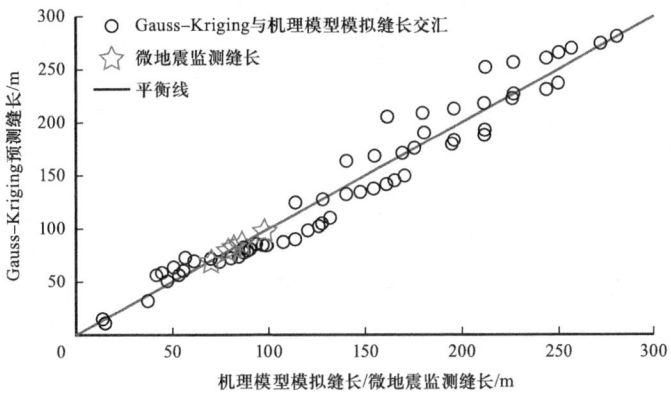

图 7.2.15　Gauss - Kriging、机理模型与微地震缝长对比

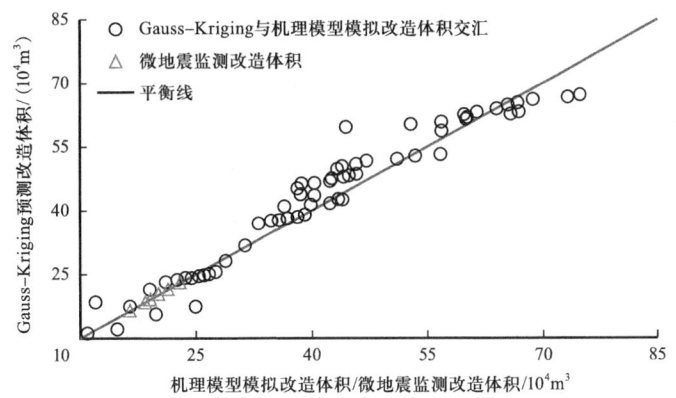

图 7.2.16　Gauss - Kriging、机理模型与微地震改造体积对比

从图 7.2.17 Gauss - Kriging、机理模型与微地震施工压力对比表明 Gauss - Kriging 代理模型预测施工压力与机理模型模拟的施工压力交汇点越接近平衡线,Gauss - Kriging 代理模

型预测施工压力与机理模型模拟的施工压力吻合度越高；另外，射孔位置布在 −22.75 m、−12.25 m、−1.75 m、8.25 m、18.75 m、29.25 m（3558.25 m、3568.75 m、3579.25 m、3589.25 m、3599.75 m、3610.25 m）下，Gauss−Kriging 代理模型预测施工压力为 64.99 MPa，与长宁 X 井第 10 压裂段施工压力 60 MPa 较为吻合。

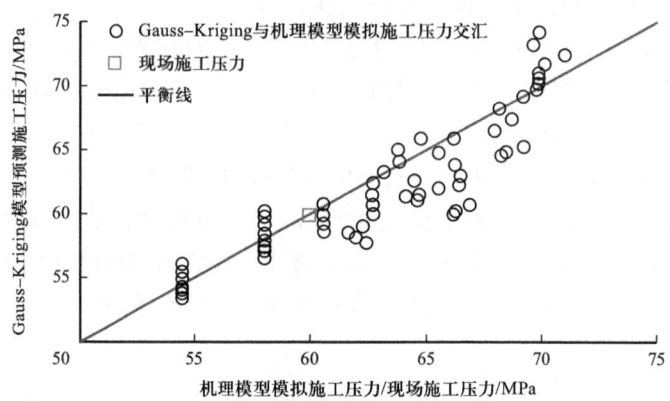

图 7.2.17　Gauss−Kriging、机理模型与微地震施工压力对比

(4) 第 10 压裂段多目标优化模型验证。

将第 10 压裂段优化结果应用于长宁 X 井现场第 10 压裂段压裂实施后，利用现场施工压力曲线、微地震解释缝长及改造体积验证本书多目标优化的正确性。

从图 7.2.18 中可以看出，本书模型预测施工压力为 65 MPa，而现场施工压力为 60 MPa。本书模型与现场施工压力吻合度为 8.3%，误差较小，充分验证了本书模型的正确性。

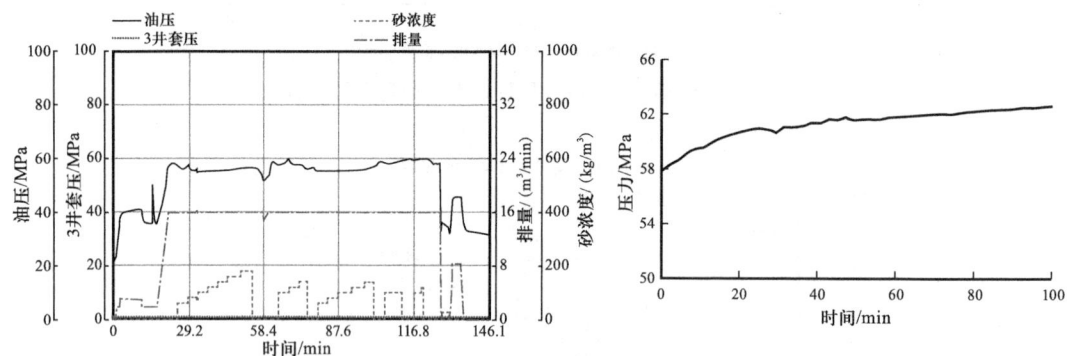

图 7.2.18　基于施工压力的模型验证

从图 7.2.19 中可以看出，机理模型预测结果：半翼缝长 96.1 m、82.2 m、52.9 m、64.7 m、78.9 m、77.3 m，有效改造体积 ESRV = 125.64 × 10^4 m^3；微地震监测结果：半翼缝长 98 m、79.4 m、57 m、65 m、82 m、79 m，有效改造体积 ESRV = 119.23 × 10^4 m^3；高维多目标并行进化优化算法预测半翼缝长为 92.8 m、83.8 m、60.4 m、70 m、85 m、76.5 m，改造体积为 128.6 × 10^4 m^3；本书模型与微地震改造体积误差为 7.8%，吻合度较高，验证了本书模型的正确性。

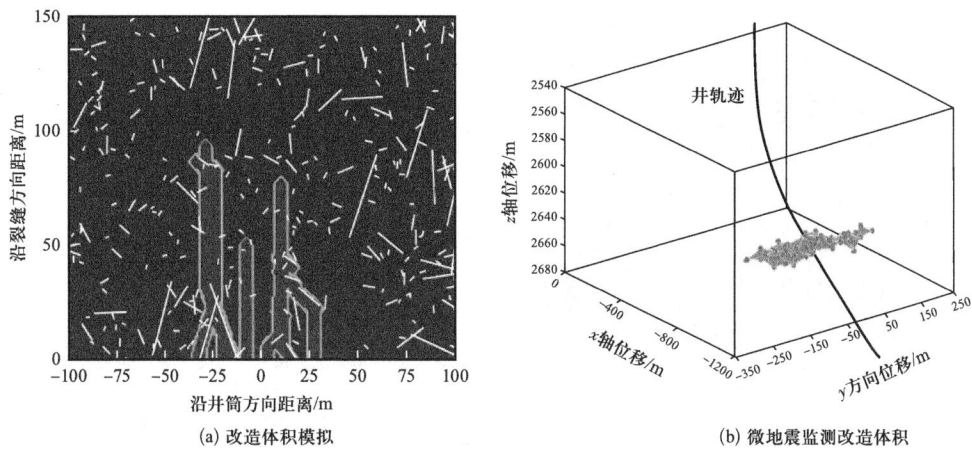

图 7.2.19 基于改造体积的模型验证

(5) 第 10 压裂段和与第 13 压裂段压裂效果对比。

现场压裂实施时采用了第 10 压裂段的本书模型多目标优化参数，而第 13 压裂段未采用本书模型多目标优化参数，采用均匀射孔孔径、孔密、布孔。第 13 压裂段(3362~3422 m)未采用多目标优化的射孔位置为 22.75 m、14.75 m、6.75 m、−1.75 m、−9.75 m、−17.75 m (3414.75 m、3406.75 m、3398.75 m、3390.25 m、3382.25 m、3374.25 m)；1~6 簇储层渗透率为 0.075 mD、0.213 mD、0.189 mD、0.113 mD、0.104 mD、0.11 mD。为了验证第 10 压裂段(3546~3616 m)采用多目标优化结果，与第 13 压裂段(3362~3422 m)未采用多目标优化的改造效果进行对比。

从图 7.2.20 中可以看出，第 13 压裂段改造体积为 $32.0 \times 10^4 \text{m}^3$，施工压力为 60.3 MPa；各簇缝长为 0 m、0 m、0 m、110.5 m、92.9 m、0.5 m；从图 7.2.19 现场压裂实施情况，可以看出第 13 压裂段施工压力 55.5 MPa 与本书模型预测施工压力误差为 9.6%，在合理误差范围内，从施工压裂角度验证了本书模型的合理；现场所选择的 6 簇压裂，一方面第 2、第 3 簇渗透率较大优先起裂扩展，而其他簇渗透率较低，破裂压力高并且受到第 2、第 3 簇裂缝应力干扰影响，最终只有 2 簇裂缝有效起裂扩展并且在未起裂的第 1、第 4、第 5、第 6 簇位置消耗额外能量；另外一方面，第 2、第 3 簇渗透率相对第 10 压裂段(0.008~0.018 mD)偏大，裂缝滤失较大，净压力不足以造长缝，改造体积较小，部分井段未能有效改造。

从图 7.2.21 为第 10 压裂段和第 13 压裂段射孔簇产量对比，可以看出采用多目标优化的第 10 压裂段，光纤测井解释的射孔簇产气量分别为 $0.6 \times 10^4 \text{ m}^3/\text{d}$、$0.5 \times 10^4 \text{ m}^3/\text{d}$、$0.3 \times 10^4 \text{ m}^3/\text{d}$、$0.5 \times 10^4 \text{ m}^3/\text{d}$、$0.3 \times 10^4 \text{ m}^3/\text{d}$、$0.6 \times 10^4 \text{ m}^3/\text{d}$，单段日产气量为 $3.1 \times 10^4 \text{ m}^3$；而未采用多目标优化的第 13 压裂段光纤测井解释的射孔簇产气量分别为 0、0、0、$0.07 \times 10^4 \text{ m}^3/\text{d}$、$0.05 \times 10^4 \text{ m}^3/\text{d}$、$0.18 \times 10^4 \text{ m}^3/\text{d}$，单段日产气量为 $0.3 \times 10^4 \text{ m}^3$。由此可见，第 13 压裂段所采用的施工参数和射孔参数不是最优组合参数，需要采用多目标优化的施工参数和射孔参数。从而说明了将各向异性页岩水平井破裂压力预测、各向异性页岩平面裂缝起裂−扩展耦合、各向异性页岩多簇射孔裂缝非均衡扩展调控开展多目标优化相结合才能更好地选择施工参数、射孔参数，使得达到预期压裂效果。

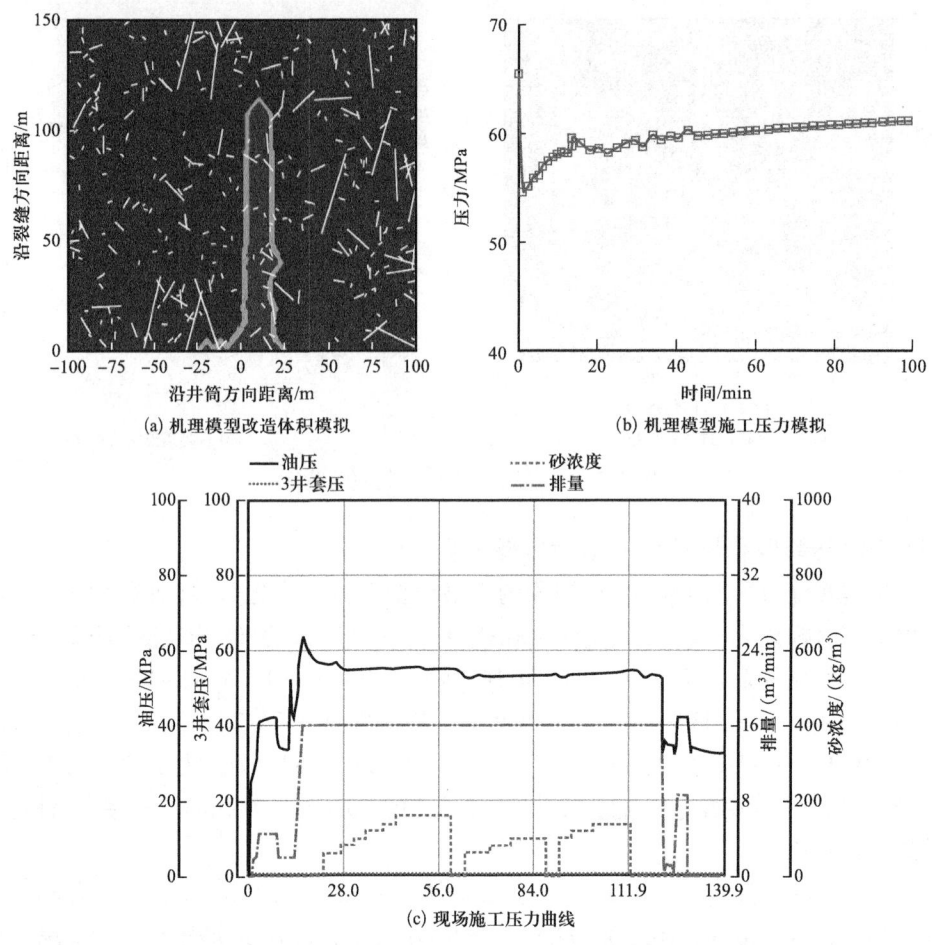

图 7.2.20 未采用多目标优化第 13 压裂段裂缝扩展情况

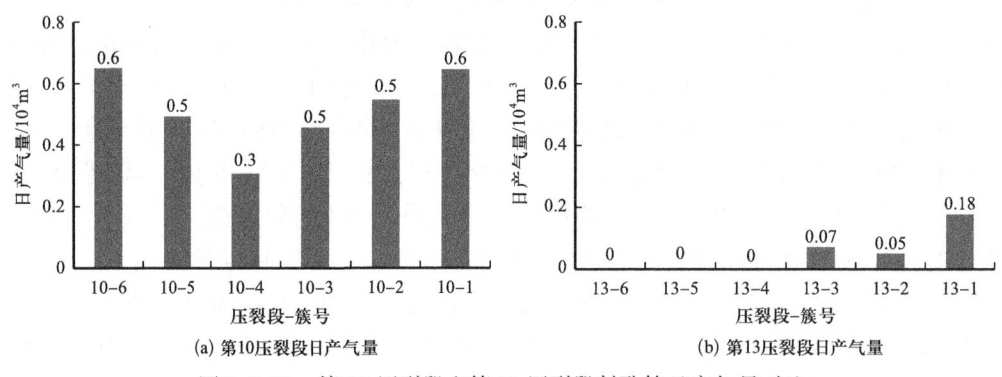

图 7.2.21 第 10 压裂段和第 13 压裂段射孔簇日产气量对比

(6) 地质工程可压裂性评价结果。

根据长宁 X 第 10、第 13 压裂段射孔位置优选结果进行地质工程可压裂性分析,得到了本书贴近度、地质贴近度、工程贴近度剖面,如图 7.2.22 所示。根据前面甜点评价结果表明必须从工程甜点和地质甜点综合进行评价,才能兼顾含油气资源丰富、物性的地质甜点和压裂后形成复杂缝网能力的工程甜点。

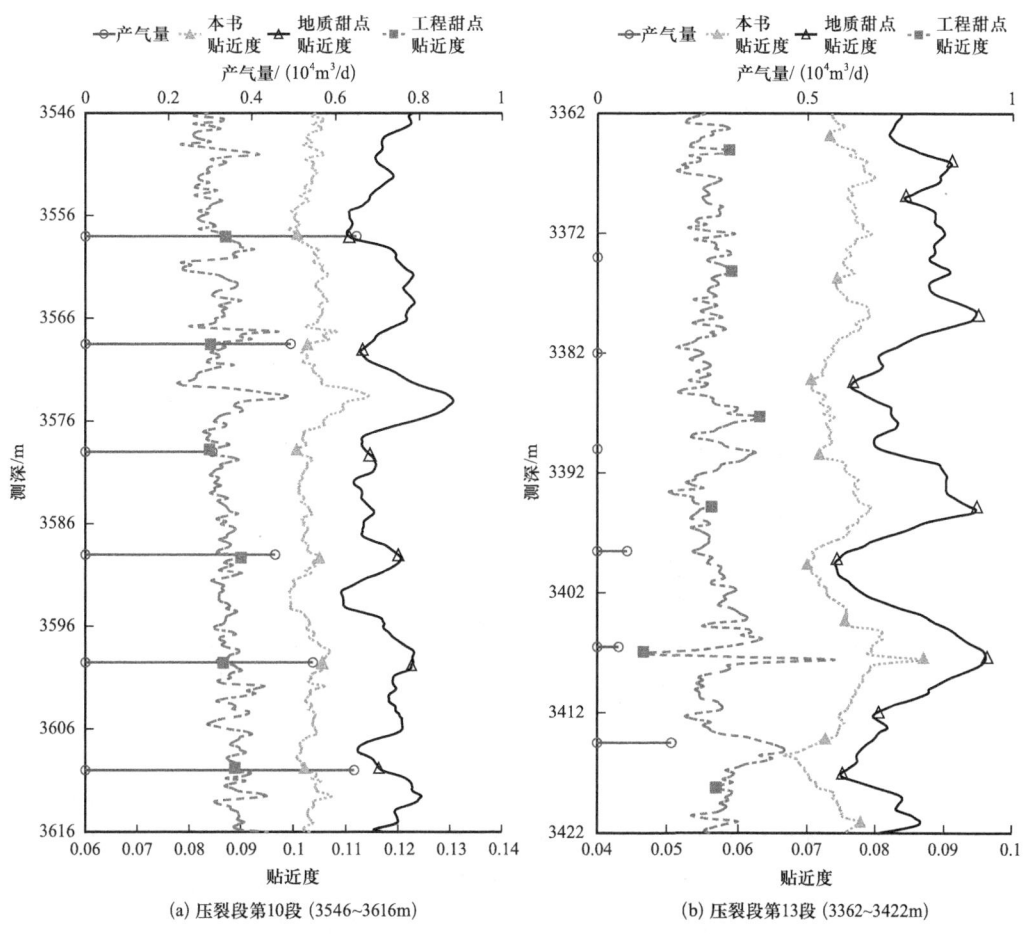

(a) 压裂段第10段(3546~3616m)　　(b) 压裂段第13段(3362~3422m)

图7.2.22　地质工程一体化角度甜点评价结果

地质工程可压裂性分析针对单段评价标准划分才具有可比较性,从图7.2.22(a)中可以看出,首先将第10压裂段甜点评价分为Ⅰ类(地质甜点评价<0.110;工程甜点评价<0.080;地质工程一体化甜点评价<0.100)、Ⅱ类(地质甜点评价0.110~0.118;工程甜点评价0.080~0.084;地质工程一体化甜点评价0.1~0.105)、Ⅲ类(地质甜点评价>0.118;工程甜点评价>0.084;地质工程一体化甜点评价>0.105)三类和产气量Ⅰ类($>0.3\times10^4$ m³/d)、Ⅱ类($0.2\sim0.3\times10^4$ m³/d)、Ⅲ类($<0.2\times10^4$ m³/d)。从地质甜点评价、工程甜点评价和地质工程一体化甜点评价差异较大,具体见表7.2.4。从表中可以看出多数地质甜点、工程甜点评价与实测产量评价相反;而从地质工程一体化甜点评价结果与实测产量评价结果一致。因此,射孔位置选择相似相近并且工程地质甜点位置的匹配措施,才能实现压裂改造预期效果。

从图7.2.22(b)中可以看出,首先将第13压裂段甜点评价分为Ⅰ类(地质甜点评价<0.075;工程甜点评价<0.05;地质工程一体化甜点评价<0.05)、Ⅱ类(地质甜点评价0.075~0.08;工程甜点评价0.05~0.06;地质工程一体化甜点评价0.05~0.06)、Ⅲ类(地质甜点评价>0.08;工程甜点评价>0.06;地质工程一体化甜点评价>0.06)三类和产气量

Ⅰ类（$>0.3\times10^4$ m³/d）、Ⅱ类（$0.2\sim0.3\times10^4$ m³/d）、Ⅲ类（$<0.2\times10^4$ m³/d）。从地质甜点评价、工程甜点评价和地质工程一体化甜点评价差异较大，具体见表7.2.5。从表中可以看出，多数地质甜点、工程甜点评价与实测产量评价相反；而从地质工程一体化甜点评价结果与实测产量评价结果一致。

表7.2.4 甜点评价表

射孔段	射孔位置/m	地质甜点评价	工程甜点评价	地质工程可压裂性评价	实际日产气量/10^4 m³
10-6	3558~3558.5	0.111（Ⅱ类）	0.087（Ⅲ类）	0.106（Ⅲ类）	0.65（Ⅲ类）
10-5	3568.5~3569	0.113（Ⅱ类）	0.087（Ⅲ类）	0.103（Ⅱ类）	0.49（Ⅱ类）
10-4	3579~3579.5	0.114（Ⅱ类）	0.084（Ⅲ类）	0.101（Ⅱ类）	0.31（Ⅱ类）
10-3	3589~3589.5	0.120（Ⅲ类）	0.09（Ⅲ类）	0.106（Ⅲ类）	0.46（Ⅲ类）
10-2	3599.5~3600	0.122（Ⅲ类）	0.082（Ⅲ类）	0.105（Ⅲ类）	0.55（Ⅱ类）
10-1	3610~3610.5	0.118（Ⅱ类）	0.092（Ⅲ类）	0.106（Ⅲ类）	0.65（Ⅲ类）

表7.2.5 甜点评价表

射孔段	射孔位置/m	地质甜点评价	工程甜点评价	地质工程可压裂性评价	实际日产气量/10^4 m³
13-6	3374~3374.5	0.087（Ⅲ类）	0.055（Ⅱ类）	0.075（Ⅲ类）	0（Ⅲ类）
13-5	3382~3382.5	0.081（Ⅲ类）	0.054（Ⅱ类）	0.073（Ⅲ类）	0（Ⅲ类）
13-4	3390~3390.5	0.082（Ⅲ类）	0.062（Ⅲ类）	0.071（Ⅲ类）	0（Ⅲ类）
13-3	3398.5~3399	0.075（Ⅰ类）	0.064（Ⅲ类）	0.070（Ⅲ类）	0.07（Ⅲ类）
13-2	3406.5~3407	0.095（Ⅲ类）	0.053（Ⅱ类）	0.079（Ⅲ类）	0.05（Ⅲ类）
13-1	3414.5~3415	0.07（Ⅰ类）	0.065（Ⅲ类）	0.070（Ⅲ类）	0.18（Ⅲ类）

采用同样的方法应用到其他压裂段，取得了全井段日产气量29.5×10^4 m³，如图7.2.23所示。

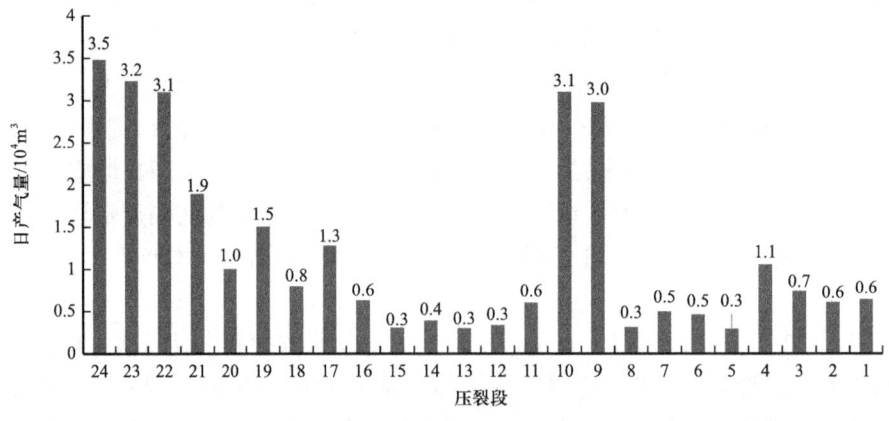

图7.2.23 长宁X井压裂段产量

7.3 本章小结

(1) 综合工程可压裂性、地质甜点评价，采用多源参数降维和逼近理想解方法，建立地质工程可压裂性综合评价模型，初选压裂位置；基于非平面裂缝起裂扩展机理模型，采用 DOE 实验设计建立样本数据库，利用 Gauss-Kriging 机器学习模型进行训练，建立起机理模型仿真的多输入多输出智能代理模型；以各簇裂缝改造体积大、施工压力小为多目标函数，缝长扩展均衡、地质工程甜点等约束；应用改进的遗传算法综合求取全体目标函数的 Pareto 最优解，建立起高维多目标并行进化优化模型；

(2) 只基于地质甜点选择射孔，只能满足含油气资源丰富、物性较好的区域具有开发潜能的先天条件，而不能保证压裂施工时形成复杂缝网；只基于工程甜点选择射孔，只能满足压裂施工时形成复杂缝网，而不能保证含油气资源丰富、物性较好；只有进行地质工程可压裂性综合评价，才能达到预期压裂效果；

(3) 少簇须用中黏压裂液造长缝弥补滤失量减小导致改造宽度减小的不足；多簇须用低黏压裂液增大改造宽度，才能满足施工压力小、裂缝扩展均衡前提下增大改造体积；

(4) 高渗储层滤失量大，用于支撑裂缝的体积相对减小，须采用大排量、中黏压裂液、少簇、大簇间距、单增或者中间高两边低孔密分布和孔径分布；低渗储层滤失量小，用于支撑裂缝的体积相对增加，须采用大排量、低黏压裂液、多簇、小簇间距、单增或者中间高两边低孔密分布和孔径分布的措施有利于调节多簇非平面裂缝均衡扩展和增大改造体积；

(5) 长宁 X 井第 10 段采用本书建立的地质工程甜点综合评价射孔位置优选优，高渗透率储层采用小孔径低孔密(16 孔/m、8 mm)、低渗透储层采用大孔径高孔密(20 孔/m、10 mm)、低黏(5~10 mPa·s)、大排量(16 m^3/min)、簇数(4~6 簇)、簇间距(9~12 m)施工参数，实现了 6 簇射孔非平面裂缝均衡扩展；光纤测井显示第 10 压裂段每簇都有产量贡献，单段日产气量为 3.1×10^4 m^3；对比段第 13 压裂段渗透率更好，采用均匀孔密、孔径方式进行压裂，光纤测井显示 6 簇射孔中，有 3 簇射孔裂缝没有产量贡献，单段日产气量仅为 0.3×10^4 m^3。

参 考 文 献

[1] Zeng Fanhui, Zhang Yu, Guo Jianchun, et al. Investigation and field application of ultra-high density fracturing technology in unconventional reservoirs[C]. SPE/AAPG/SEG Asia Pacific Unconventional Resources Technology Conference, Virtual, November, 2021:URTEC-208347-MS.

[2] Chen Pengyu. Effects of normalization on the entropy-based TOPSIS method[J]. Expert Systems with Applications, 2019, 136:33-41.

[3] 尤天慧, 樊治平. 区间数多指标决策的一种 TOPSIS 方法[J]. 东北大学学报(自然科学版), 2002, 23(9):840.

[4] Brereton Richard G, Lloyd Gavin Rhys. Support Vector Machines for classification and regression[J]. Analyst, 2010, 135(2):230-267.

[5] Burnaev Evgeny V, Erofeev P D. The influence of parameter initialization on the training time and accuracy of a nonlinear regression model[J]. Journal of Communications Technology and Electronics, 2016, 61(6):646-660.

[6] Elanayar V T Sunil, Shin Yung C. Radial basis function neural network for approximation and estimation of nonlinear stochastic dynamic systems[J]. IEEE Transactions on Neural Networks, 1994, 5(4):594-603.

[7] Regis Rommel G, Shoemaker Christine A. Combining radial basis function surrogates and dynamic coordinate search in high-dimensional expensive black-box optimization[J]. Engineering Optimization, 2013, 45(5):529-555.

[8] Simpson Timothy W, Mauery Timothy M, Korte John J, et al. Kriging models for global approximation in simulation-based multidisciplinary design optimization[J]. AIAA Journal, 2001, 39(12):2233-2241.

[9] 孙泽刚,肖世德,王德华,等. 多路阀双U型节流槽结构对气穴的影响及优化[J]. 华中科技大学学报(自然科学版),2015,43(4):38-43.

[10] Deng Lih-Yuan. Design and analysis of computer experiments[J]. Technometrics, 2004, 46(4):488-489.

[11] Nocedal Jorge, Wright Stephen J. Numerical optimization(2nd ed.)[M]. New York:Springer Science + Business Media, LLC, 1999.

[12] Rahman Mohammed Mahabubur, Rahman Mohammad Mustafizur, Rahman Sheik S. An integrated model for multiobjective design optimization of hydraulic fracturing[J]. Journal of Petroleum Science and Engineering, 2001, 31(1):41-62.

[13] Zitzler Eckart, Laumanns Marco, Thiele Lothar. SPEA2:Improving the strength pareto evolutionary algorithm[J]. TIK-Report, 2001, 103.

[14] Rick Rickman, Mullen Mike, Petre Erik, et al. A practical use of shale petrophysics for stimulation design optimization:all shale plays are NOT clones of the Barnett Shale[C]. SPE Annual Technical Conference & Exhibition, Denver, Colorado, USA, September, 2008:SPE-115258-MS.

[15] Jin Xiaochun, Shah Subhash N, Roegiers Jean-Claude, et al. An integrated petrophysics and geomechanics approach for fracability evaluation in shale reservoirs[J]. SPE Journal, 2015, 20(3):518-526.

[16] Yuan Junliang, Zhou Jianliang, Liu Shujie, et al. An improved fracability-evaluation method for shale reservoirs based on new fracture toughness-prediction models[J]. SPE Journal, 2017, 22(3):1-10.